教育部高等学校软件工程专业教学指导委员会
软件工程专业推荐教材
高等学校软件工程专业系列教材

现代软件工程基础

彭鑫　游依勇　赵文耘◎编著

清華大学出版社
北京

内容简介

本书是软件工程的入门教材，系统地阐述了现代软件开发过程、方法、技术以及相关工具，使读者能够全面掌握现代软件工程的相关基础知识以及软件工程师所需要具备的基本实践能力。

全书共分为10章，覆盖了现代软件工程的主要内容，特别是需求分析、软件设计、软件构造、软件测试等。本书各章的顺序按照软件工程师的学习和成长过程进行编排，首先围绕高质量编码所需的知识和能力进行介绍，然后逐渐过渡到更加抽象的软件设计和需求分析等内容。第1章介绍软件工程的含义、发展历程和重要思想。第2章介绍软件过程模型、敏捷方法与精益思想以及开发运维一体化(DevOps)。第3章介绍软件版本管理与开发任务管理。第4章介绍代码质量的含义以及高质量编码方法。第5章介绍软件设计的整体内容并具体介绍组件级详细设计方法。第6章介绍组件级、框架级、平台级三个层次上的软件复用方法。第7章介绍软件体系结构的基本概念以及分布式软件体系结构和云原生软件体系结构。第8章介绍软件需求分析方法、敏捷开发中的需求工程以及可信需求的含义。第9章介绍软件测试方法以及相关工具。第10章介绍软件持续集成、发布以及软件构建和依赖管理。

本书可作为高等院校计算机、软件工程、人工智能、自动化等相关专业的本科生教材，也可供相关领域的专业技术人员参考。

图书在版编目(CIP)数据

现代软件工程基础/彭鑫，游依勇，赵文耘编著. —北京：清华大学出版社，2022.7 (2023.重印)
高等学校软件工程专业系列教材
ISBN 978-7-302-60748-9

Ⅰ.①现… Ⅱ.①彭… ②游… ③赵… Ⅲ.①软件工程－高等学校－教材 Ⅳ.①TP311.5

中国版本图书馆CIP数据核字(2022)第075946号

责任编辑：黄 芝 薛 阳
封面设计：刘 键
责任校对：焦丽丽
责任印制：宋 林

出版发行：清华大学出版社
网 址：http://www.tup.com.cn，http://www.wqbook.com
地 址：北京清华大学学研大厦A座 **邮 编**：100084
社 总 机：010-83470000 **邮 购**：010-62786544
投稿与读者服务：010-62776969，c-service@tup.tsinghua.edu.cn
质量反馈：010-62772015，zhiliang@tup.tsinghua.edu.cn
课件下载：http://www.tup.com.cn，010-83470236
印 装 者：三河市科茂嘉荣印务有限公司
经 销：全国新华书店
开 本：185mm×260mm **印 张**：18.5 **字 数**：449千字
版 次：2022年7月第1版 **印 次**：2023年8月第3次印刷
印 数：2701～3700
定 价：59.80元

产品编号：088973-01

序

老友赵文耘教授嘱我为其团队和华为合作编写的教材《现代软件工程基础》写个序。复旦大学软件工程团队是我国软件工程领域的先行者之一，长期以来，为我国软件工程领域的学术研究和人才培养做出了不可或缺的重要贡献。20世纪90年代，我和文耘教授就在杨芙清院士领衔的国家重大科技攻关项目"青鸟工程"中开始合作，并建立了长期的合作关系和深厚的合作友谊，我们也都一直坚守这个领域，未曾转换过科研方向，为我国软件工程事业付出了一辈子，也见证了其发展。欣闻老友新书付梓，自然欣然应允。

软件工程作为一个独立学科诞生，刚过半个世纪。简单通俗地说，软件工程是研究如何高效率和高质量地开发软件的一门学科，其研究的对象是软件。20世纪50年代末60年代初，软件开始脱离硬件走向独立发展之路，逐步形成以软件范型为核心的软件技术体系，大体分为软件范型、软件开发（构造）方法、软件运行支撑及软件质量度量与评估4大方面的研究内容。软件范型是从软件工程师（或程序员）视角看到的软件模型及其构造原理，每次软件范型的变迁都会引发软件开发方法和运行支撑技术的相应变化，并导致新的软件质量度量与评估方法的出现。软件技术的发展有两大驱动力，一是计算平台的发展，二是应用领域的拓展。过去几十年，计算平台经历了从单机向多机、网络，进而向互联网、移动互联网的演变，催生了主机计算、个人计算（桌面计算）、互联网计算（含云计算）、移动计算等计算模式；软件应用也从最初单纯的科学工程计算与数据处理拓展到各个行业的应用，乃至无所不在，渗透并重塑了从休闲、娱乐、社交、媒体到商业、生产、科技、国防等社会经济生活的方方面面；存在形式从软件包发展到软件服务、移动App等。其中，软件范型经历了无结构、结构化、面向对象、面向构件/面向服务、网构化等变迁，每次变迁均导致软件技术体系的一次螺旋上升，也给软件工程学科带来新的研究挑战和发展机遇。

当前，随着互联网向人类社会和物理世界的全方位延伸，一个万物互联的"人机物"（人类社会、信息空间和物理世界）融合泛在计算的时代正在开启。面向未来人机物融合泛在计算的新模式和新场景，"软件定义一切、万物均需互联、一切皆可编程、人机物自然交互"将是其基本特征。除传统计算设备（"机"）和新兴物联设备（"物"）外，"人"作为一种新的重要元素的参与，构成了极其复杂且动态多变的计算环境。在这样的时代背景下，软件技术发展无疑又迎来了重大机遇，将面临更大的挑战。软件无处不在导致其自身规模、交互规模和自身复杂性、环境复杂性的不断增加，需要软件开发的高效率、软件运行的随需应变、各种新特性的持续交付；"软件定义一切"导致软件基础设施化（包括对传统物理基础设施的数字化和软件定义）成为信息社会不可或缺的基础设施，对软件的可信性和质量要求越来越高。如此种种，指向的是软件工程领域未来研究之路。

另一方面，技术发展必然带来越来越大的人才需求，需要高校能为各行各业输送大量高素质的软件工程专业人才，其中既有未来学术研究所需要的后备人才，但更多的是社会经济信息化所需要的、掌握当前技术的工程型人才。考察过去20多年的软件技术发展，在计算机硬件、互联网应用以及开源社区蓬勃发展的合力推动下，软件的开发、测试、部署、运维已经全面实现了网络化，依托云化开发环境的持续集成和持续交付流水线、微服务架构与容器化部署、开发运维一体化(DevOps)等新的软件开发实践已经得到了广泛应用。在这种环境下成长起来的新一代软件工程人才需要深刻理解并牢固掌握这些软件开发新技术以及相应的实践能力。

《现代软件工程基础》一书的出版恰逢其时。复旦大学软件工程团队在此领域深耕多年，对软件工程领域的技术发展及企业开发实践均有深刻理解，作者之一彭鑫博士是文耘教授高足，是国内软件工程领域的青年翘楚。华为公司软件人员能力提升变革项目团队的参与进一步融入了华为多年来在信息通信领域积累的软件开发方法、工具与相关实践。这种校企合作的教材编写方式在确保知识系统性的同时，最大限度地体现了企业实践元素，特别是华为公司在云化开发平台以及可信软件开发方面所积累的丰富经验，无疑是一种非常值得肯定的探索。

本书在内容选取上突出体现了现代软件工程在过程、方法、技术和工具上的特点，同时强化了软件质量意识以及可信软件开发能力的要求。此外，本书通过一种富有特色的编排方式进一步突出了实践化教学的要求和特点。与传统软件工程教材从需求、设计到测试的内容结构不同，本书从介绍高质量编码所需的知识和能力起步，逐渐过渡到更加抽象的软件设计和需求分析等内容。这种编排方式更符合软件工程师的学习和成长过程，也更契合“做中学”的实践化教学需要。相信这本教材的出版能够为推动国内软件工程本科教育水平的提升，帮助各高校培养出更多更高水平的软件工程专业人才起到积极作用。

是为序。

梅　宏

中国计算机学会理事长

壬寅年仲夏于北京

前　言

云计算、大数据、人工智能等技术的发展及ICT(Information and Communications Technology,信息与通信技术)融合的趋势推动着新的软件应用形态、新的软件开发技术及新的软件开发过程不断涌现。在应用形态方面,软件以其极强的渗透性融入人们的日常生活,移动应用、小程序等网络化应用成为主流,而通信、能源、交通等基础设施也广泛采用了软件来实现数字化和智能化管理。在开发技术方面,以容器化和微服务为主要特征的云原生架构及相关软件技术成为越来越多软件项目的选择。在开发过程方面,敏捷方法已经成为主流,开发运维一体化(DevOps)与持续集成、持续交付等实践也得到了越来越多的应用,支撑这些新型开发流程与方法的云化开发平台也逐渐成熟。

本书面向现代软件工程所需要的基础知识和基本能力进行介绍,在覆盖经典软件工程方法与技术的同时突出体现了现代软件工程在开发过程和方法上的特点,例如,开发运维一体化及持续集成与持续交付、演化式设计、软件开发框架与平台复用、分布式与云原生软件体系结构、敏捷开发需求分析等。此外,本书还强化了高质量编码与可信软件开发的要求,体现了现代软件工程对于软件工程师个人的质量意识和可信软件开发能力的要求。

软件工程课程具有很强的实践性,所介绍的软件开发过程、方法和技术都需要结合软件开发实践进行理解和掌握。然而,传统的软件工程教材一般都是按照软件过程、软件需求、软件设计、软件测试这样的顺序进行介绍,而且对于版本管理、编码、构建与依赖管理等软件工程师的基本开发技能介绍较少。与之相对应的课程实践项目往往花费了大量时间在需求分析、设计及相关的文档撰写上,对于编码、构建、测试等基本能力的实践不够并且缺少一个循序渐进的体验过程。为此,我们与华为公司的软件人员能力提升变革项目团队一起合作,将华为多年来在ICT领域积累的软件开发方法、工具与相关实践融入软件工程课程,并按照软件工程师的学习和成长过程对相关内容重新进行了编排,首先围绕高质量编码所需的知识和能力进行介绍,然后逐渐过渡到更加抽象的软件设计和需求分析等内容。

建议通过本书学习软件工程的读者在按顺序学习各章内容的同时,能够围绕一个迭代化的软件开发项目逐步体验软件工程师的成长过程:在初步理解软件开发过程以及版本和任务管理的基础上,首先能够高质量地实现比较小的代码单元(例如一个类),然后能够完成涉及多个类的局部软件设计并掌握一些常用的软件复用手段,接着了解更高层面上的软件体系结构特别是分布式软件体系结构设计,最后理解软件需求并掌握常用的需求分析方法。此外,完整的软件产品交付必须有相应的质量保障及交付过程支持,因此还需要学习并体验软件测试方法和技术,并了解软件产品是如何进行集成和发布的。

本书由复旦大学计算机科学技术学院CodeWisdom团队与华为公司软件人员能力提升变革项目团队合作撰写完成。其中,彭鑫负责第1章及第5～8章的编写,同时负责全书的修改及统稿；游依勇负责第3～4章的编写，并基于华为软件开发经验进行了全书企业实践内容的归纳和总结；赵文耘负责第2章及第9～10章的编写。除了三位作者外，复旦大学计算机科学技术学院CodeWisdom团队的吴毅坚、沈立炜、陈碧欢以及华为公司软件人员能力提升项目团队的赵亮、吕新平、王书建、纪朋、钱逢兵、李春华、吴刚等也参加了部分章节的编写和评审工作，为本书的出版做出了巨大的贡献，在此一并表示感谢。

为方便教师教学和学生学习，本书还配套教学课件、教学视频、示例代码和课程实践等资源，读者可在清华大学出版社官网该书主页下载。

感谢清华大学出版社的大力支持以及在本书撰写过程中的细心指导！同时还要感谢教育部高等学校软件工程专业教学指导委员会、全国高等学校计算机教育研究会、复旦大学计算机科学技术学院的领导和老师们对本书的大力支持！

由于作者水平有限，书中难免有不足和疏漏之处，恳请广大读者批评指正！

作　者

2021年12月

目　　录

第1章　软件工程概述

本章学习目标

- 了解软件产生和发展的过程、软件的不同形态和分类。
- 了解软件工程的发展历程，理解软件工程的含义及其内容。
- 建立软件工程的系统观和演化观。
- 理解软件工程师的社会责任。

本章首先介绍软件产生和发展的过程、软件的不同形态和分类，以及软件工程的发展历程、主要内容和内容层次；接着剖析了理解软件工程所需要的系统观和演化观；然后介绍了软件工程师的社会责任；最后概述了全书剩余部分的内容结构。

1.1　软件的产生与发展

视频讲解

"软件"一词事实上表达了一个很宽泛的概念，即任何构筑在建筑、机械、电子等物理设施和设备之上可灵活调整的流程、规则、服务和各种处理逻辑。例如，对于一个商贸市场而言，整个市场的房屋建筑、摊位及其他相关设施和设备属于硬件，而市场为商户和顾客提供的各种管理流程和附加服务则属于软件。本书所讨论的软件是指在计算机硬件上运行的软件，它同样也符合前面所提到的广义上的"软件"的概念。本书的余下部分所讨论的软件都是特指计算机软件。

软件因可编程通用计算机的发明而生，人们通常将其理解为计算机系统中与硬件相对的部分(包括程序及其文档以及相关的数据)，而就其所表达和实现的内容而言，软件是以计算为核心手段实现应用目标的解决方案(国家自然科学基金委员会等，2021)。也就是说，软件是在通用计算机硬件之上面向特定应用目标实现的解决方案。以上定义揭示了软件三个方面的特征：

- 能够在通用计算机硬件之上运行。
- 能够灵活面向不同的应用目标实现相应的解决方案。
- 内容上包括程序、文档及数据。

软件是随着20世纪40年代电子计算机的出现而逐渐产生和发展的。这些电子计算机给出了通用图灵机理论模型的物理实现，从而开启了通用计算的时代，也标志着现代意义的软件的诞生(国家自然科学基金委员会等，2021)。这个时期计算机的应用很大程度上还局限在国防军工以及科学计算等少数的领域之中。此时的软件很大程度上是以依附于电子计算机上的完成特定任务的程序的形式出现的，即软件和硬件捆绑在一起。在此期间，开发人员所使用的编程语言从机器语言、汇编语言逐渐发展到高级语言，完成编程任务的效率逐渐提高。与此同时，"软件"这一概念也逐渐成形。例如，John W. Tukey 在他1958年发表的一篇论文(Tukey,1958)中对软件进行了如下定义：软件由精心编排的解释程序、编译器以及自动编程的其他方面组成,它们至少像电容器、晶体管、电线和磁带等现代计算机硬件一样重要。这一定义中强调了软件所需要的基础软件支持,包括解释程序、编译器以及其他针对编程的自动化支持。同时,这一时期人们已经意识到软件的开发过程中不可避免地会发生人为的错误和疏漏,从而对整个计算机系统的可靠性造成影响。

早期的软件和硬件从技术和商业上都是一体化的,计算机厂商(如 IBM)及其客户和用户都将软件和系统服务视为计算机硬件的附属品,结束这一状况的标志性事件是 20 世纪 60 年代 IBM 宣布软件与硬件解除绑定并对软件单独计价(Humphrey,2002)。产生这一变化的主要原因是计算机厂商希望他们所开发的软件能够在不同版本和不同型号的硬件上运行,甚至将软件作为产品单独销售并获得收益。

软件与硬件分离之后,整个计算机和信息产业进入一个全新的发展时期,大量的软件企业应运而生。其中,少数企业专注于操作系统(如微软的 Windows)和数据库(如 Oracle 数据库)等基础性软件,而更多的企业则针对各行各业中的软件应用需求开发能够在通用计算机上运行并提供服务的软件解决方案。前者称为系统软件,而后者则称为应用软件。此时的软件产品主要以软盘和光盘等物理介质作为分发和销售的载体。随着计算机网络的发展,越来越多的计算设备具有了网络通信能力,由此软件可以通过网络将计算能力更强的服务器与个人计算机及其他终端设备相连接,从而实现更加丰富和强大的功能。这一时期软件产业蓬勃发展,产生了大量面向不同应用领域和行业的应用软件产品,同时也涌现了一些著名的软件企业。例如,ERP(Enterprise Resource Planning,企业资源规划)[①]领域知名度较高的软件企业包括美国的 Oracle、德国的 SAP 以及中国的用友和金蝶。

这一时期诞生了很多软件产品,可以从不同的角度进行分类。按照软件的应用领域,可以将软件产品分为通用软件产品和定制化软件产品两类。其中,通用软件产品实现的是通用需求,一般通过市场向广大客户和用户直接进行销售,其典型代表包括办公软件、工具软件、游戏等；定制化软件产品面向特定客户(一般是政府、企业或其他机构)实现定制化的需求,一般是接受特定客户委托后开发的,其典型代表包括面向特定客户开发的客户关系管理(CRM)系统、生产和销售管理系统、财务管理系统等信息管理系统。按照软件的部署和运行形态,可以将软件产品分为信息系统和嵌入式软件系统。其中,信息系统一般运行在通用的服务器和个人计算机等通用计算机上,其功能主要是信息加工和处理,例如,信息填报、业务审核、流程管理、统计分析、报表打印等；嵌入式软件系统一般运行在生产设备(如机床)、家用电器(如冰箱)、特种设备(如月球车)中,通过嵌入在设备中的有限的计算和存储资源来实现设备管理和控制等方面的功能。

2000 年以来,随着互联网和移动设备的发展,各种基于互联网的应用软件和服务不断涌现并蓬勃发展,同时也产生了新的软件分发方式和商业模式。与通过光盘等方式离线分发并在客户方部署后使用的传统软件不同,互联网软件一般都是以在线服务的形式提供给客户和用户的。从使用方式上看,互联网软件无须安装,可直接通过互联网(例如通过浏览器)访问使用。从分发方式上看,互联网软件无须通过光盘等介质复制分发,服务提供方可

① ERP 软件原来主要是指面向企业生产资源计划、采购、生产、库存、销售、财务等各环节的管理信息系统,现已泛指各类与企业业务流程管理与改进相关的信息系统。

直接在服务器端进行软件升级。互联网的发展催生了各种各样的互联网服务和商业模式，包括搜索引擎、网络购物、在线社交、网络游戏、互联网金融等，由此也产生了众多著名的互联网企业，包括美国的 Google（谷歌）、FaceBook（脸书）、Twitter（推特）、Amazon（亚马逊）以及中国的阿里巴巴、腾讯、百度、字节跳动等。

早期的互联网软件服务主要通过浏览器访问服务器页面的方式提供。随着移动网络以及移动设备的快速发展，越来越多的互联网应用都提供了移动客户端访问方式，例如，手机或平板电脑上的各种移动应用（App）。由此也涌现出了一种新的软件分发和销售模式，即软件应用商店，例如，苹果的 App Store、谷歌的 Google Play 以及华为应用市场等手机厂商提供的应用商店等。与此同时，围绕各种软硬件平台又形成了各种软件生态系统，例如，苹果软件生态系统、安卓软件生态系统等。在这些软件生态系统中，大量的软件企业和开发人员不断利用平台的软硬件能力和开发框架（例如安卓开发框架）开发新的软件应用或持续更新已有应用，同时应用与应用之间既相互竞争又相互依存。

随着信息与计算技术的不断发展，软件表现出了越来越强的渗透性，其应用的触角已经深入社会经济生活的方方面面，“软件定义一切”的发展趋势正日益成为现实。针对这一点，《中国学科发展战略：软件科学与工程》一书进行了深刻的分析（国家自然科学基金委员会等，2021）。

软件是信息系统的灵魂，是世界数字化的直接产物、自动化的现代途径、智能化的逻辑载体。时至今日，小到一个智能传感器、一块智能手表，大到一座智慧城市、一张智能电网，无不有赖于软件系统的驱动与驾驭。软件已经成为信息化社会不可或缺的基础设施。一方面，软件自身已成为信息技术应用基础设施的重要构成成分，以平台方式为各类信息技术应用 和服务提供基础性能力和运行支撑。另一方面，软件正在“融入”到支撑整个人类经济社会运行的“基础设施”中，特别是随着互联网向物理世界的拓展延伸、并与其他网络不断交汇融合，软件重塑了从休闲娱乐、人际交往到生产生活、国计民生等社会经济的方方面面，“软件定义一切”日益成为一种现实。

在这一背景下，软件开发及维护的效率和质量要求变得更加突出，而这些正是软件工程所要解决的问题。

1.2 软件工程的含义

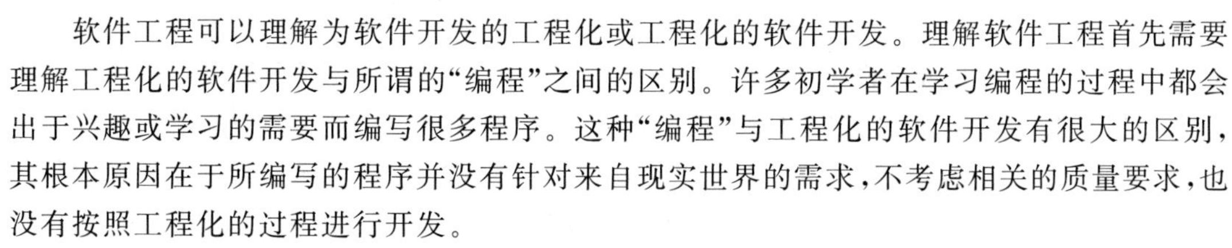

软件工程可以理解为软件开发的工程化或工程化的软件开发。理解软件工程首先需要理解工程化的软件开发与所谓的“编程”之间的区别。许多初学者在学习编程的过程中都会出于兴趣或学习的需要而编写很多程序。这种“编程”与工程化的软件开发有很大的区别，其根本原因在于所编写的程序并没有针对来自现实世界的需求，不考虑相关的质量要求，也没有按照工程化的过程进行开发。

软件开发的一般过程如图 1.1 所示。首先，软件开发针对来自现实世界的需求，即解决现实世界中的具体问题，例如，为一家企业的员工计算每个月应发的工资。其次，开发人员需要对相应的现实世界问题进行理解，为此他们一般都需要对问题进行抽象（例如，描述成业务流程图、规则表格等各种抽象形式）。再次，开发人员根据自己对于问题的理解编写程序，一般还需要通过测试来验证程序是否满足问题描述。最后，开发人员将所编写的程序部署在计算服务器、个人计算机（PC）、移动设备等计算设备上，从而使其能帮助用户解决现实世界问题，实现这一问题解决过程的闭环。由此可见，软件开发是一个从问题空间（现实世界）到解空间（计算机世界）的知识转换过程，即针对现实世界问题开发可以在计算设备上部署并运行的解决方案。

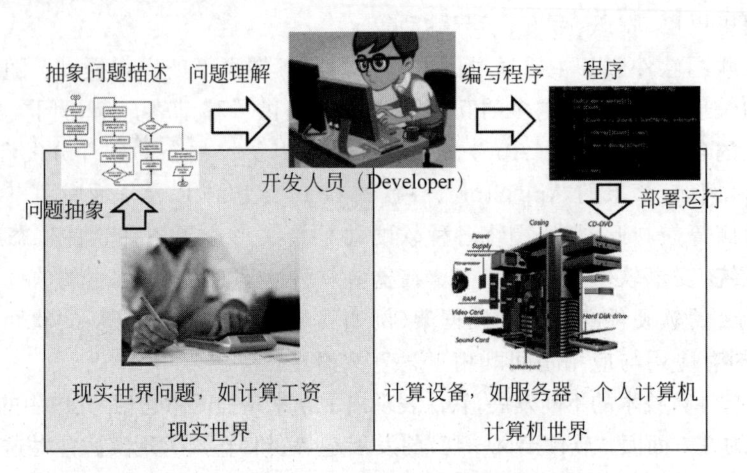

图 1.1　软件开发是一个从问题空间到解空间的知识转换过程

与桥梁工程、汽车工程、船舶工程等其他工程门类一样，软件工程也具备“工程”(Engineering)的基本内涵和特点，主要包括以下几个方面。

- **过程标准化**：通常包含一系列明确定义的过程，包括相关的活动、所使用的工具、参与的角色以及具体工作的指南等，相关过程经常可以通过标准和规范等手段进行明确总结和描述。
- **理论和实践支撑**：所涉及的原则和方法有相应的理论支撑或者体现了长期实践经验的总结。
- **质量有保障**：项目实施过程稳定、可控，所完成的项目或所交付的产品的质量在很大程度上能够得到保障，成功经验很大程度上可总结、可学习、可重复。
- **实用性原则**：遵循实用性原则，强调“足够好”(good enough)而非“完美”(perfect)，注重成本与效益等方面的权衡。

由此可以看出，与高度依赖个人能力、经验甚至创意和灵感的艺术和手工艺不同，工程强调通过规范化的过程并以一种稳定、可靠、可预期的方式实现既定的目标。具体到软件开发，事实上，软件诞生初期的开发方式很大程度上类似于手工作坊，开发的成功主要依赖于开发人员个人的能力和经验，项目完成时间以及所交付的软件质量都存在较大的不确定性。随着软件开发项目的逐渐增多，这一问题造成的影响也越来越大，并最终导致了所谓的软件危机(Software Crisis)，其主要表现包括软件开发进度难以预测、软件开发成本难以控制、产品功能难以满足用户要求、产品质量无法保证以及产品难以维护。

图灵奖得主、IBM 360 系统之父 Frederick Brooks 在《人月神话》一书(Brooks,2002)中描述了他所领导的 IBM 360 系统的操作系统开发项目所遭遇的局面。这个项目总的代码量是 100 多万行，开发时间从 1963 到 1966 年，投入的总人力达到了 5000 人年[①]，而项目最

① 人年(类似的还有人月)是一种工作量计量单位，是项目所有参与者工作时长的累计。

终在耗资数亿美元之后的结局是：发布推迟，成本超支好几倍，系统运行所需的内存远超最初的预计，第一次发布时还不能很好运行，直到发布更新了好几次以后(每次都会修订上千个错误)才有所好转。他在书中像下面这样描述项目所处的困境。

……正像一只逃亡的野兽落到泥潭中做垂死的挣扎，越是挣扎，陷得越深，最后无法逃脱灭顶的灾难……程序设计工作正像这样一个泥潭……一批批程序员被迫在泥潭中拼命挣扎……谁也没有料到问题竟会陷入这样的困境……

针对这样的局面，人们自然联想起桥梁工程、汽车工程、船舶工程等其他工程门类的成功经验，即将软件开发的方式从手工作坊式改造成工程化的方式。而“软件工程”这一概念的正式提出一般都认为是在 1968 年召开的一次 NATO(北大西洋公约组织)组织的会议上。在那次会议上，与会的计算机领域的专家给出了如下这个“软件工程”的定义。

建立并使用合理的工程原则，从而能够以一种经济可行的方式获得可靠且在真实机器上能够高效运行的软件。

这个定义强调了软件工程如下这几个方面的根本特性。

- **可靠性**：所交付的软件应该具有可靠性。
- **运行效率**：所交付的软件能够在真实的计算设备上高效运行。
- **经济性**：所采用的过程和方法需要考虑成本效益。
- **工程**：实现以上目标的手段是建立并使用合理的工程原则。

由此可见，软件工程需要兼顾软件质量与开发成本。此外，由于应用需求的快速变化以及市场竞争格局的加剧，软件产品新版本和新特性交付时间上的要求也越来越高，软件开发团队需要能快速响应市场和用户需求变化并及时进行交付。因此，软件工程需要平衡质量、成本与时间三个方面的目标，如图 1.2 所示。

软件工程的内容主要包括四个层次(Pressman，2021)，如图 1.3 所示。作为最底层基础的是软件的“质量”关注点，即软件开发所需要实现的功能正确性、高性能、高可靠性、用户友好性等方面的质量目标。在此之上是过程，即软件开发的整体过程(流程)，其中包括一系列活动、活动之间的顺序以及开展的方式(例如按照线性还是迭代化的方式)。软件开发过程中所包含的各种开发活动，例如需求分析、软件设计、软件构造、软件测试等，都应该有相应的方法支持，这些方法为开发人员开展相应的开发活动提供具体的指导。软件开发过程及活动中的一些环节需要自动化工具的支持，例如，软件需求分析工具、软件设计工具、辅助编码工具、代码静态分析工具、软件测试工具等，从而减轻开发人员负担同时提高任务完成质量。

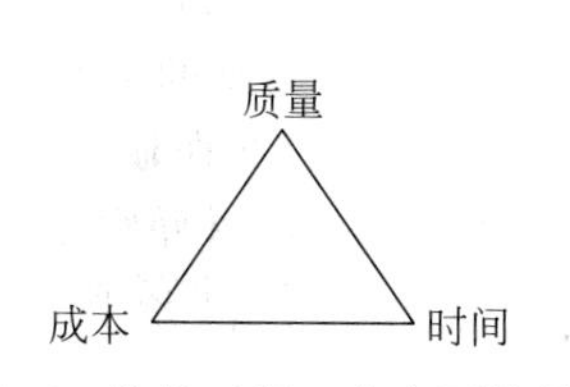

图 1.2　软件工程三个方面的目标

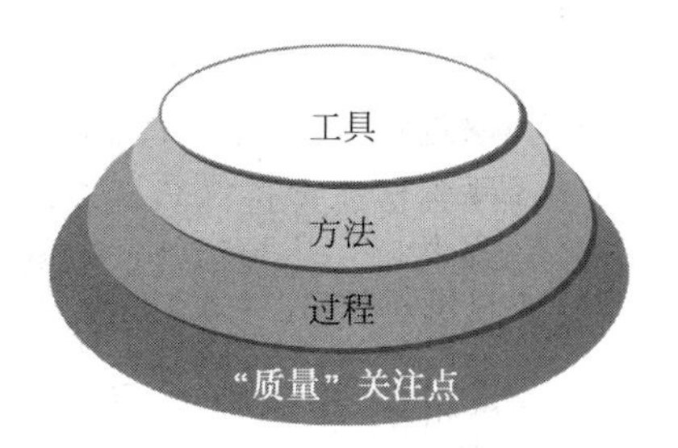

图 1.3　软件工程的内容层次(Pressman，2021)

1.3 软件工程的系统观与演化观

理解软件工程需要从空间和时间两个方面将软件及其开发过程置于一个更大的社会、经济和技术环境之中并从发展和变化的角度去理解，也就是说，要建立相应的系统观和演化观。

从系统观的角度看，需要对软件系统的整体结构以及各部分之间的关系有一个整体的理解。事实上，软件工程与系统工程具有密切的关系。软件（这里特指针对特定需求开发的应用软件）不是存在于真空之中的，而是处于一个复杂的系统之中，其中包括网络、服务器、中间件、数据库等基础软硬件以及用户和软件应用所处的物理和社会环境。而对于用户及其他涉众（即与软件系统相关的人或组织）而言，真正有价值的是完整的系统而非其中的软件。例如，一个开发很完美的应用软件如果不能以合适的方式在网络和服务器上进行部署，那么用户是无法使用的或者服务质量很差。因此，理解软件开发要求首先需要在这个更大的系统范围内思考不同系统组成成分之间的职责分配，在此基础上确定待开发的软件需求。这一问题在 8.1.5 节中还有进一步的分析。以当前最流行的基于互联网的软件系统为例，其典型结构如图 1.4 所示。其中，服务器端软件系统包含一系列软硬件基础设施和其他依赖，而客户端软件则在个人计算机和手机等移动设备上运行并受到用户所处的物理和社会环境的影响。对于这类系统需要从以下两个方面建立相应的系统观。

图 1.4 基于互联网的软件系统典型结构

1. 软件系统的计算环境及技术栈

软件技术的发展促使共性技术不断沉淀形成各种基础性的系统软件。例如，Windows 和 Linux 等操作系统在管理底层硬件资源（CPU、内存、磁盘、输入/输出设备、网络设备等）的基础上，通过抽象向上提供方便使用的编程接口，使得软件开发不用再面向底层计算机硬件。在此基础上，数据库（例如 MySQL）、软件中间件（例如消息中间件）、软件框架（例如 Spring 框架系列）也逐渐发展起来，使得应用软件开发中共性的数据存取与管理、消息通信、软件框架结构等共性能力进一步从应用软件中剥离出来。此外，应用软件开发还可以使用各种开源或商业的第三方库（例如封装成 Jar 包的 JSON 处理库）以及互联网上以 REST API 等形式提供的网络化服务（例如一个在线支付服务）。现代软件系统的复杂性很大程度上已经不允许开发人员一切从头开发，他们通常都需要选择一套软硬件技术栈，在充分利用技术栈软硬件能力的基础上开发自己的应用软件部分。与此同时，需要对由此产生的复杂依赖关系有所了解。例如，如果应用软件所依赖的第三方库存在缺陷或漏洞，那么可能会影响应用软件的正常运行；应用软件如果与操作系统和硬件等底层基础设施以及所依赖的数据库、软件中间件、软件框架等不兼容，那么也会导致问题。此外，应用软件所依赖的软硬件技术栈一般还包含着复杂的配置，例如，网络以及数据库和消息中间件地址、内存使用限制等运行参数等各个方面的配置。

2. 软件系统的物理和社会环境

使用软件系统的用户总是处于由特定的社会和物理环境构成的场景之中，因此软件系统需要与环境中的社会和物理要素共同作用从而实现用户需求。例如，校园一卡通系统中的软件需要与学校的食堂、图书馆等服务设施、后勤与图书馆工作人员以及一卡通办理、挂失等业务处理流程相结合才能满足学校师生就餐、借书等方面的需求；智能汽车中的软件需要与发动机、制动器、油门等装置相结合并考虑道路条件和交通安全法规。因此，我们需要在用户所处的物理和社会环境以及具体的使用场景之中去思考和理解软件所扮演的角色和相应的需求，也就是将软件需求嵌入到具体的上下环境之中。

从演化观的角度看，需要对软件系统的持续发展变化有一个全面的理解。开发完成之后一次性使用随即抛弃的软件系统是很少的，绝大多数软件系统都有着较长时间的生存周期(Lifecycle)并在此过程中不断进行演化。另一方面，现代软件开发广泛采用了敏捷开发等迭代化的开发过程并强调持续和快速的用户反馈的作用，因此软件开发过程自身也是演化式。为此，需要以发展的眼光看待软件系统，考虑软件长期演化和维护的需要。事实上，软件工程的很多问题都与软件的演化和维护相关。例如，软件的设计和实现要充分考虑可维护性、可扩展性和可移植性等方面的要求，从而使得开发人员在长期的软件演化和维护的过程中更容易理解软件设计和实现、根据要求修改代码、根据需求变化扩展新的特性以及将软件移植到新的运行环境中。具体而言，软件系统的演化观包括以下两个方面的内容。

1) 软件系统的持续演化

大部分软件系统在首次交付之后都会被使用数年甚至数十年之久。在此过程中，软件由于多个方面的原因而需要不断进行演化以适应客户与用户需求以及环境的变化，从而保持其“有用性”。例如，用户在软件系统使用过程中发现的缺陷和其他问题需要进行修复；因为使用人数或访问频率的增加，软件系统需要改进设计和实现方案以提升处理能力和性能；软件系统从本地化部署改为云平台部署，因此需要修改原有的设计和实现方案以适应云平台上的环境；软硬件新技术的发展为软件系统带来了新的创新机会，因此需要修改软件以实现新技术的应用。此外，开发人员有时候还会主动选择对软件的设计和实现进行重构，从而改进其可维护性和可扩展性。以上这些因素使得软件在其生存周期内一直处于持续演化的状态，需要开发人员不断进行各种修复性、适应性、完善性或预防性维护活动。

2) 软件系统的迭代和演化式开发

软件工程诞生之初，软件项目的开发方式一般都是像瀑布模型(见 2.1.3 节)那样以一种线性的方式顺序进行需求分析、设计、实现、测试等活动，整个开发过程一次性完成然后交付软件并进入软件维护阶段。然而，现代软件开发普遍采用了敏捷方法(见 2.2.1 节)，通过很短的迭代周期(通常几星期或一两个月)持续交付可运行的软件并获得用户反馈。而近几年流行的开发运维一体化(即 DevOps，见 2.3 节)则进一步将敏捷方法的精神延伸到运维阶段,通过频繁的部署和持续的监控更快地获得使用反馈。这些开发方式都使得软件开发本身就是迭代和演化式的,每次开发都是在前一次交付的软件基础上不断实现新的特性或修复所发现的缺陷。由此,软件开发与演化已经融为一体,无法完全区分开。

视频讲解

1.4 软件工程师的社会责任

如前所述,软件具有极强的渗透性,其应用的触角深入人类生活的方方面面。因此,软件的行为及其质量对于现实世界和人类社会有着巨大的影响。作为软件的创造者和维护者,软件工程师在其中扮演着重要的角色,同时也肩负着巨大的社会责任。如图 1.5 所示,在软件定义一切的发展背景下,现实世界与人类社会中的方方面面都需要通过软件化的方式进行管理并提供服务,因此软件工程师需要准确理解现实需求,然后开发并交付高质量的软件系统。这些软件系统将被应用到现实世界中并持续运行,支撑社会运转并提供各种服务。软件工程师的社会责任在以上多个环节中都有体现,具体包括以下几个方面。

图 1.5 软件工程师的社会责任

- **国家需求与社会需要**:软件所发挥的作用早已超出了信息世界。传统的工业、农业和服务业转型升级以及许多国家重点领域的发展和建设都需要软件技术的支持和软件系统的支撑。此外,社会治理与保障也需要通过软件和信息技术的应用提升水平、提高人民幸福指数。软件工程师肩负着满足这些现实需要的责任,需要通过软件技术及应用创新不断回应这些现实需求。
- **职业道德与工匠精神**:任何一种职业都有其需要遵循的职业道德规范,软件工程师也是如此。软件开发活动是在现实的社会和法律框架下进行的,因此软件工程师需要遵守法律并使得自己的行为合乎一般道德标准的要求。例如,软件工程师需要尊重软件知识产权并了解与之相关的知识(例如开源软件许可证)和技术(例如代码来源分析及许可证检查)。同时,软件工程师需要在工作中尽自己最大努力为工作成果负责,不能一味追求企业商业利益和个人利益。此外,软件工程师应当具有工匠精神,发挥敬业和精益精神,钻研软件技术创新,用心打磨精品化的软件产品。
- **可靠可信与自主可控**:软件系统的重要作用和影响使得软件必须能够可靠运行并让用户具备高度的可信任感,因此软件工程师需要对所开发和运维的软件系统质量精益求精,并对各种可能的外部威胁(例如网络攻击)进行防御。此外,在通过开源和商业生态获取各种软硬件技术的同时，对于一些关键核心技术需要突出自主创新并实现自主可控。

- **伦理道德与社会影响**：伦理道德存在于人类社会以及人与人之间的交往之中。软件由于其渗透性而进入到人类社会中并在人与人之间的交往中发挥着重要的作用，因此软件不可避免地会触及一些伦理道德问题，例如，歧视、公平性、隐私问题等。另一方面，软件的应用也会对社会造成巨大的影响，例如，青少年成长、社会公平等方面。因此，软件工程师需要对软件的伦理道德以及社会影响有着深刻认识，并善于利用各种技术使得软件的应用符合伦理道德并带来积极的社会影响。

从软件开发工作自身的特点来看，软件工程师的职业道德主要包括以下三个方面的含义。首先，软件的开发及其应用必须符合法律规定，不能利用软件技术作恶（例如，开发软件进行恶意攻击或其他非法活动），不能在软件开发中侵犯他人知识产权。其次，软件的开发及其应用必须满足道德规范和职业精神，例如，保守商业和技术秘密、尊重雇主和客户利益、保护用户隐私等。最后，软件工程师必须有责任感，一方面有着高度的质量意识、追求卓越，另一方面有社会责任感、追求社会公平与正义。

1.5 本书的内容结构

本书覆盖了现代软件工程的一些主要内容，特别是需求分析、软件设计、软件构造、软件测试等。然而，本书的内容并没有按照经典软件工程开发活动的顺序（即需求分析、软件设计、软件构造、软件测试）进行编排，而是从最接近编码也就是最具体的部分开始，然后再逐步介绍更加抽象的软件设计和需求分析等内容。这种编排顺序更加符合一个软件工程师从入门开始的学习过程和成长经历。具体而言，本书后续共包括如下 9 章。

第 2 章“软件过程”在介绍软件过程的基本概念及其发展历史的基础上，简要描述了经典的软件过程模型，然后着重介绍了现代软件开发中常用的敏捷与精益方法以及开发运维一体化（DevOps）的思想和相关实践。这一章的主要目的是让读者对整个软件开发过程的组织方式有一个整体的概览，同时对现代软件开发所追求的持续交付、快速反馈、敏捷迭代等目标有所理解。

第 3 章“版本与开发任务管理”在介绍配置管理和软件产品发布计划的基础上，重点介绍了软件版本管理与开发任务管理的思想、方法和相关工具。加入一个软件开发团队与众多开发人员一起协同工作，首先需要了解整个项目是如何通过版本管理协调众多开发人员的代码修改及其他开发活动，在确保并行开发效率的同时避免冲突。此外，还需要了解分配给每个开发人员的开发任务包括哪些类型，以及需要通过什么样的过程产生并进行管理。

第 4 章“高质量编码”在解释代码质量含义的基础上，从代码风格、代码逻辑、安全与可靠性编码三个方面介绍了高质量编码的相关要求、常用的代码质量控制技术以及测试驱动开发方法。初入企业的开发人员一般会先从单元级（例如类）的开发任务开始。在这些开发任务中，开发人员根据明确的需求和设计要求完成局部的编码任务，而不需要考虑整体的设计以及软件需求的定义。这样的局部编码活动也有着很高的质量要求，开发人员必须了解如何写出规范、高质量的代码，并学会使用测试驱动开发等方法来强化编码任务的明确定义以及基于测试的代码质量保障。

第 5 章“软件设计”在解释软件设计概念的基础上，介绍了面向对象软件设计、契约式设计、设计模式、演化式设计的思想以及相关的代码坏味道和软件重构方法。积累了一定经验的开发人员可能会逐步成为软件组件级别的负责人，这些组件一般包含几个到几百个文件以及几百到几十万行代码。此时，开发人员需要具有一些软件设计思想并掌握一些常用的设计模式和设计方法，从而能够根据组件的开发要求给出合理的详细设计方案，包括设计类的定义与职责分配、类之间交互接口和交互关系定义等。由于面向对象编程语言的广泛使用，这部分主要围绕面向对象软件设计进行介绍。

第 6 章“软件复用”在解释软件复用概念的基础上，从组件级、框架级、平台级这三个层次介绍了软件复用的方式、方法、技术和开发过程。软件复用在软件开发中发挥着重要的作用。开发人员需要熟悉各个层面上的软件复用方式和方法，了解各种可复用的软件组件、框架和平台，并将复用融入日常开发的设计和编码活动之中。

第 7 章“软件体系结构”介绍了体系结构这一更高层面上的软件设计，包括软件体系结构的概念、决策过程、描述方法以及常用的体系结构设计风格，并在此基础上介绍分布式软件体系结构以及近几年开始流行的云原生软件体系结构。如果开发团队面临的是一个大规模复杂软件系统，特别是对于性能、可靠性、可伸缩性等方面有着很高要求的系统，那么一般都需要一个架构师甚至架构师团队来进行顶层的软件体系结构设计。体系结构设计决定了软件系统整体的模块或组件结构以及它们之间的接口和交互关系。为了实现良好的性能、可靠性、可伸缩性等非功能性质量，经常需要采用分布式软件体系结构甚至近几年流行的云原生软件体系结构。

第 8 章“软件需求”在解释软件需求相关概念的基础上，介绍了从用户需求到系统需求的逐层分解和精化以及场景分析、类分析、行为分析等典型的需求分析和描述方法，同时还介绍了敏捷开发中的需求分析方法和管理流程以及可信性需求的含义和分析方法。软件设计与实现都是以所确定的软件需求为基础的。为了完整、准确、清晰地定义软件需求，分析人员需要理解软件系统的高层愿景和目标以及所处的上下文环境，在此基础上从多个不同方面分析和刻画软件需求。

第 9 章“软件测试”在解释软件测试相关概念的基础上，介绍了单元测试、集成测试、系统测试、验收测试等各种软件测试类型以及常用的黑盒测试方法和白盒测试方法，然后介绍了面向功能正确性以及各种非功能性质量特性的系统测试技术和工具。除了高质量编码过程中开发人员自身所进行的单元测试，软件开发过程中还需要进行集成测试、系统测试、验收测试等其他更高层次上的测试，其中很多测试都是由专业的软件测试人员来进行的。如果想成为专业的测试人员，那么需要理解软件测试的思想并掌握相关的测试方法和工具。

第 10 章“软件集成与发布”介绍了软件持续集成与持续发布的基本过程和常用实践以及其中所涉及的软件构建和依赖管理等技术和相关工具。软件开发最终价值的实现有赖于面向最终部署和运行环境的软件发布，而发布后的用户使用反馈又可以驱动软件本身的持续优化和改进。第 2 章“软件过程”也介绍了与此相关的持续集成和持续发布等概念，而第 10 章则会具体介绍相关的技术和工具。

小　结

经过多年的发展,软件的运行、使用和服务模式不断变化,已经形成了多种不同维度的分类。与此同时,软件表现出了越来越强的渗透性,其应用的触角已经深入人类社会经济生活的方方面面。软件应用范围的不断扩大以及软件开发要求的不断提高使得工程化的软件开发逐渐成为共识,从而形成了软件工程这一学科门类。理解软件工程需要从空间和时间两个方面将软件及其开发过程置于一个更大的社会、经济和技术环境之中并从发展和变化的角度去理解,也就是说,要建立相应的系统观和演化观。在此基础上,需要深刻理解软件工程师的社会责任。本书覆盖了现代软件工程的一些主要内容,并按照一个软件工程师的学习过程和成长经历对相关内容进行了组织和编排。

第2章 软件过程

本章学习目标

- 理解软件过程的基本概念,了解软件过程及软件过程改进的发展历史和现状。
- 理解软件生存周期模型以及典型的软件过程模型。
- 理解敏捷与精益等现代软件过程概念与方法。
- 了解现代企业的常用软件过程实践。
- 了解开发运维一体化(DevOps)的基本概念和业界实践。

本章首先介绍软件过程的基本概念,包括软件过程的发展历史、软件过程模型以及软件过程改进;然后结合当前软件工程实践,介绍现代软件开发中常用的敏捷与精益方法,阐述典型的软件过程实践;最后介绍软件开发运维一体化(DevOps)以及持续集成、持续交付、持续部署等相关的过程实践。

视频讲解

2.1 软件过程概述

软件过程是随着软件工程的提出而逐步发展成熟的,在此基础上逐步形成了软件生存周期规范以及一系列经典的软件过程模型,而软件过程改进则从软件开发的过程成熟度评估及改进方向上提供了相应的指导。

2.1.1 基本概念和发展历史

过程是指将输入转换为输出的一组彼此相关的活动(GB/T 8566—2007)。软件过程定义了软件组织和人员在软件产品的定义、开发和维护等阶段所实施的一系列活动(Activity)和任务(Task)。过程是活动的集合,活动是任务的集合(张效祥,2018)。例如,可以把"实现过程"看成创建系统元素的一系列动作,从而生成满足规定系统需求、架构、设计的系统元素;该过程包括准备实现、实施实现以及管理实现的结果三个活动;准备实现这个活动则包括定义实现策略、识别实现约束、识别必要的和清晰的软件环境(比如开发或测试环境)并为之做计划、获得对软件环境或服务的访问权等具体任务。

软件过程有三层含义(张效祥,2018):一为个体含义,即指软件产品或系统在生存周期中的某一类活动的集合,如系统分析过程、实现过程;二为整体含义,即指软件产品或系统在所有上述含义下的软件过程的总体;三为工程含义,即指应用软件工程的原则、方法来构造软件过程模型,并应用到软件产品的生产中,以此来提升软件生产率,降低生产成本。

人们对软件过程的认识是逐渐发展的。20 世纪 50 年代,早期的计算机软件还与计算机硬件密切绑定,软件的开发也与计算机硬件生产和调试集成在一起。当时还没有形成软件工程和软件过程概念，而是仅在硬件工程（Hardware Engineering）中加入了编码、测试等相关的软件开发活动。

20世纪60年代，开发人员逐渐意识到软件开发不同于硬件生产的一些特点，例如，软件易于修改、容易复制产生新的副本，开始考虑采用特定的方法来开发软件，形成了软件工艺（Software Crafting）的概念。当时典型的开发方法是“编程加修复”（Code-and-Fix）。开发人员充分利用软件易于修改的特点，编写程序，然后修复错误。整个过程对客户和开发人员自己而言都是不可见和不可控的。开发人员很难评估当前软件开发的进度，以及离最终交付给客户究竟还有多少工作要做。开发过程就像一个难以预知的黑盒。

这一时期已经出现了一些大型的软件开发项目，例如，IBM 360系统的操作系统开发项目。这样的大型项目需要庞大的软件开发团队密切合作完成开发任务，其中的软件开发不仅是编码和调试，还需要经历需求获取、分析、设计、测试等不同的阶段，并采取相应的管理措施。整个项目开发需要遵循一定的规范来安排各种任务，由此逐渐形成了规范化的软件过程，各个阶段的产出更有预见性，可以通过反馈获知当前开发进度和效果，从而使得整个过程更易于进行控制和管理。随着时间的推移，规范化的软件过程概念逐渐被业界接受，进而形成了多种多样的软件过程模型。但这样的过程往往注重固定的流程，难以适应软件开发中的各种变化。

20世纪80—90年代，研究人员提出“软件过程也是软件”，揭示了开发优秀软件过程的重要性，同时引入了过程需求、过程架构、过程变更管理等重要的概念（Osterweil，1987）。1991年，美国卡耐基-梅隆大学软件工程研究所（CMU SEI）研发了一系列评估软件开发能力成熟度的方法框架CMM，用于评估和改进软件过程，到2000年发展为CMMI（能力成熟度模型集成）。CMM/CMMI经历了持续的演进，通过定义不同方面的活动来规范软件开发过程。

20世纪90年代后期，人们在逐渐加快的开发和交付节奏中，发现传统的软件过程过于强调计划，往往难以很好地适应软件开发中的变化。为了应对多变的需求，出现了多种具有快速迭代反馈、适应需求变化等“轻量级”特点的开发方法，与传统的注重计划、控制变更的“重量级”方法形成对比。这些新的方法被称为敏捷方法。敏捷方法强调更快地交付高价值的产品，形成了以极限编程（extreme Programming，XP）、Scrum、Kanban等方法为代表的多种敏捷开发实践。

进入21世纪以后，传统的重量级软件过程和新兴的敏捷软件过程都在不同的领域得到了发展。由于互联网的普及，大量的软件开发需求朝着快速、易变的方向发展，因此敏捷方法在很多企业得到广泛应用。不仅在软件开发方面，在软件运行维护方面，敏捷方法也得到了应用。2009年，在比利时召开的DevOpsDays会议提出了DevOps（即“开发运维一体化”）这个术语，体现了敏捷社区对敏捷实践在运维领域应用的思考，为开发工程师和运维工程师参与整个服务生存周期（从设计到开发再到运行支持）的实践给出一体化的解决方法。

近年来，对软件过程的探讨更加聚焦于软件开发效能和质量的提升方法。各大企业不断推进持续集成、持续交付在软件开发中的使用，形成了多种颇具成效的软件过程实践。对初学者而言，了解软件生存周期过程的基本概念、软件过程模型以及过程改进的基本思想，然后学习新的软件过程实践方法，对提升自身软件工程素养有重要的意义。

2.1.2 软件生存周期过程标准

软件生存周期是指软件产品或软件系统从产生、投入使用到被淘汰的全过程（张效祥，2018）。ISO/IEC 12207 是国际标准化组织（ISO）和国际电气委员会（IEC）共同制定的软件生存周期过程国际标准①。该标准最新版本是 2017 年发布的。

ISO/IEC 12207：2017 阐述了软件生存周期阶段与软件生存周期过程的关系。每个"阶段"在软件系统的整个生存周期中应当具有一个独特的目标和贡献。例如，软件系统中典型的生存周期阶段包括概念探索、开发、维护、退役。而软件生存周期"过程"并不与特定的阶段绑定。每个生存周期过程都涉及计划、执行、评估等活动，而这些活动在各个阶段也会发生。

从软件过程的个体含义的层面来看，ISO/IEC 12207 规定了四个过程组，分别是协议过程组（Agreement Processes）、组织项目使能过程组（Organizational Project-Enabling Processes）、技术管理过程组（Technical Management Processes）以及技术过程组（Technical Processes）。图 2.1 给出了这些过程组中的各个具体过程。

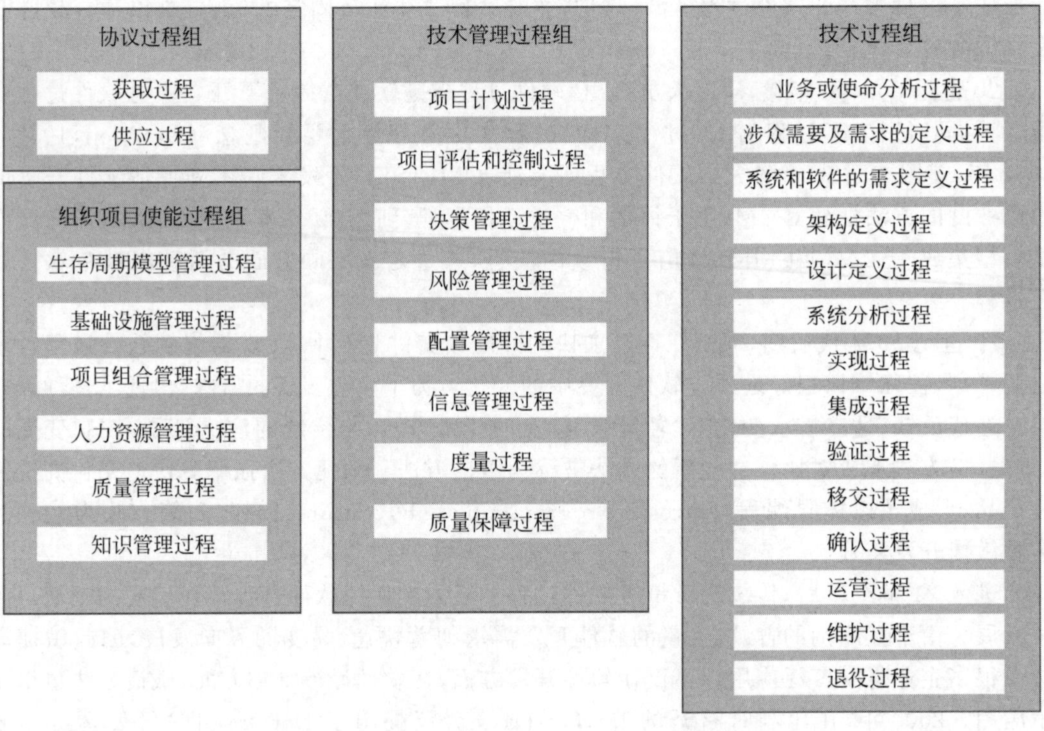

协议过程组
获取过程
供应过程

组织项目使能过程组
生存周期模型管理过程
基础设施管理过程
项目组合管理过程
人力资源管理过程
质量管理过程
知识管理过程

技术管理过程组
项目计划过程
项目评估和控制过程
决策管理过程
风险管理过程
配置管理过程
信息管理过程
度量过程
质量保障过程

技术过程组
业务或使命分析过程
涉众需要及需求的定义过程
系统和软件的需求定义过程
架构定义过程
设计定义过程
系统分析过程
实现过程
集成过程
验证过程
移交过程
确认过程
运营过程
维护过程
退役过程

图 2.1 ISO/IEC 12207：2017 软件生存周期过程

协议过程组描述了一个软件系统的需方（Acquirer）和供方（Supplier）在获取或提供满足需求的软件产品或服务方面应该进行的活动。需方指从供方获得或采购系统、软件产品或软件服务的个人或组织，例如，买主、顾客、拥有者、用户或采购者；供方指与需方签订合

① 我国国家标准 GB/T 8566—2007《信息技术——软件生存周期过程》是在国际标准 ISO/IEC 12207：1995 连同其 2002 年和 2004 年的两次修订版本基础上修改制定的。

同，并按合同规定提供系统、软件产品或软件服务的组织，如承接方、生产方、卖方或供货方。具体主要包括获取和供应两个过程。

组织项目使能过程组通过提供必要的企业级资源为项目满足涉众的需要和期望提供支撑，包括生存周期模型管理、基础设施管理、项目组合管理、人力资源管理、质量管理以及知识管理等多个过程。这些组织项目使能过程不仅在项目本身的生存周期中会用到，在项目生存跨度之外也会用到。

技术管理过程组[①]与项目的技术工作量有关，特别是以成本、时间进度、成果输出来衡量的计划方面，以及用来保障计划、执行符合预期的保障措施以及纠正措施。主要包括项目计划、项目评估和控制、决策管理、风险管理、配置管理等多个过程。

技术过程组关注贯穿软件生存周期的技术动作，定义了创建和使用软件系统、将涉众需要转换为产品或服务的各个过程。这些过程涵盖了软件或系统开发中业务分析、需求定义，架构定义、设计定义、系统分析、实现、集成、验证、移交、确认、运维等各个方面。

ISO/IEC 12207 提供了一个全面的过程框架，但并不定义一个特定软件项目或组织的过程，也不规定各个过程之间的执行顺序或执行方式。尽管 ISO/IEC 12207 的定义非常全面，但是对于一个软件项目而言，并不一定会用到所有的方面。因此，在实际应用中，各个单个过程可以以不同的方式编排、组织、裁剪，从而形成不同的软件过程实践。

2.1.3 软件过程模型

视频讲解

软件过程模型是对开发人员所采用的软件开发方法与过程组织整体结构的抽象描述，表达了软件过程的结构框架。不同的软件过程模型阐述了不同的软件开发指导思想、方法步骤以及具体实践。因此，软件过程模型在一定抽象层次上刻画了一类软件过程的共同结构和属性。软件过程模型有时也被称为软件开发模型（张效祥，2018）。

传统的软件过程模型主要有瀑布模型、增量模型以及演化模型。有的过程模型试图从传统过程中挖掘出好的共性特征和性质，例如，统一过程模型（Jacobson et al.，1999）。本节将简要介绍几种典型的软件过程模型的基本思想及其特点。

1. 瀑布模型

瀑布模型的核心思想是将软件开发的各个过程以线性的、顺序的方式进行。首先，清晰地了解要解决问题的需求，然后顺序地开展策划、建模、构建和部署等工作，最终交付一个完整的软件产品，并开展后续的技术支持服务。

最早的瀑布模型为软件开发规划了一种理想的、顺序的基本框架，即每个阶段的具体活动内容和目标都清晰定义，阶段性的产出都能被明确签核（sign-off），只有前一个阶段完成后才会进入下一个阶段。这对于早期软件过程定义不清晰、缺乏工程化的开发方法来说，无疑是一大进步。

然而，从瀑布模型的诞生开始，对其有效性的讨论和质疑就没有停止。从软件开发实践看，瀑布模型主要存在以下几个方面的问题（Hanna，1995）。

- 实际项目很少完全遵循瀑布模型提出的顺序。尽管在实际使用中可在这种线性模型上增加迭代，但这是通过间接的方式实现的，由于缺乏统一的指导思想和方法，因

① 该过程组在 ISO/IEC 12207：2008 中被称为项目过程组。

此在实践中整个过程往往变得混乱。

- 客户通常难以在一开始就完整、准确地描述需求,而瀑布模型却需要客户先明确需求。这对于大部分软件项目而言是不现实的,因此很难适应软件开发项目固有的不确定性。
- 可执行的软件产品交付太晚,造成巨大的风险。瀑布模型只有到开发后期(如测试)阶段才能产出可执行的程序,而在此之前客户可能很难确认软件开发的中间产品是否符合他的需要。如果最终发现软件产品中存在重大缺陷,那么要重新回到之前的阶段,会造成惨重的损失。

针对这些问题,软件开发实践者和研究者提出了许多改进的方法,例如,在不同阶段之间引入反馈,增加"前期设计"阶段让用户更早看到可测试的程序。但由于瀑布模型天然的不足,在当今需求易变、开发交付速度快的现代软件开发项目中已经很少采用了。只有当需求确定并且相对稳定、各个阶段工作基本按照顺序方式完成时,才会采用瀑布模型。

2. 增量模型

增量模型的思想是将软件产品的开发分成若干增量,每个增量执行一系列活动并且产出一个可执行的中间产品,直到最终完成完整的软件产品。每次增量开发选择一部分需求,通常是当前最关键、最核心的需求,作为增量的交付目标。

增量过程模型强调每个增量都提交一个可以运行的软件产品。这个软件产品可给客户或用户进行评估,用于发现偏差或问题,也用于发现潜在的新需求。这样,客户的反馈就比瀑布模型更加及时,从而避免一开始就走在错误的开发道路上。

早期增量模型的提出是基于对线性过程的改进,在每个增量迭代中应用线性的模型进行推进,但并没有对增量本身的范围和体量给出建议;同时,每次增量的开发时间安排(如前一个增量结束前是否可以开始后一个增量)和时间长度也没有明确。这就意味着,开发团队必须时刻关注如何选取增量、如何安排有限的开发资源以及如何将不同的增量结果整合起来进行完整的交付。这给采用这种过程模型的软件开发带来了不少困扰。

值得注意的是,虽然增量模型提出是基于迭代地使用瀑布模型,但增量这一思想的发展却远远超出了瀑布模型和传统的增量模型本身。到20世纪90年代,增量开发的思想得到进一步的推进,开始特别强调更短的增量开发周期和更小、更具体的增量开发目标,这就比早先的增量模型增加了更多的方法学指导,逐步形成了敏捷方法。有关敏捷方法将在2.2节详细介绍。

3. 演化模型

演化模型强调通过"迭代"来应对不断演变的软件需求。作为一种复杂的系统产品,软件会随着时间的推移而演化。由于商业环境、业务需求、产品目标都会发生变化,因此,采用迭代演进的方式逐步完善软件,成为一种自然而然的思路。

软件工程经济学鼻祖 Barry Boehm 提出的螺旋模型(Sprial Model)(Boehm,1988)是一种典型的演化模型。螺旋模型采用周期性的迭代,将制定迭代计划、风险分析(包含原型构建)、工程实施、客户评估等阶段以螺旋扩增的方式进行编排。每次迭代都会从计划开始,接着开展风险分析并构建原型,进而进行工程实施和客户评估,然后制定下一次迭代的计划,开启下一轮迭代。

螺旋模型也存在一些问题。由于软件本身的易变特性,如果简单地把需求作为早期的螺旋迭代内容，那么显然类似于仅仅在瀑布模型增加了几个中间环节。因此在实践中，每次螺旋迭代往往都会允许增加新的需求分析并随之带来新的设计、实现、验证等过程。这就导致开发团队以及客户都很难判断这种螺旋演进何时能够结束。另外，风险分析和管理在螺旋模型中至关重要，一旦有风险未被发现或管理，那么很可能导致整个项目的失控甚至失败(Pressman，2021)。

此外，演化模型中的一个重要形式是原型开发范型(Prototyping Paradigm)，强调开发软件原型(Prototype)。螺旋模型的每个迭代中就有构建原型的环节。构建原型是客户与开发团队之间有效沟通的重要技术手段。用户需求通常是模糊的、不完整的甚至相互之间存在矛盾的。通过原型，软件开发的所有利益相关者都能更好地理解彼此对于软件系统的期望。一般而言，根据原型使用目的的不同，可分为抛弃式原型(Throw-Away Prototype)和增量式原型(Incremental Prototype)。抛弃式原型在完成原型、达到目的后，应当被抛弃。这是因为这类原型不关注与当前探索、实验无关的特性，如果直接集成到最终的软件系统中可能带来不可预知的质量风险。因此在使用抛弃式原型与客户进行沟通时，需要特别注意说明此类原型相对于目标产品所缺失的设计要素，以免客户错误判断软件产品的完成程度。增量式原型是目标系统的一个可运行的子集，因此目标系统的关键设计决策应该在增量构建过程中逐步得到确定，确保后续的增量都建立在一个合适的基础上。

从前面的讨论可以看出，演化模型和增量模型虽然关注的侧重点不同，但是也具有一定的相关性。演化模型关注开发过程的迭代演进，而这个演进过程往往是增量的，但也可以在早期采取抛弃式原型等风险分析方式；增量模型关注每次开发所选择的增量，而完成这个增量往往采用的是迭代的形式，但也可以不强调周期性的迭代而仅仅叠加使用多个瀑布模型进行开发。事实上，不同的过程模型都有其产生的历史背景，都体现了人们对软件开发的认识的发展。一些有价值的思想被实践所验证，并被保留下来，继续发展；一些过时的思想会逐渐被历史淘汰。而随着时代的变迁，不同的软件过程思想也会有各自的发展，并相互吸收借鉴，从而适应不同的软件开发需要。

4. 统一过程模型

统一过程(Unified Process，UP)是 Ivar Jacobson 等在其著作《统一软件开发过程》(Jacobson et al.，1999)中提出的。它作为一种过程模型和方法框架，一定程度上总结了传统软件过程中好的特征和性质。统一过程具有以下特点。

1) 建立了增量、迭代的过程流

统一过程产出一次软件增量的过程称作一个循环。每个循环由初始(Inception)、细化(Elaboration)、构造(Construction)、移交(Transition)四个阶段(Phase)构成。每个阶段内部都包含一个或多个迭代(Iteration)，每个迭代涉及核心过程工作流和核心支持工作流中的多个过程(见图 2.2)，也强调对系统的增量。在不同的阶段，迭代工作流中的过程工作量是不同的。例如，初始阶段更偏重业务建模和需求，而构造阶段则更加偏重实现。

2) 强调与客户沟通以及从用户角度描述系统并保持该描述的一致性的重要性(Pressman，2021)

统一过程采用用例(Use Case)作为描述系统需求的手段。用例驱动是统一过程的重要特点。在需求获取过程中，通过识别用例和用例的执行者(Actors)来建立用例模型，并采用统一建模语言(UML)进行描述。然后，在分析和设计过程中进一步使用 UML 模型对用例

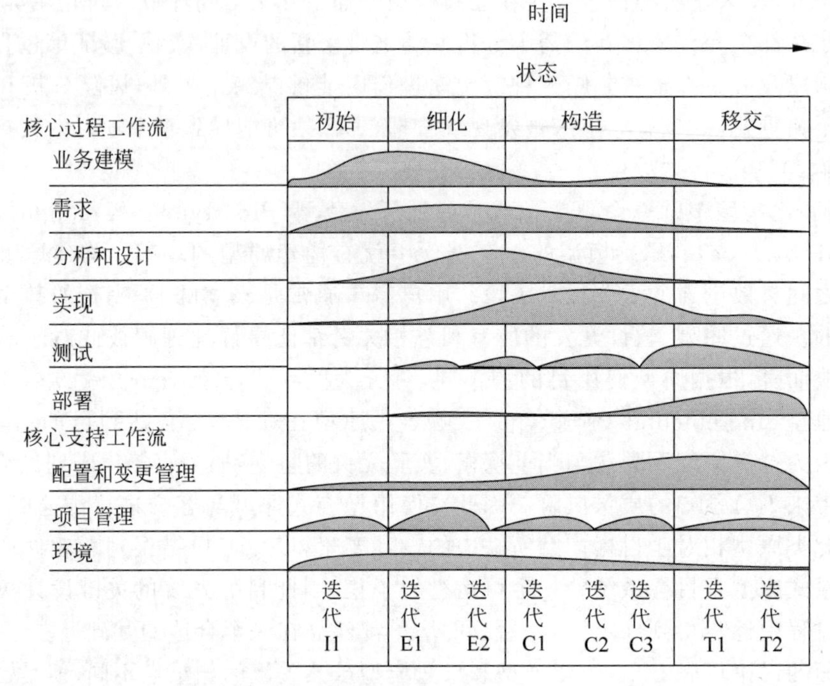

图 2.2　统一过程模型(Jacobson et al.,1999)

进行细化,建立相应的分析模型、设计模型和实现模型。最后,通过基于用例的测试来验证系统是否达到了预期的目标。UML 的使用一方面保持了客户沟通与系统描述的一致性,另一方面也保持了需求、设计、实现模型描述方面的一致性。

3) 强调了软件体系结构的重要性

统一过程的另一个重要特点是以软件体系结构为中心。软件体系结构是系统整体设计的高度抽象,宏观地描述了系统由哪些元素组成、这些元素之间的接口以及交互方式是怎样的、这些元素如何组合才能集成为更大的子系统,以及这些元素的组成与协作有哪些约束。软件体系结构在细化阶段被逐步构建和完善起来,并进行验证,解决影响最终软件产品功能和性能的高风险问题;在构造阶段逐步增加实现细节、调整和精化软件体系结构,从而满足最终软件系统的整体要求。

统一过程在过去二十多年的时间内体现了强大的生命力。"增量迭代、用例驱动、以体系结构为中心"成为一段时期内非常流行并且目前仍在业界使用的方法。随着时间的推移,人们也在持续总结着这些关键要素的实践经验,例如,每次增量多大合适,每次迭代多长合适,用例需要描述哪些内容以及什么时候细化,诸如此类。面对更加快速的软件交付频率、更加灵活变化的软件需求,统一过程的具体实现往往会借助敏捷软件开发的一些原则作为指导。从这个意义上,统一过程与敏捷方法并不矛盾;相反,它们可以相得益彰。有关敏捷的内容,将在 2.2 节中阐述。

2.1.4　软件过程改进

我们知道,软件过程的采用提升了软件开发的规范化程度,让软件开发中的活动、任务的定义更加明确,管理起来也更加容易,从而有助于提升软件产品的质量。但是,影响最终软件产品质量的因素还包括软件过程本身的质量、团队人员对过程理解和应用的程度以及软件工程实践的总体执行情况。这些指标决定了软件组织的"过程成熟度"。如果一个组织的软件过程不成熟,表明该组织的过程能力是不足的,仍有改进的空间。例如,某个项目开发团队完全不重视代码的版本管理,没有一个统一的配置管理工具,那么在配置管理这一方面,该团队显然可以做出诸如引入 Git 版本管理系统、制定代码版本管理规范等改进措施。

为了给不同的项目和团队制定一个通用的能力成熟度规范,美国卡耐基-梅隆大学软件工程研究所(CMU/SEI)基于 20 世纪 90 年代多种模型,研发了能力成熟度模型集成(CMMI)。CMMI 提供了 22 个过程域,每个过程域处于 1～5 共五个成熟度等级中的一级,每个过程域内部定义了 0～3 共四个不同的能力等级。当一个组织开展过程改进时,首先评估每个过程域的能力等级,然后选定过程域设定改进目标(即设定一个更高的能力等级),即可根据该过程域的较高能力等级的要求进行改进。如果组织希望开展过程能力成熟度的评估,则选定某个成熟度等级,然后针对处于该成熟度以及低于该成熟度的过程域,评估其能力等级,都达到标准的,则表示该组织达到了 CMMI 规定相应的过程成熟度等级。

然而,CMMI 只提供了各个能力等级和成熟度等级的标准,并未提供具体的实施方案。因此,具体的改进过程仍然需要组织自行开展。CMU/SEI 进而研发了 IDEAL 模型(McFeely,1996)(图 2.3),用于启动、策划和实施改进活动。IDEAL 模型定义了启动(Initiating)、诊断(Diagnosing)、建立(Establishing)、执行(Acting)、调整(Leveraging)五个阶段。其中,启动阶段主要是建立过程改进的总体框架,评估小组准备就绪;诊断阶段主要评价当前软件过程实践及其特征;建立阶段主要是建立改进计划;执行阶段主要是采取行动执行改进计划,并执行必要的跟踪机制;调整阶段主要总结经验教训,开展分析反馈的工作。这五个活动除了启动以外,是迭代改进的;每个活动都定义了具体的任务,以便于团队落实改进方案。

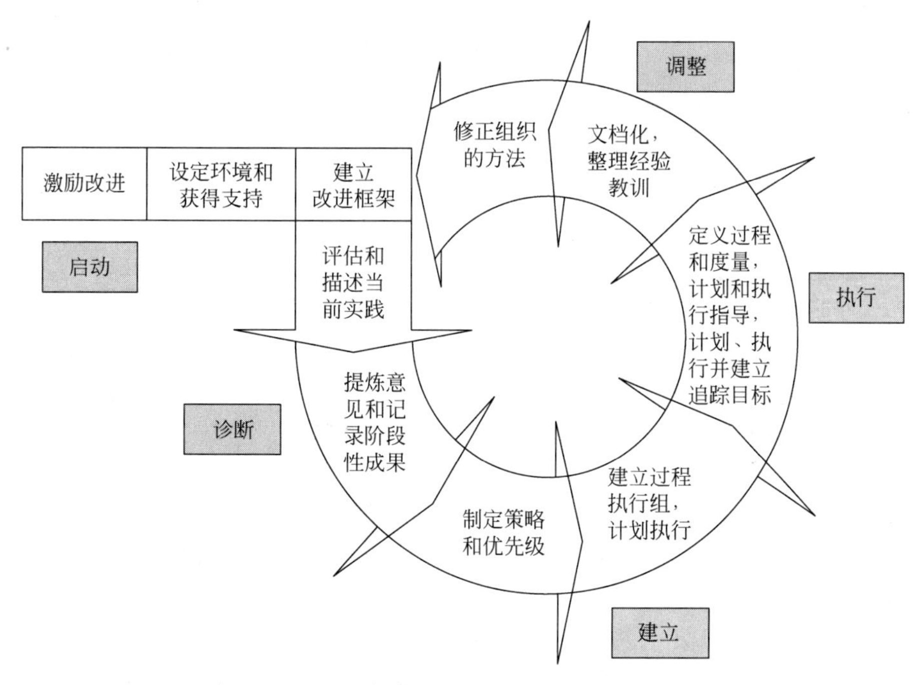

图 2.3 IDEAL 软件过程改进模型(Peterson,1995)

2.2 敏捷方法与精益思想

通过大量软件开发实践逐步总结形成的敏捷方法强调采用轻量级的开发过程以更好地适应变化。另一方面，起源于汽车制造业的精益思想强调消除浪费、做有价值的工作，同时强调对系统和开发过程的"持续改善"以及"尊重人"，对于软件过程实践也产生了巨大的影响。

视频讲解

2.2.1 敏捷方法

传统的软件过程模型，从瀑布模型及其改进的版本开始，一般都强调按部就班地遵循预定好的开发计划，执行相应的开发活动。其背后的逻辑是，按照计划来推进项目各项工作进展并协调不同开发人员的工作进度，同时通过过程手段来管理变更、控制变更、减少变更。这就导致软件开发难以适应客观上的快速变化，使得软件开发过程执行起来显得很"笨重"。采用这些过程模型的软件开发方法后来被称为重量级(heavy-weight)方法。

显然，计划驱动的重量级方法最大的"敌人"就是变化和不确定性了，而软件开发恰恰充满了变化和不确定性。客户和用户的需求经常难以一次性清晰表达，并且会随着时间发展而变化，同时技术的复杂性和不断发展也导致不可避免的技术可行性等方面的风险。因此，完全按照事先制定的计划特别是长时间的计划(例如几个月到几年的开发计划)按部就班地进行软件开发经常是一种理想状况，而在现实中则经常会由于变化和不确定性而出现问题。

因此，从20世纪90年代开始，业界开始探索一些不同于计划驱动的重量级方法的所谓敏捷开发方法，例如，极限编程、Scrum(Schwaber，1997)、Crystal(Cockburn，2004)、ASD(Adaptive Software Development)(Highsmith，2000)、DSDM(Dynamic System Development Method)(Stapleton，1997)。这些方法具有一些共同的特点，例如，认同软件开发中的变化，采用各种技术手段来快速响应这些变化。"拥抱变化"成为这些方法的重要共性之一，而敏捷被认为是一种响应变化的能力。

1. 敏捷开发方法的价值观

2001年，17位具有相似观点的独立软件开发实践者聚集在一起，共同发布了"敏捷宣言"，阐述了敏捷开发方法的价值观(Agile Alliance，2001)：

个人和交互　重于　过程和工具

可运行的软件　重于　详尽的文档

客户合作　重于　合同谈判

响应变化　重于　遵循计划

也就是说，尽管右项有其价值，我们更重视左项的价值。

敏捷宣言所阐述的价值观体现了敏捷实践者的关注点。下面简要进行说明。

1) 个人和交互重于过程和工具

传统软件开发由于过于强调开发过程的规范性和开发者的可替换性，要求开发人员遵循的过程细节越来越多，导致开发人员的开发积极性和效率都难以提升。敏捷方法注重开发人员作为个人在软件开发中的作用，通过尊重个人的创造性工作来提升开发人员的积极性。敏捷方法还强调所有人员之间的有效和充分的沟通，避免信息不对称和相互误解而造成浪费。软件开发中的不确定性对个人带来了更高的创新要求，而敏捷方法则捕捉到了这样的要求，并作为价值观明确下来。

2）可运行的软件重于详尽的文档

传统软件过程模型的实践往往由于过于复杂的流程导致需要大量的文档来促进不同团队和部门之间的协调。然而，开发人员往往疲于应付各种规范文档的要求而忽视了最终要交付的软件制品。敏捷方法并不否认文档存在的必要性，但强调必要的文档仅是一种沟通的渠道。为了形成高效的沟通和有效的共识，除了文档以外还可以考虑多种沟通形式，如面对面交流。文档只是一个过程产物，最终目标则是可运行的软件。如果只是为了合乎过程规范而开发大量的文档，但这些文档却不能提升沟通效率，甚至还带来了由于不一致而产生的正确性风险，那就是本末倒置了。

3）客户合作重于合同谈判

传统的客户和开发团队之间通常是软件开发合同中的甲方乙方，需要根据合同约定履行各自的职责，无形之间形成了双方对立的场面。由于软件本身的复杂性，要在项目开始前明确界定项目范围，往往是非常困难的。敏捷方法认为，与其一开始通过合同谈判强行界定一个可能快速过时或者过大的范围，还不如更加注重与客户的合作，通过让客户持续且深入地参加到软件开发中并保持沟通。与客户建立合作式的软件开发氛围，对保证软件开发始终在正确的道路上具有重要的意义。

4）响应变化重于遵循计划

传统的过程模型注重实际执行与计划的一致程度。尽管也有计划调整的活动，但总体上更加强调遵循计划的重要性。而随着软件开发的推进，项目团队对软件需求、设计以及实现技术的理解不断深入，因此对计划进行调整总是不可避免。敏捷方法并不排斥计划，但更加强调响应变化，而不是在一开始就制定非常详尽的计划。也就是说，敏捷方法并不是毫无计划的软件开发，而是基于当下的认知制定计划、逐步细化，并随时准备着应对可能的变化。将变化视为正常现象，是敏捷方法对传统方法中控制变化的重要改变。

敏捷宣言指出了软件开发的核心是向客户交付可运行、有价值的软件，同时也不否认传统软件过程和工具的价值。在具体的实践中，更加注重沟通交互的有效性、目的性，强调开发团队和客户的合作性，并通过适应性的活动来响应变化。尽管每种具体敏捷实践的价值观会略有不同（在 2.2.3 节中会看到），但敏捷宣言中的价值观是这些实践所公认的。

2. 敏捷开发方法的实践原则

敏捷的价值观仅给出了一种总体的指导思想。为了将指导思想落实为具体实践，敏捷方法还给出了基于敏捷宣言的 12 条原则。

- 我们的最高优先级是持续不断地、及早地交付有价值的软件来使客户满意。
- 拥抱变化，即使是在项目开发的后期，愿意为了客户的竞争优势而采取变化。
- 经常地交付可工作的软件，相隔几星期或一两个月，倾向于采取较短的周期。
- 业务人员和开发人员必须在项目的整个阶段紧密合作。
- 围绕着被激励的个体构建项目，为个体提供所需的环境和支持，给予信任，从而达成目标。
- 在团队内和团队间沟通信息的最有效和最高效的方式是面对面的交流。
- 可工作（运行）的软件是进度的首要度量标准。

- 倡导可持续开发,项目发起者、开发人员和用户应该维持一个可持续的步调。
- 持续地追求技术卓越和良好设计,可以提高敏捷性。
- 以简洁为本,它是减少不必要工作的艺术。
- 最好的体系结构、需求和设计是从自组织的团队中涌现出来的。
- 团队定期地反思如何变得更加高效,并相应地调整自身的行为。

这些原则定义了一种敏捷精神,覆盖了增量迭代过程、人员和交互、持续改进、技术实现四个不同的方面。在这些原则的指导下,敏捷开发方法必然具有增量和迭代的适应性特性,强调人和沟通在软件开发中的重要作用,重视快速反馈对过程改进的作用,支持方法学与具体技术实践的结合。

由此也可以看到,敏捷方法不是抛开过程、工具和文档,抛开合同和计划,回到混乱而随意的软件编码中。敏捷有一套严密的价值观和原则,并且由此产生具体的方法学实践。在2.2.3节中会看到这样具体的例子。

2.2.2 精益思想

精益思想起源于汽车制造业。当时,传统生产方式遵循规模化的思路,增大产量才能分摊和降低成本。但实际情况是,增加的产出除了消耗更多原材料、能源、人工以外,并没有产生实际的价值。与规模化扩张相反,精益思想认为,应该从是否增加了价值的角度来评价一个活动是否是浪费。生产了更多的产品,如果没有市场来消化,就不会产生商业回报,因此也就没有价值。

对精益思想的直观理解就是消除浪费,即做有价值的工作,避免没有明确价值目标的工作。尽管消除浪费是精益思想的直观理解,但精益思想的核心在于对系统和开发过程的“持续改善”以及“尊重人”。

从“持续改善”来看,精益思想给出了以下五条改进系统和过程的原则。

1. 识别价值

过程中的一个活动是否有意义,取决于能不能清晰地描述出该活动对客户的价值。例如,客户真正需要的是符合要求的产品,而文档是辅助客户理解和使用软件产品功能的制品,由此来判断可运行的软件产品和文档的价值。

2. 定义价值流

只有增值的活动才是必要的,否则就属于浪费,应该予以改进或消除。如果编写了一堆客户用不到且对生产有价值的软件产品无用的文档,那么这些工作没有增加价值,应当避免。

3. 保持价值流的流动

只有让生产出的价值快速流动并且转换为正确的产品,才能最终实现价值。等待、拥塞,都是价值流动的最大敌人,需要尽快发现这样的问题并加以干预消除。

4. 拉动系统

“拉”是与“推”相对的概念。“拉”表示基于客户的需求逐级触发生产环节,即由需求拉动开发。因此,在拉动式的开发中,每个生产活动都是有目的和有价值的生产,从而避免先生产再找下家“推”过去的浪费风险。

5. 持续改善

通过不断改善上述四个方面让价值的产出最大化。开发过程是动态的，因此上述四个方面总是会发生变化，因此需要持续关注并通过优化活动将产出的价值最大化。

从“尊重人”来看，精益思想强调人在生产过程中的重要作用和价值。具体包括：在生产价值的过程中不给下游员工带来麻烦(例如，提供不合格的制品、让下游长时间等待)、避免员工超负荷工作、注重员工技能培训、注重团队凝聚力建设等。

虽然精益思想和敏捷思想出发点不同，但两者在很多方面是一致的。例如，敏捷方法倡导可持续的开发，开发团队应该保持一个可持续的开发步调，精益思想则提倡尊重人，避免超负荷工作；敏捷方法强调团队定期反思如何变得更加高效，而精益思想则提倡系统和过程的持续改善。一般而言，在精益思想的指引下，敏捷方法的产出更有针对性，价值交付也会更加密集。

2.2.3 敏捷实践方法论

敏捷和精益都不是特定的某种方法或过程模型。在软件项目中，人们总结出了不同的方法来实践敏捷方法和精益思想，产生了具体的方法论实践。

1. Scrum

Scrum 一词本意来自橄榄球运动，形象地表明了在新产品开发的不确定性背景下，如何通过跨职能的团队开展持续协作，达到预定的目标。Scrum 的价值观是承诺(commitment)、聚焦(focus)、开放(openness)、尊重(respect)和勇气(courage)(Schwaber et al.，2020)。作为一种流行的敏捷开发方法，Scrum 的主要特征包括基于时间盒(Time Box)的迭代、增量以及演进式开发(Adaptive Development)。

Scrum 的基本过程框架如图 2.4 所示，其中的要件包括团队、事件以及制品。

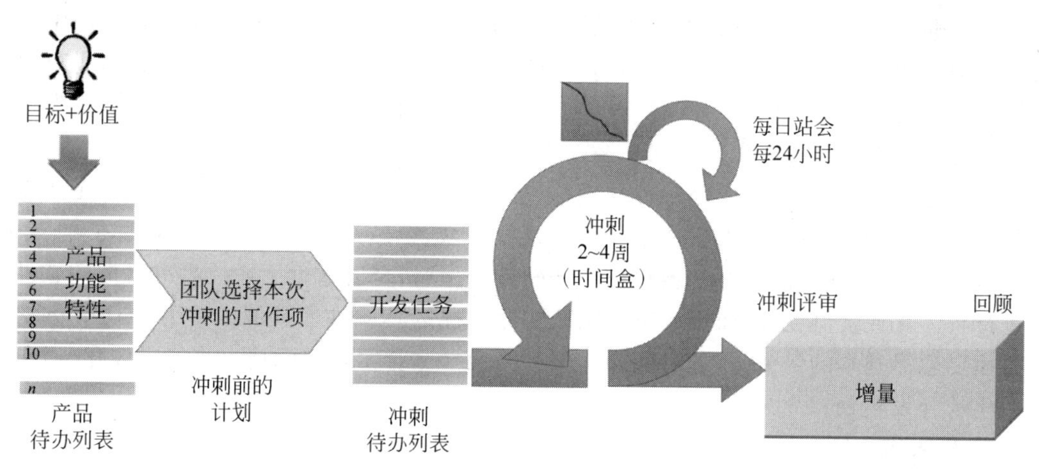

图 2.4 Scrum 过程框架

Scrum 的团队由产品负责人(Product Owner)、开发团队、Scrum Master 三种角色构成。产品负责人负责产品的投资回报，定义产品特性，决定发布日期和内容。产品负责人还要根据市场价值对产品特性进行优先级排序，从而决定每次迭代完成哪些特性。每次迭代结束时，产品负责人要确定是否迭代中的每个特性都完成了。Scrum Master 通常是一个专业的敏捷开发教练。他确保整个团队的正常运作和产出，确保团队内各个角色和能力的紧密协同，并且扫除任何障碍。他还需要保护开发团队避免外部干扰，例如，在迭代进行过程中阻止产品负责人直接找开发团队成员更改需求。开发团队是一个自组织的跨职能(cross-functional)团队。开发团队要对每次迭代的最终结果负责，为此需要与产品负责人一起共同审查工作结果。

Scrum的事件主要包括冲刺(Sprint)、冲刺前的计划、每日站会(Daily Scrum)、冲刺评审以及回顾。这里主要介绍Scrum中的冲刺概念。一个冲刺通常对应到一次迭代。它应该是一个时间盒，表示一个固定的时间段，例如两周。在这个固定的时间段中，选择适当的待开发内容进行开发，而不是根据待开发和交付的内容来定一个变化的时间段。这一点对于保持开发节奏、建立团队的开发习惯至关重要。通过确定固定的开发周期，向开发团队提供一种标准化的开发进度要求，利用"燃尽图"(有关燃尽图的详细内容参见3.5.1节)追踪各项任务的完成和剩余情况，尽早发现问题，从而避免开发中的最后时限驱动和"临时抱佛脚"式的加班赶工。在这个固定的周期中，开发团队可以聚焦于所选的有限的开发要求，避免持续的变化，从而更好地控制每次迭代的产出。有关Scrum中事件的详细内容，可参见参考文献(Schwaber,2007)。

Scrum的制品主要包括增量(Increment)、产品待办列表(Product Backlog)以及冲刺待办列表(Sprint Backlog)。增量代表了Scrum中每次迭代(冲刺)的价值交付，是最终用户关心的部分。Scrum非常强调增量的意义。在早期的Scrum模型中，增量被称作"潜在可交付的增量"或PDI。事实上，每个增量应当是有用户价值、可交付的，并且与已完成开发的部分形成一个更加完善的整体。产品待办列表是所有待开发产品功能的列表。它通常是由产品负责人与团队成员一起写下来的，并且随着开发的不断进行，对这个列表进行调整和扩充。冲刺待办列表是通过冲刺计划会议制定的一次迭代中需要完成的功能列表，并且在每次迭代后通过演进式开发调整下次迭代需要完成的功能。在实践中，产品待办列表中的项目可以采用用户故事的形式进行描述，并且在冲刺待办列表中细化或添加项目时，也可以采用用户故事的形式，并进一步强调所做工作对于用户的价值。有关如何使用用户故事进行Scrum开发可以参见参考文献(Cohn,2010)。

由此也可以看到，Scrum是一种增量迭代的开发管理框架，它本身并不包含特定于软件开发技术的成分。因此，它不仅适用于软件开发领域，也适用于其他具有类似特征的领域，例如，传统行业的新产品开发。当它被用于软件开发时，可以通过用户故事等具体的软件技术进行具体化或实例化，从而形成符合团队实际情况的具体过程实例。使用Scrum方法时一方面要遵循基本的约束(例如时间盒)，另一方面要结合团队实际情况进行具体化，避免教条僵化的开发实践。

2. 极限编程

极限编程不仅是单一的过程模型或开发方法，它更是一种软件开发哲学。它基于沟通、简单、反馈、勇气和尊重的价值观，拥有一套经证实的实践以及在这些实践背后的指导原则。

1) 极限编程的价值观(Beck et al.,2011)

沟通是软件开发过程中至关重要的部分。利益相关者之间的充分沟通才能确保生产符合客户预期的有价值的产出。极限编程中的许多实践都体现了沟通这个价值观，例如，让客户始终参与项目,及时与开发团队进行交流。

简单意味着简化一切不必要的工作,确保团队不产生额外的浪费。尽管这是一个非常有挑战性的问题,但是应用一些经验性的实践往往可以在简单易懂和应对未来扩展之间建立良好的平衡。

反馈意味着开发团队甚至客户自己一开始都不知道什么是正确的,需要通过迭代产出才能知道哪些是需要的,哪些不需要。反馈,特别是快速的反馈,对于把握开发的正确方向,减少浪费,具有重要的价值。

勇气意味着团队应该努力做出正确的决策,也意味着团队应该有勇气在不了解正确决策时的耐心等待,还包括人们对于真相的坦诚表达和接受,以及为了寻求新的方案而及时放弃现有的不合理的方案的决心。在实践中,勇气体现在对客户坦承进度不如预期或承认前期设计错误,并由此建立彼此的信任和更加高效的沟通。

最后,尊重这一价值观是其他各个价值观的基础和引导。只有认可每个人的技能和价值,才能高效地完成整个团队的共同目标。

2) 极限编程的原则(Beck et al.,2011)

极限编程还提出了13条原则,来对具体的行动加以指导。极限编程的原则包括人性化、经济性、多赢、自相似、改善、多样性、反省、机遇、流动、失败、冗余、质量、小步骤和接受责任等。原则既是对价值观的解释,也能用来识别实践的合理性,促进更好的实践方式的产生。例如,在软件开发中,编写大量复杂的文档虽然有可能便于后续理解和维护,但是对于当前的开发进度并没有太多的收益。这就违反了多赢的原则。违反多赢原则的一个后果是,正在编写文档的开发人员对这一工作缺乏兴趣,从而影响了文档的质量,也降低了文档本身应该具备的价值。极限编程认为,一个实践是否合理,需要基于这些原则,从开发团队、客户、现在、未来等多个角度进行审视。

3) 极限编程的实践(Beck,2002a)

实践是采用极限编程方法的团队的日常工作方式。在极限编程中包括很多实践,例如,结对编程、测试驱动开发、简单设计、重构、持续集成、可持续的步调、代码集体所有权、隐喻、编程规范、客户测试、短小发布、整体团队、计划游戏等。这些实践分为三个层次(图2.5)。

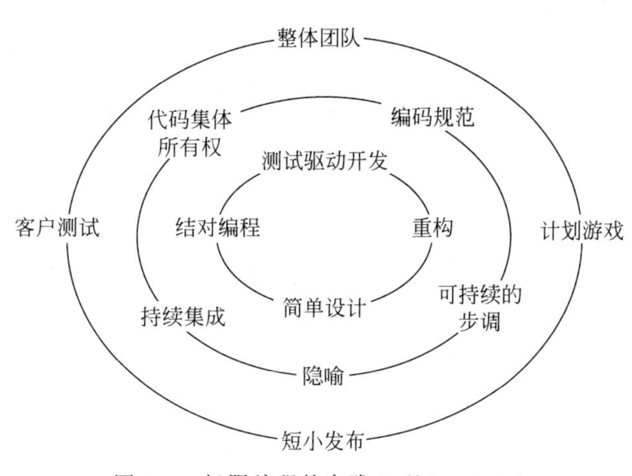

图2.5 极限编程的实践(Jeffries,2017)

最内层是个人实践。极限编程开发人员在日常工作中自觉地采用这些技术中的一项或多项作为具体工作方式。例如,结对编程采用两人一组,两人共同使用同一个键盘和显示器,在同一个工作空间中进行开发。两人的工作方式类似赛车中的驾驶员和领航员,共同开展同一项开发任务。结对编程要求两个开发人员客观上水平相当,主观上保持积极参与的心态,相互配合,从而高质量地完成编码任务,避免由于思考不周或编码手误而导致的缺陷。再如,测试驱动开发采用测试先行的思想,采用简单原则确定接口,然后编写测试用例,再编写业务代码并对代码进行重构,逐步完善业务代码的功能,并保持测试用例能够通过。有关测试驱动开发还将在 4.6 节进一步讨论。

中间一层是团队实践,涵盖了支持日常开发的基础设施和基本策略。例如,代码集体所有权,强调了代码是所有开发人员共有的,即不分你的代码还是我的代码,鼓励开发人员积极主动地维护整个项目的代码。隐喻通过类比来解释将要开发的软件,让业务人员或者技术人员快速地理解这个软件的核心价值或者架构。可持续的步调实现了尊重人的价值观,提倡 40h 工作制,而不是通过过量的任务安排打击开发人员的积极性和成就感。编码规范提倡团队遵守共同的代码格式、命名等要求,从而避免开发人员之间无谓的相互抱怨和损耗。持续集成要求开发人员持续地提交小块代码、持续地测试,一旦发现错误就及时修复,从而让团队持续保持较低的集成成本,避免一次性提交造成大量冲突影响系统的集成。

最外层是组织级实践,面向客户价值交付以及团队提出了可行的实践策略。短小发布是快速和持续的价值交付,是尽快获得客户反馈的重要基础。计划游戏指明了从初步的计划开始、定期地更新计划,从而让客户持续认知和表达出自己对软件的期望。客户测试提倡客户深度参与到验收测试过程中,包括共同编写验收测试用例、制定开发任务的完成标准。整体团队则提倡跨功能自组织团队,建立起客户和开发团队一体的良好沟通氛围。

实践的有效性是和价值观及原则紧密关联的。例如,如果仅仅是因为管理者要求进行测试驱动开发,或者采用编写了多少单元测试用例来衡量开发进度,而不是开发人员自觉和发自内心地理解测试先行对保障代码质量的作用,显然无法达成测试驱动开发提升代码质量的目标;缺少不同功能开发者之间的彼此尊重和对设计简单性的共识,也没法实现对接口设计的共识并约定合适的接口测试;如果缺乏面对自动化测试错误、构建失败的勇气,那么测试驱动开发、持续集成都没法达到好的效果。因此,有效的极限编程实践是建立在沟通、反馈、简单、尊重等价值观基础上的。不仅测试驱动开发如此,其他所有的实践都应该从价值观和原则的基础上来理解和实施,才能体现极限编程的优势。

3. 看板方法

看板方法(Kanban)是精益思想的具体实践。最早,在丰田生产系统中,使用一些物理的或虚拟的卡片来发布和传递生产指令。这些卡片就是“看板”[①]。在生产过程中,只有一个生产环节需要某种部件时,才会使用“看板”将这个生产需求传递到生产这种部件的前一

---

① “看板”一词来源于日语。由于汉字字面意思的差异,在汉语中,看板往往被理解为一个用来查看进度或者状态的面板。但“看板”的原始含义更接近于一个信令或者令牌,代表一项生产工作。看板方法则把各个“看板”放在一块可见的板(board)上,用来表示工作情况。由于“看板”也会放在“板”上,所以在国内采用这种方法时,往往把这块查看工作情况的板也称为“看板”,并且久而久之产生了对“看板”一词的本地化解释。为准确起见,本书用“看板墙”表达放看板的板(Kanban board)。

个生产环节，这样就避免了上游生产环节的盲目生产。

看板方法经过改进后用于软件开发，将表示软件开发任务的卡片或贴纸放在“看板墙”上(图 2.6)，用于表示开发进度，让开发流程变得可见，解决软件开发与传统生产类似的过程不顺畅、工作拥塞、部门之间相互等待等问题。

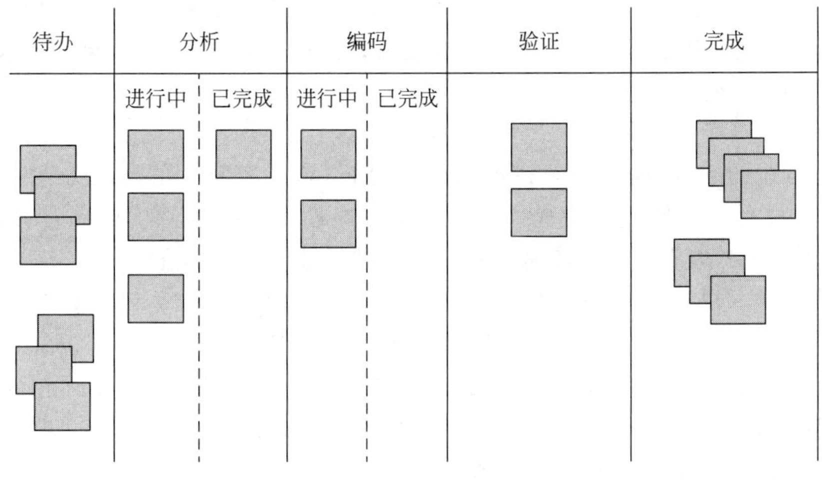

图 2.6　看板墙

看板方法通过限制在制品(Work-in-Progress，WiP)的数量，形成一个以拉动系统为核心的机制，暴露系统中的问题，激发协作来改善系统(Anderson，2004)。看板的价值观可以总结为尊重一个词，除此之外，还包括透明、平衡、协作、聚焦客户、流动、领导力、理解、认同(Anderson et al.，2016)。

看板方法有六条最基本的通用实践(Anderson et al.，2016)。

1) 可视化

利用“看板墙”对软件项目的工作流进行可视化。看板墙上按列组织，每一列代表不同的状态，例如，待办、编码、测试；每个任务以小卡片的形式贴在看板墙的相应列，表示该任务正在进行某个阶段的处理。随着开发的推进，团队成员需要将这些小卡片从待办区移到相应的工作状态列中，最后移入已完成区。这种形式使得所有人都能方便地看到开发工作的进展。

2) 限制在制品的数量

在制品是在看板墙上每一列中所放置的任务。看板方法要求每个状态的在制品数量是受限的，从而鼓励开发者尽快完成当前工作后才开始新的工作。当某个工作迟迟无法完成，导致在制品数量达到上限时，如果其他状态的开发人员有空闲，那么应该集中力量完成受阻状态的工作。通过限制在制品数量，推动所有任务快速流动，减少等待时间，提高工作质量，并提升交付能力。

3) 管理工作流

通过理解当前工作的价值流，分析导致任务阻碍的原因，制定对提升价值流转效率的方案，来减少工作中的浪费。

4) 明确过程准则

在制品数量上限就是一种过程准则。其他过程准则还包括定义什么叫作“完成”

(Definition of Done),优先选择哪些工作来做的原则,等等。明确定义了过程准则,在团队中形成共识,不随意打破这种准则,才能避免团队工作陷入混乱。

5) 建立过程实践的反馈环路

通过过程度量(比如工作的完成周期长度、拥塞位置以及时间)来发现过程的不足,在不同的活动之间建立有效的反馈环路。例如,在双周交付评审会议中,获取过去两周的每日看板会议信息,分析其中的问题,然后每日看板会议进行修正。通过建立不同周期或者节奏的反馈环路,实现不同活动的改进。

6) 协作改进,实验性地演化

对于过程中的问题,团队需要进行科学的分析,给出实验性的解决方案,例如,提高WiP限制、调整人员安排,甚至是暂时不予处理(临时性而非系统性的问题),然后再观察一个周期,查看改进的效果。通过持续的观察、改进来优化整个工作流。

看板方法是一种约束相对少的敏捷方法,使用非常灵活。例如,与Scrum相比,在推动价值流方面,看板方法不强调固定的迭代周期,但要求限制在制品的数量。因此在使用看板方法时,对于迭代交付目标的定义是松弛的,可以根据业务或进度的需要进行相对自由的定义,对变化的交付目标也具有更强的适应性。但也正因为这一特点,需要更加强调价值的流动,从而推动每个任务的快速高质量完成。

视频讲解

2.3 开发运维一体化

开发运维一体化(DevOps)将敏捷的精神延伸到运维阶段,实现了软件开发和运维实践的贯穿。在此基础上,持续交付倡导以一种安全、快速、持续的方式将代码变更部署到生产环境中,从而进一步凸显DevOps对于用户的价值。本节将简要介绍DevOps的基础原则和技术实践以及相关的持续集成、持续交付和部署流水线的基本概念。关于持续集成以及所涉及的软件构建的具体技术和实践将在第10章“软件集成与发布”中介绍。

2.3.1 概览

尽管敏捷方法在软件开发中得到了广泛的应用并提升了软件开发效率和质量,但软件交付后的运维(Operation)工作(包括部署以及运行过程中的监控、异常处理、优化调整等)很大程度上与开发是分离的。软件开发环节的快速迭代和更新使得软件运维环节(特别是部署、上线运行、问题反馈)的效率和响应性成为软件快速交付和更新的主要瓶颈。因此,人们开始思考如何将开发和运维打通并将敏捷方法的思想运用于软件的运维工作。

DevOps正是在这样的背景下诞生的,它将敏捷的精神延伸到运维阶段,通常被认为是贯穿软件开发和软件运维的一系列实践的集合。这套实践是由开发工程师和运维工程师共同参与的,不仅包括快速迭代的增量开发、持续的自动化测试、持续集成,还包括频繁的部署、持续的质量和性能监控,以及快速的反馈和改进机制。

如果说DevOps是覆盖开发和运维的敏捷实践与技术的总和,那么持续交付则将这种实践对于用户的价值进一步凸显出来。持续交付是一种能力,以可持续的方式安全快速地把代码变更部署到生产环境上,让用户使用(Humble et al.,2011)。也就是说,部署应该是一种低风险、按需进行的一键式操作(Kim et al.,2018)[①]。同时,持续交付也是一系列实践,用来支撑这种能力;从这一点来说,持续交付这一概念的提出,也让 DevOps 更具象化、更具可操作性了(乔梁,2019)。

2.3.2 基本原则和技术实践

DevOps 将软件开发中所产生的、对客户有用的价值,进一步传递到软件交付后的运维阶段。通常,客户认可的软件价值只有在软件真正运作起来以后才能实现。因此 DevOps 推动了这样一种技术价值流,即"将业务构想转换为向客户交付价值的、由技术驱动的服务所需要的流程"。从基于业务构想的开发任务产生(例如,创建了一个新功能实现或者 bug 修复相关的任务工单)到交付相应的价值(例如,上线这个功能或者完成 bug 修复)的这段时间延迟是客户能直观感受到的,被称为前置时间。在 DevOps 的理想状况下,开发人员能快速地完成开发、集成、验证,并将代码更新部署到生产环境中,从而有效地将前置时间缩短到小时直至分钟级别。

为了达到这样的效果,Kim 等提出了 DevOps 的"三步工作法"基础原则(Kim et al.,2018),简单来说,就是流动、反馈及持续的实验和学习。基于这些原则,形成了相应的 DevOps 技术实践。

第一步,实现价值从开发到运维的快速流动。这是从软件开发角度提升内建质量、推动价值向下游(内部或外部客户)快速传递的过程。基于这个原则,需要开展持续构建、持续集成、持续测试和持续部署,使得任何变更都能高质量且快速地部署到生产环境。

第二步,建立从运维到开发的持续、快速的反馈机制。在这一步中,通过缩短反馈周期、放大反馈环来尽快发现问题,防止问题的复发,并从开发源头控制质量,甚至将这些问题提炼为知识嵌入到整个流程中,从而在事故发生前就检测并予以解决。基于这个原则所开展的实践包括建立生产环境上的遥测系统,分析遥测数据获取运行异常的相关知识,并采用 A/B 测试(一种将控制组和实验组两个版本随机地提供给用户然后根据使用结果来评价新功能效果的工作方法)获取客户的反馈。

第三步,建立持续的实验和学习的企业文化。任何过程都不是一成不变、僵化教条的。需要在实践中开展动态的、严格的、科学的实验,承担风险、勇于改进,从成功或失败中持续学习,从而积累更多的经验,提升交付的信心。为此,需要将学习融入日常的工作,将问题、故障作为学习之源,逐步将局部的、单点的经验转换为全局的、组织级的改进,并给整个开发运维预留组织学习和改进的时间。

正因为 DevOps 一词自诞生以来就带有敏捷方法、精益思想的印记,因此 DevOps 实践所基于的原则也与敏捷、精益有很大的相通性。DevOps 基本原则的第一步强调了价值和价值流的重要性,第二步突出了快速有效的反馈,第三步则更多地考虑持续的改进以及对人的尊重。

2.3.3 持续集成、持续交付和持续部署

持续集成(Continuous Integration,CI)是指开发人员频繁地(一天多次)将代码变更提

① 在这里有两个可能令人非常困惑的词:交付和部署。有关什么是(持续)交付,什么是(持续)部署,将在 2.3.3 节中进行简要的讨论。

交合并到一个中央存储库中,并自动运行构建和执行单元测试,从而确保新代码可以和原有代码正确地集成在一起。如果持续集成失败,开发团队就要停下手中的工作,立即修复它,直到持续集成成功。持续集成的主要目标是让正在开发的软件始终处于可工作状态,同时更快地发现、定位和解决错误,提高软件质量,减少验证和发布新软件所需的时间。

持续交付(Continuous Delivery,CD)是指任何代码变更提交后都能够自动运行构建和执行单元测试,并自动将所有代码变更部署到测试环境和类生产环境,从而确保当代码变更部署到生产环境后可以正常工作,从而以可持续的方式快速向客户交付新的代码变更。如果代码没有问题,可以继续手工部署到生产环境中。持续交付并不是指每个代码变更都要尽快部署到生产环境中,而是指任何代码变更都可以在任何时候实施交付。持续交付的主要目标是让正在开发的软件始终处于可部署状态,同时实现快速交付,能够应对业务需求,并更快地实现软件价值。

持续部署(Continuous Deployment,CD)是指任何代码变更提交后都能够自动运行构建和执行单元测试,并自动将所有代码变更部署到测试环境、类生产环境以及生产环境,从而实现从代码变更提交到生产环境部署的全流程自动化而无须人工干预。持续部署的主要目标是加快代码提交到功能部署的速度,并能快速地收集真实用户的反馈。

如图 2.7 所示,持续集成是持续交付的前提条件,而持续交付是持续部署的前提条件。在持续集成的基础上,持续交付实现了软件到测试环境与类生产环境的自动部署,但需要人工审核确认并部署到生产环境。在持续交付的基础上,持续部署是把软件到生产环境的部署过程自动化。

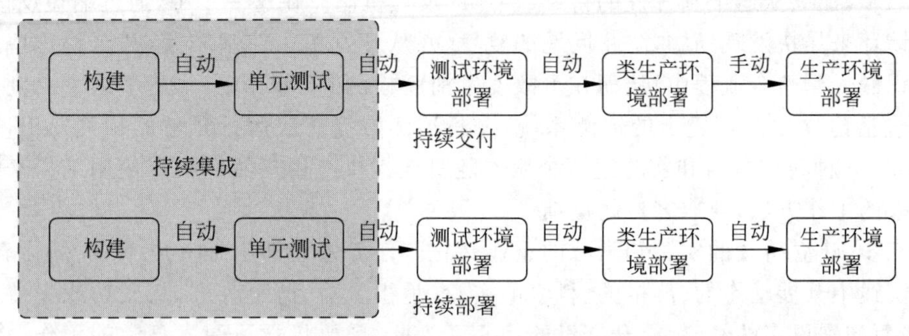

图 2.7　持续集成、持续交付、持续部署流程图

在持续集成、持续交付和持续部署的整个过程中,代码以及相关的软件制品不断向生产环境的方向流转,体现了价值的流动。整个过程就好像有一条流水线,不断地加工代码以及各类制品,并传递到下游进行不同阶段的部署。一般来说,我们把这种将软件从开发完成到最终交付到用户手中的端到端的过程称为部署流水线。部署流水线以自动化方式对软件产品进行多个质量关卡的验证,并使之在目标环境上可用。部署流水线使得软件的构建、部署、测试、发布过程变得自动化,形成了一种自动化的软件交付过程。有关部署流水线的具体实践见 10.4 节。

业界对于持续交付和持续部署的概念也常有不同的看法。目前一种比较公认的理解是,持续交付是指代码仓库的开发主干始终保持可部署、可交付的状态(Kim et al.,2018),也就是开发者的代码持续集成到主干上,通过了所有的测试且构建成功。软件开发团队可以有很高的信心在任何时候都能实现软件一键发布。这里的交付是一种技术状态，描述了软件制品的完成情况。持续部署则是在持续交付的基础上，由开发或运维人员定期地向生产环境部署优质的构建版本。这通常意味着更加频繁的部署能力，或者如前所述的自动向生产环境部署，使得用户能更快地使用到新开发的功能。但开发团队是否采用这种方式要取决于自己的风险管理能力与质量信心。也有一些观点认为，部署工作并不一定需要用户感知或可见；相反，交付是面向用户的发布工作，是用户可见的（乔梁，2019）。

不论哪种观点，持续交付都是持续集成的延伸，表明了由单元测试、集成测试、验收测试所保障的高质量软件的随时可发布的能力；持续部署也具备这样的能力，且是在生产环境中完成的。在这个意义上，两种观点是一致的。

小　　结

软件过程思想和实践的出现是软件开发进入工程化阶段的一个重要标志。软件过程规范和模型随着软件开发实践不断发展和演变。以瀑布模型传统的重量级过程和新兴的轻量级过程模型有其各自发生、发展的历史过程，软件开发实践也在持续发展和改进中。选择一个过程模型以及相应的过程实践不是教条式地执行某些开发任务或活动，而是应用基本的软件过程原则提升软件的价值产出。在当今快速变化的环境中，敏捷方法和精益思想给软件开发带来了新的活力，围绕“拥抱变化”“持续改善”“尊重人”形成了多种经过实际软件项目证明了的优秀实践。在此基础上，敏捷不仅被应用在软件开发过程中，还进一步扩展到软件部署和运维的完整生存周期，形成开发运维一体化的思想，建立了流动、反馈、持续实验和学习的基本原则以及相应的技术实践。在现代软件项目的开发中，持续集成、持续交付和持续部署是软件过程的重要方面，对高质量、高效地交付软件，提升软件产品的价值产出，具有重要的作用。

第3章 版本与开发任务管理

本章学习目标

- 了解配置管理的基本内容以及软件产品发布计划的主要过程。
- 理解常用的软件产品版本命名规则。
- 掌握代码版本与分支管理的基本概念和过程以及分布式版本控制系统 Git 的使用。
- 理解特性开发任务管理流程、变更管理流程以及缺陷修复过程管理。
- 了解基于追踪与回溯的工作量与质量分析方法。

本章首先介绍配置管理的基本内容以及软件产品发布计划的主要过程；接着介绍软件版本管理，包括软件产品版本命名、代码版本管理、代码分支管理等；然后介绍特性开发任务管理流程、变更管理流程以及缺陷修复管理流程；最后介绍基于追踪与回溯的工作量与质量分析方法。

需要注意的是，本章介绍的版本与开发任务管理在很大程度上属于配置管理的范畴。配置管理是贯穿整个软件系统生存周期的重要质量保证活动，实现软件开发和演化历史的维护和跟踪并进行变更管理和控制。本章将主要介绍开发人员参加团队开发首先需要了解的版本管理与开发任务管理，配置管理中的构建管理与发布管理将在第10章介绍。

视频讲解

3.1 版本与开发任务管理概述

加入一个开发团队并参与软件开发任务首先需要了解开发任务是如何分配和管理的，不同开发人员的开发任务是如何相互协调的。为此，我们需要了解版本管理和开发任务管理，它们在很大程度上属于配置管理的范畴。本节首先对配置管理进行概述，然后对软件项目的版本发布计划进行介绍。

3.1.1 配置管理概述

软件开发过程中会产生许多软件制品，包括需求模型、设计模型、源代码、可执行文件、测试用例等开发产物以及技术文档、计划文档、会议记录等相关文档。另一方面，软件在开发和使用过程中不可避免地会发生变更。例如，客户或用户需求会发生变化，为此开发人员需要编写代码实现这些需求变更；测试人员在测试时或者用户在使用软件时发现了缺陷，为此开发人员需要修改代码以修复所发现的缺陷；软件为了保持市场竞争力需要引入新的特性，为此开发人员需要编写代码实现这些特性。一旦软件发生变更，就会产生一个新的软件版本。此外，软件开发通常都是以一种增量和迭代的方式进行的，在此过程中开发人员也需要不断编写和修改代码，从而产生一系列软件版本。为了确保软件开发和变更有序进行并向客户发布正确的产品版本，需要有一整套相应的管理方法和工具，否则整个过程就会变得混乱而且容易出错。

配置管理为软件开发提供了一套方法、流程和工具来维护和管理软件的版本演化及产品发布，有效地存储和跟踪软件的所有变更与版本历史。如果没有配置管理的支持，开发人员可能会无法了解软件的演化历史或者获取特定版本的软件源代码，也无法协调多个开发人员的文档和代码修改行为，从而导致开发人员之间的修改互相干扰甚至交付错误的软件版本给客户等严重问题。软件的配置管理主要包含以下四个方面的内容。

- **版本管理**：规范软件版本命名，制定软件版本发布和迭代计划，跟踪软件的变更与版本历史并确保不同开发人员的修改不会彼此干涉。
- **开发任务管理**：开发任务主要包括由正向需求分解引出的特性开发任务以及由软件缺陷引发的缺陷修复任务。开发任务管理需要对开发任务进行规范描述，追踪开发任务的处理流程，同时对变更请求进行决策，跟踪变更请求的处理与实施。
- **构建管理**：管理软件的外部依赖（例如第三方库），对代码、数据和外部依赖等软件制品进行编译和链接从而生成可执行的软件版本，同时运行测试以检查构建和集成是否成功。
- **发布管理**：在软件构建结果的基础上打包形成可发布的软件版本并进行存档，提供回溯和审查，持续跟踪供客户和用户使用的已发布软件版本。

3.1.2 版本发布计划

企业的软件项目一般以一年为一个规划周期，进行软件项目的持续规划、开发与发布。如图 3.1 所示，企业可以规划每月发布一个迭代版本（Beta），每季度发布一个稳定的发布版本（Release）。所有的版本计划和版本发布都需要通过评审，而每个稳定版本的发布都需要通过阶段审视，从而完善并改进开发团队的管理方法与流程、开发人员的技能、工作量的计划与分配等。

版本发布计划需要明确版本定位、目标、商业价值，并着重规划里程碑，即在什么时候发布版本，以及估算用户故事（即一种简短的故事性的需求描述，详见 8.4 节）及其优先级。在此基础上，就可以通过估算开发团队在每轮迭代中完成的工作量来制定发布计划，即需要多少轮迭代完成版本发布以及在每轮迭代中需要完成哪些用户故事。一般而言，版本发布计划主要包括以下五个主要活动。

1. 规划里程碑

一般而言，开发团队与客户可以规划一个日期范围而不是一个具体日期来作为里程碑，如“我们希望在 7 月发布新版本，但是在 8 月发布也是可以接受的”。以日期范围作为里程碑可以让发布时间变得更加灵活，也增加了迭代开发的容错能力。

2. 估算用户故事

在敏捷开发中，一个用户故事所需的工作量一般以故事点作为基本单位来衡量。每个开发团队可以自己定义故事点的标准，例如，可以定义为以理想工作日（即一天中没有任何其他事情的打扰）为单位的工作量，也可以定义为针对用户故事复杂程度的量化数值。前者在实践中应用更加广泛，即将一个故事点定义为一个理想工作日。为了估算一个用户故事的工作量，通常可以采用一种迭代式的方法。首先，由项目组长随机抽取一个用户故事，

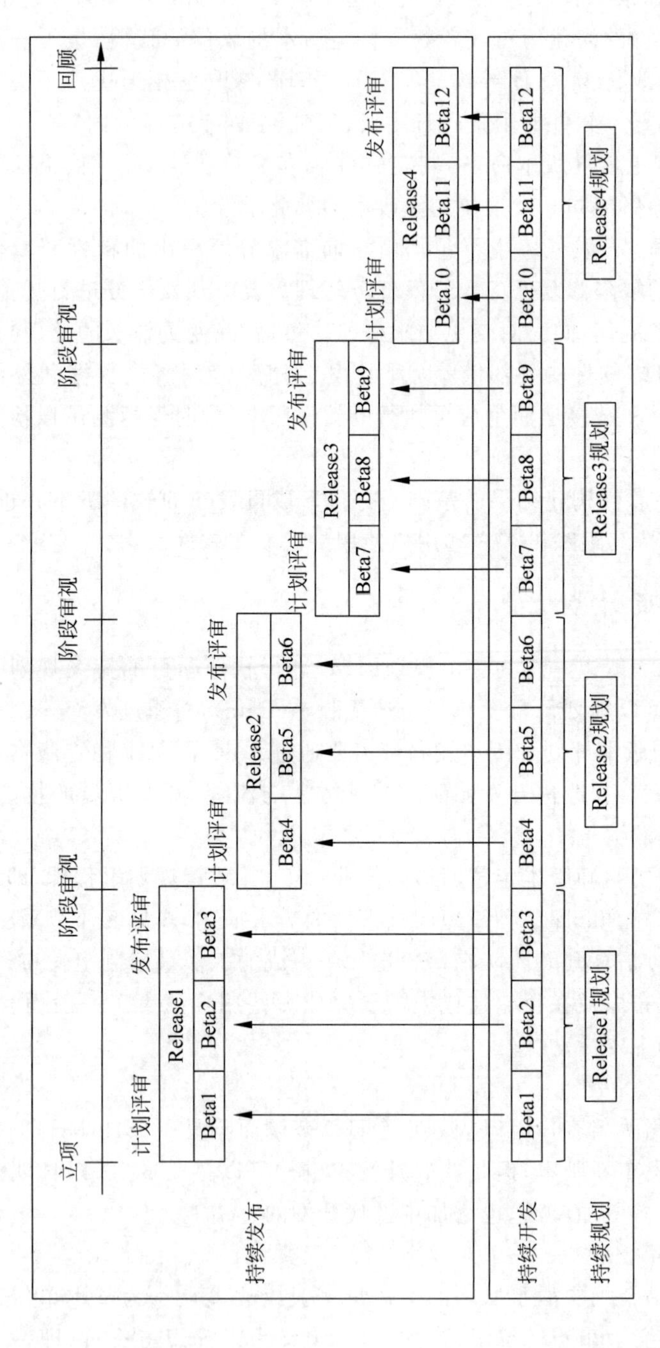

图 3.1　持续规划、开发与发布流程

并向所有开发人员解释该用户故事。开发人员根据需要可以向项目组长提问以便更好地理解完成用户故事所需的工作，而项目组长也要尽其所能地解答。接着，每个开发人员独立地在一个卡片上写下对该用户故事的故事点估算。当每个开发人员都完成估算后，所有开发人员同时翻开卡片。当估算值相差很大时，估算值最高和最低的开发人员解释其估算依据，并进行用户故事讨论。完成讨论后，所有开发人员进行下一轮的故事点估算并展示给所有开发人员，直到所有开发人员的估算值达到统一。通常情况下，在第二轮迭代后估算值就能达到统一了。

3. 排列用户故事优先级

为了制定发布计划，必须要明确各个用户故事的优先级。一般而言，可以通过多个方面的权衡来为用户故事进行优先级排序：考虑用户故事对客户带来的价值，例如，一个用户故事所蕴含的新特性可能会大幅提高用户满意度因此具有较高优先级；考虑用户故事所蕴含的不确定性和风险，例如，一个用户故事中存在性能指标上的风险，可能对软件系统的整体架构带来影响，因此需要优先处理；考虑用户故事之间的依赖关系，例如，一个用户故事是实现其他用户故事的基础，因此需要先实现。通常，高价值、高风险的用户故事具有最高的优先级，可以让客户尽快看到最有价值的特性，也能尽早消除不确定性从而避免后期风险的巨大影响。高价值、低风险的用户故事具有较高的优先级，低价值、低风险的用户故事具有较低的优先级，而低价值、高风险的用户故事具有最低的优先级。

4. 估算开发效率

通过一个开发团队在一轮迭代中能完成的故事点来衡量开发效率。一般可以通过三种方法来估算开发团队的开发效率。第一种方法是使用历史值，即当一个开发团队做过类似的软件项目且没有人员变动时，就可以使用之前项目的开发效率。第二种方法是执行一轮迭代以获取开发效率，但是这种方法会推迟发布计划，因此客户往往难以接受这种方法。第三种方法是猜测。如果一个故事点是一个理想工作日，可以通过估算完成一个理想工作日的工作需要多少实际工作日来估算开发效率。一般而言，剔除会议、报告演示、回复电子邮件等干扰事项，一轮迭代的三分之一到一半的时间可以作为开发效率。例如，一个开发团队由 5 人组成，一次迭代周期为 4 周(即 20 个实际工作日)，那么每轮迭代共有 100 个实际工作日，而该开发团队的开发效率可以估算为 30～50 个故事点。需要注意的是，开发团队的开发效率估算可以随着迭代的进行而不断地优化和完善。

5. 创建发布计划

创建发布计划时需要确定迭代轮数，并把用户故事分配到每轮迭代中。迭代轮数可以通过软件版本的总故事点数以及开发团队的开发效率来决定。例如，一个软件版本总共有 180 个故事点，一个开发团队的开发效率为 30 个故事点，那么可以预计总共需要 6 轮迭代开发就能完成版本发布。在分配用户故事时，先选择优先级最高的 30 个故事点并将这些用户故事放入第一轮迭代中，再选择优先级次高的 30 个故事点并将这些用户故事放入第二轮迭代中，如此进行分配直到分配完所有的用户故事到 4 轮迭代中。需要注意的是，版本发布计划完成后，也不是一成不变的。故事点、用户故事优先级、开发效率等会根据实际情况及时进行调整。例如，由于客户需求的变更，可能会导致用户故事的优先级发生变化。

版本发布计划将用户故事按照故事点和优先级分配到每轮迭代中，优先级高的用户故事安排在较早的迭代中。在执行一轮迭代时，还需要版本迭代计划来规划每一轮的迭代，包括由项目组长组织所有开发人员讨论用户故事，直到开发人员理解用户故事并能从用户故事中分解出任务，以及由开发人员认领并承担各个任务的责任。确保完成任务是每个开发人员的责任。然而，如果有开发人员在迭代快要结束时不能完成所承担的任务，其他开发人员应该尽量提供帮助。此外，任务的职责承担分配在迭代过程中并不是不变的。例如，有些任务可能比预估的简单，而有些任务又比预估的困难。因此，任务的职责承担分配需要在迭代过程中适时地进行调整。

视频讲解

3.2 版本管理

软件开发和演化过程伴随着各种软件制品的持续变化，其中既包括源代码文件、配置文件、文档等原子性的制品文件，又包括模块、组件等复合性的软件制品乃至整个软件产品。版本管理需要将这些软件制品都置于系统性的管理之中，进行版本标识，追踪演化历史并确保开发人员在并行协作开发过程中不会相互影响。

3.2.1 产品版本号命名

不管是直接面向客户交付的软件产品（例如一个定制化的信息管理系统）还是通过应用市场分发的软件产品（例如移动应用），软件开发企业都需要经常进行发布版本的迭代更新。为了明确标识并区分不同的发布版本，软件开发企业需要为每一个软件发布版本分配一个唯一的版本号。为此，软件开发企业需要制定软件版本号命名规范，用于规范化管理软件产品的版本号。目前使用较广泛的是点分式版本命名规范，其格式是 M.S.F.B([SP][C])，共由六部分组成。

- 主版本号 M(Major Version)：标识产品平台或整体架构。M 版本号由两位数字组成，从 1 开始以 1 为单位递增编号到 99，不足两位不补位。当软件产品平台或整体架构发生变化时，M 版本号变化。
- 次版本号 S(Senior Version)：标识局部架构、重大特性或无法向前兼容的接口。S 版本号由两位数字组成，从 0 开始以 1 为单位递增编号到 99，不足两位不补位。当软件产品的局部架构、重大特性或无法向前兼容的接口发生变化时，S 版本号变化。当 M 版本号升级时，S 版本号清零。
- 特性版本号 F(Feature Version)：标识规划的新特性版本。F 版本号由两位数字组成，从 0 或 1 开始以 1 为单位递增编号到 99，不足两位不补位。当软件产品支持的特性集发生变化时，F 版本号变化。当 S 版本号升级时，F 版本号清零。
- 编译版本号 B(Build Version)：标识编译构建的版本号。B 版本号由三位数字组成，从 0 或 1 以 1 为单位递增编号到 999，不足三位不补位。当软件产品重新编译构建时，B 版本号变化。当 F 版本号升级时，B 版本号清零。
- 补丁包版本号 SP(System Patch Version)：标识累计一段时间的补丁，即把一段时间的补丁打包出一个补丁包。SP 版本号由三位数字组成，从 001 以 1 为单位递增编号到 999。当软件产品发布新的补丁包时，SP 版本号变化。当 B 版本号升级时，SP 版本号清零。

• 补丁版本号 C(Cold Patch Version)：标识一个补丁。C 版本号由两位数字组成，从 01 以 1 为单位递增编号到 99。当软件产品发布新的补丁时，C 版本号变化。当 B 版本号升级时，C 版本号清零。

其中，[]表示可选字段，()采用英文半角括号，仅有可选字段时用()。因此，以上各个部分中，补丁包版本号 SP 和补丁版本号 C 是可选的，而这两个版本号都是在维护阶段使用。版本号一旦明确，一般不允许随意修改。如果一定要进行修改，那就必须发起版本号变更申请，只有通过变更决策才能修改版本号。此外，还有一些其他的版本号命名规范，如语义版本规范 X.Y.Z(X 表示主版本号，标识出现不兼容的 API 变化；Y 表示次版本号，标识新增向后兼容的功能；Z 表示补丁版本号，标识修复向后兼容的缺陷)(Preston-Werner，2013)以及 VxxxRxxxCxx[SPC/CPxxx](V 标识主力产品平台的变化，R 标识面向客户发布的特性及变化，C 标识功能增强性小版本/修复缺陷的维护版本，SPC 标识补丁包，CP 标识一个补丁)。

3.2.2 代码版本管理

如果你是一个软件开发团队的开发人员，那么你所参与开发的软件经常都会处于不断的演化之中。考虑以下几个场景。

1. 代码演化历史跟踪

你可能花了两周时间，写了 6000 行代码来实现一个客户或产品经理所要求的新特性。你也可能花了两天时间，改动了 30 个文件来重构代码以提高软件的可维护性。你还可能花了 3 个小时，改动了 4 个方法来修复了一个测试人员报告的缺陷。这些软件开发活动都需要新增或修改代码。如果没有代码版本管理，你很快就会记不得为何、在何处以及如何修改的代码，从而导致自己以及他人难以理解代码的变动过程、开展代码评审以及及时发现修改过程中引入的缺陷。

2. 历史版本回退

新特性上线后如果不符合客户或市场要求，那么需要去除这一新特性，或者由于增加新特性、代码重构或其他原因而导致重要的功能不可用，这些情况下你可能想回到此前的一个稳定的代码版本上。如果没有代码版本管理，将很难准确而快速地回退到指定的代码版本，从而增加了代码维护的难度。

3. 多人开发协作冲突

你所参加的软件项目通常都是多人协作开发的，这意味着可能会有多个人修改同一个文件，从而造成冲突。因此，你可能花了很长时间修改了一个代码文件，然后发现这个文件已经被其他开发人员修改或者删除了；或者修改完代码提交后过了一段时间发现被其他开发人员覆盖了。这些情况都会导致协作冲突，从而造成修改内容丢失以及开发上的混乱。如果没有代码版本管理，开发团队，尤其是规模较大的开发团队，将难以管理和解决开发过程中的协作冲突。

4. 代码质量检查

你开发的代码可能有质量问题，例如，功能缺陷或者代码可理解性、可维护性上的问题。你可能把有质量问题的代码合入到了代码库，不仅可能造成潜在的缺陷隐患，而且可能会影响其他开发人员的代码理解和修改。因此，需要根据一些基本的规范要求来检查需要合入的代码，如代码自检、代码同行评审以及门禁检查等。只有通过这些检查的代码才允许提交到版本库或者合入主干分支,从而达到保障软件代码质量的目的。如果没有代码的版本管理,开发团队将难以有效地管控开发人员所提交的代码质量。

以上这些场景都需要代码版本管理支持。版本控制系统是实现上述代码版本管理目标的一种有效途径。它可以存储、追踪代码修改的完整历史记录(即版本库),同时提供多种机制帮助开发人员进行协同开发。在此基础上,还可以实现代码合入前的质量检查等门禁检查功能。版本控制系统主要分为两类:集中式版本控制系统和分布式版本控制系统。

集中式版本控制系统中的版本库集中存放在中央服务器上。如图 3.2 所示,当开发人员开始工作时,需要先从中央服务器拉取工作文件的最新版本;当开发人员完成工作后,需要将工作文件的更新提交到中央服务器。在此过程中,开发人员的客户端机器上不会存储完整的版本库,而只存储了所拉取的中央服务器上的文件快照。因此,开发人员必须联网才能工作,而中央服务器的单点故障会影响到整个开发团队。如果中央服务器宕机了,那么所有开发人员都无法拉取最新版本和提交更新,也就无法协同工作。此外,如果中央服务器在没有备份的情况下发生磁盘损坏,那么将丢失所有版本库数据。目前,集中式版本控制系统已经逐渐被分布式版本控制系统所取代,但在一些遗留系统中由于迁移代价过大还在继续使用。常用的集中式版本控制系统有 CVS 和 SVN。

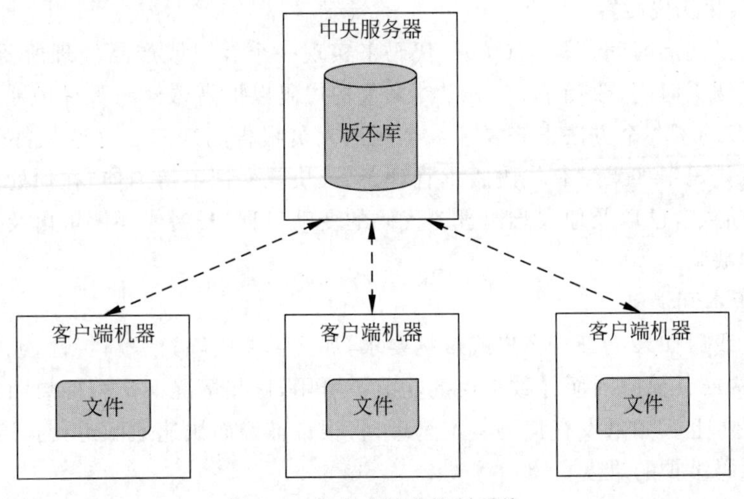

图 3.2　集中式版本控制系统

分布式版本控制系统中每个开发人员的客户端机器上都存储着完整的版本库。如图 3.3 所示,每个开发人员都有版本库的本地副本或者克隆,即每个开发人员维护着自己的本地版本库。当开发人员完成工作后,可以把工作文件的更新提交到本地版本库。因此,开发人员不需要联网就可以工作。理论上讲,在协同工作时,各个开发人员可以把各自的更新推送给其他开发人员,开发人员之间就可以互相看到各自的更新了。而在实际开发过程中,由于各个开发人员可能不在一个局域网内,或者某个开发人员并没有开机工作,因此很少在开发人员之间推送版本库的更新。取而代之的工作模式是在分布式版本控制系统中设置中央服务器,但这个中央服务器仅用来方便管理多人协同工作,即每个开发人员可以拉取中央服务器上的最新版本库,也可以将本地版本库的更新推送到中央服务器上的版本库。任何客户端机器都可以胜任中央服务器的工作,它和所有客户端机器没有本质区别。如果中央服务器发生宕机或者磁盘损坏，丢失的版本库数据可以从各个开发人员的本地版本库中恢复。此外，分布式版本控制系统具有灵活的、强大的分支管理策略。目前，分布式版本控制系统是最流行的版本控制系统。常用的分布式版本控制系统有 Mercurial 和 Git。

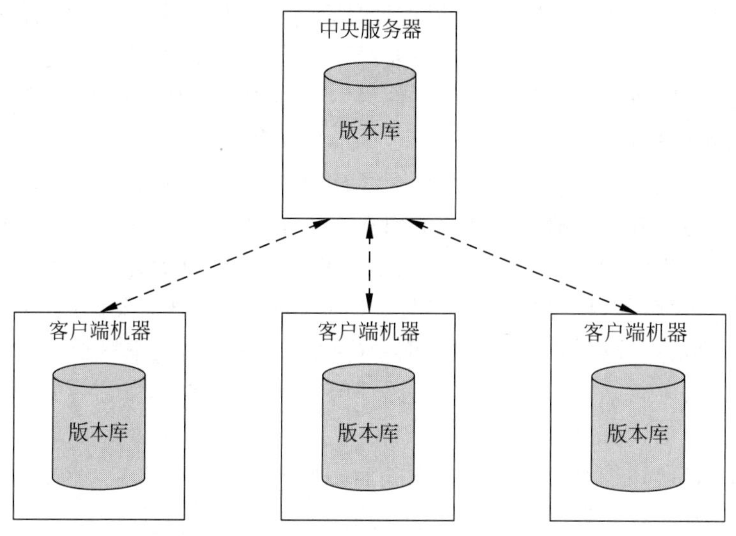

图 3.3　分布式版本控制系统

表 3.1 总结了集中式版本控制系统与分布式版本控制系统的主要区别。

表 3.1　集中式版本控制系统与分布式版本控制系统的主要区别

集中式版本控制系统	分布式版本控制系统
集中式架构	分布式架构
客户端本地没有完整版本历史	客户端本地保存完整版本历史
只能联网提交	可离线提交(本地仓库)
以目录的方式管理分支，不够灵活	强大的分支管理能力

Git 是目前最流行的分布式版本控制系统，其基本工作流程如图 3.4 所示。当你加入一个软件项目的开发团队后，可以通过 clone 命令将中央服务器上该项目的远程仓库复制到本地机器上，构成了本地仓库，而机器上项目文件所在的目录就是工作区。

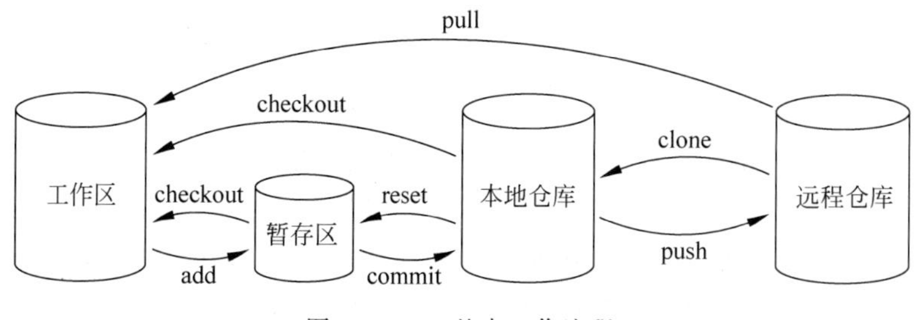

图 3.4　Git 基本工作流程

当你在工作区修改或者新增了项目文件后，可以通过 add 命令将指定的项目文件保存到暂存区，即暂时保存对指定项目文件的更改。当你完成了一件原子性的任务后(如修复了一个缺陷、重命名了一个类属性)，可以通过 commit 命令将暂存区中的文件提交到本地仓库。当你需要把你的提交集成到项目并推送给其他开发人员时，可以通过 push 命令将本地仓库中的本地提交推送到中央服务器的远程仓库中。

当你发现一次提交的内容有错误并想撤销这次提交时，可以通过 reset 命令将暂存区重置到这次提交之前的状态，同时也可以选择是否将工作区也重置到这次提交之前的状态。当你在工作区改乱了某个文件并想直接丢弃对该文件的修改时，可以通过 checkout 命令将该文件重置为暂存区或者本地仓库中的文件内容。当你在工作区改乱了某个文件，并添加到了暂存区时，可以通过 reset 命令将暂存区中的该文件重置为本地仓库中的文件内容。

当你需要在其他开发人员的开发基础上继续协同开发时，可以通过 pull 命令将中央服务器上远程仓库的所有最新提交全部拉取到本地仓库，并与本地仓库进行合并。

由上述基本流程可见，提交(Commit)是记录项目文件历史并实施版本管理的最小单位，也是开发人员理解项目演化的基本单位。因此，提交的粒度需要保证每次提交只做一件事情，而不要同时把多件事情混在一次提交中(例如，在一次提交中修复了多个缺陷，或者在新增特性的同时修复缺陷)，否则将增加代码理解和评审的难度(如难以区分和确认各个缺陷分别是如何修复的)。此外，在 commit 命令中还需要指定该提交的描述消息，从而帮助开发人员更好地理解该提交的内容。一般而言，提交的描述消息需要包含四部分信息：类型、主题、主体以及链接。其中，类型描述了提交的类别，包括新功能、缺陷修复、重构、测试、文档、格式化等；主题是对提交的简要描述，一般使用祈使语气；主体是对提交的详细描述，包括该提交做了什么事情、为什么做这件事情等；链接记录了提交与其他软件制品(如开发任务、缺陷)的链接关系，便于追踪开发过程中软件制品间的链接关系(如可以追踪谁在哪些提交中完成了什么开发任务)。例如，图 3.5 是一个缺陷修复类型的提交的描述消息，该提交是对缺陷＃392 的修复。

```
fix: couple of unit tests for IE9

Older IEs serialize html uppercased, but IE9 does not...
Would be better to expect case insensitive, unfortunately jasmine does
not allow to user regexps for throw expectations.

Closes #392
```

图 3.5　代码提交(Commit)的描述消息示例

3.2.3　代码分支与基线管理

一个软件项目开发团队中的开发人员往往各有分工，例如，有的开发人员在实现新功能，有的开发人员在修复缺陷，有的开发人员在发布新版本。此外，有时候开发团队可能需要在软件的主版本开发的同时，面向一些有特殊需求的客户或产品变体进行一些定制化开发，或者单独实验一些新技术。在这几种情况下，如果所有开发人员都在一个版本基础上进行开发，那么不同开发人员的提交会混杂交织在一起，导致项目难以协调和维护，版本也会变得混乱，导致项目难以进行持续集成和发布。例如，一个开发人员正在一个老的发布版本基础上修复一个重要的缺陷，并希望在修复后尽快发布新版本，而另外一些开发人员正在实现一些新特性从而导致整个软件暂时无法整体构建发布。为了解决这些问题，目前流行的分布式版本控制系统(例如 Git)都实现了代码分支管理，用于支持多个并行的互不干扰的分支。开发人员可以在不同的分支上并行进行开发,互不干扰。这种代码分支管理功能能够更好地支持团队并行和协同开发。

软件开发实践中经常采用的分支类型包括5种：主分支(master)、开发分支(develop)、特性分支(feature)、发布分支(release)、补丁分支(hotfix)。主分支存储着随时可供在生产环境中部署使用的代码。当开发团队产生了一份稳定的、可供部署的代码时,主分支上的代码会被更新,并添加对应的版本号标签。由此可见,主分支主要对应版本发布。如图3.6所示,主分支上发布了三个版本：版本0.1、版本0.2以及版本1.0。开发分支在主分支基础上派生而来,是开发团队的主要工作分支,存储着开发团队日常开发过程中的代码提交,对应的是开发环境中的代码。开发分支上的代码提交即使有问题(例如实现不完整或包含缺陷)也不会直接影响到主分支,即不会影响到生产环境的稳定性。这也是需要区分主分支和开发分支的原因。

特性分支、发布分支和补丁分支是三种辅助分支,是用于在各种软件开发活动中解决特定问题的分支。与主分支和开发分支不同,辅助分支一般都是短期存在的。当开发团队需要开发一个新功能时,可以从开发分支派生出一个特性分支。一般而言,开发团队往往会同时开发多个新功能,这就需要从开发分支派生出多个特性分支,而开发人员就可以在相应的特性分支上进行新功能开发而互不干扰。如图3.6所示,开发分支上派生出了两个特性分支。当开发团队完成了新功能开发后,需要进行分支合并,即把特性分支上的代码合并到开发分支。在这个例子中,两个特性分支分别合并到了开发分支。通过分支合并,开发分支上的代码就包含特性分支中的新功能实现。

当开发分支上的代码已经基本稳定,并实现了版本发布所计划的新特性时,需要从开发分支派生出一个发布分支,为版本发布做好准备。具体而言,首先需要在发布分支上进行测试,如果发现有缺陷就需要在发布分支上进行修复,如果没有则可以准备版本发布的元数据(如版本号)。全部完成后,需要将发布分支合并到主分支,并产生一个新的发布版本。同时,也需要将发布分支合并到开发分支,从而确保开发分支上也更新了版本发布时的代码变更。如图3.6所示,发布分支从开发分支派生而来,最终合并到了主分支,并发布了新版本1.0。与此同时,发布分支也合并到了开发分支。

当生产环境中的发布版本出现了缺陷,且需要马上修复时,需要从主分支派生出补丁分支,从而使得开发分支上的开发人员可以继续工作,而负责缺陷修复的开发人员可以在补丁分支上进行快速的缺陷修复而互不干扰。完成缺陷修复后,需要将补丁分支合并到主分支,并发布一个新版本,使得缺陷在新版本中得到了修复。同时,也需要将补丁分支合并到开发分支,从而保证开发分支上的缺陷也得到了修复。如图3.6所示,为了修复版本0.1中的缺陷,从主分支派生出一个补丁分支；在补丁分支上完成缺陷修复后,将补丁分支合并到了主分支并发布了新版本0.2；同时,补丁分支也合并到了开发分支。

由以上5种分支的概述可知,分支合并是分支管理过程中的常见操作。然而,不同的分支可能修改了同一个文件的同一行代码,或者一个分支修改了被另一个分支删除了的代码。因此,如果在这种情况下进行分支合并,Git就不能确定到底哪个分支的改动是正确的,即造成了合并冲突。为了便于开发人员解决合并冲突,Git会在发生合并冲突的文件中标记出不同分支中的内容。开发人员之间需要对合并冲突进行协商,从而确定哪个分支的改动是正确的、哪个分支的改动可以被放弃掉或者是否需要组合两个分支的改动。

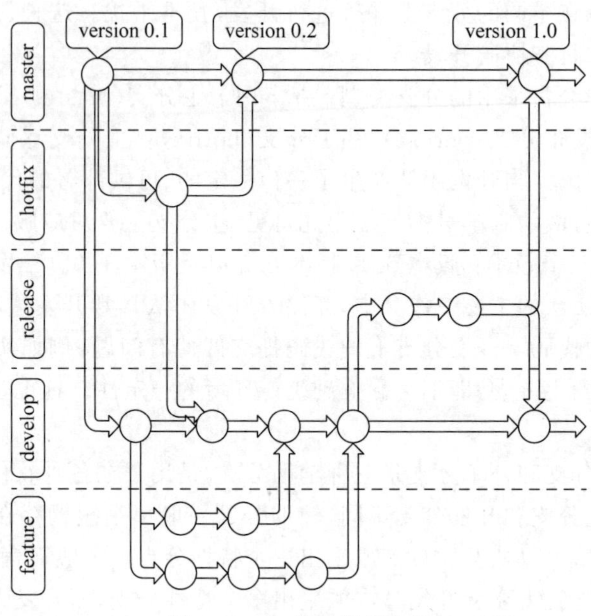

图 3.6 Git 分支管理示例

在分支管理中，一个分支被称为一条代码线(Codeline)。一条代码线的上级(即该代码线被派生出来的起源代码线)被称为它的基线(Baseline)。主线(Mainline)是没有基线的代码线。如图 3.6 所示，主分支就是主线。开发分支和补丁分支的基线都是主分支，而特性分支和发布分支的基线都是开发分支。可见，版本管理就是管理代码线、基线和主线的过程。具体而言，主线管理版本发布；代码线支持并行的独立开发，确保不同开发人员的修改不会彼此干涉；基线可以重现上级代码线对应的系统版本(如当接收到用户的缺陷报告时)，可以作为评估系统开发状态的依据(如开发进度、目前实现的需求)。

视频讲解

3.3 特性开发任务管理

对于一个特性开发任务，需要描述该特性的具体工作任务，指派完成特性开发任务的开发和测试负责人，同时还需要跟踪特性开发任务的开发和测试状态等。可见，软件开发过程需要管理特性的开发流程，实现特性的有效追踪，提升开发效率和软件质量。否则，软件开发过程将变得混乱，如特性的开发职责分配不清、特性的开发进度难以监控等。

3.3.1 特性描述

特性是可以给客户带来价值的产品功能。例如，校园一卡通系统中需要有食堂就餐、图书管理等多个特性。一个特性可以分解成多个用户故事，而用户故事是从用户角度对产品功能的详细描述，是更小粒度的功能。例如，图书管理可以分解成现场借阅图书、现场归还图书、在线预借图书等多个用户故事。以华为云软件开发平台 DevCloud 的特性开发任务管理流程为例，一个用户故事需要包含以下基本信息。

- 标题：对用户故事的简要描述。
- 描述：对用户故事的详细描述。

- 编号：用户故事的标识符。
- 业务编号：所属特性的标识符。
- 状态：用户故事的处理状态，一般有新建（表示用户故事刚创建）、进行中（表示用户故事已分配并在开发中）、测试中（表示在测试用户故事的实现）、已解决（表示用户故事已完成）、已关闭（表示用户故事的管理流程已结束）等。
- 模块：用户故事所属的产品模块。
- 迭代：用户故事所处的迭代。
- 特性组长：用户故事所属的特性的项目组长。
- 开发状态：用户故事所处的开发状态，一般有待启动、已启动、已完成等。
- 开发负责人：用户故事的开发负责人。
- 开发开始时间与结束时间：用户故事开发的开始时间与结束时间。
- 开发预估工作量：完成用户故事开发所预估的工作量。
- 测试状态：用户故事所处的测试状态，一般有待启动、已启动、已完成等。
- 测试负责人：用户故事的测试负责人。
- 测试开始时间与结束时间：用户故事测试的开始时间与结束时间。
- 测试预估工作量：完成用户故事测试所预估的工作量。

3.3.2 特性开发任务管理流程

在一轮迭代开始前，当由项目组长做好任务分解和下发，设置特性负责人、开发负责人和测试负责人，并设置用户故事的初始开发状态和测试状态后，特性开发任务的管理流程就开始了。由模块设计师进行核心用户估计的设计。由开发人员进行其他用户故事的设计。由测试人员进行测试方案与用例的设计。特性开发过程中提倡先设计后编码的原则。

完成如上的迭代前设计活动后，就开始了迭代活动。由模块设计师进行核心用户故事的代码编写与代码检视以及自测试。由开发人员进行其他用户故事的代码编写与代码检视以及自测试。由测试人员编写测试脚本并进行自动化测试，主要包括集成测试以及各专项测试（如压力测试和安全测试）。通过测试发现缺陷后，由模块设计师和开发人员进行缺陷的分析与修复，直到通过所有的测试。最后，由项目组长组织整个开发团队进行迭代回顾，总结与复盘特性开发任务的完成情况，包括设计、工作量、质量等问题，目的在于检视迭代中关于开发人员、过程和工具的情况、找出做得好的和潜在的需要改进的主要方面、制定在下一轮迭代中改进开发团队工作方式的计划。

需要注意的是，特性开发任务可以通过状态来自动流转到相应的负责人。例如，当开发负责人完成开发任务并将开发状态标记为已完成后，该特性将自动流转到测试负责人并通知测试负责人完成测试任务。此外，用户故事可以与完成开发任务的代码提交进行关联，从而实现代码到原始需求的反向追溯，也能实现责任到人的问题追溯。在 DevCloud 的管理流程中，基于用户故事描述所包含的信息，可以支持以下主要功能。

- **开发任务流程管理**：分配负责开发任务的测试和开发人员，制定开发任务的日程规划，监控开发任务的进度，提供开发任务完成情况的统计报表等。
- **交流与沟通**：与相关开发人员讨论、协商和评审开发任务的解决方案，把交流记录以邮件的方式通知相关开发人员，加快沟通与处理速度。

- **代码管理**：关联开发任务与代码提交，便于进行针对开发任务的代码评审与责任追溯，实现代码到原始需求的反向追溯。

3.3.3 变更管理流程

在软件开发过程中变更几乎总是无法避免的。例如，客户的需求可能会发生变化，面向市场的产品发布计划可能会因为市场或技术因素而发生变化。由于变更都会涉及一定的开发工作量，并对软件的稳定性造成影响，而且还可能涉及商业问题（例如，所提出的变更是否符合与客户签订的合同或产品的商业策略），因此开发人员不能随意地进行软件变更，以避免由此引发的技术或商业问题。为此，需要一种规范、系统和可控的方式来管理软件变更的流程，确保变更的规范性和可追踪性。

当一名利益相关者（例如产品经理、客户、开发人员）提交一个变更请求后，变更管理流程就开始了。变更请求中一般需要描述以下几个方面的信息：变更来源，即明确是谁发起了变更，如客户、产品经理等；变更原因，即明确为什么需要这次变更，如项目进度有延迟等；变更内容，即明确对什么进行变更，如版本计划变更、版本号变更、用户故事变更等。

收到变更请求后，需要由 CCB（变更控制委员会）来进行变更决策，即讨论并评审变更的合理性、变更的影响范围、变更的实现工作量等。并不是所有的变更请求都能通过变更决策。例如，客户提出的变更请求可能是由于对软件系统的误解而提出的。

当一个变更请求通过变更决策后，需要由项目组长发起一个特性开发任务，或者事务性任务来进行变更的实施与跟踪。如果一个变更请求涉及需求类任务，就发起一个特性开发任务，并按照特性开发任务的管理流程进行实施与跟踪。如果一个变更请求只是涉及辅助需求类任务的各类活动（如任务描述更改、任务暂停等），就发起一个事务性任务，包含该事务的描述、状态、责任人、预估时间、实际时间等，并进行实施与跟踪。

最后，需要进行变更归档，记录变更从请求到实施与跟踪的整个流程，便于变更的问题追踪。

3.4 缺陷修复过程管理

不管是用户发现的缺陷，还是开发人员或者测试人员发现的缺陷，都需要提交缺陷报告（有的企业称之为问题单）并进行跟踪。在问题单中，需要描述缺陷的现象、复现缺陷的步骤等，评估缺陷的优先级和重要程度，指派修复缺陷的负责人，与相关开发人员讨论缺陷的修复方案，跟踪缺陷的处理状态，关联修复缺陷的代码提交等。可见，软件开发过程需要管理缺陷修复的追踪系统，实现缺陷修复的有效追踪。否则，缺陷修复过程将变得混乱，如缺陷的职责分配不清、缺陷修复的进度无法监控等。

3.4.1 缺陷描述

缺陷是软件产品在测试和使用阶段发现的问题。例如，开发人员在测试现场借阅图书时发现借阅日期不正确的缺陷。常用的缺陷追踪系统包括 JIRA、Bugzilla 等。在不同的缺陷追踪系统中，问题单所包含的内容也不一样。

在 JIRA 中，一个问题单一般需要包含以下信息。

- **标题**：对缺陷的简要描述。
- **描述**：对缺陷的详细描述。一般需要从用户视角描述缺陷的现象或症状；需要说明错误码来辅助开发人员分析、定位和修复缺陷；需要详述发生缺陷的环境信息，是开发环境、测试环境还是生产环境；需要列举软件栈信息，包括对应的操作系统及其版本、数据库及其版本等；需要说明缺陷是否可以复现并详述复现的步骤；需要附上相关的测试脚本、补充截图、日志等信息。
- **状态**：缺陷的处理状态，一般有新提交(New，表示缺陷刚提交)、已分配(Assigned，表示缺陷已分配给相关开发人员)、未解决(Reopened，表示缺陷没有被修复而需要重新解决)、已解决(Resolved，表示缺陷已经被修复)、已验证(Verified，表示缺陷的修复已通过验证)、已关闭(Closed，表示缺陷的处理流程已结束)等。
- **优先级**：缺陷处理的优先级。优先级从低到高一般是 Trivial、Minor、Major、Critical、Blocker。可以用于在缺陷分配与处理时进行排序，更好地满足产品的开发进度。
- **处理意见**：缺陷修复的最终意见，一般有已修复(Fixed)、不是问题(Invalid)、无法修复(Wontfix)、无法重现(Worksforme)、以后版本解决(Later)等。
- **影响组件**：缺陷所影响的软件组件。
- **影响版本**：缺陷所影响的软件组件版本号。
- **修复版本**：缺陷修复所在的软件组件版本号。
- **负责人**：负责修复缺陷的开发人员。
- **评论**：关于缺陷的评论和讨论，便于分析和评审缺陷的解决方案。

图 3.7 是 JIRA 上 MapReduce 中的一个问题单示例。

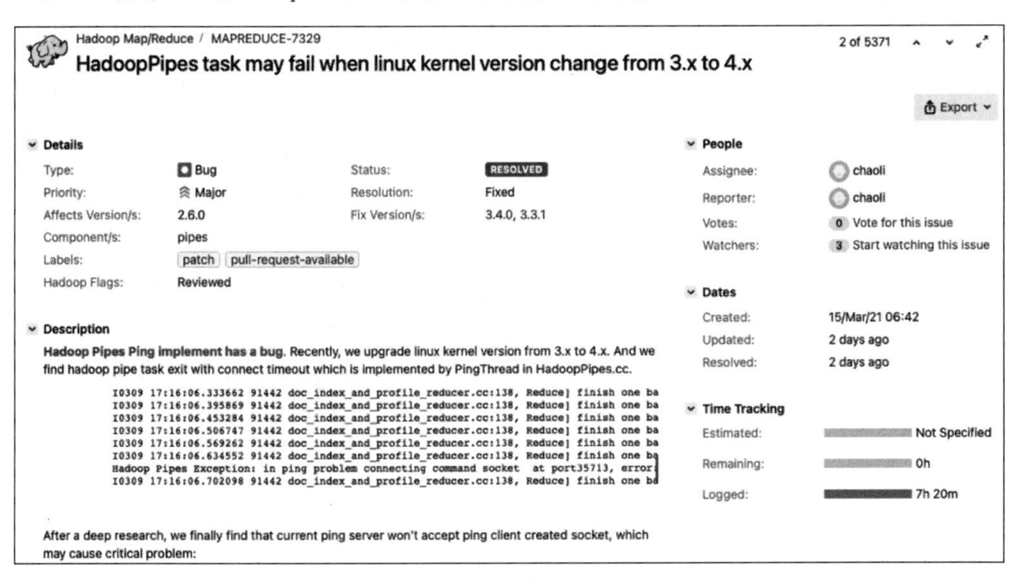

图 3.7　JIRA 中的问题单示例(MAPREDUCE-7329)

基于缺陷追踪系统中缺陷所包含的内容，缺陷追踪系统可以支持以下主要功能。

- **缺陷修复流程管理**：指定缺陷修复的优先级，分配负责修复缺陷的开发人员，监控缺陷修复的进度，提供缺陷修复的统计报表等。

- **缺陷交流与沟通**：与相关开发人员讨论、协商和评审缺陷修复的实现方案，把缺陷的讨论记录以邮件的方式通知相关开发人员，提高缺陷修复的沟通与处理效率。
- **代码管理**：通过在代码提交中引用缺陷标识符来关联缺陷与修复缺陷的代码提交，便于进行针对缺陷的代码评审与追溯。

3.4.2 缺陷修复处理流程

企业内部的缺陷处理流程如图 3.8 所示。一般由测试人员通过测试发现软件产品中的缺陷，并提交问题单。测试经理或者项目经理会对问题单进行审核与分流。对于包含错误的问题单，直接驳回给测试人员进行修改。对于重复提交的问题单，直接提交给测试人员进行关闭。对于审核通过的缺陷，由开发人员完成缺陷修复，并提交给 CCB（变更控制委员会）组长或者项目经理进行缺陷修复方案或者缺陷修复代码的审核。只有当缺陷修复方案涉及架构、流程等设计方案的改动，或者缺陷不需要修复时，才需要 CCB 进行仲裁审核。如果审核不能通过，直接驳回给开发人员进行缺陷修复的完善。缺陷修复通过审核后，由测试经理组织测试并分配测试人员进行缺陷修复有效性的验证。对于没有修改、不符合标准、缺少必需的证明材料（如修改了哪些文件的哪些代码并附上代码链接）的缺陷修复，测试经理可以驳回。最后，测试人员完成回归测试，并关闭缺陷报告。如果测试人员无法完成测试任务（如测试任务过重、生病等），可以驳回并由测试经理重新指派测试人员。

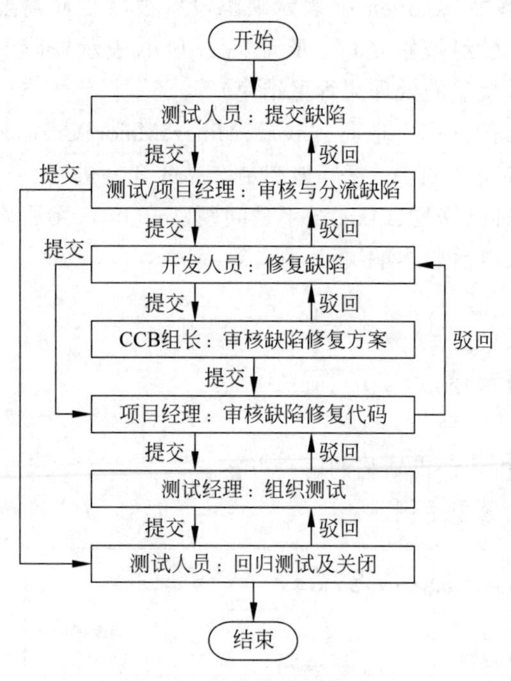

图 3.8 缺陷修复处理流程

视频讲解

3.5 基于追踪与回溯的工作量与质量分析

基于特性开发任务以及缺陷的各类追踪关系，可以支持多维度的工作量与质量分析。对于优先级为 Critical 及以上的问题单，需要组织相关人员进行回溯分析，寻找流程中的问题与根因并制定对策，从而改进软件开发与流程管理过程，以提升软件开发质量。

3.5.1 基于追踪的分析

首先，在单次迭代过程中，基于预计完成的用户故事数与实际完成的用户故事数的追踪关系，可以通过燃尽图分析随着时间的减少工作量的剩余情况，从而提供迭代进度的持续监控。如图 3.9 所示，迭代起点位于燃尽图的左侧最高点，发生在迭代的第 0 天；迭代终点位于最右侧，标志着迭代的最后一天。随着迭代的进行，实际剩余工作量曲线将在理想剩余工作量曲线的上下方波动。如果实际剩余工作量曲线高于理想剩余工作量曲线,那么意味着剩下的工作量比预期多,即迭代进度落后于计划;如果实际剩余工作量曲线低于理想剩余工作量曲线,那么意味着剩余工作量少于预计,迭代进度快于既定计划。

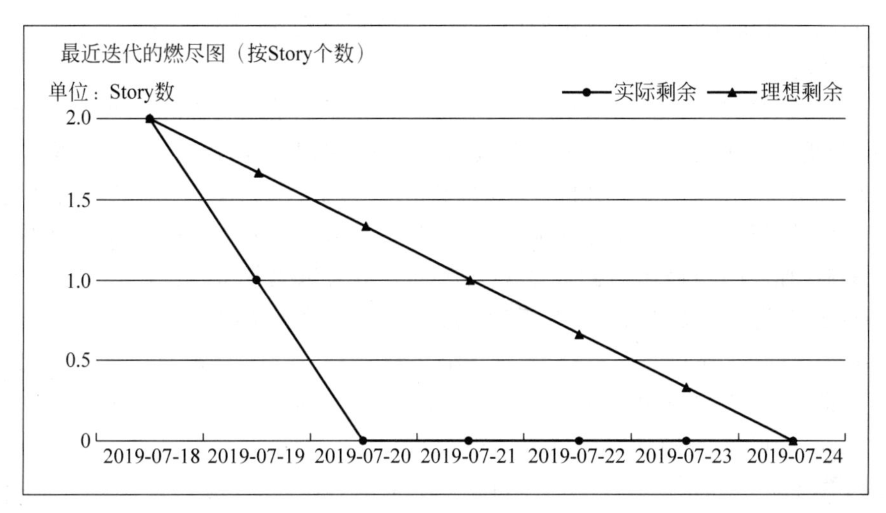

图 3.9 燃尽图示例

其次,对于一个特性开发任务与缺陷修复任务,基于预计工作量与实际工作量的追踪关系,可以实时监控特性开发任务与缺陷修复任务的处理进度,及时调整和优化开发团队内的工作分配,避免开发进度的延迟。对于开发团队成员,基于开发人员与用户故事之间的追踪关系,可以评估开发人员的用户故事完成数,衡量开发团队内开发人员的任务分配合理性,促进开发团队的工作量分配优化。

最后,基于缺陷与代码以及代码与用户故事之间的追踪关系,一方面可以快速而准确地分析每个用户故事中发现了多少个缺陷,并基于此适当调整测试预算的分配,从而提高用户故事的实现质量。一般而言,一个用户故事的缺陷数量越多,需要分配的测试预算越多。另一方面,可以评估开发人员引入缺陷的数量,评估开发人员的代码质量,促进开发人员提高其代码质量。

3.5.2 基于回溯的分析

任何问题的出现一定是流程中的某个环节出了问题。因此,对于优先级为 Critical 及以上的问题单,需要召集所有相关人员进行回溯分析,从而实现流程的优化改进。一般而言,回溯分析包括以下几个步骤。

1. 描述问题

描述所发生的问题、定位结果以及问题的后果,使参与回溯分析的相关人员更好地了解问题。例如,在 B2-2D05R 实验室进行 ABC 产品 V900R005C03B032 版本测试,测试人员在配置环境时发现“配置 MySQL 数据库服务端时没有任何提示直接退出,配置失败”,导致无法正常安装 HADR 环境,影响版本安装功能。经问题定位,发现此问题是修改问题单 WX1234579、WX1234581 时引入新问题造成的。该问题单回归不通过问题导致 V900R005C03B032 版本不能正式商用发布。

2. 成立回溯小组

回溯需要所有相关人员参加才能全面、系统地展开分析。一般而言，回溯小组需要问题单所在的特性组长担任组长，由 QA 人员担任引导员来组织大家进行回溯分析，其他小组成员还包括问题单开发责任人、问题单回归测试人、测试经理、项目经理等。

3. 分析流程

为了定位流程中的问题，必须沿着流程去找原因，必须清晰完整地展现出流程的细节。因此，回溯分析需要用简洁直观的形式表现出流程的结构概况，为后续的分析奠定基础。一种常用的流程分析方法 SIPOC 分析方法，如图 3.10 所示。其中，S 代表供应商(Supplier)，是向流程提供关键资源的组织，如某项目组。I 代表输入(Inputs)，是供应商提供的、必须满足标准的资源，如项目组修改后的脚本必须满足方案与编码规范。P 代表流程(Process)，是使输入发生变化成为输出的一组活动，如需要对修改后的脚本进行 Review(评审)、UT/ST(单元测试/系统测试)、归档、验证、确认等活动。O 代表输出(Outputs)，是流程结束后的结果即产品，需要对输出的要求予以明确，如提交回归的脚本需要通过回归测试。C 代表客户(Customer)，是接受输出的人、组织或者流程，如某测试组。基于 SIPOC 分析方法可以系统而全面地确认流程中的各个环节及其要求，并与实际流程的做法进行对比分析，从而找出哪些环节导致了问题，并识别出哪些环节存在潜在风险。例如，对于上述问题单回归不通过问题，分析出编码、Review、UT/ST、归档、验证、确认环节出现了问题。

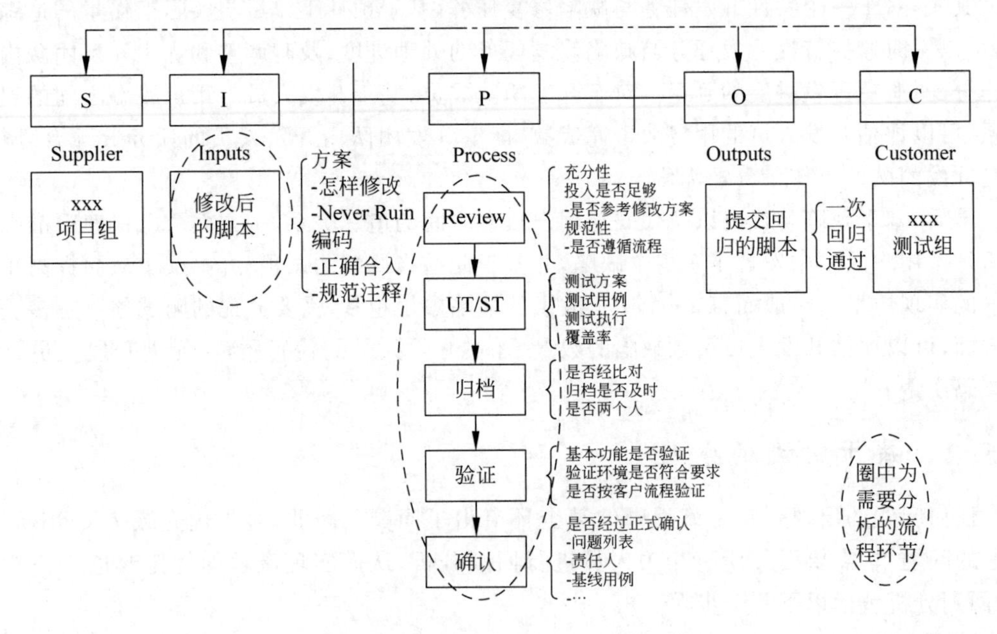

图 3.10　SIPOC 分析方法

4. 分析原因与确认要因

分析出问题出现的各个环节后，需要进一步分析导致环节出现问题的具体原因。一种常用的因果分析方法是鱼骨图分析方法，如图 3.11 所示。其基本过程如下：针对一个问题(作为鱼头，如上述的问题单回归不通过问题)，由回溯小组经过充分讨论列明产生问题的大原因(鱼骨主干，如 Review、UT/ST、归档等)，从大原因继续反复论证，列举出每个大原因

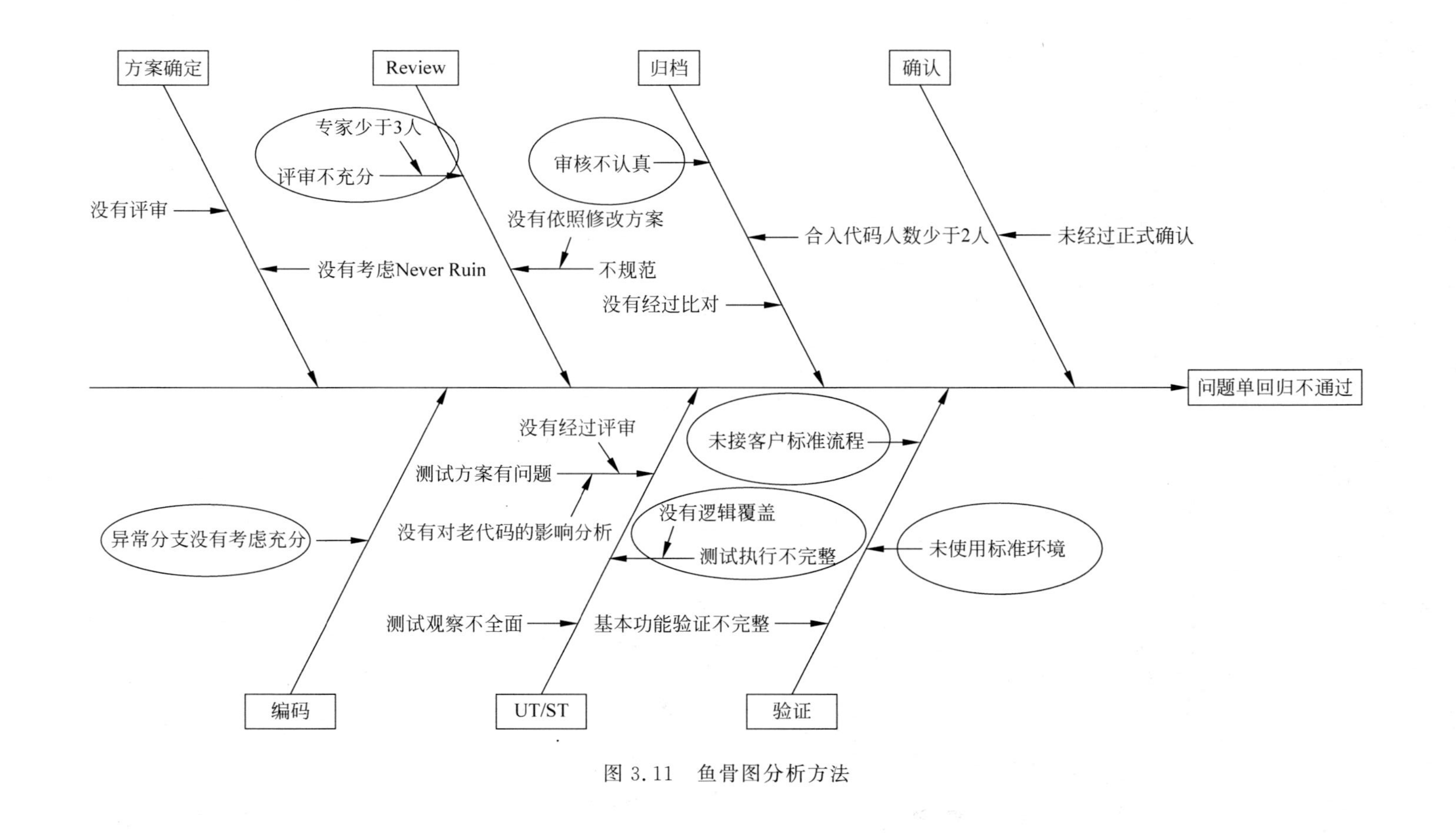

图 3.11 鱼骨图分析方法

产生的中原因,中原因再论证小原因,如此一层层论证分析下去,直到找出所有可能的原因,而不至于使导致问题的原因遗漏掉。最后,由回溯小组对鱼骨图上的原因进行充分讨论与反复论证,确认导致问题的要因,如导致上述的问题单回归不通过问题的要因有六个,即异常处理考虑不充分、ST 没有逻辑覆盖、审核不充分、测试代码未删除完整、未按照客户标准环境和流程测试、未经过正式确认。

5. 寻找根因

对于导致问题的要因,需要寻找其根本原因,从而制定相应的措施进行解决。一种常用的根因分析方法是 5why 分析方法,即对一个问题连续问 5 个"为什么"以追究其根本原因。在实际使用时,不限定只问 5 个"为什么",主要是必须找到根本原因为止,有时可能只问 3 个"为什么",有时也许要问 10 个"为什么"。图 3.12 是对于 ST 没有逻辑覆盖以及审核不充分这两个要因的 5why 分析过程,并最终找到了各自的根因。

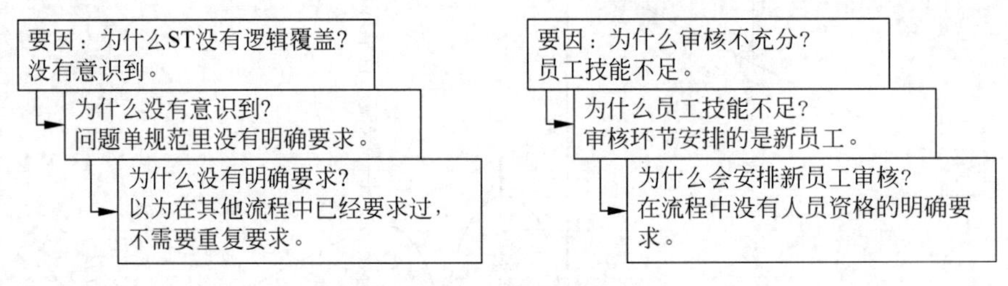

图 3.12　5why 分析方法

6. 制定对策

对于每个根因,需要制定相应的对策,指定责任人和完成时间,并落实到流程中,防止重犯同样的错误。例如,对于 ST 没有逻辑覆盖的根因(见图 3.12),相应的对策是:①在问题单流程规范中增加对 ST 逻辑覆盖和环境测试要求;②在问题单修改报告中说明 ST 逻辑覆盖情况。对于审核不充分的根因(见图 3.12),相应的对策是:①安排老员工(1 年以上)进行审核;②对新员工进行以老带新的方式进行培养;③在问题单流程规范中增加对问题单审核人员资格的要求。

小　　结

软件开发几乎总是伴随着持续的产品演化和代码修改,同时还需要支持团队中大量开发人员的并行协同开发。因此,我们需要通过规范化的版本管理来支持版本变更与开发迭代,同时对于由新特性开发和缺陷报告驱动的开发任务进行系统性的管理,从而保证软件产品质量和软件开发效率。为此,我们需要规划软件产品的迭代发布计划,并对发布版本的版本号进行规范化的命名,同时需要使用版本控制系统来管理代码版本与代码分支。此外,需要在软件开发过程中管理特性开发、缺陷修复、变更管理等任务,实现特性、缺陷、变更的有效追踪,提升开发效率和软件质量。最后,基于管理流程中的各类追踪关系,需要支持多维度的工作量与质量分析,反哺并改进流程管理中的各个环节。我们也需要对关键的问题进行回溯分析,采用 SIPOC 分析、鱼骨图分析、5why 分析等方法确认管理流程中的问题根因并制定对策,从而改进软件开发与流程管理过程。

第4章 高质量编码

本章学习目标

- 理解代码质量(包括外部质量和内部质量)的含义和要求。
- 掌握规范化的代码风格要求。
- 掌握规范化和严密性的代码逻辑要求。
- 了解安全与可靠性编码的要求并掌握防御式编程实践。
- 了解各种代码质量控制手段并熟悉常用的代码质量度量指标。
- 理解测试驱动开发的思想,了解基本的测试驱动开发实践。

本章首先概述代码质量(包括外部质量和内部质量)的含义;然后分别从代码风格、代码逻辑、安全与可靠性编码这三个方面介绍高质量编码的相关问题和要求;接着介绍软件开发实践中的代码质量控制技术;最后介绍测试驱动开发的含义、过程和实践指南。

4.1 代码质量概述

视频讲解

虽然如同本书后面各章所介绍的那样,软件开发除了编码还包括需求分析、设计、测试等活动,但编码活动直接产生软件开发的交付物——代码(后续还需要进行编译和构建),因此具有重要的意义。对于一个软件工程师而言,在有机会担当更重要的任务(例如软件体系结构设计)之前,首先应当有能力写出高质量的代码。

4.1.1 代码质量的含义

如图4.1所示,代码由开发人员编写并在经过构建和部署后在计算机硬件上运行,成为用户可以使用的计算机软件。代码中如果存在问题,例如,存在功能或性能缺陷,那么最终用户所使用的软件也会存在缺陷。因此,面向软件的用户以及软件的运行和使用,代码应当逻辑严密、尽量杜绝缺陷和漏洞,同时具有良好的性能、可靠性和安全性,这些都属于代码的外部质量。容易被大家忽略的是,开发人员不仅是代码的“编写者”而且还是代码的“使用者”:在软件长达数年甚至数十年的生存周期内,代码需要持续进行维护和扩展,开发人员经常需要阅读并理解已有代码并在其基础上进行修改或实现新功能。因此,面向软件开发者以及持续的演化和维护,代码应当容易理解、修改和扩展,从而形成了代码的内部质量。

软件工程师应当具有质量意识,而这种意识的培养需要从严谨、认真写好每一行代码开始。好的代码不仅逻辑严密、不容易出问题,而且读起来让人感觉干净、整洁、易懂。反之,不好的代码除了运行起来问题层出不穷之外,读起来可能让人感觉晦涩难懂、像一团乱麻。因此,很多企业都将“Clean Code”(即“整洁代码”)作为软件工程能力提升所追求的目标。让我们从下面这段Java示例代码开始理解代码质量的含义。

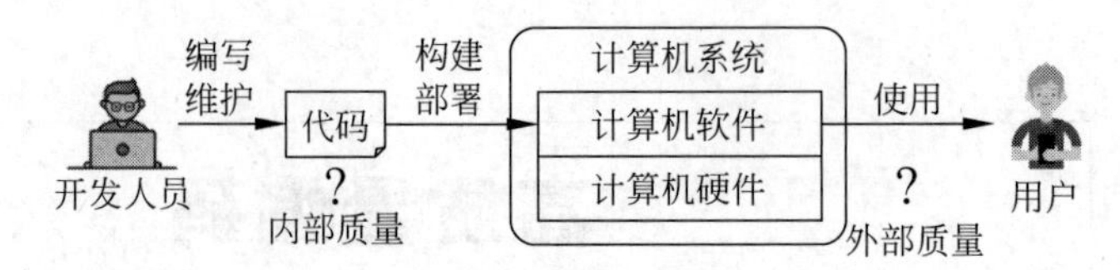

图 4.1　代码的外部和内部质量

代码示例 4.1　低质量的代码(图书借阅功能)

```
1   public void borrowBook(String id1, String id2){
2       if (! id1.equals("")) {
3           if (checkBooks(id1) < 5) {
4               if (!(hasOverdueBooks(id1))){
5                   if (!id2.equals("")) {
6                   if (! getBook(id2).isAllOut() && getBook(id2).blocked())
7                       updateStudentStatus(id1, id2); updateBookStatus(id2, id1);
8                   throw new IllegalArgumentException("This book can't be borrowed");
9                   } else
10                      throw new IllegalArgumentException("Book id can't be empty");
11              }
12              else
13                  throw new IllegalArgumentException("Overdue books exist");
14          } else
15              throw new IllegalArgumentException("The number of books borrowed exceeds
    the limit");
16      } else
17          throw new IllegalArgumentException("Student id can't be empty");
18  }
```

从代码中的方法名不难猜到其主要功能是借书,但其中的具体实现代码就没有那么好懂了,甚至有些地方还存在容易让人误解的"陷阱"。此外,这段代码中还隐含着一些缺陷。这段代码的问题至少包括以下这些。

- **标识符命名不规范**。代码中的"id1"和"id2"分别指学生(借书人)的 ID 和图书的 ID,然而这样的命名无法让人理解背后的含义,甚至很容易将二者混淆。
- **语句缩进排版不规范**。第 5 行和第 6 行的 if 语句是嵌套而非并列关系,但现在的排版容易让人误解为并列关系,建议下一层语句进行缩进。第 7 行两条语句放在了同一行,也容易让人误解为是 if 条件成立时才执行。
- **条件语句嵌套层数过多**。这段代码中嵌套 if 语句有五层,这个逻辑让人很难一下子理解,各种抛出异常的语句也与 if 条件对应关系不清楚。
- **异常使用不当**。这段代码中多处抛出了 IllegalArgumentException 异常,即不合法参数异常。这些异常中只有第 10 行和第 17 行确实是不合法参数问题(所传的 ID 为空),而其他几处都是根据业务规则判断后不允许借书(例如借书人存在超期未还图书)。这些地方并不是不合法参数问题,如果要抛异常那也应该抛出自定义的业务相关异常。

- **代码中存在一些潜在的缺陷**。第 2 行和第 5 行未考虑到 id1、id2 为 null 的情况，而第 6 行 if 条件中“&&”之后的第二个条件缺少“非”操作(这里的逻辑应该是图书未处于锁定状态)。第 8 行的 throw 语句之前漏掉了 else(与第 6 行的 if 语句相对应)，这种低级错误在条件语句嵌套层次过多以及代码不断修改的情况下很容易发生。

事实上，这段代码的逻辑是：先判断借书人当前是否可以借书，然后判断所借的书当前是否可以借，如果都可以那么更新借书状态，否则给出对应的提示。如代码示例 4.2 所示，改进后的代码就清晰多了。首先，通过标识符“studentID”和“bookID”很容易理解两个输入参数分别代表学生 ID 和图书 ID。其次，通过各种规则的检查(例如，学生 ID 或图书 ID 是否为空、学生已借图书是否超过限制等)分别抛出异常消除了深层嵌套的条件语句，为此专门定义了与业务服务相关的异常基类 ServiceException 及各种具体的异常子类(如 OverdueBooksException)。最后，消除了各种潜在功能缺陷，代码结构变清晰之后各种缺陷也更容易被发现和纠正。

代码示例 4.2　初步改进后的代码(图书借阅功能)

```
1   public void borrowBook(StringstudentID, String bookID) throw ServiceException {
2       if (studentID == null || "".equals(studentID))
3           throw new StudentIDEmptyException();
4       if (getBorrowedBookCount(studentID) >= BOOK_BORROW_LIMIT)
6           throw newBookBorrowExeedLimitException();
7       if (hasOverdueBooks(studentID))
8           throw new OverdueBooksException();
9       if (bookID == null || "".equals(bookID))
10          throw new BookIDEmptyException();
11      if (getBook(bookID).isAllOut() || getBook(bookID).blocked())
12          throw new BookUnavailableException();
13      updateStudentStatus(studentID, bookID);
14      updateBookStatus(bookID, studentID);
15  }
```

这段代码还可以再进一步改进成如代码示例 4.3 那样。其中，notEmpty 是一个判断字符串是否为空的通用判断方法(如果为 null 或空字符串则抛出异常)，后续的两个 check 方法和一个 update 方法分别执行相应的条件检查和最终的借书信息更新(原方法的相关语句被抽取到对应的方法中)。这样修改后整个借书处理过程的逻辑就非常清楚了，代码本身的标识符(参数名、方法名)基本都是自解释的。

代码示例 4.3　进一步改进后的代码(图书借阅功能)

```
1   public void borrowBook(String studentID, String bookID) throw ServiceException {
2       notEmpty(studentID, "Student ID can't be empty");
3       notEmpty(bookID, "Book ID can't be empty");
4
5       checkStudentCanBorrowBook(studentID);
6       checkBookCanBeBorrowed(bookID);
7       updateBorrowingStatus(studentID, bookID);
…       …
```

代码质量除了功能逻辑正确、不包含功能缺陷外，还需要满足容易理解和维护、确保系统可靠性和信息安全性、能够高效运行、容易在不同环境之间移植等多个方面的要求。下面将具体介绍这些代码质量特性。

4.1.2 可理解性和可维护性

从计算机软件诞生以来，如何让程序更易于被人理解和维护一直是一个重要的问题。正如第1章所提到的，软件总是在不断地演化之中。代码作为软件的逻辑表示形式，由于各种原因(如需求变化、环境变化、缺陷)，需要被开发人员不时地修改维护。因此，写好的代码经常需要开发人员阅读并进行维护，这样开发人员就会面临理解并修改他人所编写的代码的难题。即使所维护的代码是自己以前所写的，开发人员经常也需要回忆甚至重新理解代码然后进行修改。

编程语言的发展在一定程度上也是为了提高程序的可读性和可理解性。汇编语言让开发人员从一大串的0、1编码中脱离出来，可以更好地理解程序如何操作计算机的寄存器、内存；C语言诞生后，开发人员不用纠结于如何使用寄存器这样的底层硬件，可以更好地理解程序的逻辑和算法，而Java、Go、Python语言的出现，更是将开发人员从复杂的内存等资源管理工作中解放出来，使他们可以更多聚焦于应用和业务逻辑的开发。编写"好代码"的一个重要的出发点是，代码是要给开发人员阅读的，使其能够理解代码所表达的逻辑和功能，并在未来一段时间内可以对它进行维护。因此，从一定的意义上说，软件代码写出来是给人看的，只是顺便作为机器执行之用(Abelson et al.,2004)。

代码的可理解性又称代码的可读性，是指代码能易于阅读和理解的程度。具有良好的可理解性的代码更容易被开发人员理解，使他们能够快速阅读并正确理解代码的逻辑。注意，代码理解的范围并不局限于某个局部(例如某个文件或方法)，而是可能涉及整个软件系统。例如，一个开发人员收到一个功能修改任务时可能需要理解整个软件的设计结构从而确定相关功能在哪些地方实现以及需要修改哪些地方，然后再对局部的代码实现进行理解。

代码的可维护性是指软件代码易于修改、扩展和复用的程度。代码的修改是指由于需求变化、错误修复、性能改进、设计或代码质量提升等原因而对代码进行的改动，扩展是指在原有软件功能和能力基础上扩展新的功能和能力，而复用则是指代码被重复使用(可能需要略加修改)实现新的需求。对于可维护性好的代码，开发人员可以很快确定针对特定维护任务的代码修改、扩展和复用策略，并对任务完成的效果和质量有信心。代码的可理解性是可维护性的基础，只有理解了代码才有可能正确做出并实施修改决策。

代码的可理解性和可维护性通常通过代码逻辑和代码风格两方面来提升。在代码风格方面，采用统一的命名规范、符合逻辑结构的排版以及适当的注释，能帮助开发人员更好地理解代码；在代码逻辑方面，采用降低代码的复杂度、对代码的复杂性进行封装、优化代码的设计结构等措施能有效地提升代码的可理解性和可维护性。4.2节将讨论代码风格问题，而4.3节则会讨论代码逻辑问题。

4.1.3 可靠性和信息安全性

软件的可靠性通常是指软件在给定的时间区间和环境条件下，按设计要求正常运行的概率。复杂软件系统即使经过严格的测试，也很难保证没有问题，因此为了降低系统发生问题的概率，系统必须具备预防错误、容错、故障恢复（自愈）等方面的能力。代码的信息安全性（security）[①]是指软件对恶意威胁（如未授权访问/使用、泄露、破坏、篡改、毁灭）的防护能力，从而保证系统信息的机密性、完整性和可用性。

软件的可靠性和安全性首先取决于整体的体系结构设计（见第7章“软件体系结构”），同时也与各个部分具体的代码编写方式和代码质量密切相关。软件的可靠性和安全性对于高质量编码的要求包含两个方面。一方面，代码运行本身不容易出错。高质量的代码准确地表达预期的逻辑，使得软件有更大的概率能按期望运行。由于需求本身不一定能包含所有的逻辑细节，因此开发人员在根据给定的需求编写代码时，需要以一种负责任的态度，认真思考所需解决问题的逻辑，并在代码中将这种逻辑完整地表达出来，来确保代码不容易出错。另一方面，代码的正常运行不容易被外部影响或破坏。高质量的代码不仅要正确表达预期的逻辑，还必须通过一些额外的检查逻辑或者采用特定的写法，来确保在出现异常的输入或恶意的访问时，软件仍然正常运行或不产生错误。

可靠性和信息安全性对于高质量编码的要求很大程度上是相通的，只是可靠性主要关注于应对系统内部和外部的一些异常情况（例如，偶然的硬件失效、用户错误输入等），而安全性则主要关注于应对外部的安全威胁（例如，黑客的恶意攻击）。4.4节将介绍安全与可靠性编码。

4.1.4 高效性

软件的高效性是指软件的运行效率高，能够在运行中表现出较高的性能。与可靠性和安全性类似，软件运行性能不仅取决于编码质量，也与软件的体系结构设计相关（例如，不同组件之间的通信协议）。从高质量编码的角度看，性能问题主要体现为代码运行过程中所花费的计算时间以及所占用的存储空间，这主要取决于代码对于系统资源（CPU、内存和网络等）的利用效率。

同一个功能可以用多种不同的方式来实现，这些不同实现方式在所需要的计算时间和存储空间等方面都会有所不同，甚至存在很大的差别。通常，代码的性能主要取决于两个方面，即算法的选择以及资源使用策略的选择。实现同一功能的不同算法往往在性能上存在差别。例如，不同的排序算法（例如冒泡排序、快速排序）的时间和空间复杂度各不相同，自然性能表现上会有所不同。而在资源使用策略方面，如果充分分析代码的运行场景和资源特性，那么一般都会存在性能优化的空间。例如，在安卓应用中需要较长时间的操作（例如后台下载）如果放在界面主线程中实现那么可能造成界面卡顿的问题；循环语句中所涉及的磁盘或数据库访问如果能提取到循环以外执行，那么也将大大提高代码性能。此外，要对资源使用的成本效益有着全面的了解，并慎重做出相关的实现决策。例如，开发人员可能为了编程方便而选择将一些属性在很多对象间进行复制，如果软件运行时会大量创建这样的对象，那么会占据很多内存从而影响软件的性能。

开发人员在编写代码时要对性能问题保持敏感，特别是对于一些涉及大量的磁盘读写、数据库访问、网络传输等耗时的操作。但与此同时，也需要注意代码的性能问题与软件工程的权衡取舍相关。首先，代码的性能问题包含时间和空间性能两方面。例如，有些算法所需

---

① 在本章中，除非特别说明，“安全”和“安全性”均特指信息安全性。

要的时间较短但需要更多的存储空间，而其他一些算法则正好相反。其次，代码的性能问题与代码的可理解性与可维护性等其他方面存在一定的冲突。例如，冒泡排序算法非常容易理解，但却不是性能最好的排序算法。其他还有不少直白的算法容易理解但性能不是最好，而相应的性能较好的算法设计很巧妙但却不容易理解。此时就需要根据实际情况做出权衡取舍：对于性能敏感的软件使用场景(例如，资源受限的嵌入式软件、对启动速度要求高的系统软件等)，追求代码性能还是第一位的，哪怕对代码的可理解性和可维护性有所影响；对于性能一定程度上不太敏感的软件使用场景(例如，涉及人机交互操作的使用场景中毫秒级的性能差异)，则需要更关注代码的可理解性和可维护性的提升。

4.1.5 可移植性

计算机和网络技术一直处于快速的发展之中，同时软件开发企业以及软件客户企业的商业策略也在不断变化之中，因此软件的运行环境也经常会不断变化。例如，某个通用软件产品的客户中有一些希望在 Linux 上部署和运行，而其他客户则希望使用 Windows 操作系统；一些客户会要求将软件迁移到国产软硬件体系结构上运行；同时，随着云计算技术的发展，越来越多的客户可能会要求软件能够迁移到公有云或私有云平台上运行。此时，相应的软件代码可能会需要做一些修改才能在新的环境下运行。代码的可移植性就是用来衡量代码能在多大程度上适应不同的运行环境，需要多少修改代价才能迁移到新的运行环境上。

代码的可移植性在很大程度上取决于代码对于特定平台的技术依赖性，包括编程语言、API、指令集等。例如，Java 语言通常具有良好的可移植性，这是因为 Java 源代码会先编译成字节码，在执行时由运行在操作系统上的 Java 虚拟机(JVM)来解释执行，从而屏蔽了不同软硬件之间的差异，实现了“一处编译，到处运行”。但是，如果在 Java 程序中使用了本地化接口调用 Windows 系统的相关功能，那么这个程序无法在 Linux 环境中直接运行，其可移植性就降低了。又如，C++程序如果只使用 C++标准库中提供的各种 API，那么可移植性会比较好；如果使用了 MFC(即微软基础类库，其中包含一个微软的应用程序框架以及以 C++类的形式封装的 Windows API)，那么可移植性就比较差了。

与其他代码质量属性相似，可移植性也需要与其他代码质量属性一起进行综合权衡。例如，为了提高性能或者实现功能需要，一个 Java 程序有可能使用本地化(native)接口，即使为此带来可移植性上的问题；而在没有特别必要的情况下，一个程序通常应该尽量避免依赖于特定软硬件平台的 API、指令或其他特性。

视频讲解

4.2 代码风格

代码从某些方面看就像文学作品一样，有它的读者。代码的读者既包括后续维护代码的其他人，也包括代码最初的编写者(经过一段时间之后也需要重新理解代码)。因此，代码的行文风格就变得很重要。代码风格涉及标识符命名、代码排版和注释等多个方面，主要影响代码的可理解性和可维护性。

好的代码风格应该让代码具有自解释性，即在没有额外文档的情况下仅仅通过阅读代码本身也能很容易地理解代码的含义和所实现的功能。例如，标识符命名使得包、类、方法、属性、变量等代码元素的含义能够不言自明；代码排版使得代码实现的逻辑结构能够直观呈现出来，例如，代码排版能够直接体现循环和条件判断语句的嵌套结构；代码注释能够为代码的逻辑考虑和技术原理（特别是难以通过代码领会到的）提供简洁的说明。此外，一致性也是很重要的。同一个项目甚至同一产品系列的不同项目中采用统一的代码风格约定有利于企业内的开发人员建立相应的代码编写的习惯，方便所有人按照同样的约定阅读和理解代码。因此，许多企业都会制定自己的代码规范，其中代码风格是一个很重要的部分。

虽然软件开发在很大程度上仍然是一种创造性的工作，但从长期的软件演化和维护的需要出发仍然要鼓励并引导开发人员养成良好的编程习惯，编写出风格一致、易读、易理解的好代码，从而提升软件研发的质量和效率，提升产品竞争力。可以说，清晰第一，简洁为美，风格一致，是编码的重要考虑因素。

本节主要从标识符命名、排版和注释三个方面介绍编码中需注意的代码风格问题。

4.2.1 标识符命名

代码中的标识符包括包名、文件名、类名、方法/函数名、属性名、变量名、常量名等。选择什么样的标识符并不会影响程序的执行，但会在很大程度上影响代码的理解。标识符命名的出发点是清晰、准确地表达它所代表的功能、操作、实体或数据的含义或作用，同时符合所约定的统一格式。

Clean Code 一书（Martin，2020）中给出了一个非常经典的例子，在这里略做修改进行引用。

代码示例 4.4 含义不明的标识符命名和魔法数字

```
1  public List<int[]> getList() {
2     List<int[]> list = new ArrayList<int[]>();
3     for (int[] x: theList) {
4        if (x[0] == 4) {
5           list.add(x);
6        }
7     }
8     return list;
9  }
```

读者看到这段代码，大约可以知道 theList 是这个方法所在类的成员变量，是一个列表，并且这个列表中每个元素都是一个 int 数组。这个 getList 方法的作用是，从这个列表中选取首个元素（下标为 0）等于 4 的那些 int 数组组成一个新的列表返回。然而，这段代码的意图，即这些数组是什么含义、为什么选取这些数组等，却不是那么清楚。通过阅读这段代码，读者并不知道它到底在干什么，除非读者打开这段代码所在的类，上下翻动周边的代码，寻找任何可能的注释，来理解这个 theList 列表到底是什么，以及其中首个元素等于 4 的那些数组代表着什么。事实上，这段代码中的常量下标“0”和数字“4”被称为所谓的“魔法数字”，即代码中含义不明的数字或字符串。

那么再看下面这段代码。

代码示例 4.5　消除魔法数字以及改进后的标识符命名

```
1   public List<Cell> getFlaggedCells(){
2       List<Cell> flaggedCells = new ArrayList<Cell>();
3       for (Cell cell: gameBoard){
4           if (cell.isFlagged()) {
5               flaggedCells.add(cell);
6           }
7       }
8       return flaggedCells;
9   }
```

阅读这段代码的读者不用翻阅它所在的上下文，只需要通过代码本身的标识符就能大致理解其中的功能逻辑：这是一个游戏程序中的一个方法，游戏有一个游戏面板(gameBoard)，上面有很多个单元格(cell)，并且每个单元格都有可能会做上标记(flagged)，而这个方法的功能就是把所有这些有标记的单元格取出来。

这段代码与前一段代码的规模、复杂度完全相同，但它不需要任何的注释，具有极强的自解释能力，更易于理解。显然，这和标识符的命名有直接的关系。

下面从标识符的含义和形式两个方面介绍规范化命名的要求。

1. 标识符命名的含义

标识符的命名应当是有意义的，即能准确表达它所代表的业务和逻辑含义、不会造成误解。除非是非常简单的临时变量，否则尽量避免使用缺少明确的含义、放之四海而皆准的命名，例如“x”“f1”“string1”。避免不必要的硬编码，不要使用无法理解的魔法数字，可以通过定义有意义的常量或方法、属性来消除魔法数字(见代码示例 4.5)。

标识符命名应当尽量做到自解释，即通过标识符的名称就可以直观理解其含义，而不需要读者翻看更多的代码才能猜测到它的含义。如果标识符命名本身能表示其含义，那么就不必再写冗长的注释去解释每个方法、属性和变量的含义了。当然，读者可能会发现，使用自解释的标识符命名的一个副作用是标识符会变得比较长(例如，代码示例 4.3 中的“checkStudentCanBorrowBook”)。输入长标识符需要更多次按键，那么是否会拖慢编码速度呢？事实上，编写代码的过程本身就是一个理解和思考的过程，因此输入符合功能逻辑和实际语义的标识符往往比寻找合适的字母缩写更快。至于使用标识符访问相关代码元素的时候，现代集成开发环境(IDE)中自带的代码提示功能可以帮助开发人员轻松补全完整的标识符名称。

对于母语是汉语的软件开发人员，使用规范化的英语标识符命名可能有一些挑战，需要一定的英语水平。为此，软件开发企业或团队可以针对特定业务领域建立规范化的术语表，从而便于开发人员采用统一、规范的标识符命名。

2. 标识符命名的形式

标识符命名的形式有多种，主要涉及标识符中单词组合的方式以及字母大小写。表 4.1 列出了常见的适合于不同类型标识符的命名形式。最常用的标识符命名方式是驼峰命名法。驼峰命名法能够让读者快速识别标识符中的单词，并帮助读者建立视觉反射从而便于理解。驼峰命名分为所谓大驼峰和小驼峰。大驼峰主要用于类名、接口名、注解、枚举类型等,小驼峰主要用于局部变量名、方法名、属性名等。需要注意的是,对于布尔型的变量,一般建议用那些隐含“真/假”含义的词(例如 done、success、fileFound),同时避免用否定意义的词(因为 if(!fileNotFound)要比 if(fileFound)难懂得多)。

表 4.1　标识符命名的形式

命名形式	形式特点	例　　子	常用情况
大驼峰	大写字母开头；多个单词时,每个单词首字母大写,其他字母小写	CourseOffered	类名、接口名、注解、枚举类型
小驼峰	小写字母开头；多个单词时,除了第一个单词全小写,其他每个单词首字母大写、其余字母小写	selectedCourse	类的属性名、局部变量名、方法名、方法参数
全大写	所有字母大写	MANDATORY、IN_PROGRESS	枚举值、静态常量

标识符命名的形式本身也在不断演进之中,以适应不同时期的软件开发特点。例如,匈牙利命名法曾经是高级编程语言的标准命名法。该方法要求每个变量标识符都要用一两个代表类型的小写字母作为前缀放在表达变量含义的单词或词组之前,如 iCount、fExchangeRate 分别表示整型计数变量和浮点型汇率变量。然而,现代的编译器已经可以高效地处理各种类型,若还把类型与变量名混在一起往往会造成不少的麻烦。再如,早期的命名规则要求类的成员变量用 m_开头,方法的形参用 a 或者 the 开头。这些现在也没有必要了,因为现代的 IDE 里面的代码编辑器往往可以自动用各种颜色和字体将成员变量、局部变量、形参区分开。此外,不同语言在标识符命名习惯上也存在一些差异,而且不同的企业和开发人员所选择的规范也有可能有所区别。例如,C++的类名有时会被要求用大写字母 C 开头,而 Delphi 的类名则通常用大写字母 T 开头。

软件企业或软件开发团队内部一般会建立起关于标识符命名规范的共识以及统一的术语表,并作为代码规范的一部分。这样可以在很大程度上避免开发人员在为业务对象命名时犹豫不决或者产生歧义(例如,学号是用 studentID 还是 studentNo 来表示),提升标识符命名的可理解性,提升协同开发的效率,避免在标识符名称选取和理解等方面的额外开销。

4.2.2　排版格式

良好的排版格式可以使得代码看上去干净、整洁,同时能够直观体现代码的逻辑结构。下面从纵向(多行代码之间)和横向(单行代码之内)两个方向介绍排版格式规范。

1. 纵向排版

开发人员通常都是从上到下编写和阅读代码的。就像文章的段落一样,代码的纵向排版应当体现出代码内容的分组以及分组之间的分隔。因此,关系紧密的代码行应该挨在一起并与其他代码行分隔开。例如,类的成员属性都是对类的状态的一种表示,因此应该是关系紧密的,应该在类声明中连续排列在一起,并用空行与方法声明等其他代码行分隔开；如果类的成员属性包含多个方面(例如,一个学生类的属性包含身份信息、学籍信息、联系方式等不同方面),那么可以将每个方面的属性排列在一起并用空行分隔开。对于一个类或文件中的方法或函数,其出现顺序一般反映其重要程度或者抽象层次。排在前面的方法或函数一般处理相对宏观和高层的逻辑，在内部的调用链上处于较高的位置（即调用排在后面的方法或函数）。通过这种方式，开发人员可以更快抓住类或文件的主要功能，而跳过不必要的细节。

例如，对于 Java 语言，一种常用的代码纵向排版建议是按照下列顺序排列且各部分之间用空行分隔：版权声明信息、包名（package）、引用包和类（import）、顶层类或接口。对于类或接口的内部声明，建议按照下列顺序排列且各部分之间用空行分隔：类属性、静态初始化块、实例属性、实例初始化块、构造方法、其他方法。

2. 横向排版

直到 20 世纪末，许多计算机屏幕的宽度还只能在一行上容纳 80 个字符，因此当时一行代码的宽度被建议控制在 80 字符之内。现在，显示屏越来越宽，一行之中能容纳的字符越来越多，但每行代码仍然不宜太长，以免增加代码理解的难度。一行代码 100～120 个字符一般能被开发人员接受，更长的代码行则不是好的现象。此外，一行一般只放一条语句，从而使得代码更加清晰。类似于代码示例 4.1 中第 7 行那样一行多条语句很容易让人在阅读时漏掉其中的语句。

除了代码行的长度，代码的横向排版还需要考虑代码块缩进、单词或符号间的空格分隔、括号的位置等问题。良好的横向格式能让每行代码显得不拥挤，并且逻辑紧密的部分靠近，逻辑松散的部分分开，同时整行不会过于松散零碎。

例如，对于 Java 语言，一种常用的代码横向排版建议是：使用空格缩进，每层次缩进 4 个半角空格；每行不超过一个语句；一行代码不超过 120 个字符；块注释的缩进应该与该注释的上下文相同。

4.2.3 注释

代码中的注释不会被机器执行而纯粹是为了让人阅读。正如此前提到的，代码是有读者的，因此注释很自然是为了给代码提供额外的说明。特别是对于代码中一些深层次的原理性的知识，例如，业务规则或设计思考，不通过注释说明的话开发人员很难通过阅读代码理解到。注释就像是开发人员之间的一种沟通和交流手段，书写注释除了传达知识外还可以对一些容易被忽略的细节进行说明和提醒。

很多人认为使用自然语言书写的注释以一种更加自然的方式描述代码的逻辑，因此总是比代码本身更容易理解。但是，需要注意的是注释并不一定总是比代码更具解释性，也就是说注释也并不是多多益善。在高质量编码中，我们希望通过良好的标识符命名、复杂性控制、单一职责原则等手段来提升代码的自解释性。因此，有意义的注释就需要能够表达代码本身无法表达的内容，而不仅是对代码逻辑的简单翻译。例如，在一个变量赋值语句后增加一条“将变量 x 初始化为 0”这样的注释就显得有点多余。

对于代码中的注释，一般应当遵循以下原则。

- 注释应当使用团队最擅长、沟通效率最高的语言（例如中文）进行编写，并且应当在团队内统一。
- 通过良好的标识符命名、复杂性控制、单一职责原则等手段来提升代码的自解释性，对于晦涩难懂的标识符命名和语句应该进行重构而不是添加注释。
- 注释应当为阅读和理解代码提供额外的信息，而非简单翻译代码本身。

- 在必要的情况下，可以明确文档生成规则，方便通过工具将注释导出为文档，从而保持代码与文档的一致性。

需要注意的是，由于注释与代码的运行无关，无法通过测试来进行保障，因此当修改代码后有必要检查注释是否仍然是有效的。过时不正确的注释会影响对代码的理解，甚至误导开发人员。为了减少注释与代码不一致的机会，高质量编码并不推荐用大量的注释来说明程序的逻辑，而是建议通过提升代码本身的自解释能力，尽量减少无谓的注释。历史上曾经有一段时间推荐开发人员编写与运行代码等量的注释，那么在现在看来，维护高质量的代码才是最重要的。

下面介绍几种常见的有意义的注释类型。

1. 注释补充解释代码的意图

有时候会出现即使代码逻辑结构清楚、标识符命名规范但代码的深层意图仍然难以被直观领会到。此时，注释可以用来补充描述这种代码无法表达的作用或意图。例如，代码示例 4.6 中的这段代码通过轮询的方式检查变量 finish 是否为 true，此时读者也许会疑惑，为何需要在循环里面加上 sleep(10)，即让当前线程睡眠 10ms。此时，若有一个注释则会更好地表达作者当时的意图：sleep(10)是为了让运行进程有时间处理其他逻辑代码，否则单线程的程序会假死。

代码示例 4.6　需要通过注释补充解释代码意图

```
1    while (! finished) {
2        try{
3            Thread.sleep(10);
4        }
5        catch (InterruptedException e){
…            …
…        }
…    }
```

需要注意的是，如同前面所提到的，我们需要的是能够补充解释代码意图的注释，而不需要“将变量 x 初始化为 0”“循环访问 list 数组”这样对显而易见的代码逻辑进行“直译”的注释。书写这种注释时，应该考虑的是有哪些深层次的代码意图、决策考虑或其他思考需要通过注释传达给代码的阅读者。

2. 注释给出必要的警示或预告

有时候开发人员会因为各种原因在代码中留下一些有着特殊目的和特殊考虑的实现、可能存在问题的临时性的解决方案、未完成的任务以及计划未来进行的修改。为了提醒其他人和自己注意相关问题并在此后开发过程中进行规避或解决，开发人员可以用注释在代码中给出必要的警示或预告。

有时候一些代码存在特殊用途，需要进行提醒以免后续的开发人员误用。例如，下面这段用来测试程序吞吐量的代码需要耗费大量的资源，不能在日常提交时频繁地运行，因此程序员将这个测试方法关闭，并留下注释，警告开发人员不要随意开启这个测试方法，以免降低持续集成效率。

代码示例 4.7　通过注释对代码中的特殊问题给出警示

```
1  //WARNING: 本测试用例需要耗费大约 15 分钟时间,因此日常集成时不运行
2  @Disabled
3  @Test
4  public void testHighThroughput(){
5  //模拟十万个线程同时进行访问
6  }
```

还有一类经常用注释给出提示的问题是所谓的自承认技术债(Self-admitted Technical Debt),即为了尽快完成当前交付任务而采取一些方便实现但存在问题的解决方案,例如,仅实现了部分需求、采用了不好的设计和实现方式等,相当于暂时欠下了软件质量上的"债务"。开发人员自身已经意识到问题的存在,只是由于时间或技术上的限制暂时无法解决,因此通过注释的方式提示其他开发人员或自己未来加以解决。例如,代码示例 4.8 中的这段代码中的数据库连接参数当前采用硬编码的方式进行配置,不利于未来维护(有任何变化都需要修改代码并重新构建和部署)。对此问题的一个较好的解决方案是在外部的配置文件中对这些参数进行赋值并通过读取配置文件来获取相关参数的值。为此,开发人员通过注释对此问题进行了提示。

代码示例 4.8　通过注释对自承认技术债进行提示

```
1  //Notice:下列数据库连接参数需要改为从外部配置文件中读取
2  String driver = "com.mysql.jdbc.Driver";
3  String url = "jdbc:mysql://localhost:3306/sqltestdb";
4  String user = "root";
5  String password = "123456";
6  Class.forName(driver);
7  con = DriverManager.getConnection(url,user,password);
```

开发人员还可以利用 TODO 注释来说明一些本应做而暂时还未做的事。例如,代码示例 4.9 中的这条注释说明了当前方法直接返回一个数组是因为真实的排序代码还没有写。对于这些注释,现代代码编辑器一般能给出特殊的标识,从而辅助开发人员快速找到它们并且及时进行处理。需要注意的是,作为未完工的标志,TODO 只能在开发阶段存在,在正式交付的代码中不允许有 TODO 注释。

代码示例 4.9　通过注释说明未完成的工作

```
1  public int[] sortNumbers(){
2      //TODO:需在这里补充真实的排序代码
3      return new int[]{1,2,3,4,5};
4  }
```

3. 注释给出代码无法描述的附加信息

代码文件中除了机器运行所需要的部分,还会包含一些其他的附加描述信息,例如,版权声明或许可证信息。这些内容并不属于有效的功能,但考虑到法律合规性有时候必须存在,并且必须和代码放在一起。

需要注意的是,有些信息可能是无意义的,不应该在注释中出现,例如代码的作者。除非与版权相关,否则并不需要为了说明是谁写了这几行代码而添加"added by"或"written by"这样的标注。在现代化的软件开发环境中,这些信息理应由代码版本管理系统来记录。

4.3 代码逻辑

视频讲解

高质量编码要求代码逻辑严密,尽量避免错误。此外,为了保证代码逻辑清晰、易于理解和维护,还要求控制代码复杂度、减少代码重复以及编写高质量的子程序。

4.3.1 代码编写的基本要求

当前软件开发中广泛采用的 C、C++、C#、Java、JavaScript、Python 等编程语言都属于所谓的高级语言。高级编程语言一般都包括变量、数据类型、控制结构、子程序(例如函数或方法)等基本要素。面向对象编程语言(如 C++、C#、Java)还会包括类以及成员变量、成员方法等要素。从确保代码逻辑严密性和清晰性的角度出发,开发人员需要注意一些基本的编程要求。

1. 变量声明和初始化

不同编程语言中变量声明和初始化的方式并不完全相同,但也有一些通行的准则能够让我们避免很多常见的问题。除了变量的标识符命名问题(见 4.2.1 节)之外,变量的声明和初始化还需要注意以下几个方面的问题。

1) 显式地声明变量同时控制变量作用域

Java 等语言要求必须对所使用的变量进行显式的声明,但也有一些语言允许隐式的变量声明(即不明确声明变量就直接使用),例如,BASIC 和 JavaScript。隐式的变量声明给代码编写带来了一些便利,但往往也会对代码理解带来一些困难。想象一下,当你在程序调试过程中盯着表示卡号的变量 cardNum 苦苦思索为何它的值为空的时候,你可能没有注意到你之前使用的是变量 cardNo。这就是变量隐式声明的一个副作用:由于变量可以不用声明直接使用,因此当变量名写错时编译器也不会发现而是当成一个新的变量。

此外,变量的作用域(即作用范围)也是一个需要注意的问题。作用域过大的变量,例如全局变量,可以使得开发人员方便地在不同的地方直接使用变量。然而,这种变量的作用范围大大超出了局部的代码单元(例如方法及其所属的类),因此开发人员难以准确理解其含义。而且由于这种变量可以在很多地方被使用或修改,因此变量取值不易受控,容易对程序执行带来副作用。由此可见,确定变量的作用域需要平衡两个方面的考虑,即变量的方便使用性与变量的可控性。一般而言,与方便在各处使用同一个变量相比,确保变量容易理解且对变量的修改进行控制以保障代码质量无疑更加重要。

由于以上这些原因,一般都倡导只要编程语言允许就对每一个变量都进行显式的定义然后再使用,同时尽量控制变量的作用域、避免使用全局变量。

此外，尽管Java等编程语言支持在一行中同时声明多个变量，但是从可读性考虑，建议每行只声明一个变量。例如，代码示例4.10中的这段代码在一行代码中同时声明了两个变量values和num，而经验不丰富的开发人员会不确定num到底是一个整型变量还是整型数组变量，为此可能需要通过查阅Java语法手册来确定。因此，这样的变量声明方式降低了代码的可读性，如果改为分两行分别声明两个变量则没有这个问题。

代码示例4.10　在一行代码中声明多个变量

```
1    public intcountNumbers() {
2        int [ ]values, num;
…    …
…    }
```

2）进行必要的初始化

变量声明后首次使用时会用到变量的初始值。如果没有对变量进行明确的初始化（即赋一个初始值），那么变量的取值可能存在不确定性或者与开发人员的理解不一致从而导致潜在的问题。

有些编程语言会强制要求为某些类型的变量进行初始化，而有些编程语言则对变量初始化没有强制要求。此外，有些编程语言会按照类型为未初始化的变量设定默认值，而有些编程语言则会随机设定未初始化的变量的取值。例如，Java语言不允许未初始化的局部变量（会提示编译错误），而对于类的成员变量则允许不进行初始化并按照类型设定默认值（例如，整型变量初始化为0，对象初始化为null）；C语言则允许不对局部变量赋初值并且让这个变量拥有一个随机的值。因此，未初始化的变量取值可能处于不确定的状态或者与开发人员的期望不一致。如果未初始化的变量是一个复杂类型（例如，C语言中的结构体或者Java语言中的对象），那么可能它的部分内容有确定的值而部分内容没有。

例如，代码示例4.11中的类定义了两个成员变量secretValue和name，并且都没有进行初始化，这样在main方法运行时将输出“null:0”。这种情况下，编译器并不会报错或发出警告。但是，如果开发人员在main方法中直接访问字符串对象name的方法或属性，那么就会产生空指针异常（即NullPointerException）。

代码示例4.11　未初始化的变量

```
1    public class Demo{
2        private static int secretValue;
3        private static String name;
4        public static void main(String[ ] args){
5            System.out.println(name + ":" + secretValue);
6        }
7    }
```

因此，开发人员应当养成对变量进行初始化的习惯，即在首次使用一个变量之前明确地给变量赋一个初值。进行变量初始化能让代码逻辑更加清晰，而且不会受到编程语言本身变量初始化方式的影响。相反，如果依赖于编程语言默认的变量初始化特性，那么有可能会因为与开发人员预期的值不一致而导致潜在的错误。同时，对于C语言这样的编程语言而言，明确进行变量初始化避免了随机为变量设定初始值而带来的不确定性。

不同类型的变量初始化的位置也各不相同。例如，Java中的方法局部变量一般在声明时或者首次使用时进行初始化；类的静态成员变量一般在声明的时候直接进行初始化；类的非静态成员变量则在构造方法中进行初始化。

3）在靠近首次使用的地方声明并初始化一个变量

声明变量是为了使用，因此只要所使用的编程语言允许，都应该在靠近变量首次使用的地方声明并初始化这个变量。将变量声明和初始化放到更加接近这些变量首次使用的地方，能够避免意外的变量数值修改，并且确保与它相关的逻辑都有一个正确的初始值。有些语言（例如早期的C语言）只能在作用域开始的时候声明变量，此时可以把具有更为密切关系的变量放在一起，用空行与别的变量隔开，从而确保概念上的完整性。当然，如果发现要定义太多的变量，那么要考虑一下将要写的这段代码是否过于复杂了，是否应该分解为多个子程序来实现。

2. 数据类型的选择和使用

这里所说的数据类型主要指简单数据类型，如整型、浮点型、字符型等。不同语言有不同的类型系统。面向对象语言有一整套以类为基础的类型系统，例如，字符串在Java语言中被封装成了String类型的对象，可以支持多种字符串操作。无论是哪种语言，数据类型的选择和使用都有一些需要注意的问题。

1）避免数据溢出

数值类型的变量都可能存在溢出的问题。例如，如果编程语言用32个二进制位来表示有符号整数，那么可表示的数值范围为－2 147 483 648～2 147 483 647。受到这个取值范围以及计算机内部数据表示方式的影响，代码示例4.12会输出“result＋1＝－2147483648”，而这显然不是我们希望看到的。出现这种问题的原因是变量的期望值已经超出了变量类型能够表示的最大值，即发生了上溢（overflow）。对于浮点数（如float）类型的变量，如果变量值过于接近0（但仍然大于0），那么可能由于精度不足而意外变为0，即发生了下溢（underflow）。

代码示例4.12　数据溢出

```
1   int result = 2147483647;
2   System.out.println("result + 1 = " + (result + 1));
```

通常，编程语言并不能在运行时告诉你变量的取值是否溢出了。因此，开发人员在编写代码时，需要根据代码的逻辑考虑合适的变量数据类型，同时对数据的取值范围进行检查，从而避免数据出现意料之外的溢出，影响程序的正确性。

2）小心浮点数比较

通常两个整型变量可以用“＝＝”（即“等于”）来判断二者的数值是否相等。然而，对于两个浮点数而言，要比较是否相等就不能简单使用这种值相等判断了。请看下面这段代码。

代码示例 4.13　直接使用等于操作进行浮点数比较

```
1   float v1 = 1.0f - 0.9f;
2   float v2 = 2.9f - 2.8f;
3   if (v1 == v2){
4       System.out.println("equal");
5   }
6   else{
7       System.out.println("not equal");
8   }
9   System.out.println("v1: " + v1);
10  System.out.println("v2: " + v2);
```

上述程序运行后输出结果如下。

```
not equal
v1: 0.100000024
v2: 0.10000014
```

从代码逻辑看,if 判断条件中 v1 和 v2 的取值都是 0.1f,应该是相等的,但实际运行时却输出了"not equal"。进一步查看打印出来的 v1 和 v2 的取值,就可以发现这两个值间的细微差别。由此可见,受限于浮点数的内部表示精度,浮点数之间不能直接用等于操作来比较,而应该在一定的精度下去判断值相等。如果两个浮点数的差的绝对值小于预定义的精度,那么就可以认为这两个浮点数是相等的,就像下面这段代码。

代码示例 4.14　按照预定义的精度进行浮点数比较

```
1   final float epsilon = 1e-6f;
2   if (Math.abs(v1 - v2) < epsilon) {
3       //equal
4   }
5   else{
6       //not equal
7   }
```

需要注意的是,受限于浮点数的精度,当需要进行精确计算时,不能使用浮点数。

3) 避免除零问题

在算术除法中,除数不能为零。虽然这个规则从小学开始就深入每个人的心里,但真正编写代码的时候,不少开发人员会忘记这一约束。如果不对除法(包括浮点除法、整数除法以及整除取余计算)的除数进行零值判断,那么就不能保证将来不会出现除零错的问题。尽管一些代码静态检查工具可以扫描出潜在的除零问题,但解决这类问题或避免这类问题造成代码缺陷,还需要通过高质量编码来完成。例如,开发人员需要用一种负责任的态度增加一些逻辑代码来确保除数不会为零。

有些时候除零问题是比较隐蔽的,例如下面这段代码。这段代码中变量 rooms 的取值来自外部输入。如果外部输入是一个大于 0 的整数,那么这段代码运行没有问题。但是,如果外部无意中输入了 0，或者由于输入一个非整数值从而导致 rooms 赋值失败，那么后续的除法操作就会产生一个除零异常。

代码示例 4.15　可能存在除 0 异常的代码

```
1   int totalStudents = 2000;
2   java.util.Scanner scanner = new java.util.Scanner(System.in);
3   System.out.println("Please input the rooms:");
4   String inputLine = scanner.nextLine();
5   int rooms = 0;
6   try{
7       rooms = Integer.parseInt(inputLine);
8   }
9   catch (NumberFormatException e){
10      //...
11  }
12  int studentsPerRoom = totalStudents / rooms;
13  System.out.println("There are " + studentsPerRoom + " students in one room.");
```

4）避免使用魔法数字

魔法数字（magic number）是指在代码中出现的具有特殊含义但又没有经过解释的数字，例如“12”或“65535”。称之为“魔法数字”是因为这些数字具有某种神秘未知的含义和作用。类似的还有“魔法字符串”，即具有神秘感、无法自解释的字符串。代码中具有神秘感的东西往往会给开发人员带来不小的困惑。

魔法数字的出现往往隐含一些重要的常量概念，而开发人员却没有对它们进行适当的抽象。除了难以理解之外，魔法数字还存在同步更新的问题：如果代码中多处都用到了同一个数字，那么当需要修改其数值时将所有出现的地方都一一找出来修改可能是比较困难的。例如，下面这段代码中的“1”“2”“3”等数字分别代表不同的校园卡状态（cardState），但其具体含义却不是那么清楚，往往需要通过添加注释来进行说明。更大的问题是，如果代码中有很多地方都要使用这个状态值并由不同的开发人员维护，那么不同开发人员可能会对状态值产生不同的理解，而且也难以进行统一的修改。

代码示例 4.16　代码中的魔法数字

```
1   switch (cardState){
2       case 1:   //valid
3           //...
4           break;
5       case 2:   //freezed
6           //...
7           break;
8       case 3:   //expired
9           //...
10          break;
11      default: ...
12  }
```

为此,应当尽量通过常量定义等方法消除魔法数字,使得开发人员能够通过标识符直接理解数值的含义并通过常量定义统一修改各处引用的数值。例如,代码示例 4.17 使用"CARD_STATE_VALID""CARD_STATE_FREEZED"和"CARD_STATE_ EXPIRED"来表示校园卡状态,从而消除了代码示例 4.16 中的魔法数字。这些常量的名称都是自解释的,很容易知道它们对应于正常可用、冻结、过期三种不同的状态。这些常量可以放在一个文件中集中定义,并在所有需要的地方进行引用,不仅直观易懂而且可以统一维护。

代码示例 4.17　通过常量定义消除代码中的魔法数字

```
1   switch (cardState){
2      case CARD_STATE_VALID:
3         //...
4         break;
5      case CARD_STATE_FREEZED:
6         //...
7         break;
8      case CARD_STATE_EXPIRED:
9         //...
10        break;
11     default:
12  }
```

3. 代码控制结构

C、C++、Java 等高级语言都是通过顺序、分支、循环等基本控制结构实现结构化编程。在使用这些控制结构时也需要考虑逻辑完备性。这里主要讨论分支语句和循环语句。

1) 分支语句

分支语句通过条件判断将代码的控制流引入不同的执行分支上。常见的分支语句包括 if-else 和 switch-case。switch-case 适合于存在多个并列分支,特别是根据变量的枚举取值分别进行处理的情况;if-else 则可以支持各种复杂的逻辑判断条件和条件分支嵌套组合。不同编程语言有不同的分支语句语法,但基本结构和逻辑是相似的。

① 注意逻辑完备性。

在使用分支语句时,需要特别注意分支条件的完备性,即分支语句是否全面考虑并准确表达了所有可能发生的情况。对于 if-else 语句而言,需要考虑整个 if 语句的嵌套结构是否考虑了所有的可能性,是否存在逻辑漏洞,例如未覆盖的特殊情况。对于 switch-case 语句而言,需要确定所有的 case 条件是否包含所需要枚举的所有情况,并且尽量使用 default 子句(表示"其他"情况,有些语言使用"else"关键字)提供默认的处理逻辑以避免未经处理的数据进入后续的执行逻辑中。例如,代码示例 4.17 中的 switch-case 语句根据校园卡的各种不同状态执行不同的处理逻辑,即使枚举了所有可能的状态但也有可能在设备(如 ATM 机)出错、程序出错或外部攻击等异常情况下收到异常状态值,因此需要通过 default 子句提供相应的处理(例如,终止当前处理并记录告警日志)。

② 避免复杂的条件判断。

使用 if-else 语句时,经常会为了覆盖各种不同的情况而使用复杂的逻辑判断条件(即通过 AND、OR 等逻辑操作组合而成的复杂条件)或者复杂的嵌套结构(即通过 if、else 等语句的嵌套结构表达复杂的判断逻辑)。例如,代码示例 4.18 使用了三层嵌套的 if 条件进行逻辑判断,使得 payMoney 操作隐藏得比较深,不便于阅读和理解。这种复杂条件语句增加了代码的复杂度和理解的难度。此时需要考虑是否真的需要把这么多复杂的判断条件放在一起或者把一些特殊情况预先处理掉从而简化逻辑判断。

代码示例 4.18　包含嵌套结构的复杂 if-else 语句

```
1  if (isStudent){
2      if (cardState == CARD_STATE_VALID){
3          if (hasMoney){
4              //pay...
5              return payMoney(...);
6          }
7      }
8  }
9  return PAY_FAILED;
```

代码示例 4.19 对代码示例 4.18 中包含嵌套结构的复杂 if-else 语句进行了简化。其主要思路是预先针对一些特殊情况进行处理,通过守卫条件(guard condition)对可能失败的情况进行预先判断,例如,用户身份不是一个学生、校园卡状态不正常等。这种预处理使得后续处理需要考虑的情况大大减少,因此可以有效减少复杂的嵌套逻辑判断,使得代码逻辑结构更清晰、更容易理解。

代码示例 4.19　通过特殊情况的预处理简化嵌套 if-else 语句

```
1  if (!isStudent) {
2      return PAY_FAILED_NOT_STUDENT;
3  }
4  if (cardState != CARD_STATE_VALID){
5      return PAY_FAILED_CARD_STATE;
6  }
7  if (!hasMoney){
8      return PAY_FAILED_INSUFFICIENT_BALANCE;
9  }
10 return payMoney(...);
```

③ 避免在条件判断中进行变量赋值等其他操作。

条件语句应该执行纯粹的逻辑判断,而不应该执行赋值和计算等其他操作,否则将会使得代码逻辑变得更加复杂难懂,同时可能造成额外的副作用并引发各种问题。例如,代码示例 4.20 的意图是获取校园卡余额然后针对学生和老师分别执行不同的处理逻辑,但是由于把获得余额的语句放在了判断条件中,因此当用户是老师(即 student 变量取值为 false)时 if 条件中获取余额的语句不会被执行,从而引起逻辑错误。

代码示例 4.20　在判断条件中执行赋值语句

```
1   int remainMoney = 0;
2   if (student && ((remainMoney = getRemainMoney()) > 0)){
3       //student card
4       System.out.println("Student's remain money:" + remainMoney);
5   }
6   else{
7       //teacher card
8       System.out.println("Teacher's remain money:" + remainMoney);
9   }
```

2）循环语句

循环语句提供了一种重复执行某段代码的控制结构。一般的高级编程语言都支持 for 和 while 两种循环语句。循环语句通过预先设定循环条件来决定程序的执行是继续循环还是跳出循环。循环条件一般在 for 或者 while 后面的括号中会指明。然而,有些开发人员却用其他方法来控制循环条件,例如,代码示例 4.21 通过循环体中的 break 语句实现循环控制。这种写法虽然可以达到循环控制的目的,但显然不容易理解。

代码示例 4.21　通过循环体中的 break 语句进行循环控制

```
1   for (int i = 0; i < MAX; ) {
2       //do something
3       if (boo[i++] == 0) break;
4   }
```

而代码示例 4.22 的写法明确在循环语句头上用条件判断进行循环控制,因此更加容易理解。

代码示例 4.22　在循环语句头上用条件判断进行循环控制

```
1   for (int i = 0; i < MAX && boo[i] != 0; i ++) {
2       //do something
3   }
```

在软件开发实践中,如果遇到循环条件复杂且难以表达的情况,那么可以使用永真的外层循环(即 while 条件恒定为 true)同时在循环体内部进行各种条件判断并退出循环的实现方式,例如代码示例 4.23。

代码示例 4.23　将永真的外层循环与循环体中的退出条件相结合

```
1   while (true) {
2       //do something
3       if(conditionA) {
4           break;
```

```
5        }
6        //do something
7        if(conditionB) {
8            break;
9        }
10   }
```

一种不可接受的循环语句是仅给出 while 判断条件但循环体中没有任何语句，例如代码示例 4.24。这种循环体为空的 while"死循环"是必须避免的。这段代码的编写者希望通过循环不断检查某项处理是否完成(isDone 为 true)，当处理完成后结束循环并继续执行后续的语句。可以想象，也许在另外一段代码中有对循环条件中的 isDone 设置为 true 的操作，从而让这段代码能够退出循环。然而，程序可能并不能如愿执行。首先，当采用这种方式执行循环语句时，CPU 会全功率运行，从而影响其他部分的运行速度；其次，由于计算机指令调度等问题，对 isDone 进行赋值代码可能执行不到(比如 isDone 的赋值语句写在一个事件处理子程序中，而这个事件因那个 while"死循环"而无法被处理)，导致循环无法退出，系统也会呈现"卡死"的状态。因此，如果要实现对某个状态参数的轮询判断，那么应该将 while 循环体中加上放弃 CPU 处理时间的语句(例如，调用当前线程的 sleep 方法)，并且把这样的循环体放在独立的线程中运行①。

代码示例 4.24　空循环体的"死循环"

```
1   while(!isDone) {
2       //循环体中没有任何语句
3   }
```

4.3.2　重复代码问题

对已有的代码进行复制、粘贴和修改是一种常见的软件复用手段。这些代码可能来自软件开发问答网站、技术博客和教程、开源或企业软件项目、开发人员过去所写过的程序等不同来源。同时，开发人员还经常会在同一个项目内的不同地方进行代码复制粘贴，在不同模块中加入同样或相似的功能实现，例如，权限检查、日志记录、数据库或文件访问等。由此可能产生大量的重复代码，包括重复的代码片段、重复的方法或函数、重复的类或文件，甚至重复的模块和项目。此外，有些时候开发人员对于一些通用逻辑(例如，通用算法或者数据库访问这样的通用实现模式)具有相同或相似的理解，从而导致即使没有复制粘贴代码也会出现重复代码的情况。

这种相同或相似的重复代码被称为代码克隆(Code Clone)。代码克隆一般都被认为是一种需要注意的问题，其可能的危害包括增加了代码长度和复杂度、增加了代码理解的负

① 该例可能有一个更隐蔽的问题。在一些编程语言中，isDone 可能会由于在当前子程序中不被修改，而被编译器优化掉，形成一个 while(true)的死循环。即使在其他子程序中有对该 isDone 的赋值，在当前循环中也不会体现出来。此时，应当将 isDone 声明为 volatile 变量，才能避免这种由于编译器优化而导致的问题。有关 volatile 关键字的使用，有兴趣的读者可自行查阅相关编程语言的语法手册。

担、带来额外的代码修改工作量和缺陷风险。试想一段权限检查代码通过复制粘贴的方式出现在了几十个不同的模块之中，阅读每个模块的代码时都需要重复理解这段代码的含义，如果由于某种原因要修改权限检查方式，那么开发人员需要将这些地方一一找出来修改，而任何一处遗漏都有可能带来潜在的质量问题。此外，如果某段代码中包含缺陷或漏洞，那么代码的复制粘贴也会将这些问题传播到其他地方。

事实上，代码克隆被认为是良好软件设计的大敌以及头号的代码坏味道或称异味(bad smell)(Fowler,2010)。因此，只要有可能都需要考虑尽量减少同一个项目中的代码克隆。消除代码克隆的常用手段包括使用代码模板、将重复代码提取为公共方法/函数、建立继承层次并将重复代码提取到父类中等。例如，代码示例 4.25 和代码示例 4.26 是两段重复代码，它们根据学号查询学生所欠的两种不同类型的费用(午餐费和书本费)然后进行支付并返回结果，其中，午餐费支付成功后还要发送一个消息。可以通过参数抽取的方式将重复代码提取为如代码示例 4.27 所示的一个公共方法，这样原来的代码示例 4.25 和代码示例 4.26 就可以分别用以下两个方法调用来替代。

```
payFee(stuNo, "lunch", true);
payFee(stuNo, "textbook", false);
```

代码示例 4.25　重复代码 1

```
1   int lunchFee = getFeeAmount(stuNo, "lunch");
2   if(lunchFee <= 0)
3       return "no unpaid lunch fee";
4   int result = pay(lunchFee);
5   if(result == 0){
6       sendMessage(stuNo, "receive:" + lunchFee);
7       return "lunch fee paid successfully";
8   }
9   else
10      return "lunch fee not paid";
```

代码示例 4.26　重复代码 2

```
1   int textbookFee = getFeeAmount(stuNo, "textbook");
2   if(textbookFee <= 0)
3       return "no unpaid textbook fee";
4   int result = pay(textbookFee);
5   if(result == 0)
6       return "textbook fee paid successfully";
7   else
8       return "textbook fee not paid";
```

代码示例 4.27　针对以上两段重复代码提取公共部分后得到的公共方法

```
1   String payFee(String stuNo, String feeType, boolean doSendMsg){
2       int fee = getFeeAmount(stuNo, feeType);
```

```
3      if(fee <= 0)
4         return "no unpaid " + feeType + " fee";
5      int result = pay(fee);
6      if(result == 0) {
7         if(doSendMsg) {
8            sendMessage(stuNo, "receive:" + fee);
9         }
10        return feeType + " fee paid successfully";
11     }
12     else {
13        return feeType + " fee not paid";
14     }
15  }
```

开发人员应当树立软件复用的思想,在可能的情况下尽量将通用的功能实现为可复用的代码单元(例如类、方法/函数),甚至封装为可复用的开发库(library)及其API。此外,还要善于利用各种软件开发框架来消除重复代码,例如,使用O/R Mapping(实体/关系映射)框架(例如myBATIS、Hibernate等)可以消除与数据库访问相关的重复代码;使用日志框架(例如Log4j、Logback等)可以消除与日志记录相关的重复代码;使用Java开发框架Spring的注解(annotation)可以消除与权限检查、读取参数配置等相关的重复代码。

当然,也需要避免教条主义的思想,即认为一切重复代码都是可以消除的。需要牢记工程化的基本原则,权衡利弊,根据实际情况做出合理的重复代码处理决策。具体而言,就是要综合权衡消除重复代码的难度与成本以及可能获得的收益。事实上,有些重复代码很难消除,例如,重复的代码语句与各处代码中不同的部分混在一起并且难以通过参数化或代码模板的方式提炼公共方法或函数。而另一方面,有些重复代码并没有太大的危害,例如,重复代码非常稳定不会发生修改、重复代码实现的是广为人知的通用逻辑(例如,排序算法、数据库访问模式)等。然而,即使有些重复代码通过权衡利弊决定保留,也还是需要对于重复代码的潜在危害有所了解并加以注意。

4.3.3 代码复杂度问题

由于人类认知能力的限制,人们对于过于复杂的事物和问题总是感觉难以理解和掌握,同时也容易因为理解的偏差或不完整而犯错。一般而言,代码的复杂度与代码的长度以及逻辑组合的数量相关(关于如何度量代码复杂度请参见4.5节)。当然,这种复杂度与所要解决的问题本身的复杂度相关,例如,一个复杂的加密算法的实现代码一般要比一个简单的排序算法的实现代码复杂很多。然而,即使对于同样的问题,我们仍然可以采用多种方法控制代码的复杂度。这主要和人的认知能力的特点相关:一个人需要同时关注的东西越多,就越容易犯错误;相应地,如果可以利用分解和抽象的手段,让一个人可以在同一时刻只关注问题的一个特定的部分,那么这个人所面临的认知复杂度就可以降低。因此,控制代码复杂度的主要思路就是如何充分利用分解和抽象。对复杂的代码进行拆分,还能便于针对不同的部分单独进行单元测试,从而提升代码的质量。

1. 过长的代码片段

如果看到一段代码超过了一整屏,而且还要向下滚动很久才能看完,你是不是会感到一些压力？过长的代码会给看代码的人带来心理压力和认知负担，因此控制代码长度是很有必要的。对于一个软件项目，一般可以按照某种容易理解的方式将其分解为多个模块和文件以及面向对象程序中的类，然后再进一步将同一个文件或类中的代码分解为多个函数或方法。这样，在理解高层的模块、文件/类以及函数/方法间关系的基础上，开发人员每次只需要具体理解单个函数/方法内的代码即可。

为了控制代码长度，许多企业都会在所制定的代码规范中限制文件/类以及函数/方法的最大长度，例如，一个类最长不超过 200 行、一个方法最长不超过 50 行。这个最大长度限制并没有一个绝对的合理值，因为不同项目的情况都不一样。但是，一般而言，长达上千行的类以及数百行的方法都会让人感觉太长了。这种过长的类和方法一般都存在内聚性不足的问题（详见 5.2 节），即职责不单一、内部逻辑不够紧致、实现了多个关联度不高的任务。

消除过长的文件/类以及函数/方法的直观手段是进行拆分。但是需要注意的是，这种拆分应该以体现代码逻辑、符合人的理解习惯为前提。一些开发人员为了达到企业的代码复杂度控制要求，将一个方法按照代码行的顺序拆分为多个方法并按照“m1”“m2”这样的顺序编号进行命名。这种拆分方式可能起到的是相反的作用，因为拆分后的代码变得更加难以理解。合理的方法是，认真分析代码逻辑，将内部密切相关且与其他部分相对独立的代码抽取出来作为独立的方法并按照其功能和职责确定一个有意义的方法名。

2. 复杂的嵌套结构

在代码长度一定的情况下，复杂的嵌套条件分支或循环语句也是复杂性的一个来源，因为开发人员在理解这种语句时需要考虑复杂的条件组合。例如，代码示例 4.28 展示了深层嵌套的条件分支语句，其中，各种判断条件的组合构成了主要的复杂性来源。一般而言，超过 3 层的嵌套条件分支或循环语句对于大多数人而言已经有些难以理解了，如果不同层次上还会对一些条件或循环变量进行各种操作那么就更加复杂了。

代码示例 4.28　深层嵌套的条件分支语句

```
1   boolean treatment() {
2       if (condition){
3           if (conditionA){
4               //do something if A is true
5               if (conditionB){
6                   //do something is B is true
7                   if (conditionC){
8                       //do something is C is true
9                       return true;
10                  }
11                  else{
12                      //do something if C is false
13                      return false;
14                  }
15              }
16              else {
17                  //do something if B is false
18                  return false;
19              }
```

```
20          }
21          else{
22             //do something if A is false
23             return false;
24          }
25       }
26    }
```

因此，为了提升代码的可理解性，需要减少嵌套条件分支和循环语句的层数。减少嵌套层数的方法通常包括下面两种。

- **合并条件**。分析各个分支条件之间的关系，通过“与”“或”等逻辑操作将不同条件组合成复合条件，将原本嵌套的逻辑提升到同一层次上。作为一种特例，如果能将嵌套条件分支语句改造成 Switch 语句中并列的 Case 分支，那么无疑将降低代码的复杂度。因为并列的 Case 分支是一个多选一的并列选择，不存在不同条件判断之间的逻辑组合。
- **按分支逻辑提取函数/方法**。包含深层嵌套的函数或方法经常也存在代码过长的问题，因此也可以通过分拆函数或方法的方式来缓解由于深层嵌套带来的复杂性问题。通过对每一层循环或者嵌套分支抽取单一职责的函数或方法，可以将嵌套结构中的内层与外层代码拆分到不同的地方，从而降低嵌套层次。通过这样的拆分，不但代码的嵌套层数降低而且原来的函数或方法代码也变短了。

代码示例 4.29 展示了针对代码示例 4.28 中的复杂嵌套结构进行重构后的结果。如果各个判断条件的抽象层次不同，那么可以按照嵌套结构的层次进行这样的子程序抽取，使开发人员每次在理解一个子程序时可以专注于某一层的逻辑，而不被复杂嵌套结构打断。

代码示例 4.29　重构后的深层嵌套条件分支语句

```
1    treatment(){
2       if (condition)
3          return doConditionLevelA();
4       return false;
5    }
6
7    doConditionLevelA() {
8       if (conditionA) {
9          //do something if A is true
10         return doConditionLevelB();
11      }
12      else{
13         //do something if A is false
14         return false;
15      }
16   }
17
18   doConditionLevelB() {
19      if (conditionB) {
```

```
20            //do something if B is true
21            return doConditionLevelC();
22        }
23        else {
24            //do something if B is false
25            return false;
26        }
27    }
28
29    doConditionLevelC() {
30        if (conditionC) {
31            //do something if C is true
32            return true;
33        }
34        else {
35            return false;
36        }
37    }
```

4.3.4 高质量的子程序

早期的软件代码由程序和子程序构成。子程序的概念最早就表示一种逻辑分解，将具有共同目标或者功能的代码放在一起，从而便于编写、调试和维护。现在，子程序在不同的语言中有不同的名称，例如函数、过程或方法。为了表述上的统一，仍然称之为子程序。

采用子程序的重要原因是通过分解降低程序对于人的认知复杂度。子程序将某个功能或操作实现的复杂性隔离到了子程序内部，使得调用子程序的开发人员无须了解其中的细节，从而降低了其复杂性。采用子程序的另一个原因是减少代码重复以及由此造成的代码逻辑不一致问题，因为通过子程序可以将公共的代码抽取出来让其他地方来调用（见4.3.2节）。

编写高质量的子程序是高质量编码的必然要求，需要考虑多个方面，包括控制子程序复杂度以及参数与返回值的选择。

1. 子程序的复杂度

如前所述，子程序应当控制代码的长度并减少深层嵌套条件分支或循环语句。为此，子程序应当是单一职责的，即“只做一件事”，这被称为功能内聚性。检验单一职责的一个简单准则是看是否可以通过一句简短的话来明确描述其功能。如果发现为了描述一个子程序的功能需要通过“并且”“然后”“另外”这样的词语来连接多个子句时，那么很有可能这个子程序功能不那么单一。例如，在网上购物系统中如果一个用于折扣计算的方法描述是“根据商品类型计算订单折扣，如果是促销商品那么直接按照促销价格打折，如果是普通商品那么按照顾客等级计算折扣”，那么一般都推荐将普通商品的折扣计算抽取为一个独立的方法，而促销商品折扣价计算非常简单（直接返回促销价），因此可以不抽取为独立的方法。此外，子程序的命名需要准确体现其职责和功能。如果子程序符合单一职责的原则，那么它的命名一般也会简洁、明确。

子程序所实现的功能一般包括命令和查询两类：前者完成一些操作并返回操作结果，同时可能会改变状态（例如，对象状态或数据库、文件中的数据）；后者仅执行所要求的查询并返回查询结果，并不改变任何状态。单一职责要求一个子程序要么是命令要么是查询，不应该同时兼具两种职责从而导致副作用。例如，一个查询操作不应该同时进行对象属性赋值，因为子程序的调用方认为这是一个查询操作而并不了解由此带来的副作用(对象状态改变)。

有时候一些公共代码非常简单，例如只有两三行，感觉没必要抽取成单独的子程序。但当这两三行代码在多处被使用时，一旦对其中的一处进行修改往往需要花很大力气找到所有其他出现的地方并进行修改，这显然也带来了额外的复杂性。此时如果将这两三行代码抽取为一个单独的子程序，那么不但可以避免重复修改的问题，还可以通过方法命名为这段逻辑提供一个容易理解的名字。

2. 子程序的参数

高质量的子程序应当没有或者只有很少量的参数。因为过多的参数会让阅读或者调用子程序的人理解不得不去了解这些参数及其对于子程序逻辑的影响，从而增加认知复杂度。*Clean Code*(Martin，2020)一书中提到："最理想的参数是0(零参数函数)……有足够的理由才能用3个以上的参数(多参数函数)——所以无论如何也不要这样做。"在面向对象程序中，如果一个方法的某个参数本质上是表示类的状态的一部分，那么应该将其作为类的成员属性。如果有大量的参数必须一起传递，那么应该考虑用一个类(或者结构体)把这些参数组织和封装起来。

定义和使用子程序的参数时需要注意以下几点。

(1) 在不同的子程序中，类似参数的排列顺序要保持一致。不一致的参数排列顺序可能会给使用这个子程序的人带来困惑，甚至很可能导致参数的误传。例如，如果程序中多个子程序都需要长、宽、高三个参数，那么这些参数在所有子程序中都应该按照某个统一的顺序(例如长、宽、高)来排列。

(2) 不要在子程序中把参数用作工作变量。参数代表子程序从外界获取的数据，因此参数在子程序内部应该始终表示原始传入的值，而不是子程序内部处理过之后的值。一些编程语言提供了final这样的关键字来限制变量不可修改，此时可以利用这种机制将子程序参数声明为不可修改。

(3) 对参数的假设或约定应当加以明确。一些子程序会对参数的取值范围或其他条件进行约定，这种约定构成了子程序与其调用方之间的"契约"。为此，一般建议将这种契约以某种方式进行明确，例如，定义为断言。

此外，有些情况下一些子程序的参数数量不确定(例如，Java语言中的System.out.printf函数)或者一部分参数是可选的。此时，可以采用如下这些方法提高代码的可读性。

- **使用可变参数**。C/C++、Java等语言支持可变参数。例如，Java的格式化输出函数声明为System.out.printf(String format，Object…args)，其中，Object…args即为可变参数，相当于隐式地定义了一个数组。
- **使用重载**。对于支持重载的编程语言，可以定义不同参数个数的同名函数，从而支持传入不同参数时自动使用相应的方法。但这种方法需要注意，重载函数内部的代码要避免重复(参见4.3.2节)。
- **使用默认值**。对于支持参数默认值的语言，可以对函数参数设定默认值，从而在调用函数时，可以省略具有默认值的参数，减少传递参数的数量。通常，在所有参数中，具有默认值的参数排在没有默认值的参数之后，并且如果在调用时省略了某个参数,那么该参数之后的参数都应该省略。

3. 子程序的返回值

子程序返回值的选择应当考虑让子程序的调用方得到一个明确结果并且不会导致误解。例如,一个获取堆栈当前元素个数的方法如果想表明出现异常情况那么可以返回−1而不是0,因为0可能会是一个正常的返回值(当堆栈为空时)。

如果一个子程序的返回值类型是数组或者列表,那么当结果没有数据返回时应该返回一个长度为0的数组或列表而不是空值(null),从而确保数据类型的一致性。这样,在内部数据可信的前提下,调用子程序的代码就无须对返回值做空值判断,从而提升代码的执行效率。

代码示例4.30中filterStudents应当返回经过处理的学生列表。如果没有学生需要返回,那么应该返回一个长度为空的List对象而不null。如果在数据的可信区域(参见4.4.1节)中能保证返回的数据不是null,那么在registerStudents方法中就可以省去第15~17行的判断,使得代码更加紧凑。

代码示例4.30 子程序返回值为数组或列表时不应该返回空值(null)

```
1   public static List<String> filterStudents(String[] persons){
2       if (persons == null || persons.length == 0){
3           return null;             //这里应该返回一个长度为0的List<>
4       }
5       List<String> students = new LinkedList<>();
6       for (String person: persons){
7           if (isStudent (person)) {
8               students.add(person);
9           }
10      }
11      return students;
12  }
13  public void registerStudents(String[] persons){
14      List<String> students = filterStudents(persons);
15      if (students == null){       //在约定了filterStudents不会返回空的情况下,这里可以
                                     //不进行空值判断
16          //error
17      }
18      for (String student: students){
19          //do something
20      }
21  }
```

视频讲解

4.4 安全与可靠性编码

包含安全和可靠性在内的可信性已经成为软件(特别是关键性和基础设施软件)的基本要求。实现安全和可靠性不仅与整体的软件体系结构设计相关(见第7章),而且也取决于

每一处代码的严密思考和规范化实现。安全和可靠性编码包含一系列编程实践准则，其中很重要的一条是防御式编程(Defensive Programming)，即，子程序应该不因传入错误数据而被破坏，哪怕是由其他子程序产生的错误数据(McConnell，2006)。为此，开发人员需要特别注意数据验证以及代码逻辑的严密性，同时合理使用错误处理、断言和异常处理。此外，开发人员还需要了解一些容易出现安全性和可靠性问题的函数，并尽量使用不容易出错的安全函数。

4.4.1 数据验证

开发人员可以决定自己的程序逻辑，但是无法决定用户或者其他程序提供什么样的输入。设想一下，如果编写的方法有一个表示手机号码的字符串类型的参数，那么无法确定传入的是不是一个空指针(null)、空字符串或者其他特殊情况，例如，超长字符串、包含字母和其他非法字符(甚至恶意注入的引号等特殊字符)的字符串等。按照防御式编程的思想，开发人员必须要对各种可能的输入有所考虑，并在代码中进行必要的数据验证，确保即使出现非法的输入也不会对程序造成负面影响。

为了确定数据验证的方式和严格程度，需要首先明确程序的可信区域和不可信区域，如图4.2所示。程序经常需要接收来自外部的输入，例如，用户输入、传感器采集的数据、外部交换的文件、网络请求等。这些数据的格式和内容不在开发人员的控制范围之内，可能违背我们对于“合法输入”的假设，甚至可能包含恶意的攻击(如SQL注入)。因此，这些数据都属于程序的不可信区域。与之相对，开发人员所编写的程序中的不同模块、文件/类之间也存在数据传递，但这部分因为是开发团队自己可以掌控的因此可以认为属于可信区域。

显然，来自不可信区域的数据具有更强的不确定性甚至恶意性。因此，虽然程序针对不可信区域和可信区域的数据都需要进行验证，但这两部分的数据验证要求各不相同。不可信区域的数据不确定性更高并且可能存在恶意性，因此相应的数据验证需要考虑的情况更多、验证要求也更高。而可信区域的数据则一般不会存在恶意，出现问题要么属于可预期的异常情况要么源自程序中的缺陷。为此，有必要把这两部分区隔开，从而使可信区域内的程序无须直接面对不确定甚至恶意的外部输入。如图4.2所示，可以通过引入隔栏(barricade)

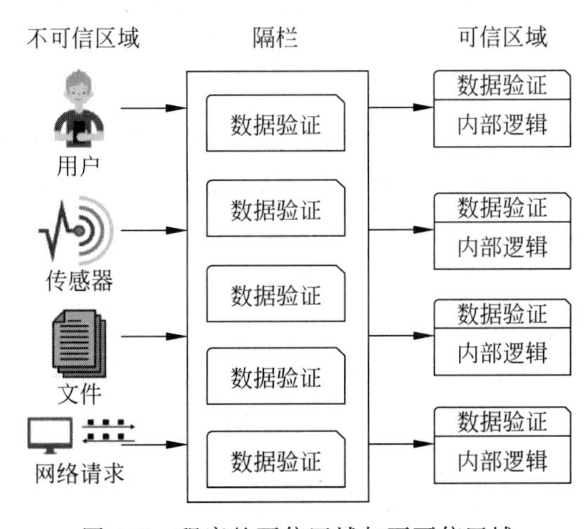

图4.2 程序的可信区域与不可信区域

实现这种隔离。隔栏通过各种数据验证手段对来自外部的不可靠和“不干净”的数据进行处理，然后将符合要求的数据交给系统内部使用。这样，处于内部可信区域的程序无须再考虑外部数据的不确定性和恶意性。在面向对象程序中的类层次上，可以用公共(public)方法接收外部输入并进行数据验证和清理，然后把“干净”的数据交给内部的私有(private)方法使用。

1. 不可信区域上的数据验证

当程序从外部(例如，用户输入、传感器、文件、网络请求)获取数据时，应当检查所获得的数据值是否符合程序的约定。对于数值，一般要检查它是否在可接受的范围内；对于字符串，要检查它是否超长、是否包含非法字符以及满足约定的格式。这些外部输入有些是纯粹的错误数据，而有一些则可能存在恶意，企图对系统进行各种攻击(例如，SQL 注入、执行非法代码等)。

这里以 SQL 注入为例进行介绍。SQL 注入是指使用外部数据构造的 SQL 语句所代表的数据库操作与预期不符，这样可能会导致信息泄露或者数据被篡改。SQL 注入产生的根本原因是使用外部数据直接拼接 SQL 语句。例如，下面这条语句通过外部输入的 studentID 来获取指定学生的某些基本信息，这个输入可能来自用户在界面上输入的检索条件。

```
query.open("select id, name, phone from student where id = '" + studentID + "'")
```

此时，如果外部输入的 studentID 的取值为“' or '1'='1”，那么这条语句的执行就会获取所有学生的信息(因为所增加的 or 子句与原字符串拼接后会导致 where 条件永远满足)，而程序原来可能限制每次只能查询一条学生信息。显然，这一问题可能带来潜在的安全隐患，例如，恶意用户可能会通过输入这种特殊的学号来窃取学生信息。SQL 注入通常可以通过以下这几种手段进行防护。

- 参数化查询：在 SQL 语句中用参数代替外部输入值然后在执行前进行参数赋值，这是一种最有效的防护手段，但对 SQL 语句中的表名和字段名等不适用。
- 白名单校验：验证外部数据是否在允许的范围内，适用于拼接 SQL 语句中的表名和字段名。
- 特殊字符转义：对外部数据中的与 SQL 注入相关的特殊字符(例如，单引号、注释符号等)进行转义，适用于必须通过字符串拼接构造 SQL 语句的情况，转义仅对由引号限制的字段有效。

参数化查询是一种简单、有效的防止 SQL 注入的查询方式，应该被优先考虑使用。另外，参数化查询还能提高数据库访问的性能，例如，SQL Server 与 Oracle 数据库都会为参数化查询缓存一个查询执行计划，以便在后续重复执行相同的查询语句时无须编译而直接使用。常用的 ORM(对象关系映射)框架(如 Hibernate、iBATIS 等)同样支持参数化查询。

2. 可信区域上的数据验证

可信区域内的数据通常作为参数在子程序之间传递。虽然这些子程序可能都是一个企业或团队内部的开发人员所编写的，但也有可能因为各种原因而传递错误或非法的数据，因此也需要进行验证。这种内部数据验证的实现方式与外部数据验证类似。

内部数据验证需要沿着子程序调用链在各个层次上进行。然而，这种方式可能带来性能和资源上的浪费，因为上层子程序经过数据验证和处理后传递给下层子程序的数据可能已经无须验证了。为了避免这种浪费并明确每个子程序的数据验证要求，应当明确子程序之间的契约，即调用方和被调用方分别应该满足的条件。这种契约会影响数据验证逻辑的确定。例如，一个界面方法调用一个四则运算方法进行计算，当进行除法运算时除数不能为0，此时关于除数为0的检查根据这两个方法之间契约的设定有两种情况：如果按照契约，界面方法需要除法运算时不能传出除数0，那么除数不能为0的验证应当由界面方法来承担（例如，提示用户不能输入0作为除数），而四则运算方法则无须进行这项验证；否则，除数不能为0的验证应当由四则运算方法来承担。

4.4.2 代码逻辑问题

除了输入验证之外，还有很多代码逻辑需要考虑。不严密的代码逻辑可能会成为潜在的代码缺陷来源，甚至有可能导致系统宕机、停止服务等严重后果。常见的代码逻辑问题包括以下这些。

1. 资源使用

我们在代码中经常需要使用文件流、数据库连接、网络连接等资源来获取所需要的信息或执行相关的操作。这些资源一般来自系统管理的各种资源池，一旦耗尽则相关操作（如文件访问、数据库访问、网络访问）都将无法实现了。因此，程序中各处使用资源的地方都应该在使用完之后确保安全关闭和释放所使用的资源，否则可能造成资源泄露从而使相关资源逐步被耗尽。代码示例4.31中所使用的一系列输入流（例如，FileInputStream、bufferedReader）都需要在使用后关闭，但目前这种关闭方式是不安全的：一旦这段代码发生异常，那么关闭语句将被跳过不被执行，从而导致资源泄露。因此一般需要将关闭语句放入finally代码块以确保被执行或者采用try-with-resources语法糖[①]（对于Java而言）。

代码示例4.31 资源关闭不当

```
1   File file = new File(filePath);
2   InputStreamReader reader = new InputStreamReader(new FileInputStream(file));
3   BufferedReader bufferedReader = new BufferedReader(reader);
…   …
…   bufferedReader.close();
```

2. 逻辑判断条件

分支语句依赖逻辑判断条件决定执行哪个分支，循环语句依赖逻辑判断条件决定何时终止循环。逻辑判断条件考虑上的不严密可能导致程序逻辑错误、循环无法终止等严重问题。这方面的问题包括以下这些。

- **循环没有终止条件或终止条件不可达**：可能导致循环在某些情况下无法终止，大量消耗资源甚至导致服务不可用。
- **不可达的条件分支**：可能意味着分支条件存在逻辑上的错误，或者不可达分支没有

① 语法糖是指为了方便开发人员而在编程语言中加入的语法，它们对语言的能力没有影响，但更容易编写并能增强程序的可读性。Java的try-with-resources语法与try-catch-finally的能力是等价的，但是更加简洁。有兴趣的读者可以参阅 https://docs.oracle.com/javase/tutorial/essential/exceptions/tryResourceClose.html。

意义可以去掉。

- **遗漏重要的条件分支**：一些有可能出现的情况没有考虑，一旦出现则可能发生逻辑错误。
- **Switch 语句缺少 Default 分支**：即使确信所有的 Case 分支已经覆盖了所有情况，但理论上仍然有可能存在例外情况，Switch 语句的 Default 分支提供默认的处理逻辑，确保即使例外情况出现也能得到合理处理。

3. 返回值检测

对于有返回值的子程序调用，一般都需要对返回值进行读取和处理。对于有可能为空(null)的返回值，要进行非空检测，否则可能发生空指针异常。对于表示多种不同情况或执行结果的返回值，需要通过条件语句对返回值进行判断并根据情况提供不同的处理逻辑。

4.4.3 错误处理

程序运行过程中难免出现各种错误，例如，功能调用失败、数据读取失败、读取到超范围的非法值等。适当的错误处理对于提升软件的可靠性和可维护性都有着重要的作用。在可靠性方面，通过识别错误并进行适当处理，程序可以恢复到正常状态从而确保系统可靠性；在可维护性方面，通过错误处理机制记录错误信息，开发人员更容易定位并解决问题。

常用的错误处理手段包括以下这些(McConnell，2006)。

- **重试**：对于偶发性的错误可以重新尝试，例如，重新读取数据或者请用户重新输入。
- **使用中立值替换**：读取到非法输入值时可以使用中立值或常见值进行替换，例如，使用默认值 0 替换一个超出范围的整数。
- **使用与前次相同的值**：读取失败或读取到非法输入值时可以使用前次读取到的值，例如，在刷新实时位置失败时可以将前一次获取到的位置信息作为本次的结果。
- **换用最接近的合法值**：如果读取到的值超过了合法范围，那么使用最接近的合法值来替代，例如，数值超出了上限那么用上限值进行替代。
- **将警告信息记录到日志文件中**：将错误信息保留下来，以便开发和运维人员发现和分析错误。
- **返回错误码或显示出错消息**：通过错误码或出错消息让用户或者调试人员了解系统所发生的问题，便于他们寻求合适的解决方案，例如，拨打客服电话求助或者找相应的维护团队。
- **调用统一的错误处理子程序**：将错误信息交给统一的错误处理子程序，从而以一种统一和标准化的方式处理错误。
- **关闭程序**：在某些情形下，关闭程序可以停止错误的扩散，例如，防止程序错误对现实世界的人或物产生致命伤害。

需要注意的是，上述这些处理方式应当根据具体的功能逻辑和使用场景来做出合理的选择，使得错误处理机制能够缓解而不是加剧错误的影响。例如，手机应用使用前一次的定位值来为用户提供基于位置的服务影响可能不是很大，因为用户移动速度没那么快。但是，一台医疗仪器因为读取病人医学影像失败而使用前一个病人的影像资料就显得有些匪夷所思了。而通过关闭程序进行错误处理的前提是系统停止服务比继续服务损失更小。例如，一台医疗仪器在为一个病人进行照射治疗时如果发现计算出来的照射量异常那么应该暂停治疗，以避免对病人造成伤害。然而，一架正在飞行中的飞机如果因为速度检测信号的错误而关闭整个飞行控制系统，那么无疑将来带巨大的灾难。由此可见，不合理地选择错误处理方式不仅无益于错误处理，而且可能导致更加严重的后果。

选择错误处理策略还有一个很重要的考虑是在两种倾向之间进行选择，即正确性(Correctness)和健壮性(Robustness)。倾向正确性的软件追求返回正确的结果或执行正确的操作，如果不能保证正确性，那么宁愿不返回结果甚至停止运行。这种类型的典型代表是安全攸关的软件，例如前面提到的医疗仪器。这种软件如果提供错误的结果(例如对病人误诊)或者执行错误的操作(例如对病人进行超剂量的照射)，那么可能会带来严重的后果。倾向健壮性的软件希望确保持续运行，即使有些不太重要的结果不准确。这种类型的典型代表是个人消费者软件，例如游戏、办公软件等。这种软件强调用户体验，在使用过程中需要持续提供服务，即使中间出现一些错误，例如，用户在玩游戏或编辑文档时，对于软件因为读取错误而缺少部分内容或出现卡顿有一定的容忍度，但如果经常突然关闭甚至造成数据丢失，那么就无法接受了。由此可见，具备不同的正确性和健壮性倾向的软件在内部错误处理机制的选择上也有很大区别。

此外，要站在整个软件系统的全局层面上考虑错误处理机制的设计。软件系统中的代码模块和子程序位于不同的调用层次上，需要制定统一的错误处理策略以协调不同层次上的子程序在错误处理过程中的角色和任务。例如，底层的子程序负责检测和发现错误并返回错误码；中间层的子程序负责进行进一步的处理，例如，决定取什么值或采取什么备用方案；高层的子程序负责通过界面展示错误信息及处理情况。

需要注意的是，对于子程序返回的错误信息(例如错误码、错误提示等)需要进行检查和处理。此外，错误信息中可能包含涉及安全的敏感信息，例如，软件系统的内部结构和行为信息等，这些信息在进一步处理和展示之前可能需要进行特殊处理以确保信息安全。

4.4.4 断言

开发人员对于自己所编写的程序的执行逻辑都有所掌握，因此对于程序运行到某些特定位置时的状态都会有相应的判断和假设。例如，对于一个堆栈类程序，开发人员可以根据其逻辑做出以下假设。

- 堆栈完成初始化创建后，元素个数为 0。
- 执行入栈操作前，堆栈元素个数小于堆栈容量。
- 执行入栈操作后，堆栈元素个数比原来多 1 个。
- 执行出栈操作前，堆栈元素个数大于 0。
- 执行出栈操作后，堆栈元素个数比原来少 1 个，而返回值等于此前堆栈的栈顶元素。
- 执行返回栈顶元素操作后，堆栈元素个数不变，而返回值等于此前堆栈的栈顶元素。

如果程序在运行过程中可以对以上这些假设不断进行检测，那么就可以及时发现程序运行逻辑与预期不一致的地方，从而更快发现并定位问题。断言(assertion)就是一种支持这种检测的机制，它允许开发人员在程序的一些特定位置上声明假设条件并在程序运行到对应的位置时对条件进行判断。断言一般在开发期间使用，以一种调试的方式让程序在运行过程中不断进行自检。常见的使用断言的地方一般包括：

- 对子程序输入值的合法性进行判断。

- 对子程序输出结果是否符合预期进行检测。
- 在子程序执行过程中的一些关键点(例如循环结束后)上对程序状态进行检测。
- 在测试代码中对测试结果是否符合预期进行判断。

一条断言包含一个可以在运行时自动检查的条件表达式,其中检测的内容一般包括:

- 输入、输出或状态值是否在预期范围内或等于某个特定值。
- 指针或对象是有效的。
- 相关资源处于合理的状态。
- 变量的值没有被意外修改。
- 多种计算方式的结果相同。

很多编程语言都提供了内置的断言语法,有些编程语言还允许附带有关断言内容的文字说明。例如,下面这句Java语言中的断言明确假设变量payment的值应该大于0,而冒号后的文字说明则解释了这句断言的意图。

```
assert payment > 0 : "支付金额应当大于 0";
```

当程序运行到这条语句时,如果payment的值小于或等于0,那么断言失败,程序会终止运行。断言应当只做判断,而不应该包含需要执行的代码。断言本身应该是对数据的校验,而非执行具体逻辑。事实上,一些语言是允许关闭断言功能的,即断言语句不会被编译到正式发布的程序中。此时,如果在断言中执行了一些操作,那么这些操作就会丢失。例如,在下面这行代码中,performAction方法执行某个操作并返回一个布尔值表示执行是否成功。由于这个方法调用被放在断言中,因此在非调试环境中可能并不会执行,从而导致正式运行时缺少相应操作而产生错误。

```
ASSERT(performAction());  //performAction 在非调试环境中可能并不会被执行
```

断言会终止程序的运行,因此一般不会在正式发布的软件版本中使用断言。断言一般用在开发和测试阶段,用于在测试代码中验证测试结果(如某个方法的返回值)的正确性,或者在功能实现代码中进行状态检测以帮助开发人员发现问题。Java程序中的断言一般仅用于测试代码中,功能实现代码中一般不会使用断言。C++程序可能会在功能实现代码中使用断言,但通常仅在起调试版本中使用,而在发布版本中则会停用。当前,C++程序在功能实现代码中使用断言也越来越少了,更多地也是在测试代码中使用断言。

4.4.5 异常处理

程序在运行过程中难免会发生各种异常情况,例如,非预期的值(如空指针、非法的数字格式等)、文件读写失败、网络通信故障等。这些异常情况难以通过此前介绍的错误处理机制或断言来处理。这主要是有两方面原因:一方面,这些异常并不都是可以预期的,无法通过预设条件进行检查,而且无法保证开发人员总是考虑到所有情况;另一方面,有些异常是由于外部原因造成的,例如文件或网络访问,难以进行检查。此外,如前所述,断言通常并不会在正式发布的软件版本使用,因此需要有一种机制能够在软件运行时通知程序发生了异常情况并请求处理。

许多高级编程语言都提供了这样一种被称为异常(Exception)的特殊的错误捕获和处理机制。异常将程序中的错误或异常情况包装成一种事件并传递给调用方,通知它们发生了不可忽略的错误并要求它们进行处理。调用方发现异常后可以进行针对性的处理,如果不知道该如何处理也可以继续向上抛出(throw)给更上层的调用方处理,如图 4.3 所示。异常会中断子程序的正常执行,以无法被忽略的方式逐层传递,直到有子程序处理它。每个异常最终都会在某个层次上进行处理。例如,在一般的应用程序中最高层次的用户界面如果收到异常并且没有进行处理,那么用户将会从界面上看到异常报告(这种做法一般是不推荐的,因为会影响用户友好性和系统安全性)。

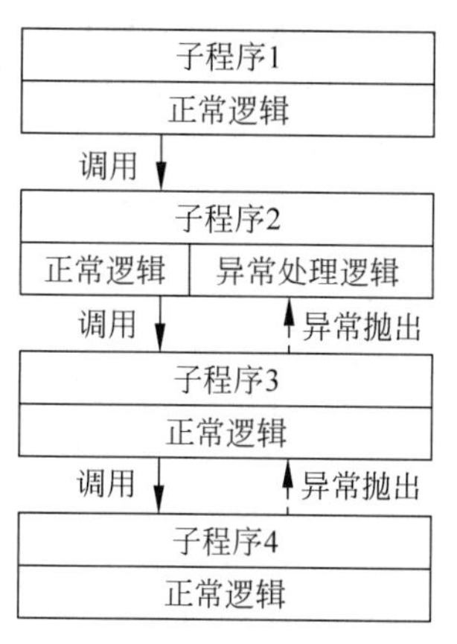

图 4.3 异常的抛出和处理

不同的编程语言对异常的支持能力有所不同,由此也造成不同语言的开发人员在使用异常的习惯上有所差别。对于 C++,开发人员一般较少使用异常,并且不需要在类的接口中明确定义可能会抛出或捕获的异常。此外,C++不仅能抛出异常对象,还能抛出对象指针、对象引用以及 string 或 int 等数据类型。C++应当避免在构造/析构函数中抛出异常,除非在同一个地方捕获处理。因为面向对象程序的对象构造和析构中抛出的异常将中断对象的初始化和清理释放过程,从而使异常处理流程变得复杂并且可能造成内存泄露。

对于 Java,整体而言开发人员更加倾向于使用异常来捕获和响应错误,而 Java 语言的异常处理机制相对也比较健全。Java 中常用的异常处理方式包括以下四种。

- **使用 try-catch 语句处理**:catch 语句块按照所声明的异常类型捕获 try 代码块中发生的异常并进行相应的处理(如记录错误日志、执行替代方案等)。
- **使用 try-catch-finally 语句处理**:在 try-catch 语句基础上增加的 finally 代码块定义了一些即使 try 语句块因发生异常而中止也必须执行的一些操作,例如,释放所申请的资源等。try-catch-finally 语句会先执行 try 代码块,发生异常则执行 catch 代码块并在最后执行 finally 代码块。如果 try 代码块执行没有发生异常那么 finally 代码块也将被执行。在 Java 语言 JDK 1.7 版本之后,还提供了 try-with-resources 机制,由程序运行环境自动维护相关资源的释放工作,从而减轻了开发人员的编程负担。
- **使用 throw 语句抛出异常**:代表当前执行代码出现问题,需要产生一个异常对象并向上层程序抛出,同时中止当前方法的执行并交出程序的控制权。
- **使用 throws 语句抛出异常**:一般用于 Java 方法声明中,表明当前方法并不对某些类型的异常进行处理,因此需要将指定类型的异常抛给上层的调用者。

Java 将各种异常封装成不同的异常类并建立了继承层次,如图 4.4 所示。其中,异常类包括以下两种。

- **受检异常(Checked Exception)**:除了 RuntimeException 及其子类之外的所有 Exception 类的子类都属于受检异常,典型的例子包括输入输出(如文件读写)异常(IOException)和数据库访问异常(SQLException)。编译器会对这类异常的处理进行检查。因此,这类异常在程序中必须明确被捕获(catch)处理或者明确声明抛出(throws),否则编译不会通过。
- **运行时异常(Runtime Exception)**:RuntimeException 类及其子类都属于运行时

异常，典型的例子包括空指针异常（NullPointerException）、数组下标越界（IndexOutOfBoundsException）等。这些异常编译器不会检查程序是否有处理。开发人员可以选择进行捕获（catch）处理，也可以不处理。程序运行时如果发生这种异常而且又没有捕获处理，那么异常会一直往上抛出，直至某个子程序处理或者导致整个程序中止运行。

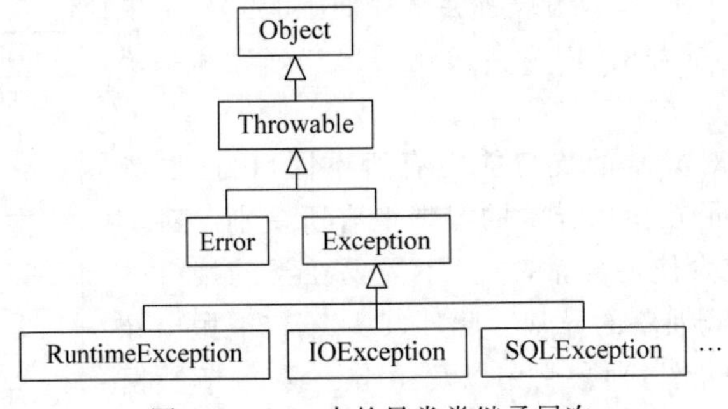

图 4.4　Java 中的异常类继承层次

除了 Java 提供的异常定义外，开发人员也可以自定义与特定应用和业务相关的异常类，例如，针对学生信息格式错误定义一个异常类。这种自定义异常也属于受检异常，需要在程序中进行明确的处理。

按照高质量编码的要求，异常的抛出、捕获和处理还需要遵循一系列规范性的要求。

1. 异常的抛出

在本地遇到无法处理或不适合处理的错误时，可以选择抛出异常。处理错误往往需要额外的代码逻辑。如果把这些处理错误情况的代码与处理正常逻辑的代码混在一起，则会阻断代码主流程的逻辑，从而影响代码维护人员阅读代码的连贯性。因此，在本地遇到了一个无法处理或者不适合处理的例外情况时，通常应该抛出一个异常，交给适当的地方进行处理。

与此同时，也要注意只在真正例外的情况下抛出异常，而且不能用异常来推卸责任（McConnell，2006）。如果是本地可以处理的错误，那么应该在本地处理掉，而不是抛出异常。例如，如果已知交易处理会返回密码错误、账号被冻结、账户余额不足等情况，那么可以针对不同的情况分别进行处理（例如，提示用户重新输入密码或者换一个账户支付等），而不是抛出异常。异常是一种强大的处理例外情况的错误处理机制，但同时也会增加程序的复杂性而且会弱化程序的封装性（McConnell，2006）。这是因为调用子程序的代码需要了解子程序可能抛出的异常，而异常信息中可能包含关于子程序实现细节的一些信息，例如，进行了什么操作、会出现什么样的例外情况等。

子程序抛出的异常类型应该与其所处的抽象层次相符。子程序处于不同的调用层次上，越往下的层次越接近计算机的底层处理，越往上的层次越接近应用和用户操作。如果一个负责选课业务逻辑处理的子程序抛出一个文件未找到的异常（FileNotFoundException），那么是很奇怪的，因为文件访问这种计算机底层处理细节与选课业务处理不在一个抽象层次上。这个子程序如果收到底层抛出的文件未找到的异常而又无法处理时，那么应该向上抛出一个自定义的业务异常，例如，课程信息读取失败，这样上层的调用者收到这种与选课业务处理在一个抽象层次上的异常后更容易理解和处理。

为了便于上层子程序处理异常,所抛出的异常消息中应当包含理解异常抛出的原因所需要的全部信息。异常往往带有抛出时的运行上下文信息(例如调用堆栈),但捕获异常的子程序在处理这个异常时往往还需要一些额外的信息。如果异常代表的是某种错误,那么需要把这个错误相关的数据附加到异常中,以便处理异常的代码能够对用户给出有效的提示或建议。这个过程有时被称为异常消息的本地化处理。此外,异常抛出时需要确保最基本的异常安全。例如,子程序抛出异常时,不能产生资源泄露(如内存无法释放、句柄无法关闭等),同时不能使数据结构处于非法状态。

2. 异常的捕获和处理

捕获受检异常时需要声明具体的异常类(如 IOException),这样可以有针对性地实现相应的异常处理逻辑。不要直接捕获异常基类 Exception,这样不加区分地捕获所有异常会导致难以进行对应异常的恢复。此外,不要直接捕获可通过预先的检查消除的运行时异常(例如 NullPointerException、IndexOutOfBoundsException 等)。这类异常一般意味着程序逻辑的错误,应该预先通过空指针判断、边界检测等手段进行检查和处理。例如,对于一个进行字符串处理的子程序而言,不做检查直接对字符串对象进行操作并捕获空指针异常进行处理是不合适的。一种合适的做法是先检查传入的字符串对象是否为 null,如果为 null 则直接返回错误码。

使用 catch 语句捕获异常后需要确保对异常进行处理,包括在日志中记录异常情况。因此,应当避免使用空的 catch 语句,因为这相当于对外声明负起某个异常的处理责任但实质上什么都没做。

不能处理的异常要继续向上抛出,但是抛出的时候可以选择是原样抛出还是重新包装后再抛出。为了确保抛出的异常与当前的抽象层次相符,可能需要先捕获底层的异常,然后创建一个符合当前子程序抽象层次的异常重新抛出。例如,在前面提到的例子中,一个负责选课业务逻辑处理的子程序可以在捕获文件未找到的异常之后重新包装并抛出一个课程信息读取失败的异常。为了确保异常信息不丢失,向上再次抛出异常时应当保留原有的异常信息并根据需要增加附加的信息。

与此同时也要注意防止通过异常信息泄露系统的内部敏感细节。例如,图 4.5 展示了一个 Web 软件系统在界面上显示的异常信息,其中包含一些系统内部的敏感细节信息,包括系统服务器端软件所使用的 Spring 框架、调用 REST 服务所用的 RestTemplate 类以及一个内部敏感服务的 URL。这种信息泄露可以让攻击者了解软件系统及其程序的内部细

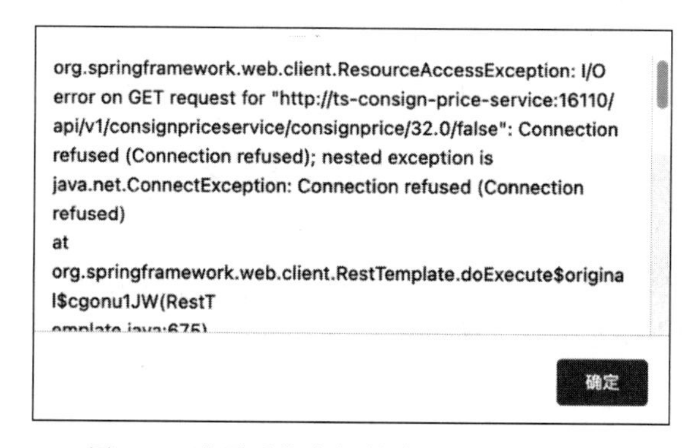

图 4.5　泄露系统内部敏感细节的异常信息

节和逻辑，从而有利于他们找到系统的漏洞并开展攻击。因此，对外提供的异常信息需要将敏感信息进行过滤处理，避免将敏感信息展示给外部用户。可以考虑建立一个集中的异常处理机制，这样当一个异常被不断向上抛出而不被处理时，可以通过这个集中的异常处理机制统一决定如何在界面上提示异常信息并向用户提出建议（例如，重新输入、过几分钟重新尝试、联系系统管理员等）。

此外，需要注意异常处理策略也是一个需要通盘考虑的“设计”问题（见第5章）。因为整个程序包含多个不同的层次，例如用户界面、业务逻辑、数据访问等，不同层次上的子程序在异常处理中各自承担什么样的职责、应当如何相互协作完成异常处理等都是需要考虑的。例如，需要决定哪些异常应当在捕获后拒不处理，哪些异常应该向上抛出并在哪个层次上处理，应当抛出哪些类型的异常，哪些情况需要创建专门的自定义异常类，以及是否需要集中的异常报告与处理等。这些决策已经超出了单个子程序的局部实现，因此是一个软件设计问题了。

4.4.6 安全编程函数

开发人员经常需要使用各种编程语言所提供的库函数来实现内存的分配、访问和释放等敏感操作。在这些操作中需要特别关注内存访问边界检查的问题，例如，程序运行时是否只访问了它该访问的内存、是否越界访问了它不该访问的内存区域等，这些问题涉及系统安全性。很多系统的安全漏洞都与内存访问的边界检查与控制有关。因此，如果编程语言没有提供内置的内存访问的边界检查能力，那么开发人员很有可能会忽视或遗忘此问题，从而导致潜在的安全隐患。

为此，一些开发库以及厂商在标准库函数的基础上进行包装，增加必要的问题检验和规避处理手段，从而形成相应的安全函数版本。一些编程语言有专门面向信息安全的推荐编码方法，例如，C语言推荐使用安全函数进行内存申请和访问。一些企业也会制定自己的安全编程规范，要求开发人员遵循这些规范进行编码，来确保代码不会存在常见的逻辑问题或安全性问题。例如，C语言常见的内存字符复制安全函数如下，它要求在使用的时候指定目标空间的大小，从而避免内存越界改写的问题。该函数将src指向的内存区域内容复制到dstBuf指向的内存区域时，会检查dstMax与srcLen的大小以确保不产生内存区域越界的问题。

```
memcpy_s(dstBuf, dstMax, src, srcLen)
```

需要注意的是，要对函数的返回值进行判断处理，以避免函数处理失败时影响后续处理逻辑。C语言中类似的安全函数还包括memset_s、strcpy_s、sprintf_s等。

视频讲解

4.5 代码质量控制

包含编码在内的软件构造（Software Construction）过程负责产生高质量的代码，其中涉及的开发活动除了编码之外还包括本地编译构建、本地个人测试和调试、代码提交与合并、项目级集成与测试等。规范化的软件开发过程一般都会通过一个从个人到团队、自动化工具与人工手段相结合的质量控制过程保障代码质量。其中，在本地编译构建中，开发人员需要解决程序的编译错误以及依赖环境配置等问题；在本地个人测试和调试中，开发人员主要通过单元测试验证所编写的代码单元是否满足预定义的开发要求并对测试发现的问题进行调试；在代码提交与合并中，开发人员需要通过代码质量门禁和代码评审等环节进行代码质量检查，然后才能将自己编写的代码合并到主干分支中。此外，软件开发组织和个人还经常使用代码度量工具对代码进行量化度量，从而及时发现各种问题。

本节将重点介绍个人测试与调试、代码静态检查与质量门禁、代码评审、代码质量度量的相关知识与技术内容。

4.5.1 个人测试与调试

开发人员完成初步的编码过程之后一般需要自己运行一些测试，验证所开发的代码单元(例如一个模块、文件或者类)是否符合开发任务要求。这种测试一般由开发人员自己而非专门的测试人员来进行，因此被称为开发者测试。开发者测试一般针对的是所开发的代码单元，因此属于单元测试层次。单元测试用例一般是根据代码单元的开发要求来编写的，例如需要提供的接口、实现的功能等。在当前流行的测试驱动的开发过程中，开发人员需要在编码之前先编写好测试用例并将通过这些测试用例作为完成开发任务的检验标准。测试驱动的开发将在4.6节中介绍，而单元测试方法和技术则会在第9章中介绍。这里主要介绍代码调试的相关知识。

调试(Debug)是在测试发现问题(例如，程序异常退出、运行结果不符合预期等)之后对问题进行分析和解决的过程，一般包括以下过程。

- **问题定位**：重现失败的测试用例并确定问题(缺陷)在代码中的什么位置。
- **问题修复**：通过修改代码对问题进行修复。
- **修复验证**：重新运行原有的测试用例(即进行回归测试)验证问题是否已经得到修复，有时还会增加新的测试用例以进行确认。

以上过程中开发人员感觉最困难的是问题定位。这主要是因为问题的表面现象(例如，界面上的报错或不正确的结果)与问题的根源(例如，底层代码中的一处逻辑错误)可能相距很远，而且问题的表面现象受到多种因素影响，存在一定的不确定性。

调试中的问题定位是一种经验性的工作。一种常用的策略是采用二分法，不断做出假设并进行验证，根据结果确认或否定假设。例如，一个字符串处理程序出错，开发人员根据经验判断可能是因为传入的字符串参数中包含特殊符号，那么可以尝试去掉特殊符号，接下来如果测试通过那么很可能就是因为这个原因，否则可以初步排除这个原因。在具体调试过程中，开发人员可以利用一些常用的方法和工具来提升调试的效率，更快地确定问题所在。

1. 断点和单步运行

在代码中设置断点并让程序单步执行，是最基础的调试技术之一。现代集成开发环境(IDE)一般都提供了调试环境[①]，其中最重要的调试功能就是让程序在运行到所设定的断点位置时停止运行，同时允许开发人员查看当前各个变量的取值，并接下来单步运行程序。通过这种方式，开发人员可以观察程序的执行路径(例如所经过的分支和语句)以及在此过程中的状态(例如相关变量的取值)变化情况，从而深入理解程序的实际行为并判断与

① 有些解释型编程语言在运行环境中提供了调试能力，例如一些浏览器就支持对JavaScript脚本的调试。

预期是否相符。一旦发现程序运行过程与预期不相符,那么就可以回溯问题的来源,定位到问题的根源。这种调试过程中最困难的是断点位置的设置以及程序状态的观察。断点位置设置不当可能导致错过影响问题定位的关键部分或者需要很长时间的单步执行才能到达问题区域。而状态观察的主要问题是如何在众多的程序变量中确定值得观察的关键变量。

2. 日志

在某些情况下,代码的问题并不容易用断点和单步运行的方式重现出来。例如,当程序运行在客户的真实环境中时可能不允许使用侵入式的调试手段,因此我们无法对程序进行断点设置和单步执行。在另一些情况下,例如多线程或异常抛出,通过单步运行和断点调试,有可能会导致程序的行为发生变化而难以发现现场运行中的问题,因此难度较大。此时,让程序输出关键节点的日志,能有效帮助开发人员进行调试。

通过日志,程序可以自己记录执行过程、中间状态和出错信息,从而便于开发人员还原并分析出错过程。开发人员可以根据在日志中所记录的错误情况,在代码中寻找可能造成错误的位置,并在这些位置上进一步增加错误相关的日志输出,例如,向屏幕或者文件输出可能有问题的变量取值,然后通过查看所记录的运行过程和相应的值来进一步判断可能出错的位置。这一过程可能需要持续多轮,通过调整日志输出的内容来逐步精确数据。

通过日志进行调试是当前复杂在线系统调试的重要手段,并且日志输出的详细程度需要恰到好处,既能帮助发现关键的程序错误,又不会由于日志过多而影响到错误定位,甚至影响到程序的运行性能。过多的日志,往往是系统运行性能下降的因素,甚至可能由于占用过多的存储空间导致程序无法正常运行。因此,对于调试用的日志,应当定时清理,并且在程序中仅保留关键的日志信息,以确保程序运行不会受到日志的影响。

3. 运行堆栈与内存镜像

由于日志只能反映出程序预设的检查点的指定变量信息,因此在面对一些复杂的情况(例如,多个并发线程、特定的运行环境)时,原有的日志信息不足以确定缺陷的位置,需要花不少工夫增加新的检查点和新的检查信息。虽然要把程序出错时的所有内存信息全部仔细地分析一遍需要耗费大量的精力,但这仍然不失为保留程序出错时完整“现场”的终极手段。程序出错后将当时的所有堆栈(包含子程序调用情况以及所有的变量取值)以内存镜像的形式保存下来,那么调试人员就有机会通过仔细分析当时的内存数据来排查问题,甚至在开发环境中重现同样的问题。

这种方式对于无法有效更新出错的程序的情况是有帮助的。但由于运行堆栈与内存镜像记录的信息往往过于庞大,因此要找到问题的原因也非常困难。所以这种方式一般仅适于较为罕见的严重错误情况使用。

4.5.2 代码静态检查与质量门禁

开发人员在完成本地的开发工作之后可以提交代码并将其合并到主干分支。虽然这些代码可能已经通过开发人员的本地测试,但仍然可能存在多种潜在的问题,包括潜在的逻辑错误、代码坏味道、不好的代码风格等。这些问题很难甚至无法通过测试发现,但可能成为潜在的质量隐患。在企业开发实践中,各种代码静态检查工具被广泛应用于各种代码质量问题的自动化检测。

常用的代码静态检查工具包括 SonarQube[1]、SpotBugs[2]（前身是 FindBugs[3]）、CheckStyle[4]、P3C[5] 等。这些工具的检测能力和特点各不相同，但普遍都利用代码静态分析技术来发现潜在的代码质量问题。例如，通过变量的定义-使用链的分析，可以在不运行代码的情况下发现可能的除零问题。这些工具一般都使用基于规则的检测方法来发现各种代码质量问题，工具本身提供了一组默认规则同时允许用户扩展新的检测规则。

图 4.6 展示了 SonarQube 对一个软件项目的代码进行一次检测之后发现的问题列表。SonarQube 将所发现的问题分为三类，即缺陷（Bug）、漏洞（Vulnerability）、代码坏味道（Code Smell）。同时，SonarQube 将所发现的问题的严重程度分为多个不同的层次，从高到低包括 Blocker、Critical、Major、Minor、Info 等。

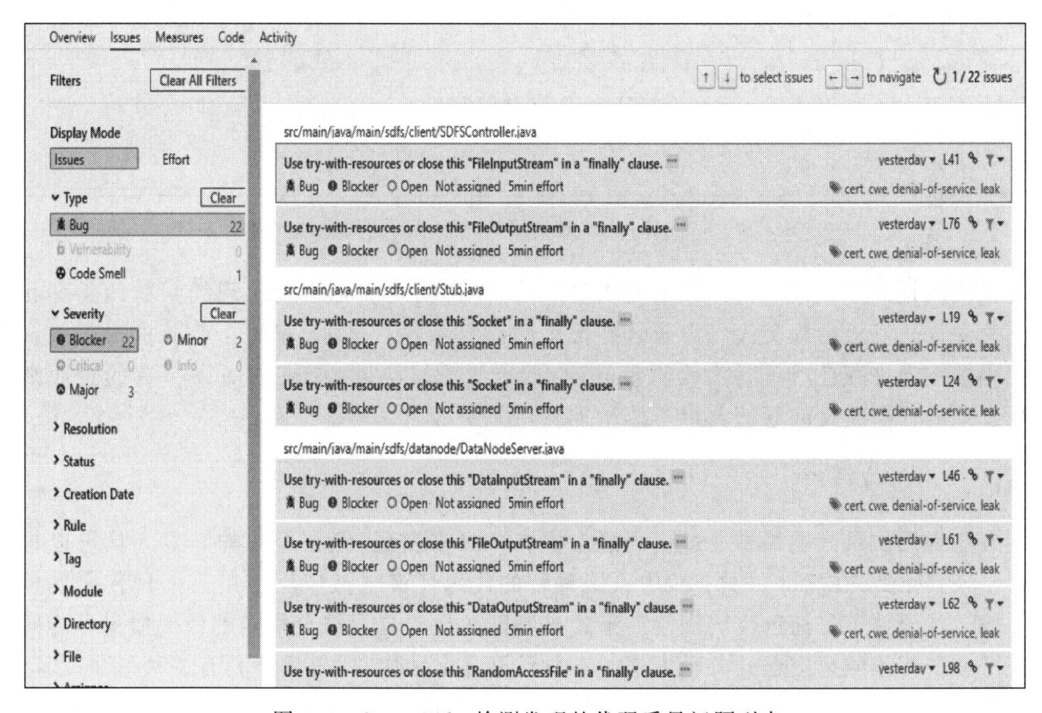

图 4.6　SonarQube 检测发现的代码质量问题列表

此外，对于每一个所发现的问题，SonarQube 都可以提供详细信息，包括所在位置、问题类型、严重程度和问题解释，如图 4.7 所示。

现代集成开发环境（IDE）中一般都支持代码静态扫描工具的集成。开发人员在进行编码活动时，可以利用 IDE 中对应的代码静态扫描插件，实时扫描所编写代码中可能存在的质量问题并及时进行改进。这对于提升个人编写代码的质量有重要的作用。除了作为个人行为被执行外，代码静态检查在企业开发实践中也经常作为持续集成（Continuous Integration，CI）流水线的一部分自动执行。此外，许多企业还基于代码静态检查工具的结

① SonarQube：https://www.sonarqube.org。
② SpotBugs：https://spotbugs.github.io。
③ FindBugs：http://findbugs.sourceforge.net。
④ CheckStyle：https://checkstyle.sourceforge.io。
⑤ P3C：https://github.com/alibaba/p3c。

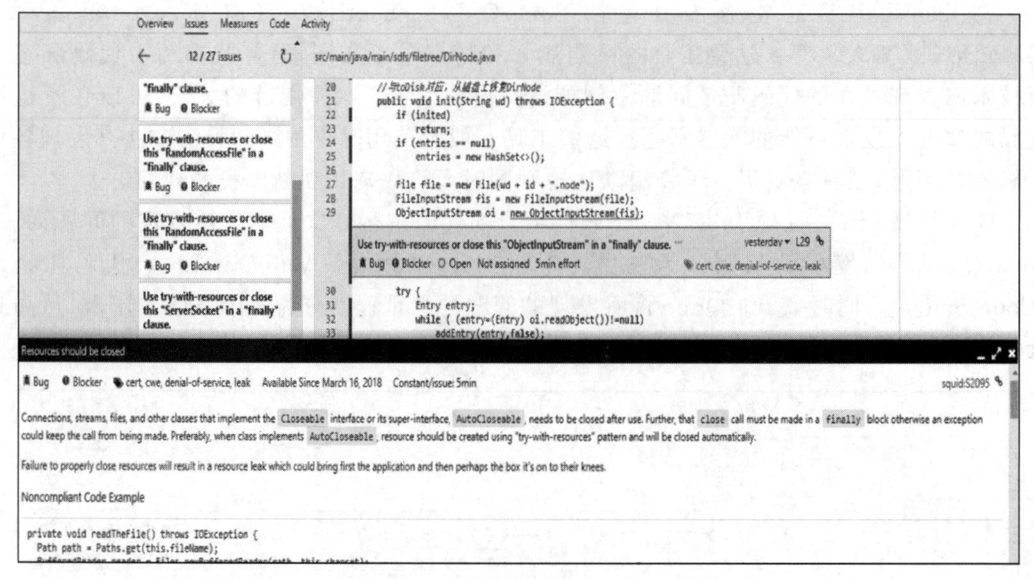

图 4.7 SonarQube 针对具体代码质量问题的详细解释

果建立代码提交以及代码合并之前的质量门禁，即将代码静态检查发现的问题的类型和数量作为允许开发人员提交代码以及合并代码的前提条件。例如，有的企业要求提交或合并的代码中不允许存在严重的代码质量问题（即严重程度为 Critical 或更高），有的企业则要求所发现的代码质量问题的数量不能增加。

4.5.3 代码评审

有些代码质量问题很难通过代码静态检查工具来发现，但有经验的开发人员可以很容易看出来。因此，在软件开发实践中人工进行的代码评审也被广泛应用为一种代码质量保障手段。代码评审是通过代码阅读的形式来判断源代码是否符合指定的代码质量标准同时发现潜在的代码质量问题的一种方式。在软件开发实践中，代码评审具有多种形式。其中，正式的代码评审由代码评审人员在代码提交、合并的流程中进行控制，评审的内容包括代码的编码规范、实现逻辑、异常处理等内容，评审不通过的代码不能进入代码库。非正式的本地评审则由开发人员对本地代码进行初步的评审或者对特定问题进行查找。敏捷开发所倡导的结对编程实践本身就包含这种代码评审，即参与结对编程的开发人员往往一个在编写代码而另一个则在持续对代码进行评审。

代码评审可以不借助任何额外的工具，由评审者直接阅读代码并记录评审意见。为了提高代码评审的效率和质量，也有不少企业使用代码评审工具，其作用主要是为评审者阅读和理解代码修改以及添加评审反馈提供方便。以下是几种常用的代码评审工具。

- Phabricator[①] 是一个基于 Web 的协同开发工具，能将提交代码所做的修改以差异的形式高亮显示在网页上，供评审人员查看。评审人员还可针对提交填写备注和评论。

① Phabricator：https://www.phacility.com/phabricator。

- Collaborator[1] 是面向团队的代码和文档评审工具，支持主流软件配置管理和版本管理平台，集成了对 GitHub 中 Pull Request 的评审处理机制，还能对接 JIRA 系统中的问题单。
- Gerrit[2] 是一套开源的轻量级代码审查工具，与 Git 无缝集成，提供对 IntelliJ IDEA 的插件支持，能够在开发环境中对被评审的代码添加评论并打分，通过多人协同的方式判断代码能否通过评审并提交到目标分支上。

4.5.4 代码质量度量

工程化管理的一个基本原则就是量化度量。例如，针对汽车上的发动机、轮胎等部件都可以定义一组量化指标来衡量它们的质量。类似地，我们也希望针对代码质量定义相应的量化指标，从而帮助我们针对代码质量进行量化分析(例如，分析代码质量的变化趋势或者对比两种实现方案)同时及时发现代码中的质量问题。SonarQube 等代码静态检查工具提供了一些常用的代码质量度量功能。

以下介绍几个常用的代码质量度量指标。注意，有一些代码度量指标评价的是设计的质量，例如内聚度、耦合度等，这些将在第 5 章中介绍。

1. 代码规模度量

代码的规模可以通过多种途径来度量。最常用的是源代码行数。一般而言，过长的方法或者过长的文件都可以通过测量源代码的行数来判定。根据不同的度量需求，源代码行数可以有不同的计算方法。例如，可以计算去除注释及空行后的代码文本的行数，也可以计算语句的数量。例如，一条很长的字符串拼接语句可能跨了多行，因此文本行数与语句数就可能有差别。

利用代码的方法数、文件数、类数或者编译后的二进制码字节数，也可以从不同的侧面反映代码的规模。例如，可以度量每个文件夹中的文件数，来判断某些文件夹是否拥有太多的文件，进而有理由怀疑这个文件夹对应的代码职责过多了。

2. 代码复杂度度量

仅靠代码规模显然无法表征代码的逻辑复杂度。试想，一个包含 10 行代码的子程序，如果所有代码都是顺序性的，也就是不包含任何条件分支或循环语句，那么看起来复杂度也不是很高；但是，如果这 10 行代码中包含五六层嵌套的条件分支或循环语句，那么复杂度就比较大了，因为其中包含很多种不同的逻辑组合。由此可见，除了代码规模、度量代码复杂度还需要考虑代码中的逻辑组合数量。

目前最常用的代码复杂度度量指标是圈复杂度(Cyclomatic Complexity)，它是由 Thomas J. McCabe 在 1976 年提出来的。圈复杂度，顾名思义就是衡量代码的程序流图表示中圈的数量。图 4.8 展示了代码示例 4.18 所对应的程序流图表示，其中，箭头表示程序的执行流程；每个菱形表示一个简单条件判断(如果是包含 AND、OR 操作的复合条件那么需要进行分解)；菱形向外的箭头表示不同的执行分支；方框表示执行的语句块。循环语句也可以用类似的方法表示(其中的循环条件控制循环继续进行还是跳出)。圈复杂度的直

---

① Collaborator：https://smartbear.com/product/collaborator。

② Gerrit：https://www.gerritcodereview.com。

观定义就是程序流图所分割的平面区域的数量。例如，图 4.8 包含三个封闭区域和一个开放区域，所以一共分割了 4 个区域，圈复杂度是 4。圈复杂度的另一种算法是简单条件判断的数量加 1。例如，如图 4.8 所示的程序包含 3 个简单条件判断，因此圈复杂度是 4。

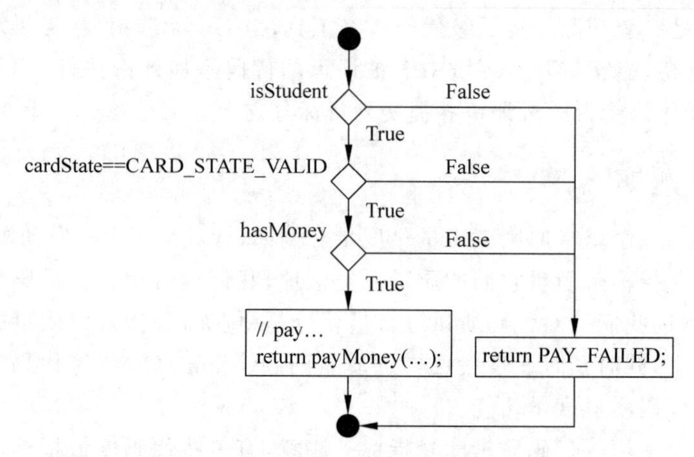

图 4.8 代码示例 4.18 对应的程序流图

圈复杂度被广泛应用于度量子程序(即函数或方法)的复杂度，用于发现过于复杂的子程序以提醒开发人员注意或通过代码重构进行改进(一般需要进行拆分)。圈复杂度的合理范围没有一个广泛接受的共识。一般认为一个子程序的圈复杂度为 1～5 是比较理想的，达到 6～10 就需要注意并考虑进行简化，而如果超过 10 那么就要高度重视并尽量简化。

尽管圈复杂度的使用非常广泛，但是也不能教条主义。圈复杂度高的程序不一定需要拆分。例如，我们经常看到超过 10 个 case 子句的 switch-case 语句，由于这些 case 子句都是并列的，因此读起来并不会感觉很复杂。相反，如果强行将这些 case 子句拆分到两个不同的子程序中，那么虽然每个子程序的圈复杂度都远小于 10，但程序整体上变得更加难以理解了。

为此，一些研究人员提出了认知复杂度(Cognitive Complexity)的概念，即通过定义一些规则让复杂度的计算更加接近于人的理解能力。例如，嵌套语句的内层会增加复杂度计数，而每个 case 不会被单独计数。这样一个嵌套三层的 if 语句将比并列的三个 if 语句的复杂度高，这与人的感知是基本一致的。

3. 代码重复度度量

重复代码(代码克隆)意味着在所检测的范围内(例如某一个项目的代码库)存在与当前代码片段相同或相似的代码。代码重复度度量用于计算当前代码(例如一个项目、一个模块或一个文件)中有多大比例的代码属于重复代码。显然，基于代码克隆检测工具(见 4.3.2 节)的检测结果计算代码重复度是一个很直观的过程。

代码重复度度量对于代码质量有着多个方面的作用。首先，代码重复度高的项目、模块或文件可能需要特别注意并考虑重构的机会，以消除软件维护的负担。其次，代码重复度高的项目、模块或文件可能蕴含着软件复用的机会，例如，可以抽取公共功能模块。最后，代码重复度对于衡量开发团队和开发人员的有效工作量有着重要的意义，毕竟复制并修改一段代码的工作量与完全重新编写一段代码的工作量不可同日而语。

4.6 测试驱动开发

测试驱动开发(Test-Driven Development,TDD)是 Kent Beck 所提出的极限编程(eXtreme Programming,XP)方法论中的最佳实践之一(Beck,2002b)。TDD 倡导测试先行,编码之前先编写测试用例并将通过测试作为开发任务完成的标志。TDD 强化了编码活动的测试保障,因此对于高质量编码具有重要的作用。当前,TDD 已经在软件开发实践中得到了广泛应用,特别是在敏捷软件开发中。本节将介绍 TDD 的基本概念和过程,以及 TDD 中关键的单元测试的基本框架。

4.6.1 TDD 的概念与优势

软件编码的目的是交付满足开发任务要求的代码制品。传统的软件开发模式采取"编码—测试—调试"的编码过程,即:首先明确开发需求和任务要求,然后编码并进行测试,最后根据测试结果进行调试。这种开发方式存在以下这些问题。

- 通过自然语言等方式表达的软件需求和开发任务要求不明确,导致编码实现过程出现偏差,而编码任务完成后的交付标准也不明确。
- 由于是在编码完成之后准备测试用例,因此测试有可能会被忽略,特别是在开发时间较紧的时候很容易牺牲测试。
- 开发人员在编码完成之后开展开发者测试时很容易陷入惯性思维,按照自己的实现思路进行测试,导致由于自身理解偏差或疏忽而引入的缺陷很难被发现。

与"编码—测试—调试"的开发方式不同,TDD 强调在编码之前先编写测试用例并通过代码编写和修改通过测试用例,然后再以一种迭代化的方式不断添加新的需求和测试用例并重复这一过程。从本质上说,TDD 将测试和编码活动交织在一起(Beck,2002b)。这种开发方式可以很自然地支持增量化的软件开发,因此特别适合于敏捷开发。与传统的软件开发方式相比,TDD 具有以下优势。

- 测试用例作为一种"可执行"的需求强化了开发人员对于需求和开发任务的理解,同时使得开发任务要求有了相对客观的评判标准。
- 先写测试用例使得开发人员能够对待实现的软件模块、文件或类的对外接口要求有更深的理解和体会,从而强化软件设计方面的思考。
- 先写测试用例并将测试通过作为开发任务完成的一种目标使得软件测试无法被忽略,而且所编写的测试用例能够更好地反映开发要求。
- 先写的测试用例成为一种衡量开发进度的客观手段,可以将已经通过的测试用例的数量和比例作为开发任务完成进度的一种量化度量。
- 测试用例可以积累形成可复用的软件开发资产并在后续代码修改后被重复执行进行回归测试,而需求的变化也可以体现为对已有测试用例的修改以及所增加的新的测试用例。

根据业界的开发实践,TDD 可以改进开发人员对于开发任务的理解并更早发现代码中存在的缺陷,从而提高软件开发质量和效率。

4.6.2 TDD的过程与原则

TDD的基本过程如图4.9所示。开发者每次确认一个新的待实现的功能(即定义一个小的开发增量),然后为该功能编写测试用例。直接运行新测试用例的结果应该是期望中的失败,如果新测试用例能够直接运行通过,这说明原有的业务代码逻辑存在问题或者新加的测试用例是无效的。针对运行失败的测试用例,开发者需要进行代码编写或修正,随后不断运行测试直至这些测试用例都成功通过。在测试通过后也可以对代码进行内部优化,即针对所开发的代码模块的重构,优化后的代码需要保证程序的外部行为没有发生改变。重构的步骤是可选择的,因此在图中使用虚线框表示。

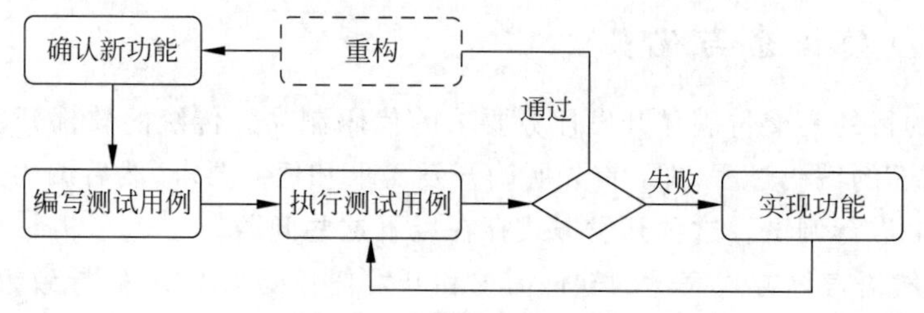

图4.9 TDD的基本过程图

概括而言,TDD包括"红""绿""重构"三个阶段。"红"意味着测试失败,即编写了测试用例但相应的实现代码还没有完成,运行测试必然失败。"绿"意味着测试通过,即实现了功能代码从而使得测试用例得以通过。先"红"后"绿"旨在让代码符合预期,确保新编写或修正的代码能够通过之前未能通过的测试用例。"重构"表示当测试通过后,开发者在不改变程序外部行为的前提下对代码进行内部优化(例如去除重复代码等)。

在实践中,开发人员采用TDD的时候一般都需要遵循以下原则。

- **测试先行**。这是最根本的原则,在开始编码之前首先针对开发任务编写测试用例。
- **从用户的角度出发编写测试用例**。站在用户以及整体系统的角度考虑并编写测试用例,体现系统相关应用场景的要求,不要站在编码实现的角度去编写测试用例。
- **小步前进**。每次实现的功能粒度尽量小。当出现测试用例特别复杂且需要验证很多状态,或是为了让一个测试用例通过而需要编写大量实现代码或花费很长时间时,就需要调整开发的步伐,将一些粒度较大的功能拆解为几个粒度较小的功能。
- **测试自动化**。实现测试用例执行的自动化并将自动化测试加入持续集成过程,这样所积累的测试用例可以以一种方便、快捷、低成本的方式反复被执行,例如,在增加新功能后通过自动化测试快速验证所有的功能(即实施回归测试)。
- **小步提交**。测试驱动开发可以使用诸如Git等版本控制系统,从而在代码出错时通过版本控制系统实现快速回滚,有效减少出错处理的代价。
- **及时小规模重构**。通过测试用例只能说明所编写的代码在功能上基本符合了开发要求,但并不意味着内部质量没有问题(例如,代码复杂度高、存在重复代码和其他代码坏味道等)。开发人员每次在测试用例执行全部通过之后就可以考虑重构,即在外部功能和行为不变的情况下改进内部实现质量。不要等到所有功能都完成后再集中重构,否则容易导致问题累积、重构难度加大。

4.6.3 TDD 中的单元测试

测试在 TDD 中扮演着重要的角色。按照小步前进的要求，TDD 中每一次迭代的开发要求针对一个比较小的功能需求，相应的代码单元一般局限在单个模块、文件或类之内。因此，TDD 中的开发者测试一般都是单元测试级别上的。

单元测试是针对程序基本组成单元的一种测试方法。单元是一个相对的概念，可以是一个子过程（方法或函数）、一个类或者一个模块。在面向对象编程中，类是一个基本的封装体，因此经常作为单元测试的基本对象。一般而言，当测试针对的是一个子程序时，单元测试的主要目标是验证其针对不同输入组合的行为是否符合预期，包括程序的输出结果、状态变化、异常抛出、外部数据（例如文件、数据库）变化等。当测试针对的是一个类时，单元测试的主要目标是验证整个类及其实例对象从初始化到执行一系列操作的过程中的行为是否符合预期，其中包括相关方法的输出结果及其行为，但同时还关注实例对象在连续的操作过程中的状态变化。

在 TDD 中，单元测试以一种"可执行"的方式定义了开发要求，也就是说，开发人员可以将通过预先定义好的单元测试用例作为完成一次开发任务的主要标志。因此，针对一次开发任务的单元测试用例需要从多个不同的方面覆盖程序可能的运行情形，例如，针对一个堆栈类的单元测试用例需要考虑连续入栈多个元素后再连续出栈、入栈和出栈交替进行、栈空时尝试出栈、栈满时尝试入栈、查询堆栈元素个数和栈顶元素等多种不同的情形。此外，虽然单元测试也可以发现程序中的缺陷，但对于 TDD 而言单元测试的主要目的是定义一个满足开发要求的程序是什么样的。

单元测试是一种开发者测试，通常是由编写代码的开发人员自己来执行的。这是因为开发人员能够更容易地理解测试的目标从而编写测试代码，同时开发人员也能够更迅速地基于测试反馈对代码进行修复。为了提高测试工作效率并降低测试成本，单元测试应当尽可能地自动化，采用工具而非人工的方式来执行。另一方面，程序中经常出现被测单元依赖其他单元的情况（例如，一个类依赖其他类提供的功能），此时需要将被测单元与所依赖的部分进行隔离，以保证测试结果不受所依赖的部分的影响（例如，所依赖的部分自身包含缺陷）。

为了实现以上目标，需要搭建一套单元测试框架，如图 4.10 所示。在这个框架中，测试用例本身是以可执行代码（称为测试代码）的形式编写的，测试依照测试用例来执行，驱动被测单元（例如一个新编写的类）运行并产生测试结果。测试结果一般来自测试用例中的断言。这些断言对被测单元的实际行为（例如，方法返回结果、对象属性变化等）与测试用例的预期行为的一致性进行判断：如果所有断言成立（即实际行为与预期行为一致），则该测试用例通过，否则该测试用例失败。作为被测单元的类或者子程序（例如方法、函数）经常依赖于其他代码单元，此时需要满足这些依赖关系以使得被测单元可以运行，同时又要隔离依赖。此时常用的手段是使用测试替身（或称为测试桩）来模拟被依赖单元的功能，例如，一个直接返回预设结果的空方法。这种测试替身可以提供被测单元所依赖的接口，同时又不会引入额外的缺陷和其他干扰因素。

目前使用最广泛的单元测试框架是 xUnit 系列，其中包含面向不同语言的测试框架，包括面向 Java 语言的 JUnit、面向 C++ 语言的 CppUnit、面向 Python 语言的 PyUnit 等。其

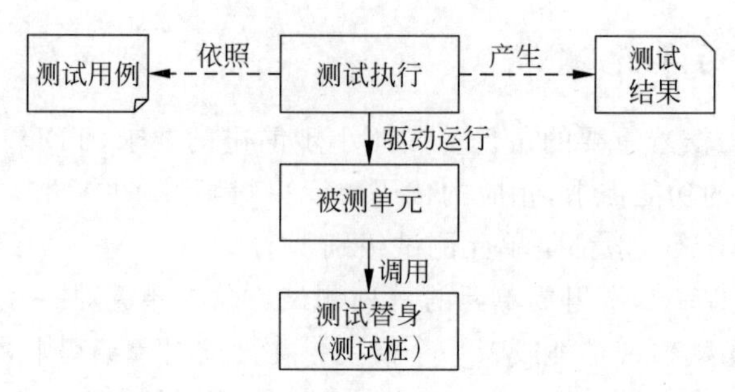

图 4.10 单元测试框架

中,JUnit 的最新版本 JUnit5[①] 于 2017 年正式发布,作为 Java 程序的单元测试框架已被广泛使用。JUnit5 通过@Test、@ParameterizedTest、@BeforeAll、@AfterAll 等 Java 注解(Annotation)定义测试的行为。另外,通过 Assertions 类下的各类断言(包含 assertEquals、assertTrue、assertSame 等)对测试结果进行判定。JUnit5 的详细使用教程可参见其官网。

JMockit[②] 是一款针对 Java 类、接口、对象的 Mock 工具,目前被广泛应用于 Java 程序的单元测试中。其他常见的开源 Mock 工具有 JMock、EasyMock、Mockito 等,JMockit 被看作对 JMock 做了进一步的封装。JMockit 有两种模拟方式,一种是基于行为的,另一种是基于状态的。代码示例 4.32 即采用基于状态的模拟方式(MockUp)。JMockit 的详细使用教程可参见其官网。

代码示例 4.32 展示了一段基于 JUnit5 的测试代码,其中使用了 JMockit 作为测试桩。

代码示例 4.32 单元测试用例代码示例

```
1   public class testCalFee{
2       @Test
3       public void testCalFeeByCity() {
4           MockUp < IGetPostcode > stub = new MockUp < IGetPostcode >() {
5               @Mock
6               public String getPCodeByCity(String city) {
7                   if ("Shanghai".equals(city)) {
8                       return "200000";
9                   }
10                  else {
11                      return "000000";
12                  }
13              }
14          };
15          IGetPostcode mockInstance = stub.getMockInstance();
16          CalFee calFee = new CalFee(mockInstance);
17          assertEquals(20,calFee.calFeeByCity("Shanghai"));
18      }
19  }
```

① JUnit5: https://junit.org/junit5。

② JMockit: http://jmockit.github.io。

在这段测试代码中，被测单元是名称为 CalFee 类中的 calFeeByCity 方法，该方法根据输入的城市名计算出运送费用。根据需求，前往"Shanghai"的运送费用为 20。在设计中，该方法依赖于名为 IGetPostcode 接口中的 getPCodeByCity 方法来根据城市名获取邮政编码，因此 calFeeByCity 方法本质上是根据邮政编码计算运费。测试代码被封装为名为 testCalFee 的类。根据 JUnit5 规范，@Test 标注表示具体的测试用例。在名为 testCalFeeByCity 的用例中，首先构造一个代表 IGetPostcode 接口的测试桩 sub，预设该测试桩的模拟行为即当调用 getPCodeByCity 方法并输入"Shanghai"时，测试桩会直接给出"200000"的返回值。随后实例化该测试桩，并将实例对象 mockInstance 作为参数实例化出被测方法所属的实例对象 calFee。最后使用断言 assertEquals 进行数据是否相等的判定，该断言中的前一个数值 20 表示预期结果，后一个表达式 calFee. calFeeByCity("Shanghai")表示被测单元调用后的实际结果。当 calFeeByCity 的代码正确时，断言通过，则该测试用例也通过，否则会报出错误提示。

需要注意的是，单元测试作为一种开发者测试可以独立于 TDD 使用。也就是说，开发人员即使不采用 TDD 也可以应用单元测试来及时获得关于代码问题的反馈。例如，写好一个功能之后马上编写并运行针对新功能的单元测试用例；对代码进行了修改后马上运行已有的单元测试用例来确认代码修改是否引入了缺陷。单元测试可以让我们获得所谓的"自测试代码"，即运行之后自动测试代码并产生测试结果（通过或不通过），从而提供关于代码问题的及时反馈。

小　　结

软件代码的质量包括外部质量和内部质量两方面。其中，外部质量面向软件的运行和使用，强调代码应当杜绝缺陷和漏洞，同时具有良好的性能、可靠性和安全性；内部质量面向软件长期演化和维护，强调代码的易理解性、易修改性和易扩展性。这两个方面都需要得到开发人员的高度重视。代码风格涉及标识符命名、代码排版和注释等多个方面，影响代码的可理解性和可维护性。从代码逻辑的角度看，高质量编码要求代码逻辑严密、尽量避免错误，同时要控制代码复杂度、减少代码重复以及编写高质量的子程序。包含安全和可靠性在内的可信性已经成为软件（特别是关键性和基础设施软件）的基本要求，为此开发人员需要遵循包含防御式编程在内的一系列编程实践准则，同时尽量使用不容易出错的安全函数。规范化的软件开发过程一般都会通过一个从个人到团队、自动化工具与人工手段相结合的质量控制过程保障代码质量，其中包括个人测试与调试、代码静态检查与质量门禁、代码评审、代码质量度量等。测试驱动开发（TDD）倡导在编码之前先编写测试用例并将通过测试作为开发任务完成的标志，强化了编码活动的测试保障，因此对于高质量编码具有重要的作用。

第5章　软 件 设 计

本章学习目标

- 理解软件设计的目标、内容以及软件设计相关的思想。
- 掌握面向对象设计过程、描述方法、典型的内聚与耦合类型，理解基本的面向对象设计原则。
- 理解面向切面编程(AOP)的基本思想和相关概念，掌握 AOP 的基本实现方式。
- 理解契约式设计的思想，了解如何在面向对象设计中定义契约。
- 理解设计模式的思想并掌握几种常用的面向对象设计模式。
- 理解演化式设计的思想，了解典型的代码坏味道类型以及常用的软件重构方法。

本章首先介绍软件设计相关的概念，包括软件设计的目标、软件设计的各个层次以及软件设计的相关思想；接着介绍面向对象软件设计方法，包括面向对象软件设计过程、设计描述、面向对象设计原则，以及作为一种横切关注点模块化方法的面向切面编程的思想、概念和实现方式；然后介绍契约式设计的思想以及面向对象设计中的契约定义方式；接下来介绍设计模式的思想并具体介绍几种常用的面向对象设计模式；最后介绍与敏捷开发相适应的演化式设计的思想以及相关的代码坏味道和软件重构方法。

需要注意的是，软件设计包含的内容十分丰富。本章主要对软件设计的内容和思想进行概述，同时围绕面向对象设计方法详细介绍组件级详细设计。接下来，第 6 章将介绍软件复用的思想和相关技术，而第 7 章将介绍软件体系结构设计。

视频讲解

5.1　软件设计概述

当我们面对的开发任务不再是给定接口定义的局部编码任务，而是包含多个类或文件的组件级开发任务甚至是包含多个组件的系统级开发任务时，软件设计就变得必不可少。软件设计规划一个软件解决方案的组成单元(例如组件、模块、文件或类)及其之间的关系，覆盖体系结构设计、组件级详细设计等多个不同层次，扮演着软件需求与实现代码之间的桥梁角色。同时，培养软件设计能力需要深刻理解与软件设计相关的一些思想。

5.1.1　软件设计目标

软件设计是软件需求与实现代码之间的桥梁，起着承上启下的作用。对上而言，软件设计为软件需求的实现提供了一种抽象的解决方案规划。虽然还没有具体实现，但是软件设计明确了软件需求中所定义的功能如何分配到不同的软件单元(例如组件、模块、文件或类)上，同时非功能性的质量需求(例如可扩展性、性能、可靠性等)以何种方式实现。对下而言，软件设计明确了每一个软件单元的开发要求(例如接口定义、功能要求等),使得它们可以以一种分而治之的方式分别被实现(有时候还可以分配给不同的开发小组和开发人员来分别实现)。

从仅包含几十上百行代码的一个类,到包含几千到几万行代码的一个模块,再到包含几百万甚至上亿行代码的整个软件系统,随着软件规模的扩大,复杂性成为软件开发的一个主要挑战。人类应对复杂性的基本手段是分解加抽象,即:通过分解将复杂问题转化为一组相对简单的问题并逐一解决,通过抽象去除与问题思考无关的细节而只保留少量关键特性。对于复杂的软件开发问题而言,需要决定如何将其分解为多个组成单元(例如组件、模块、文件或类),如何定义它们对外的接口和外部属性,以及如何确定它们之间的交互关系和集成方案。而这些正是软件设计需要考虑的问题。

另一个方面,大部分软件都不可避免地要在长期的演化过程中满足需求的不断变化,例如,新增功能和特性、业务逻辑变化等。如果软件实现方案对于这种变化完全没有任何考虑,那么响应这种变化的成本可能很高,例如,需要以一种刚性的方式破坏软件设计结构并在代码中很多地方进行修改。为此,需要通过设计对未来可能发生的变化做好准备,例如,让软件的不同组成部分之间保持相对独立和松耦合以避免变化的影响扩散到很多地方、预先设计好可扩展的接口从而使得新功能和新特性的引入不破坏原有的设计结构等。

由此可见,软件设计的主要目标是面向软件需求的要求规划软件实现方案,同时为应对软件开发的复杂性和变化性提供支持,具体包括下面几个方面。

- **软件需求和实现代码之间的桥梁**:一方面通过对于软件解决方案的规划回答软件需求如何实现的问题,另一方面为各个部分的编码实现提出明确的要求。
- **应对软件开发的复杂性挑战**:通过分解和抽象将待开发的软件分为一系列组件、模块、文件或类,使得开发人员可以以一种分而治之的方式逐步完成开发工作,每次只需要专注于某一个部分的实现而只对其他部分的抽象特性(例如接口)进行了解。
- **应对软件开发的变化性挑战**:通过良好的分解和抽象使得软件的各个组成部分保持相对独立和松耦合,同时通过灵活配置和可扩展接口等手段为未来可能的需求变化做好准备。

5.1.2 软件设计层次

作为需求到实现之间的过渡,软件设计也不是一蹴而就的,而是存在一个逐步精化的过程,就像设计一栋大楼也会从整体蓝图开始然后逐步考虑细节设计。软件设计的主要层次如图 5.1 所示,自下而上包括四个主要层次。

- **数据设计**:软件系统的全局数据结构设计,包括数据实体及其属性和相互之间的关系。与组件的内部数据结构不同,这些数据结构是系统的全局数据结构、由所有组件共享访问(例如,以数据库或文件的方式)。

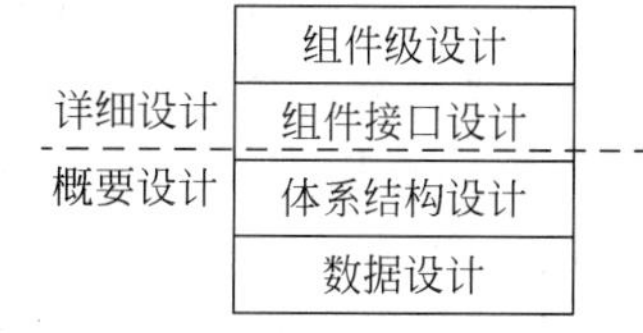

图 5.1　软件设计的各个层次

- **体系结构设计**:表示软件系统的高层设计结构,决定了系统的高层分解结构,即组件划分、组件的外部属性以及组件间的交互关系定义。此外,体系结构设计还确定了其他一些全局性(即超出单个组件范围)的设计决策,例如,开发语言、异常处理方式等。

- **组件接口设计**：组件之间的交互接口设计，包括每个组件接口的功能和非功能性（如性能、吞吐量）要求、接口交互协议、接口操作及实现类定义等。
- **组件级设计**：组件内的具体设计方案，例如，面向对象设计类以及类之间关系的定义、组件内部的局部数据结构和算法设计等。

在正向的软件开发过程中，软件设计一般按照如图5.1所示的层次自下而上进行，即从数据设计、体系结构设计、组件接口设计到组件级设计。许多企业在实践中都会编写两种软件设计文档，即概要设计（Preliminary Design）文档和详细设计（Detailed Design）文档。顾名思义，概要设计是一种初步的概要性的设计，大致对应于数据设计、体系结构设计和一部分组件接口设计；详细设计是一种更加具体和详细的设计，大致对应于大部分组件接口设计和组件级设计。其中，在概要设计阶段，组件接口设计一般只是随着体系结构设计一起确定每个接口的功能和非功能性（如性能、吞吐量）要求、接口交互协议等；而在详细设计阶段，组件接口设计会详细考虑每个接口所包含的操作以及实现类的定义。

对于软件开发人员而言，在参加局部的编码工作的基础上一般都会参与详细设计，因为编码活动与文件、类级别上的详细设计联系紧密。甚至按照普遍的理解，详细设计的绝大部分活动都被认为与编码、调试等活动一起属于软件构造过程的一部分（McConnell，2006）。而概要设计则主要由架构师来进行，一般的开发人员在成长为架构师之前可能很少有机会考虑体系结构设计等概要设计内容。按照软件开发人员的技术发展路径，本章中将主要介绍详细设计层面的设计方法和技术，第7章将介绍软件体系结构设计。

5.1.3 软件设计思想

掌握软件设计方法和能力首先需要深刻理解一些软件设计思想。以下介绍几种最重要的软件设计思想。

1. 分解与抽象

如前所述，分解（Decomposition）和抽象（Abstraction）是人类应对复杂性的两个基本手段，也是软件设计思维的重要基础。分解比较容易理解，就是将软件不断地分解为更细粒度的代码单元，例如，从组件、模块到文件和类，直至每个单元的规模和复杂性都小到可以直接进行编码实现。而抽象则意味着忽略无关细节，只保留与当前问题相关的关键信息。例如，我们在中学物理的力学计算中经常用到的质点的概念就是一种抽象，它具有质量和位置但其他细节（例如体积、形状等）都被我们忽略了。软件设计中的接口定义就是一种抽象，基于这种抽象可以针对一个组件、模块或类的接口进行编程，此时关心的是接口操作的功能、参数、返回值、前后置条件、通信协议等接口定义方面的信息，而忽略了接口的内部数据结构、算法等实现细节。分解往往需要与抽象的思想相结合才能发挥应对复杂性的作用。如果没有抽象，那么意味着分解得到的每一个代码单元的开发人员都要了解其他相关代码单元的所有细节，这违背了我们控制复杂性的初衷。

抽象包括数据抽象和过程抽象（Pressman，2021），前者是对目标对象的数据化抽象描述，而后者则是对一系列过程性步骤和指令序列的整体抽象。好的抽象应该屏蔽底层细节，突出事物的本质特性，同时符合人的思维方式，从而实现降低复杂性的目标。与此同时，由于针对抽象编程的实现方案不依赖于许多无关细节，因此好的抽象还能极大提高程序的可迁移性。例如，针对抽象的设备（例如抽象的打印机）编程的代码可以很容易地与不同型号的设备（例如具体的打印机）一起工作，只要这些设备都能实现同样的抽象设备接口（例如接受打印作业、返回打印机状态等）。

如图 5.2 所示，有两种针对银行账户（Account）对象的抽象方案。其中，左边的方案为账户定义了一系列操作，包括存款（deposit）、取款（withdraw）、转账（transfer）、查询余额（getBalance）；右边的方案为账户定义了两个基本操作，即改变余额（changeBalance）、查询余额（getBalance）。显然，左边这个方案更符合人对于“账户”这个概念的理解，而右边的方案需要有一些更低级的操作来实现账户的各种功能（例如，通过增加或减少账户余额来实现存款、取款的目的）。除此之外，左边的抽象方案也能更好地适应变化。例如，如果银行改变了账户取款的手续费策略，那么只需要修改取款（withdraw）操作的内部实现以调整手续费扣除策略，而调用该操作的客户端无须修改代码。如果采用右边的抽象方案，那么调用改变余额（changeBalance）操作的客户端必须修改计算手续费以及调整余额的代码。

```
Account                 Account
  deposit                 changeBalance
  withdraw                getBalance
  transfer
  getBalance
```

图 5.2　两种不同的账户对象抽象

2. 软件体系结构

对于大规模软件系统，特别是在网络上部署的分布式软件系统而言，考虑文件和类级别上的详细设计是不够的。这种软件系统包含大量的代码，不同部分代码之间的交互关系复杂，经常还涉及跨进程、跨网络的通信。另一方面，这种软件系统往往有着非常高的性能、可靠性、可维护性、可扩展性等非功能性质量要求。因此，这些软件系统需要在更高的抽象层次上考虑整体的设计方案，即软件体系结构设计，从而对软件的组件划分、分布式部署方式以及组件间的通信协议和交互方式进行整体性的规划，以满足各种非功能性质量要求。

软件体系结构给出了软件系统的顶层设计方案，其内容主要包括一组软件组件、软件组件的外部属性、软件组件之间的关系以及其他软件系统的全局的实现约定（例如，编程语言、异常处理策略、数据库等资源使用方式）。软件体系结构设计充分体现了分解与抽象的基本原则：一方面，体系结构设计给出了系统的分解结构，使得不同的开发小组和开发人员可以分别负责其中不同组件的开发任务；另一方面，体系结构设计也给出了系统实现方案的一种抽象表示，同时组件的外部属性描述使得每个组件的开发人员可以在无须了解实现细节的情况下理解其他组件并考虑集成关系（例如如何调用另一个组件）。

软件体系结构是软件项目分工合作的基础：不同的开发小组和开发人员任务分配的重要依据就是软件体系结构所给出的组件划分，软件组件的外部属性为每个组件的开发提出了具体要求，而组件间关系定义以及其他全局性的约定为这些组件的最终顺利集成提供了基础和保障。此外，软件体系结构设计还有其他几个方面的作用，包括确认设计方案是否能有效满足需求、为满足未来演化和复用的需要而做出规划、作为多种候选技术方案对比选择的依据、识别并降低软件实现的风险、作为相关涉众沟通和交流的基础等。

软件体系结构设计是一种高度抽象的复杂设计方案，难以通过单一的方式完整表达，因此通过多个不同视角的软件体系结构多视图描述已经成为广泛接受的共识。其中，Philippe

Kruchten(1995)提出的“4+1”视图使用最广泛,其中包括四种常用的软件体系结构视图类型,即逻辑视图、开发视图、运行视图、部署视图,以及以使用场景为纽带将其他四种视图联系到一起的用例视图。

对于设计软件体系结构的架构师而言,他们所具有的设计经验很大程度上体现为对于各种常用的体系结构风格和模式的理解和掌握。软件体系结构风格并不是具体的体系结构设计方案,而是一种抽象的设计样式,包括系统中的组件类型以及不同类型的组件之间的关系和组织方式等。典型的软件体系结构风格包括C/S和B/S风格、层次化风格、黑板风格、管道和过滤器风格,以及近几年随着云计算软件技术和应用的发展而流行起来的微服务风格。

3. 关注点分离

关注点是指软件系统中所实现的某种功能或特性,可以理解为相关涉众(即stakeholder,表示与软件系统相关的各种人或组织,详见8.1.1节)所关注和关切的方面。例如,对于校园一卡通系统而言,刷卡识别师生身份、通过手机支付进行充值、刷卡付款消费等都是一卡通用户(学校师生员工)的基本关注点,而学校从系统安全角度所关注的数据加密传输、所有操作都要进行日志记录等问题也都是关注点。

关注点分离是一种重要的设计原则,其基本思想是将软件系统的整体需求分解为尽可能小的关注点并分解到不同的模块单元(例如模块、包、类、方法等)中实现,不同的关注点尽量不要混杂在一起。在模块化软件设计中,不同模块单元的划分本身就体现了关注点分离的思想。例如,在面向对象软件设计中,类作为一种基本的模块单元对关注点进行了划分,与相同或相近的关注点相关的职责和功能被分配到同一个类中;按照MVC(即模型、视图、控制器)模式的设计要求,表示视图的用户界面应该关注于界面展示效果以及用户交互,与业务数据表示、处理数据的业务逻辑以及衔接用户界面与业务逻辑的控制逻辑相分离。

然而,软件设计中的关注点经常存在散布和混杂的问题,即与同一关注点相关的职责散布在多个模块单元中,而同一模块单元中又混杂了多个关注点的职责。例如,在面向对象软件设计中,很多类都需要执行身份认证、权限检查、日志记录等处理,这些所谓的横切关注点很难被封装在单个类中,因此造成了相关职责的散布和混杂。面向切面的编程(Aspect Oriented Programming,AOP)为这种横切关注点的封装提供了一种有效的手段(详见5.2.5节)。按照AOP的思想,这些横切关注点可以被封装为切面(Aspect)并通过声明式的方式编织到需要执行相关处理的地方,从而与各个类中自身的主要关注点相分离。

4. 模块化

模块化(Modularity)是指将整个产品或系统分解为大小合适、相对独立的模块。模块化的思想在制造、建筑以及计算机硬件等行业中已经得到了广泛应用。例如,汽车制造业通过整车设计将汽车分解为模块化的零部件,然后通过加工制造和外部采购等方式准备好全部零部件,最终通过组装的方式得到完整的汽车。模块化设计对于模块的独立性有很高的要求。模块独立一方面使得各个模块的生产制造可以相对独立地进行,另一方面可以在不破坏整体结构的基础上实现模块替换和扩展。

软件设计中的模块化是软件设计中的分解和抽象思想的具体体现。一个软件系统的模块结构给出了系统的分解方案,使得开发人员可以以分而治之的方式分别实现每个模块;同时,每个模块通过所声明的接口提供外部抽象,使得其他开发人员在无须了解模块内部实现细节的情况下就可以调用模块的功能以及实现模块集成。同样，软件设计中的模块化也强调模块独立性。软件模块的独立性一般可以用内聚度和耦合度来衡量，好的模块化设计应该实现模块的高内聚和低耦合，即：模块内部紧密相关共同完成所聚焦的职责；模块之间松散关联，依赖较少，相互影响较小。模块化设计做得不好的软件通常给人的感觉就是代码中各个部分之间的依赖关系复杂，整体的代码逻辑结构及模块边界不清晰，各部分之间粘连严重。这种情况经常被形象地比喻成大泥球、毛线球或是意大利面式的代码。

需要注意的是，模块化设计的思想适用于软件设计的各个层次。例如，在高层的软件体系结构设计中，各个组件（体现为包）之间应当相对独立，体现模块化设计的思想；在组件内的详细设计中，各个类之间也应当相对独立，体现模块化设计的思想。

5. 信息隐藏

信息隐藏（Information Hiding）是指一个模块（例如组件或类）将实现细节隐藏在内部，仅通过受限的接口对外提供访问。如果没有实现信息隐藏，而是将模块内部的实现细节都对外暴露，那么即使模块分解得当也会造成不必要的模块间耦合。在面向对象软件设计与实现中，类以及类的属性和方法的访问修饰符（如public、private等）可以用来实现信息隐藏设置。例如，一个包（package）中作为“门面”（facade）让外部可见的一些类的访问修饰符可以设置为public，而其他对外隐藏的类可以设置为protected；一个类（class）中作为对外接口一部分的属性和方法（一般建议属性不要直接对外开放）可以设置为public，而其他对外隐藏属性和方法可以设置为private。

图5.3描述了校园一卡通系统中的校园卡类（CampusCard）的两种设计方案。其中，左边的设计方案将表示校园卡消费记录的数组直接暴露给外部访问，这种方式虽然简洁但会带来不必要的耦合：访问校园卡类的其他类将依赖于校园卡类中的消费记录数组（consumpList），这意味着如果校园卡类修改内部数据结构（例如，将消费记录数组改为动态数组等其他数据结构），那么访问校园卡类的其他类也将不得不修改。与之形成对比的是，如果采用右边的设计方案那么就可以避免这种不必要的耦合，因为其他类分别通过getConsumpNum和getConsumptionAt方法获得消费记录的条数以及指定序号的消费记录，因此即使校园卡类修改内部数据结构但只要依旧提供这两个方法那么其他类就无须修改。这两种设计方案的区别在于右边的设计方案对消费记录查询操作进行了抽象同时隐藏了关于保存消费记录列表的具体数据结构的信息。

信息隐藏可以带来多个方面的好处。首先，信息隐藏通过屏蔽实现细节以及暴露抽象接口的方式降低了其他模块开发者对于当前模块的认知复杂性。其次，信息隐藏通过抽象降低了内部实现细节的变化对于其他模块的影响。最后，信息隐藏通过受控接口提供访问，可以更好地实现对于内部数据和操作的保护。例如，在如图5.3所示的例子中，左边的设计方案将消费记录数组直接暴露出来，外部其他模块就有可能对数组中的消费记录内容进行修改；而右边的设计方案按照指定的序号返回复制的消费记录信息，从而杜绝了外部对消费记录内容的修改。

6. 重构

软件重构（Refactoring）是指在不改变代码外在行为的前提下，对代码做出修改以改进程序的内部结构，可以简单理解为代码写好之后改进它的设计（Fowler，2010）。软件重构的目的一般是提高软件的可维护性和可扩展性。重构可以在多个层面上发生，包括：在保

```
public class CampusCard{
  //消费记录数组
  public Consumption [] consumpList;
}
```

```
public class CampusCard{
  //消费记录数组
  private Consumption [] consumpList;
  //获取消费记录条数
  public int getConsumpNum(){
    …
  }
  //按照指定序号返回一条复制的消费记录
  public Consumption getConsumptionAt(int index){
    …
  }
}
```

图 5.3　软件设计中的信息隐藏

持软件系统整体行为不变的情况下对其体系结构的大规模重构；在保持软件模块整体行为不变的情况下对其类级别上的详细设计进行设计重构；在保持类行为不变的情况下对其内部设计进行代码级的重构。

软件重构可以理解为一种对于软件内部设计和实现的“整理”。就像图书馆书架上的图书以及超市货架上的商品经过一段时间之后需要进行整理一样，软件经过不断的修改之后其内部的设计和实现结构也会退化。如果任由这种趋势发展下去，那么软件将变得越来越难以维护和扩展。通过软件重构可以阶段性地改进软件设计和实现质量，缓解软件内部质量退化的趋势，因此具有重要的意义。

软件重构也是敏捷方法所推崇的一种重要的开发实践，是实现所谓的演化式设计(即随着迭代化的开发过程逐步完善软件设计)的一种重要手段。敏捷方法强调要避免过度设计，即不要在软件开发初期基于对于需求的发展变化进行预测并在此基础上做出完整的设计方案。敏捷方法推崇的是在增量和迭代化的特性实现过程中不断发现设计中的问题并通过重构不断进行改进，其背后的假设是“好的设计是演化出来的而不是提前设计出来的”。为此，软件开发人员应当持续对软件设计质量进行分析，及时发现过长的类及方法、复杂的嵌套分支结构、重复的实现代码等设计问题迹象及相应的改进机会，并通过重构实现软件设计改进。

7. 复用

软件复用(Reuse)是指在不同的软件系统中或者同一软件系统的不同部分重复使用相同或相似的软件代码、软件设计或其他相关的软件知识。最常见的软件复用形式是基于各种软件开发库(例如，编程语言自带的开发库以及第三方库)的 API 调用。除了代码层面的复用外，软件设计层面也存在多种不同的复用形式。例如，实现通用功能的软件组件可以通过明确定义的 API 直接进行复用；体现通用设计方案的设计模式提供了可复用的设计思想，在设计模式基础上结合具体问题需要进行实例化可以得到高质量的软件设计方案；面向特定类型软件应用的软件框架实现了软件的整体框架结构，同时为特定应用的定制和扩展提供了支持。这些设计级复用都需要在软件设计的过程中加以考虑，包括适合于所开发的软件系统的软件框架、设计模式和通用组件等。

软件复用包括两个方面的考虑，即面向复用的软件开发(Software Development for Reuse)以及基于复用的软件开发(Software Development with Reuse)。面向复用的软件开发是指软件开发要为未来的复用打好基础并提供可复用的软件资产。为此，软件设计应当考虑为未来的软件开发创造复用机会，例如，将通用的软件功能与特定应用的功能相分离并实现为提供标准化接口的通用组件；面向一系列相似的软件应用设计一种通用的体系结构，在此基础上实现共性部分形成通用基础设施，同时为特定应用的定制和扩展提供途径。基于复用的软件开发是指软件开发要充分利用潜在的复用机会。为此，软件设计应当考虑适合于当前软件系统的软件框架、设计模式和软件组件。

5.2 面向对象设计

视频讲解

C++、Java、C#等面向对象编程语言在当前的软件开发中仍然占据着主导地位。与之相对应的面向对象设计方法也在组件级设计以及组件接口设计上扮演着重要的角色。使用面向对象语言实现的组件及其接口都需要通过面向对象设计方法来确定所需要定义的类和接口及其之间的关系，所得到的面向对象设计方案可以通过 UML 图来进行描述。按照模块化设计的思想，面向对象设计中的类应当相对独立，这种独立性可以使用类的内聚度和耦合度来衡量。面向对象设计存在一些常用的基本原则，可以为开发人员提供具体的设计指导。此外，对于横切关注点，可以以切面(Aspect)的方式对其进行封装并与相关的类解耦，从而实现更好的模块独立性。

5.2.1 面向对象设计过程

面向对象软件设计的起点是给定软件组件的设计要求，包括整体功能、对外接口等。对于规模较小的软件系统，开发人员也可能会直接使用面向对象设计方法实现系统的整体设计，此时面向对象软件设计的起点是整个系统的软件需求。面向对象软件设计一般需要通过以下过程来实现。

1. 识别设计类

在面向对象设计与实现中，类都是一个基本的组织单元。类是数据(属性)和操作(方法)的统一封装体，构成了设计、实现和测试的基本单位。需要注意的是，我们通过 Java 等面向对象编程语言所编写的程序中的类是实现类，而本节所讨论的是软件设计中所考虑的设计类。设计类在很大程度上会转换为对应的实现类，但实现类可能会根据需要增加一些实现细节(例如增加一些私有属性和方法)。

识别设计类一般可以考虑以下几个方面的来源。

- 来自问题域中的设计类：问题域是指待开发的软件系统所需要满足的现实世界问题领域，往往会在软件需求中进行刻画和描述。问题域中存在两种潜在的设计类来源。一种是名词性的业务实体对象，往往会在需求描述中以名词或名词性短语的形式出现，可以是某种物理实体(例如图书副本，即实体书)、信息实体(例如借阅记录)、人(例如读者)、组织机构(例如学院)、建筑或地点(例如图书馆分馆)等。另一种是具有业务含义的处理过程，用于表示处理过程中的状态，往往会在需求描述中以动词的名词形式出现，例如，表示学生注册的设计类可以描述当前的注册状态(例如注册进行到哪一步了)以及中间的处理过程(例如缴费通过何种方式办理以及谁经办的)。
- 位于接口上的设计类：待开发的软件系统与用户、硬件以及其他软件系统之间都有可能存在相应的接口(其中与用户的接口一般被称为用户界面)，这些接口上存在一些与接口交互以及所传递的信息相关的设计类。一方面，需要考虑实现软硬件接口包装以及用户界面自身的设计类。例如，校园一卡通系统使用第三方在线支付服务实现充值和罚款支付等功能，此时需要考虑通过一个支付接口类封装第三方在线支付服务。另一方面，这些接口上所传递的一些信息也需要一些对应的设计类来处理，例如，校园一卡通系统向第三方支付服务所发送的支付请求。

- 与基础设施相关的设计类：软件系统中的业务逻辑处理需要在计算、存储、网络等基础设施基础上才能实现，因此软件设计过程中还需要考虑与这些基础设施相关的设计类。典型的基础设施相关设计类包括实现数据库和其他存储资源访问的设计类、实现跨网络或跨进程通信的设计类等。

从以上来源发现潜在的设计类之后，还需要判断其是否符合设计类的一些基本要求，即包含多个同类对象所共有的且是当前软件系统所需要的属性及相关操作。例如，对于校园一卡通系统而言，刷卡消费点（例如校园内每一处可以刷校园卡消费的食堂和超市）是一个重要的问题域实体，但是否将其作为一个设计类则需要考虑系统的需要：如果需要对刷卡消费点进行专门的管理，例如，管理消费点的开设和关闭、统计各个消费点的消费额等，那么消费点实体具有多个系统所需要的属性和操作，可以作为一个设计类；如果刷卡消费点不需要做专门的管理而只是在消费记录中简单进行备注，那么将消费点作为其他设计类（例如刷卡请求、消费记录等）的一个字符串类型的属性即可。

2. 明确设计类职责和协作

在初步识别出的候选设计类的基础上，需要进一步考虑各个设计类的职责以及类间协作关系。每个设计类所承担的职责一部分需要利用自身所具有的能力来完成，另一部分则依赖于与其他类的协作关系。一个类所具有的能力具体体现为所包含的属性以及方法，其中，属性代表一个类自身所具有的信息和知识，而方法则代表一个类所能够执行的操作。而类间的协作关系则包括类间继承、接口实现、功能依赖、属性访问等。

类的职责分配是面向对象软件设计的一个主要难点，在很大程度上决定了软件设计质量。好的设计类职责分配应当较好地实现类之间关注点分离和相对独立性，同时能够较好地支持未来的扩展。此外，还需要综合考虑设计类的数量和类的粒度，避免职责过于集中或者过于分散。

类的职责分配确定了软件的类分解结构以及类与类之间的边界，其基本原则是关注点分离，即每个类都应该具有明确且聚焦的职责。为此，可以考虑在候选设计类的基础上按照职责单一、相对独立的原则确定类与类之间的职责分配和边界划分。其中，职责单一的认定首先需要考虑纵向的业务关注点分离。例如，在校园一卡通系统中的图书馆管理子系统中，关注书名、出版社、简介等图书基本信息及其查询的图书类应当与关注出借状态、存放位置的图书副本类相分离。此外，职责单一的认定还需要考虑横向的技术层次划分。例如，图书馆管理子系统包括用户界面层、业务层、数据层等不同层次，因此负责图书信息录入和检索的界面类应当与相应的业务逻辑类和数据实体类相分离。在此基础上，可以按照高内聚、低耦合的标准衡量每个类的独立性并进行调整，例如，将内聚度较低的类拆分成多个更小但更内聚的类，而将多个耦合度较高的类的部分职责进行合并。

为了进一步降低类间耦合，同时更好地支持未来可能的扩展，还需要进一步考虑通过引入抽象类和接口等手段进行一些共性抽象。例如，将一个类对另一个类的具体依赖变成对一个抽象接口的依赖，这个抽象接口仅保留所依赖的操作的最小集合，这样类之间的依赖性更小同时也方便了未来的扩展（实现同一接口的类可以相互替换）。

确定所有设计类的职责之后，类与类之间的协作关系就会逐步浮现出来。每个类在实现自身的职责时，凡是通过自身能力（即属性和方法）无法完成的部分都需要请求其他类的协作。例如，一个图书服务类在实现在线预借图书功能时需要请求电子邮件类进行邮件通知发送（图 5.4）。

3. 细化设计类内部细节

确定每个设计类的职责和协作关系后，接下来就可以进一步细化类的内部细节，包括详细的属性和方法描述以及关键的内部数据结构和算法。

类属性需要细化的主要是访问修饰符、属性类型及初始值（默认值）。面向对象设计中一般都建议避免将属性设置为公开（public），对于属性的访问（读取或修改）一般应当通过方法以一种受控的方式（方法中可以内置合法性检查等控制逻辑）来实现。方法需要细化的主要是访问修饰符、参数及类型、返回值类型、前置及后置条件。面向对象设计一般都会将作为类的对外接口一部分的方法公开。方法的前置及后置条件是指方法执行之前和之后参数、返回值及类的状态变量（属性）等应当满足的条件，它们定义了方法及其调用者之间的契约（详见 5.3 节），为类间接口提供了一种精确定义其功能语义的方法。

内部数据结构和算法主要是定义类内部需要用到的局部数据结构和算法。其中，算法一般可以通过流程图、伪代码等方式进行描述。按照信息隐藏的设计原则，类内部使用的数据结构和算法一般应当对外隐藏（图 5.3），这要求类的外部接口设计应当避免依赖于内部所采用的数据结构和算法。

5.2.2 面向对象设计描述

在面向对象软件设计中，类是一个基本的设计单元。如前所述，面向对象软件设计的主要任务是确定设计类、类的职责以及类间交互关系。因此，面向对象软件设计的描述可以围绕设计类的职责和交互关系来进行。统一建模语言（Unified Modeling Language，UML）为这些描述提供了丰富的图形种类，这里主要介绍其中三种，即类图、顺序图、状态机图。

UML 类图可以描述面向对象的静态设计结构。描述图书馆管理子系统部分静态结构设计的 UML 类图如图 5.4 所示。图中每个矩形组合代表一个类，上下两部分分别是类名和方法，这里省去了类的属性、方法返回值和一部分方法。其中一个特殊的类 I_Payment 是一个接口，这是利用 UML 的构造型（stereotype）机制定义的。图中的箭头表示类与类之间的各种静态结构关系，包括：虚线箭头表示类之间的依赖关系，具体表现为方法调用、属性访问等，例如，提供图书相关服务功能的 BookService 类依赖于 Email 类进行邮件发送、依赖于 I_Payment 接口实现费用支付；菱形箭头表示类之间的聚集关系，具体表现为一个类引用另一个类的实例对象作为属性，例如，表示图书拷贝的 BookCopy 类引用了图书类 Book 的实例对象；实线空心三角形箭头表示类之间的继承关系，即父类和子类的关系，例如，表示小说的 Novel 和表示教科书的 TextBook 都继承了图书类 Book；虚线空心三角形箭头表示类的接口实现关系，例如当前的两种具体支付方式 ABCPay 和 XYZPay 都实现了支付接口 I_Payment。

UML 顺序图可以描述在特定场景中类与类之间的动态交互关系，例如，类与类之间

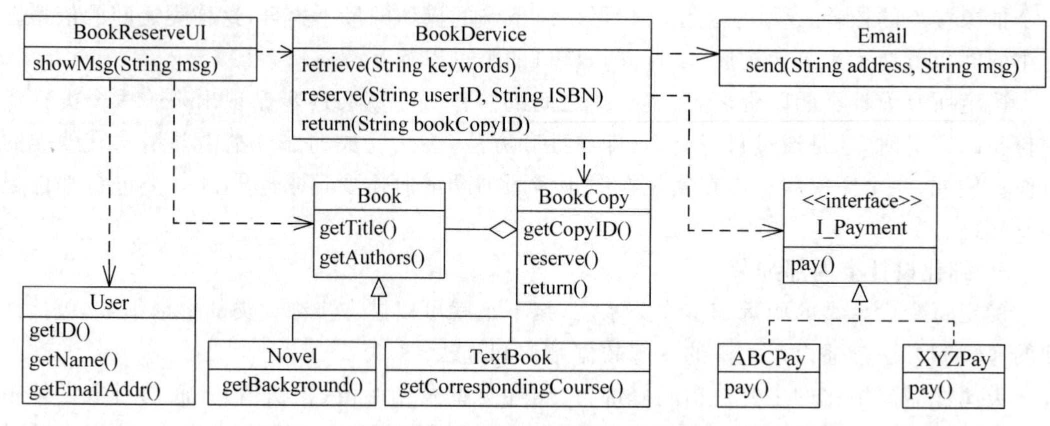

图 5.4 图书馆管理子系统静态结构设计(UML 类图)

的消息发送及其先后顺序等。描述图书馆管理子系统部分动态交互设计的 UML 顺序图如图 5.5 所示。图中顶部的圆角矩形表示交互的参与方,这里都是相关设计类的实例对象。每个参与方下面的虚线代表时间线,从上到下表示时间先后顺序。时间线上的矩形条表示激活条,表示所对应的参与方在此期间处于激活状态。不同参与方之间的横向箭头表示消息发送,其中包括多种消息类型:实线三角形箭头表示同步请求消息,即一个参与方向另一个参与方发出请求消息并在收到返回之前进行阻塞等待;虚线线型箭头表示同步调用的返回消息;实线线型箭头表示异步请求消息,即一个参与方向另一个参与方发出请求消息后不进行阻塞等待。图 5.5 描述的是用户在线预借图书的交互过程:图书预借用户界面(BookReserveUI)先后请求用户类(User)分别获得用户 ID 和邮件地址后,再请求图书服务类(BookService)进行图书预借;接下来,图书服务类请求图书拷贝类(BookCopy)进行预借,然后通过异步方式请求邮件类(Email)发送通知邮件并向图书预借用户界面返回结果;最终,图书预借用户界面显示预借结果消息。

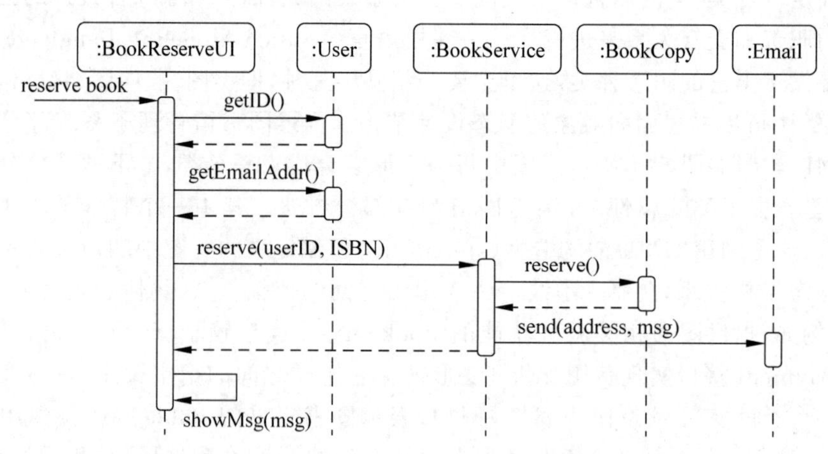

图 5.5 图书馆管理子系统动态交互设计(UML 顺序图)

UML 状态机图可以通过状态转换的方式描述类的实例对象的行为。描述图书馆管理子系统中图书拷贝类(BookCopy)的行为设计的 UML 状态机图如图 5.6 所示。图中每个圆角矩形表示一个状态,实心圆表示一个特殊的初始状态,箭头表示状态之间的转换关系,箭头上的方法表示触发状态转换的方法调用。通过这个状态机图可以看出,一个图书拷贝对象一开始自动处于可用状态(Available),如果调用预借方法(reserve)则进入被预借状态(Reserved),如果调用借书方法(borrow)则进入借出状态(Borrowed);在被预借状态下,如果调用取书方法(take)则进入借出状态,如果调用取消预借方法(cancelReserve)则回到可用状态;在借出状态,如果调用还书方法(return)则回到可用状态。通过这种行为描述,可以理解图书拷贝类的实例对象的整体行为。

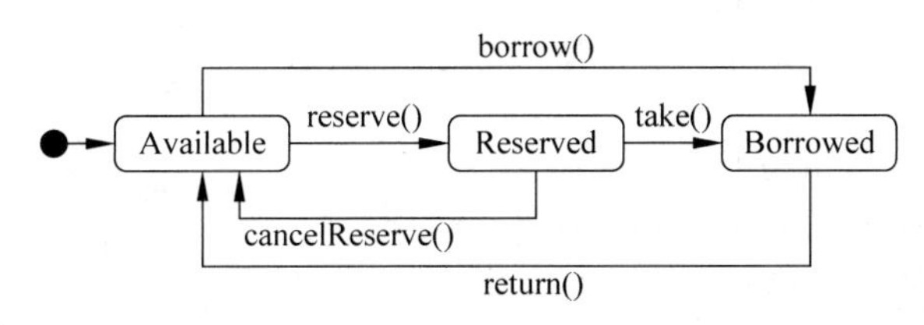

图 5.6　图书馆管理子系统 BookCopy 类行为设计(UML 状态机图)

除了以上这些图之外,UML 还有其他一些图形种类可以用于面向对象软件设计描述。例如,UML 包图可以以包的形式描述更大粒度的模块之间的静态结构关系;UML 通信图可以在展示类的实例对象之间关系的基础上描述对象间消息发送的顺序;UML 活动图可以用于描述由类方法调用构成的业务处理过程以及算法流程。

5.2.3　内聚和耦合

内聚和耦合是两个对于软件设计十分重要的概念。正如前面所提到的,作为软件设计的一个重要目标的模块独立性通常可以用内聚度和耦合度来衡量。总的来说,我们希望实现高内聚和低耦合的模块化设计,但具体内聚度能做到多高、耦合度能做到多低还是与具体的功能和业务逻辑相关。因此,需要了解一些常见的内聚和耦合的形态以及它们所适合的模块层次(如包、类、方法等)。

1. 常见的内聚形态

高内聚强调一个模块的职责应该明确且专一,而且所包含的内容都是与该职责密切相关、不可或缺的部分。Lethbridge(2001)总结了几种常见的内聚形态,如表 5.1 所示(按照内聚度从高到低排列)。

表 5.1　常见的内聚形态

内聚形态	含　　义	适用层次	例　　子
功能内聚	模块仅执行单个计算任务并返回结果,并且不存在任何副作用(例如修改数据库或文件、产生界面提示等)	操作(即方法或函数)	一个计算数学函数(例如 sine、cosine)的方法
层次内聚	模块中仅包含一组密切相关的功能或服务,这些功能或服务形成一个严格的层次结构,其中高层可以访问较低层次上的功能或服务,反之则不行	包、类	一个类对外提供生成成绩单的方法,内部的学生信息验证、成绩信息读取等方法构成严格的调用层次
通信内聚	模块中仅包含访问同样一组数据的操作	类	一个购物车类中所包含的都是针对购物车数据的操作,例如,添加商品、移除商品、修改商品数量等

续表

内聚形态	含 义	适用层次	例 子
顺序内聚	模块中包含一组顺序性的处理过程，每一个过程都为后一个过程提供输入	包、类	一个文本识别组件(包)包含三个顺序执行并存在输入输出关系的过程：位图区域划分、区域内字符识别、整体文本识别
过程内聚	模块中包含一组依次执行的处理过程，但过程之间并不存在输入输出关系	包、类	一个实现报表打印的类由分别打印表头、表格内容、表尾的方法组成
时间内聚	模块中包含一组在软件运行的某个阶段一起被执行的处理过程，但过程之间没有明确的顺序关系	包、类	一个负责系统初始化的类由一组分别执行不同初始化功能的方法组成
功用内聚	模块中包含一组主题相关的功能实现，这些功能可以单独被调用	包、类	一个数学函数类(如 java. lang. Math)提供一组实现常用数学函数(如三角函数)的方法

在可能的情况下，都应当尽量实现内聚性较高的内聚形态，特别是功能内聚、层次内聚和通信内聚。

图 5.7 展示了一个实现功能内聚设计的例子。图中左边的订单(Order)类设计通过一个方法实现待支付的订单金额的计算，其中包括订单总金额的计算和折扣金额的计算两部分。而右边的订单类设计则将该方法分解为两个分别计算订单总金额和折扣金额的方法，由此得到的两个更小的方法显然更符合功能内聚的要求。实现功能内聚的方法职责更单一，关注点更聚焦，也更容易维护。试想一下，如果订单折扣规则发生变化，那么开发人员只需要理解一个更小的折扣金额计算方法(calculateDiscount)并做出修改。此外，实现功能内聚的方法也更容易被复用。例如，如果另一个项目想复用订单类但折扣计算方式不同，那么订单总金额计算的方法(calculateTotal)还是可以原样被复用。

```
public class Order{
  …
  //根据订单金额和折扣规则计算需要支付的金额
  public float calculateAmountToPay(){
    …
  }
}
```

```
public class Order{
  …
  //计算订单总金额
  public float calculateTotal(){
    …
  }
  //计算折扣金额
  public float calculateDiscount(){
    …
  }
}
```

图 5.7 实现功能内聚的设计

图 5.8 展示了一个实现通信内聚设计的例子。图中左边的购物车(ShoppingCart)类包含一组访问购买商品列表(shoppingList)的方法(即添加商品、移除商品、修改商品数量)，但同时也包含一个依赖于用户(User)类的读取当前用户可用优惠券列表的方法(getCoupons)，因此不符合通信内聚的要求。为此，可以像图 5.8 右边所展示的那样将读取当前用户可用优惠券列表的方法与表示当前用户的属性(currentUser)一起从购物车类中移除，这样购物车类就符合通信内聚的要求了。事实上，原来的设计还导致了购物车类与用户类之间不必

要的耦合：无论用户是否有优惠券，购物车类都只需要记录并管理购买商品列表即可。

```
public class ShoppingCart{
  private ArrayList shoppingList;
  private User currentUser;
  …
  //添加商品
  public void addProduct(Product product){
    …
  }
  //移除商品
  public void removeProduct(Product product){
    …
  }
  //修改商品数量
  public void changeProductNum(Product product,
    int number){
    …
  }
  //读取当前用户可用优惠券列表
  public Coupon[] getCoupons(){
    …
  }
}
```

```
public class ShoppingCart{
  private ArrayList shoppingList;
  …
  //添加商品
  public void addProduct(Product product){
    …
  }
  //移除商品
  public void removeProduct(Product product){
    …
  }
  //修改商品数量
  public void changeProductNum(Product product,
    int number){
    …
  }
}
```

图 5.8 实现通信内聚的设计

2. 常见的耦合形态

低耦合强调模块之间相互依赖尽可能少，这样理解和修改一个模块时不用过多考虑其他模块，而修改后对软件其他部分的影响也比较小。此外，低耦合的软件设计中，模块也更容易被单独取出并在其他项目中进行复用。Lethbridge(2001)总结了几种常见的耦合形态，如表 5.2 所示(按照耦合度从高到低排列)。

表 5.2 常见的耦合形态

耦合形态	含　义	建　议	例　子
内容耦合	一个模块具有偷偷修改另一个模块内部数据的能力，因此对其内部的内容产生了耦合	避免出现	一个类通过公开方法将内部数组引用提供给另一个类，使其具有修改数组内容的能力
共用耦合	多个模块共同访问同一个全局变量，造成这些模块之间以及与定义全局变量的模块之间的耦合	严格限制使用	一个类声明了 public static 变量(属性)，多个其他类访问该变量。此时这个变量声明的改变或者任何一个类对于该变量的操作方式发生变化都有可能影响其他依赖于该变量的类
控制耦合	一个过程(方法或函数)通过传入“标识位”或“命令”的方式调用另一个过程并对其执行过程进行了相应控制	尽量利用多态机制消除	一个学生注册方法根据传入的学生类型进行判断，然后分别对本科生和研究生执行不同的注册过程
印记耦合	一个应用类(即实现特定应用逻辑的类)被用作一个方法的参数类型，该方法由此具有访问类的全部公开方法的能力	尽量将方法参数缩小为接口、抽象类或简单数据项	一个发送邮件的方法使用一个用户类作为参数向其发送邮件通知，而事实上该方法只需要利用用户类中的邮箱信息
数据耦合	一个方法具有多个基本数据类型或简单类(如 String)参数，导致调用该方法的类需要准备很多数据	尽量减少参数数量	一个学生综合信息打印方法要求学生学号、姓名、院系、年级、学分数、课程成绩列表等十多个不同属性

续表

内聚形态	含　义	建　议	例　子
过程调用	一个过程(方法或函数)调用另一个过程	将重复出现的调用序列封装成高层过程	一个方法依次调用分别打印表头、表格内容、表尾的三个方法来完成一个完整报表的打印
类型使用	一个类使用另一个类作为属性、方法参数或局部参数的类型	尽量将所使用的类型缩小为接口、抽象类	一个订单类包含一个类型为用户类的属性,表示订单对应的用户
文件包含和包引入	一个模块通过 include 语句引入一个文件或通过 import 语句引入一个包	消除不必要的包含和引入	一个报表打印类通过 import 语句引入打印机接口相关的包实现打印操作
外部依赖	一个模块对当前软件系统范围之外的系统(例如操作系统)产生依赖	尽量减少代码中的外部依赖	一个类通过 Java 本地化接口(Java Native Interface)调用 Windows 系统上的 DLL 文件中所实现的功能

以上这些耦合形态中的前三种,即内容耦合、共用耦合、控制耦合,需要特别引起注意。

其中,内容耦合一般都应该避免出现。内容耦合的定义中所提到的“偷偷修改”是指这种修改方式是类的定义者所没有意识到也不希望发生的。例如,图 5.8 左边的设计方案中就隐含着内容耦合。消除内容耦合的主要手段是实现信息隐藏。正如图 5.8 右边的设计方案那样,通过将内部数据隐藏起来并通过受控的接口对外提供访问,其他类除了按照预定的方式访问数据外不再具有修改其内部数据的能力了。

共用耦合是由于共享全局变量的使用而产生的。全局变量在结构化程序(例如 C 语言程序)中使用较多,在面向对象程序(例如 Java 程序)中使用较少(应当尽量避免使用 public static 变量)。共用耦合的危害主要在于其影响面、隐藏性和不可控性。共享同一全局变量的模块可能很多,因此影响面可能很大。同时,共享同一全局变量的多个模块之间的相互影响不像调用关系那样明显,因此经常被忽略。此外,全局变量的使用方式缺少必要的控制(对比一下通过受控接口对外提供间接访问的变量),一个模块如果按照自身的逻辑对变量进行了某种赋值而其他模块的开发人员又不知情,那么就有可能导致其他模块出错。

控制耦合较为常见,但也需要特别注意并考虑是否可以利用多态机制[①]进行消除。图 5.9 左边的方法显示了一个控制耦合的例子。在这个例子中,drawFigure 方法根据传入的图形数组(shapeList)中每个图形对象的类型决定如何对其进行绘制,其内部控制结构受制于外部传入对象的信息。这种控制耦合带来的问题是,drawFigure 方法需要不断根据图形种类的变化而进行修改,例如,每增加一种新的图形其内部就要增加相应的条件语句进行处理。这种控制耦合可以通过引入多态(polymorphism)来消除。如图 5.9 右边的设计方案所示,通过将图形类(Shape)变成抽象类并声明图形绘制的抽象方法(draw),可以建立图形类的继承层次,即让各种具体图形(如圆形、矩形等)都成为图形类的子类并重写(Override)图形绘制方法。这样,drawFigure 方法就可以利用多态机制直接调用抽型的图形类的绘制方法,而不需要对每个图形对象的具体类型进行判断。

① 多态是一种面向对象机制,是指按照抽象类或接口来调用方法,而实际执行的则是各个具体类中的实现。

```
public void drawFigure(Shape[] shapeList){
  …
  for(int i=0;i<shapeList.length();i++){
    //如果是圆形
    if(shapeList[i].type.equals("circle")){
      …
    }
    //如果是矩形
    if(shapeList[i].type.equals("rectangle")){
      …
    }
  }
}
```

```
public void drawFigure(Shape[] shapeList){
  …
  for(int i=0;i<shapeList.length();i++){
    //调用图形类的抽象绘制方法
    shapeList[i].draw();
  }
}
```

```
public abstract class Shape{
  //图形绘制的抽象方法
  public abstract void draw();
  …
}
```

```
Public class Circle extends Shape{
  //重写父类的图形绘制方法,提供针对圆形的具体实现
  public void draw(){
    …
  }
  …
}
```

图 5.9　消除控制耦合

除了以上三种耦合形态之外,其他耦合形态(即印记耦合、数据耦合、过程调用、类型使用、文件包含和包引入、外部依赖)都属于常规的耦合形态,毕竟各种模块(例如包、类、方法)之间还是需要通过合理的协作关系构成完整的软件。对于这些常规耦合,一个基本的处理方针就是尽量降低耦合度。例如,如图 5.10 左边是一个印记耦合的例子,其中发送邮件的方法(sendEmail)将用户类(User)作为一个参数类型,从而实现向指定用户发送邮件的功能。然而,邮件发送功能只需要有邮件地址即可,并不需要用户的其他信息,因此这类的依赖和耦合有一些过多。图 5.10 右边提供了两种改进的设计方案,分别采用字符串类型(如果地址只是一个简单的字符串)和一个专门的地址类型(如果地址本身也是一个包含多种信息的对象)来取代原来的用户类。这两种改进方案都降低了原来的印记耦合度,并使得发送邮件的方法不再依赖于用户类,从而使其具有更广泛的复用性。

```
//向指定用户发送邮件消息
public void sendEmail(User user, String msg){
  …
}
```

```
//向指定地址发送邮件消息
public void sendMail(String address, String msg){
  …
}
```

```
//向指定地址发送邮件消息
public void sendMail(Address address, String msg){
  …
}
```

图 5.10　降低印记耦合

5.2.4　面向对象设计原则

面向对象软件设计的一个主要目标是可维护性和可扩展性,即软件设计及实现代码容易理解、修改以及扩展新功能和新特性。按照这些设计目标以及关注点分离、模块化、信息隐藏等通用设计思想,面向对象软件设计形成了一系列与面向对象设计的特点密切相关的设计原则。这些设计原则可以为面向对象设计提供具体的指导。

面向对象软件设计有一组公认的被称为 SOLID 的设计原则。这里的 SOLID 是这六种原则的英文首字母缩写的组合(其中有两个 L)。下面依次介绍这六种原则。

1. 单一职责原则

单一职责原则(Single Responsibility Principle)是指每个类、接口、方法都应该只具有

单一的职责,因此它们应该只会因为一个原因发生变化。单一职责强调的是类、接口、方法的内聚性。内聚性越高,它们的职责越单一,发生变化的原因也越集中。例如,图 5.7 右边的设计方案中计算折扣金额的方法实现了功能内聚,因此每次这个方法发生变化都应该是因为折扣金额的计算方式发生了变化。反之,图 5.7 左边的设计方案中的待支付订单金额计算方法包括订单总金额计算和折扣金额计算两部分,这两部分任何一个发生变化都有可能导致这个方法变化。当然,类与方法相比粒度更大,因此也更难实现单一职责,但可以尽量让一个类具有更少、更加聚焦的职责。

2. 开闭原则

开闭原则(Open Closed Principle)是指一个模块应该对扩展开放对修改封闭,即软件增加新功能或新特性时应当通过扩展新的代码单元(如类、方法)而非修改已有的代码单元的方式来实现。强调开闭原则的一个主要原因是理解和修改现有代码的过程中面临较大的复杂性挑战,工作量较大且容易引入代码缺陷,而扩展新的代码单元则没有这些问题。开闭原则是一个很重要也很基础的设计原则,因为它直接体现了软件设计的可扩展性的目标。

实现开闭原则的关键在于引入适当的抽象并为未来的扩展留下空间。图 5.9 中右边的改进设计方案就体现了开闭原则。图中左边的设计方案不符合开闭原则,因为每当增加一种新的图形种类,drawFigure 方法都需要增加相应的条件语句进行处理,从而导致了对已有代码的修改。而右边的改进设计方案通过引入类继承及多态机制,使得 drawFigure 方法的实现不再受到具体图形种类的影响,增加新的图形种类只需要增加相应的图形子类(即继承抽象的图形类 Shape)即可,这样就实现了对扩展开放对修改封闭。这个设计方案的 UML 类图描述如图 5.11 所示。

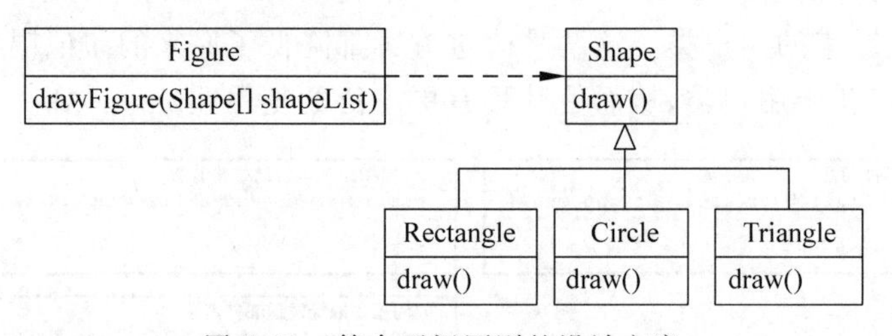

图 5.11 符合开闭原则的设计方案

3. 里氏替换原则

里氏替换原则(Liskov Substitution Principle)是指从父类派生出的子类的对象可以替换父类的对象,即子类对象可以出现在任何父类对象出现的地方。这一原则主要是为了确保子类满足父类对外的所有约定(或称为契约),这样按照父类对外声明的行为与之交互的其他类在遇到子类的对象时才不会发生问题,而诸如多态这样的机制才能确保有效实现。例如,在如图 5.11 所示的设计方案中,如果新增加的 Shape 类的子类与 Shape 类对外的约定相违背,那么 Figure 类中按照父类 Shape 所编写的代码就有可能出错。

按照继承在概念上的含义(即表示"is a"关系),似乎满足里氏替换原则是很自然的事情。然而,在一些继承关系中,子类除了扩展新的属性和方法之外还会对父类中已经定义的属性和方法增加额外的约束和限制,从而导致父类对外的一些约定无法满足。例如,图 5.12 中声明的正方形类(Square)继承了矩形类(Rectangle),这一关系无疑符合概念上的继承,即正方形是一种矩形。按照继承关系，正方形类获得了矩形类中所定义的宽度(width)、高度(height)等属性及相关方法，同时也增加了一个隐含的约束，即宽度和高度相等。这样，在一些宽度和高度设置为不同数值(例如5和4)的地方，矩形对象可以出现而正方形对象则不能，否则对象内部的状态(例如正方形边长到底是5还是4)以及行为(例如计算面积的结果到底是25、16还是20)都会不确定。

因此，在设计继承关系时需要按照里氏替换原则验证父类与子类之间的关系，如果不符合则应该避免使用继承关系。例如，在如图5.12所示的设计中可以针对正方形单独定义一个新的类，而不要继承矩形类。

```
Public class Rectangle{
  private double width;
  private double height;
  public void setWidth(double width);
  public void setHeight(double height);
  public double getArea();
  …
}
```

```
Public class Square extends Rectangle{
  …
}
```

图5.12 不符合里氏替换原则的继承关系

4. 迪米特法则

迪米特法则(Law of Demeter)强调不要和“陌生人”说话，即只与直接“朋友”交谈。在面向对象设计中，每个类都可能有一些直接的“朋友”，包括作为其属性、方法参数或返回值的对象。这个类应当尽可能只与这些直接的“朋友”打交道，而不要再跟其他类的对象打交道，例如，在方法内部实现中再引入其他类的对象作为局部变量。

迪米特法则的出发点是限制一个类与其他类的依赖关系。如果已经通过类属性、方法参数和返回值与一些对象建立了联系，那么就尽量通过这些对象满足所需要的请求，而不要再引入新的类依赖。例如，图5.13左边的代码中，展示图书信息的方法(displayBook)为了获取图书作者信息而在方法内部引入了对作者类(Author)的依赖，从而违反了迪米特法则。在右边的改进方案中，图书类(Book)直接提供了获取作者姓名的方法getAuthorName，这样展示图书信息的方法就可以利用作为参数传入的图书对象来获取作者姓名，而无须与“陌生人”作者类进行直接交互。

```
//展示一本图书的信息
public void displayBook(Book book){
  …
  //展示图书作者信息
  Author author=book.getAuthor();
  display(author.getName());
  …
}
```

```
//展示一本图书的信息
public void displayBook(Book book){
  …
  //展示图书作者信息.
  display(book.getAuthorName());
  …
}
```

图5.13 基于迪米特法则的设计改进

5. 接口隔离原则

接口隔离原则(Interface Segregation Principle)是指多个服务于特定请求方的接口好过一个通用接口,或者说不要强迫一个类依赖它不会使用的接口。在接口设计的过程中,可能存在多个相似的接口需要考虑,此时一种思路是设计一个大而全的"万能"接口来统一满足这些相似接口的需求,就像瑞士军刀将剪刀、开瓶器、螺丝刀等工具全部实现到一起那样。

使用这样的"万能"接口虽然减少了需要分别定义的接口数量,但是也会导致使用这种接口的类被迫接受一些并不需要的操作,从而增加所实现的类与接口的耦合性以及开发人员理解接口的负担,因为接口变得更大、更复杂。例如,图 5.14 左边所定义的图形(Shape)接口看起来似乎没什么问题,其中定义的方法也都和图形相关。但是仔细分析之后可以发现,这个接口中其实包含两种图形相关的职责,即支持几何计算(如求面积)的抽象图形和支持图形绘制的可视化图形,相当于从两种不同视角看图形。混合这两种职责将导致更强的耦合和不必要的依赖。试想一个只希望做抽象几何计算的图形类(例如进行土地规划)如果实现这个接口,那么它将不得不同时实现绘制图形的相关方法。同样,一个不需要图形绘制相关功能的客户端类如果通过这个接口获取相关功能,那么它的开发者将不得不了解一个更复杂的接口和一些不相关的方法(如这里的 draw 方法)。如果实现图形绘制需要一个很大的图形库,那么就会给接口的实现方和使用方引入一个不必要的依赖。由此可见,这种"通用"接口一方面不内聚,另一方面也增加了接口实现和使用的复杂性和依赖性。

```
Public interface Shape{
  //获取边的数量
  public int getNumOfSides();
  //获取第i条边的长度
  public double getLenOfSide(int i);
  //绘制图形
  public void draw();
  //获取图形面积
  public double getArea();
}
```

```
Public interface AbstractShape{
  //获取边的数量
  public int getNumOfSides();
  //获取第i条边的长度
  public double getLenOfSide(int i);
  //获取图形面积
  public double getArea();
}
```

```
Public interface DrawableShape{
  //获取边的数量
  public int getNumOfSides();
  //获取第i条边的长度
  public double getLenOfSide(int i);
  //绘制图形
  public void draw();
}
```

图 5.14　基于接口隔离原则的设计改进

图 5.14 右边给出了按照接口隔离原则所进行的设计改进。Shape 接口被分解为两个更小的接口 AbstractShape 和 DrawableShape,分别对应面向几何计算的抽象图形和面向可视化展示的可绘制图形,将两部分职责隔离。这样,实现以及使用图形接口的开发人员可以根据需要选择其中的一个,避免引入不需要的接口内容以及相应的依赖。由于 Java 等面向对象语言支持多接口实现,因此如果一个类希望同时实现这两部分职责,那也可以同时实现这两个接口。

6. 依赖转置原则

依赖转置原则(Dependence Inversion Principle)强调应该尽量依赖于抽象(例如抽象类、接口)而非具体(例如具体的实现类)。这是因为通过抽象可以只保留关键性的部分,而不用引入无关的部分(如不需要使用的方法)。此外,依赖于抽象还有利于长期的演化和维护。一方面,抽象的东西不容易变化,即使具体的实现类发生了变化,只要所实现的抽象不变,那么依赖于抽象的其他类就不会受到影响。另一方面,抽象依赖为未来的扩展提供了方便,如果有新的实现方式,那么只要实现同样的接口,其他类的代码就可以不做任何修改或仅做少量修改就能实现扩展,这也符合开闭原则的要求。如图 5.11 所示的设计方案就体现了依赖转置原则:通过依赖于抽象的图形类而非具体的图形类,Figure 类可以不做修改就支持新的具体图形种类。

5.2.5 面向切面的编程

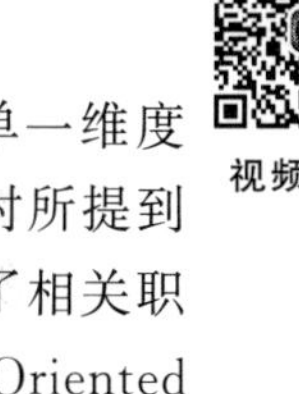
视频讲解

面向对象软件设计以类为基本单位实现对于软件的模块化分解。然而,这种单一维度的模块化并不能完全满足软件设计的需求。正如 5.1.3 节中讨论关注点分离问题时所提到的,身份认证、权限检查、日志记录等横切关注点很难被封装在单个类中,因此造成了相关职责的交织和散布。在面向对象编程基础上发展起来的面向切面的编程(Aspect-Oriented Programming,AOP)方法支持横切关注点解耦和模块化封装,为进一步改进软件设计提供了支持。

1. 基本思想

面向对象软件设计以包、类和方法这样的层次化结构实现模块化分解以及相应的数据和操作封装机制,并以关注点分类作为基本的设计思想之一。然而,这种单一维度的模块化机制经常会导致以下两个问题。

- **代码交织(code tangling)**:与多个关注点相关的实现代码混杂在一个模块中。
- **代码散布(code scattering)**:与同一个关注点相关的实现代码分散在多个模块中。

如图 5.4 所示的面向对象设计结构中,类的划分及其关系定义给出了一种模块化分解方案,但其中的图书服务、用户、支付等相关的业务类中都需要在完成特定操作后进行日志记录(logging)。虽然可以通过调用公共的日志方法来实现日志记录,但是这些类中仍然需要将影响多个类(称为“横切”)的日志记录关注点与自身的业务关注点(例如图书服务、用户管理、支付等)交织在一起,同时与日志记录关注点相关的代码也散布在多个类中。

面向切面编程为这种横切关注点提供了相应的模块化机制,同时允许多个切面与基本模块化单元(例如类)之间的灵活组合和集成。面向切面编程机制如图 5.15 所示。与业务相关的基本关注点按照面向对象软件设计方法产生基于类的模块化分解结构,这部分设计独立实现后形成基本程序。而横切关注点则单独以“切面”这种新引入的模块化机制来进行模块化封装和实现。在此基础上,开发人员在基本程序上定义连接点,然后相关工具自动将切面编织到对应的连接点上并形成最终的完整程序。虽然最终基本关注点和横切关注点的实现代码通过编织实现了最终集成,但从软件设计和实现的角度看横切关注点与基本关注点实现了分离,并通过“切面”这样一种新的模块化机制进行单独的封装,因此可以更好地实现关注点分离的软件设计思想。

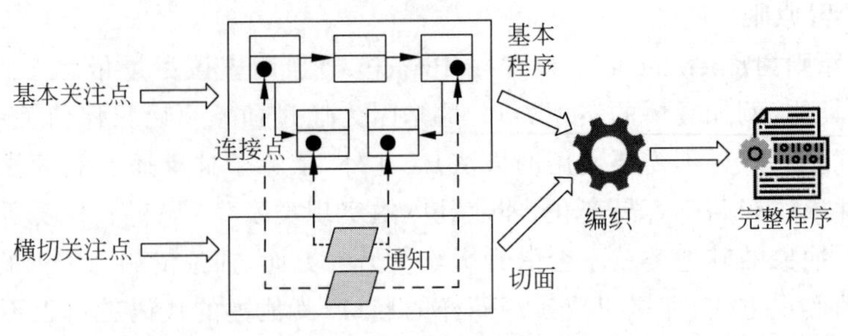

图 5.15 面向切面编程机制

2. 相关概念

面向切面编程所涉及的设计思想和实现机制建立在以下概念基础上(Filman,2006)。

- **切面(Aspect)**：切面是一种实现关注点的模块化单元。一个切面的定义包括一些实现功能逻辑的代码(称为通知)以及在哪些地方、什么时候、以何种方式调用这些代码的指令。
- **通知(Advice)**：通知是由切面所封装的、将插入到基本程序中指定的地方执行的功能代码。例如,实现日志记录的功能代码就是一个通知。通知可以被插入到程序中不同的地方,例如,目标连接点(例如某个方法调用)之前(before)、之后(after)、周围(around,即之前和之后),或者替换连接点处原有的代码(instead of)。
- **连接点(Join point)**：连接点是基本程序结构或者执行流上的一种可以明确定义的位置,在这些位置上可以插入切面所定义的新的行为。常见的连接点包括程序中的方法调用、属性的定义和访问、异常抛出等特定位置。例如,图 5.4 所示的图书馆管理子系统程序中 I_Payment 接口的 pay 方法调用就是一个连接点,可以定义一个在所有 pay 方法调用之前进行日志记录的切面。
- **切点指示器(Pointcut Designator)**：如果切面定义需要逐个枚举连接点及相应的插入位置,那么会非常麻烦而且灵活性不强。切点指示器为切面的定义提供了一种批量描述一系列连接点上的插入位置的机制,一般都是通过使用全称量词来实现。例如,可以通过切点指示器要求在某个包中所有类的公开方法被调用之前插入日志记录,或者要求实现某个接口的所有类的公开方法被调用之前插入日志记录。
- **编织(Weave)**：编织是将基本程序与切面集成到一起获得完整程序的过程。不同的面向切面编程语言的编织机制实现方式可能有所不同,既可以通过静态方法将切面代码与基本程序代码组合在一起进行编译,又可以在程序装载运行时动态地插入切面代码,还可以通过修改编译器来实现切面的插入执行。

3. 实现方式

面向切面编程思想需要借助于具体的语言或框架来实现,其中既包括定义切面(包括相关的通知实现和连接点、切入点定义等)的语言和编程规范,又包括切面编织的实现机制。当前针对 Java、C＃、C++ 等语言都有一些较成熟的面向切面编程语言扩展及编程框架,例如,AspectJ、AspectWerkz、JBoss AOP、Spring AOP、AspectSharp、AspectC++ 等。下面以 Spring AOP 为例进行介绍。

Spring 是一个面向 Java 的通用软件开发框架,其中内置了 AOP 支持。Spring AOP 依托 Spring 的核心 IOC(Inversion of Control,控制反转)容器来实现。这里的控制反转是指程序将创建对象的主动权交给 IOC 容器,自身代码中只是声明对象引用而不再创建对象,而容器则会根据所配置的规则创建对象并通过依赖注入(Dependency Injection)的方式将对象实例传入程序中。Spring AOP 通过运行时的 Java 代理机制实现切面编织。基于 Spring 框架的软件开发在第 6 章中还会详细介绍。

Spring AOP 只支持与方法调用相关的连接点,所支持的切面类型也都是与方法调用相关的,通过使用 Java 注解(annotation)机制来进行各种切面的声明,如表 5.3 所示。不同类型的切面可以实现不同的目的。例如,@Before 类型的切面的执行无法阻止目标方法的执行;@Around 类型的切面可以决定目标方法是否执行,因此可以用于权限检查(权限检查不通过则不执行目标方法);@After 类型的切面无法获得目标方法的返回值,而@AfterReturning 类型的切面可以获得返回值(可以对返回值做一些附加处理,例如记录日志),@AfterThrowing 类型的切面则可以获取所抛出的异常信息(例如在日志中记录异常)。

表 5.3 Spring AOP 所支持的切面类型

切点注解	切面含义
@Before	在目标方法调用之前插入通知中的实现代码
@After	在目标方法执行完成并返回前(无论正常返回或异常退出)插入通知中的实现代码
@AfterReturning	在目标方法调用正常返回之后插入通知中的实现代码
@AfterThrowing	在目标方法调用抛出异常之后插入通知中的实现代码
@Around	在目标方法调用之前和之后插入通知中的实现代码

图 5.16 展示了一个基于 Spring AOP 的切面定义的例子。这个例子中定义的切点(point 方法)表示 I_Payment 接口的 pay 方法的调用,切点表达式(@Pointcut 注解)中明确定义了该方法的完整包和类路径,同时对于参数和返回值没有任何限制,这意味着

```
@Aspect
@Component
public class PayAspectJ {

  @Pointcut("execution(* cn.setextbook.examples.I_Payment.pay(..))")
  public void point(){}

  @Before("point()")
  public void logPayment() {
    logger.info("start an online payment");
  }

  @Around("point()")
  public void checkPermission(ProceedingJoinPoint jp) {
    if(checkPermission())
      jp.proceed();
    else
      logger.info("invalid payment");
  }
}
```

图 5.16 基于 Spring AOP 的切面定义

I_Payment 接口中所有名为 pay 的方法都在覆盖范围内。在此基础上定义的@Before 类型的切面在 pay 方法执行之前插入一个日志记录方法。另一个@Around 类型的切面则在 pay 方法执行之前进行许可检查，只有检查通过才会正常执行 pay 方法(通过调用 proceed 方法)，否则不执行 pay 方法并记录日志。除了使用 Java 注解进行切面定义外，Spring AOP 也支持利用配置文件进行切面的定义。

需要注意的是，这里定义的切面将通过 Spring AOP 所实现的编织机制与基本程序集成在一起。基本程序的开发人员无须了解这些切面的定义，也不需要调用这些切面中定义的功能实现。这样，原来需要分散在很多类中实现的横切关注点可以以切面的形式集中进行封装，同时与基本程序中的各个类独立并行开发，从而更好地实现了关注点分离的设计目标。

视频讲解

5.3 契约式设计

如前所述，面向对象设计中类的职责分配和协作关系确定是一个核心问题，也是分解和抽象原则的具体体现。这种基于类的设计分解既要使得不同类的开发者可以在明确类职责的基础上独立进行开发，又要保证不同的类分别开发完成后能够顺利集成并正确实现整体系统设计要求。因此，面向对象设计方案需要明确不同类之间的接口定义，确保不同类的开发者按照接口约定分别实现后能顺利集成。

在传统的面向对象软件设计及实现中，类之间的接口约定主要依赖于接口方法的语法声明，包括参数及其类型、返回值类型、抛出的异常等。然而，这种语法声明不足以精确定义类之间的接口语义，从而埋下了接口理解不一致的隐患。例如，图 5.17 左边所定义的计算方法根据指定操作符对传入的两个整型参数进行计算并返回结果。根据参数类型及名称，调用这个方法的开发人员很容易理解三个参数的意思，但在一些接口语义的细节上却存在模糊空间。首先，该方法支持哪些运算操作不清楚，例如，除了加减乘除是否还支持幂运算等其他操作。其次，方法的操作符参数(operator)的精确定义不清楚，例如，加减乘除分别使用 1、2、3、4 表示还是用 0、1、2、3 表示。再次，谁应该对除 0 操作进行检查不清楚，是方法的调用方进行检查把关还是方法的实现方自己进行检查。图 5.17 右边定义的整数堆栈类 IntStack 存在接口行为上的模糊性。例如，该类的出栈方法 pop 自身并没有对当前堆栈是否为空进行检查，而是根据当前的栈顶位置(topIndex)直接返回对应的元素，可以想象在堆栈为空时调用该方法会发生数组越界异常。可以看到这个类提供了一个检查堆栈是否为空的方法(isEmpty)，因此可以想象这个类的开发者“假定”调用方应该先用这个方法检查一下，然后在堆栈不为空的情况下再调用出栈方法。由于这种“假定”并没有被明确定义出来，使用这个类的开发者可能会根据自己的错误理解进行编码，从而造成问题。

以上所讨论的接口定义中的模糊性除了导致不同类的开发者理解不一致之外，还会导致出错之后难以定位问题根源以及厘清责任。此外，在接口的实现方和调用方缺少明确约定的情况下，一般都会倾向于认为接口的实现方(即服务端)应当承担更多的责任对各种潜在的问题(例如不合法的参数甚至恶意的输入)进行检查，而接口的调用方(即客户端)则可以较为随意。这种做法可能导致接口实现方需要考虑的问题过多，内部逻辑过于复杂，甚至调用链上的一系列代码单元重复对某些问题进行检查。

```
//根据指定操作符进行计算并返回结果
public int calcualte(int operator,
 int a, int b){
  switch(operator){
  case 1:
    return a+b;
  case 2:
    return a-b;
  case 3:
    return a*b;
  case 4:
    return a/b;
  }
  return 0;
}
```

```
Public class IntStack{
  private int[] elements;
  private int topIndex;
  //构造方法按照指定容量构造并初始化堆栈
  public IntStack(int capability){
    elements=new int[capability];
    topIndex=-1;
  }
  //返回堆栈是否为空
  public boolean isEmpty(){
    return topIndex<0;
  }
  //执行出栈操作
  public int pop(){
    int top=elements[topIndex];
    topIndex= topIndex-1;
    return top;
  }
  …
}
```

图 5.17 接口定义中的模糊性

针对这一问题,契约式设计(Design by Contract,DBC)的思想应运而生。契约式设计的思想最早由 Bertrand Meyer 提出并在他所发明的 Eiffel 语言中进行了实现(Mitchell et al.,2003)。契约式设计,顾名思义就是要建立不同类(或者模块)之间的契约关系,以一种可检查的方式明确定义接口的实现方和调用方各自应当承担的“权利”和“义务”。“契约”在这里是一种隐喻,它将接口的实现方和调用方之间的关系比喻成商业活动中供应方和需求方之间的关系。例如,在一个采购合同中,供应方承诺交付的产品符合约定的质量要求同时按时交货,而其权利是按照约定的时间和金额获得采购款;需求方则承诺按照约定的时间和金额支付采购款,而其权利则是获得满足所约定的质量要求的产品并且能按时收货。

契约式设计中的契约应当明确定义并且可以进行验证。常见的契约形式是对程序运行状态的断言,即关于输入参数、返回值、内部属性取值范围及其关系的布尔表达式。一般的契约内容包括以下三个方面。

- **前置条件(precondition)**:调用一个方法之前应当满足的条件。
- **后置条件(postcondition)**:一个方法执行完成后应当满足的条件。
- **不变式(invariant)**:一个软件元素(例如类)在任何方法执行前后都应当一直满足的条件。

在设计契约中,前置条件是方法的调用方需要确保的,即它们只能在某个方法的前置条件满足的情况下才能对其进行调用,否则出错责任在于调用方;后置条件是方法的实现方需要确保的,即如果它们的前置条件在调用之前是满足的,那么在调用结束后它们的后置条件应该成立,否则出错责任在于被调用方;不变式则是一个软件元素所有方法的实现方都应当确保的,即任何方法的执行都不应当破坏不变式中的条件。

图 5.18 展示了一个包含契约声明的堆栈类的一部分,其中的 invariant、require、ensure 分别表示不变式、前置条件和后置条件,每个条件声明冒号之前和之后分别是条件名称和条件内容,而条件内容中的 Result 和 old 关键字分别表示方法返回值和方法执行之前的取值。

通过这些契约条件可以看到,堆栈的栈顶位置(topIndex)总是处于-1与(数组长度-1)之间(这两个取值分别表示栈空和栈满);创建堆栈对象时(即构造方法执行之前)所提供的容量(capability)必须是正整数,而创建成功之后内部的数组长度等于容量;查询堆栈是否为空的方法(isEmpty)的执行没有任何前置条件,而执行完之后确保返回值等于栈顶位置是否小于0的判断结果;出栈方法(pop)执行之前堆栈不能为空,而执行之后将返回原来栈顶的元素同时栈顶位置减1。可以看出,这些契约条件可以帮助我们更加精确地进行接口,明确调用方和实现方的责任。例如,出栈方法的前置条件定义明确了调用方应当确保在堆栈不为空的情况下进行调用,而该方法本身无须对堆栈是否为空进行判断。

```
Public class IntStack{
  private int[] elements;
  private int topIndex;
  invariant
    topIndex_within_capability: topIndex>=-1&&topIndex<elements.length;

  public IntStack(int capability);
  require
    capability_be_positive: capability>0;
  ensure
    elements_length_equalTo_capability: elements.length==capability;

  public boolean isEmpty();
  ensure
    negative_topIndex_Indicate_Empty: Result==(topIndex<0);

  public int pop();
  require
    not_empty: isEmpty()==false;
  ensure
    return_top: Result==elements[old topIndex];
    topIndex_decrease: topIndex==old topIndex-1;
  …
}
```

图5.18 堆栈类中的契约声明

当为一个类定义契约时需要声明哪些条件是一个需要考虑的问题。对于同一个类,不同的人可能会定义出不同的契约,其中并不存在标准的写法。针对这一问题,可以参考如下这几条契约式设计的设计原则(Mitchell et al.,2003)。

- **区分命令和查询**。一个类包含命令和查询这两种方法,其中命令能够改变对象的状态(例如属性取值),而查询只返回结果而不改变对象状态。例如,在如图5.18所示的堆栈类中,pop是命令,而isEmpty是查询。通过明确区分命令和查询,一个类中的查询方法可以被安全地用于契约定义,因为这些方法的执行不会改变对象状态,而命令则不能用于契约定义。
- **区分基本查询和派生查询**。基本查询是指直接对类属性和对象状态进行查询,而派生查询则是在其他查询基础上派生定义出来的。在如图5.18所示的堆栈类中,topIndex的取值判断(例如topIndex<0)是基本查询,而isEmpty是派生查询(可以在topIndex取值判断的基础上派生出来)。
- **针对每个派生查询,定义一个使用基本查询表示的后置条件**。例如,图5.18中作为派生查询的is_empty方法有一个利用基本查询(topIndex<0)定义的后置。

- **为每个命令定义一个后置条件，规定每个基本查询的值**。一个类中所有基本查询的值的组合可以表示这个类的整体状态。针对每个命令定义后置条件，尽量对所有基本查询的结果进行判断，确保每个命令执行之后的条件要求能够得到完整定义。
- **为每个查询和命令定义合适的前置条件**。前置条件定义了客户端在何时以及满足什么样的条件下才能调用一个查询或命令。
- **通过不变式定义对象的恒定特性**。对象的恒定特性是指一个类的对象实例在整个生存周期中都不会变化的特性。如图5.18所示的堆栈类中，topIndex的取值总是要满足一个基本的取值范围要求，这通过不变式定义进行了明确。

按照契约式设计的思想，契约不仅是一种开发人员之间的约定，而且应该能够被自动检查。也就是说，契约不仅是一种提供给开发人员阅读的文本说明，而且也应该成为一种在运行时自动检查的约束。为此，一些编程语言为契约式设计提供了内置的支持(例如Bertrand Meyer所发明的Eiffel语言)，允许开发人员直接在代码中声明契约，同时支持契约的运行时自动检查。而像Java等其他一些语言则没有这种内置的契约式设计实现机制，需要通过扩展机制来实现相关支持。例如，对于Java程序可以使用Contracts for Java、iContract2、Contract4J等扩展。此外，也可以利用断言机制简单地实现类似契约的机制，例如，在每个方法开始和结束的地方利用断言分别对前置条件和后置条件进行检查。

5.4 设计模式

视频讲解

软件设计具有很强的经验性，而设计经验的一种主要表现形式就是设计模式。有经验的软件开发人员一般都能熟练掌握一些常用的设计模式并能够结合具体的开发要求进行实例化的应用。“模式”这一概念在很多领域中都有所体现，一般用于表示某种可借鉴的参考解决方案。在软件设计领域，设计模式是指针对一类相似设计问题的通用和参考性的设计方案，一般都经过大量的实践验证，能够较好地实现相关的设计目标。

围绕面向对象软件设计存在一些得到广泛应用的通用设计模式，特别是Gamma等人(Gamma et al.,2007)所总结的23种常用的面向对象设计模式。他们定义了设计模式的四个基本元素：

- 有意义的、能揭示设计模式目的的名称。
- 关于设计模式所针对的问题域描述，解释了该模式何时适用。
- 对于设计解决方案的描述，包括各个组成部分、各自的职责以及相互之间的关系。
- 应用这种设计模式的效果，包括可能的结果以及多方面因素的权衡，可以帮助使用者决定是否使用这种模式。

以上四个方面分别对应名称、问题、解决方案、使用效果。需要注意的是，设计模式所提供的解决方案是一种抽象的解决方案，代表的是一种设计思想，在应用时需要结合具体的问题目标和上下文进行实例化。此外，设计模式的应用存在多个方面的影响，除了有利的一面之外还可能存在不利的地方，因此效果部分需要对其中涉及的多方面因素权衡进行说明。

Gamma等人定义的23种面向对象设计模式可以分为三类，即创建型模式、结构型模式、行为型模式，如表 5.4 所示。这些模式大量应用了 5.2.4 节中所介绍的各种面向对象设计原则，其中最根本的一条是开闭原则，即通过设计模式的应用使得软件设计方案能够灵活适应需求的扩展。

表 5.4　Gamma 等人定义的设计模式分类

设计模式分类	分 类 含 义	所包含的设计模式
创建型模式	与类的实例对象创建相关的设计模式，关注于对象创建过程的抽象和封装	工厂方法（Factory Method）、抽象工厂（Abstract Factory）、单例（Singleton）、建造者（Builder）、原型（Prototype）
结构型模式	与类和对象的结构组织相关的设计模式，关注于如何实现对象的组合	适配器（Adaptor）、装饰器（Decorator）、代理（Proxy）、外观（Facade）、桥接（Bridge）、组合（Composite）、享元（Flyweight）
行为型模式	与类和对象之间的交互行为和通信相关的设计模式，关注于类和对象之间的交互关系和职责分配	策略（Strategy）、模板方法（Template Method）、观察者（Observer）、迭代器（Iterator）、责任链（Chain of Responsibility）、命令（Command）、备忘录（Memento）、状态（State）、访问者（Visitor）、中介者（Mediator）、解释器（Interpreter）

下面介绍几种常用的面向对象设计模式。其中每种模式都使用 UML 类图描述其设计思想。事实上类图仅给出了设计模式的静态设计结构，在此基础上还可以进一步使用 UML 顺序图描述各个组成部分之间的交互序列。关于表 5.4 中列举的这些设计模式的详细介绍可以参考 Gamma 等人的著作（Gamma et al.，2007）。此外，JHotDraw[①] 是一个开源 Java GUI 框架，其中包含非常丰富的设计模式实例，可以作为学习参考。

1. 单例模式

在有些应用场合中，一个类只允许有一个对象实例，例如，操作系统中的任务管理器和回收站、网站的计数器、金融交易的引擎、应用程序的日志引擎等。这要求所有需要访问这个类的对象的地方都只能获取到同一个对象引用，而不能创建不同的对象。类似的要求也可以通过定义类的静态方法来实现，即所有地方都通过访问这个类的静态方法的方式获得所需要的服务，但这样就无法使用接口、继承等面向对象机制了。

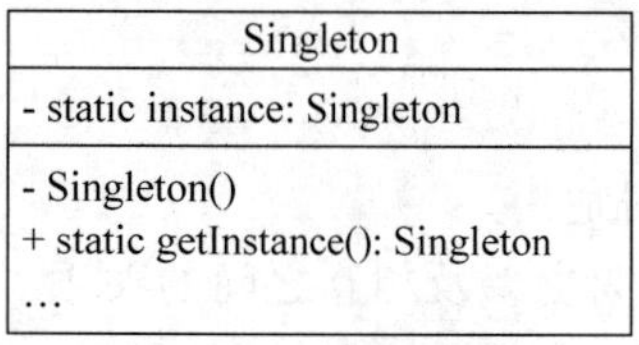

```
Singleton
- static instance: Singleton
- Singleton()
+ static getInstance(): Singleton
…
```

图 5.19　单例模式

单例模式为这一设计问题的解决提供了一种通用解决方案，确保了一个类只有一个对象实例并为这个对象实例提供了全局的访问入口。如图 5.19 所示，采用单例模式的类将构造方法设为私有，这样外界就无法直接创建该类的对象实例了。另一方面，该类内部包含一个类型为自身的静态成员对象（instance），同时为外界提供了一个静态方法（getInstance）用于获取这个成员对象的引用，这样就确保了外界获取到的都是同一个对象实例。

2. 适配器模式

有些时候一个类所需要的接口与另一个类所提供的接口不匹配，但功能相同或相近，此

① JHotDraw：https://sourceforge.net/projects/jhotdraw/。

时可以通过适配器在二者之间进行转换和适配。这就像不同国家的电源插座标准不一致导致所带的电器无法使用，此时需要利用转换插头将所提供的电源转换成所带的电器能够使用的插座标准。

适配器模式，顾名思义就是在客户端类所需要的接口与服务端类所提供的不匹配的接口之间进行转换和适配。如图 5.20 所示，客户端类需要的是如接口 Target 中所示的 requestA 方法，而实现相关功能的服务端类 Adaptee 提供的方法是 requestB。为了在二者之间进行适配，额外引入的适配器类（Adapter）一方面继承了 Adaptee 从而具备了该类所实现的能力，另一方面则实现了 Target 接口。这样，客户端类创建 Adapter 类的对象实例后可以将其作为接口 Target 的对象实例进行使用，而 Adapter 类内部则可以利用继承所得到的 requestB 等 Adaptee 类所提供的能力来实现所需要的 requestA 方法，从而实现转换和适配的目的。

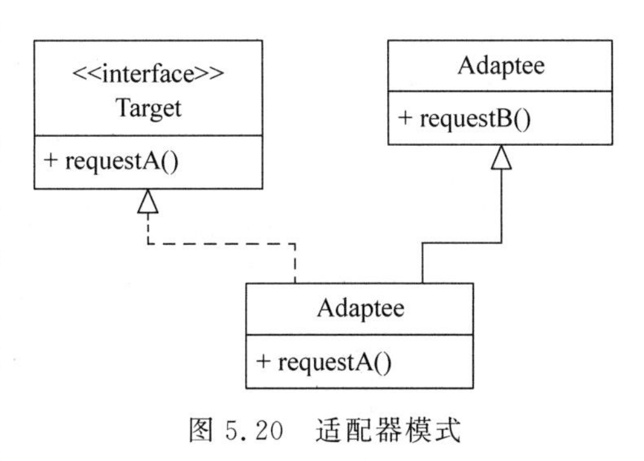

图 5.20　适配器模式

这里介绍的是使用继承实现的类的适配器。除此之外，还存在利用委托关系实现的对象适配器，即适配器 Adapter 内部包含一个 Adaptee 类型的成员对象，通过调用 Adaptee 对象的方法来实现 Target 接口所需要实现的方法。

3. 组合模式

很多时候我们需要处理的对象构成了一种表示整体部分层次的树状结构。例如，文件系统可以包含层次嵌套的目录结构，每个目录都可以包含子目录和文件，其中子目录又可以包含下一级子目录；画图工具中的图形可以形成层次嵌套的复合结构，复合图形中可以包含更小的复合图形以及基本的图形元素（如三角形、圆形）。此时，客户端代码开发人员希望可以以一种统一的方式处理对象以及对象的组合，从而避免在代码中针对不同类型的对象（复合结构或原子对象）采取不同的处理策略。例如，对于原子对象可以直接调用其操作，而对于复合结构则需要遍历其所包含的对象或下一级复合结构进行处理。

组合模式为我们提供了这样一种设计方案，一方面允许将对象组织成嵌套层次结构，另一方面允许客户端代码以统一的方式处理对象以及对象的组合。如图 5.21 所示，Leaf 表示原子对象（即层次结构中的叶子节点），而 Composite 表示复合对象，二者都是抽象的组件对象 Component 的子类。复合对象可以包含一组子对象，其中既可以有原子对象又可以有下一级的复合对象，这可以通过复合对象与抽象的组件对象之间的聚集关系（即整体部分关系）来表示。抽象的组件对象类上定义了某种操作方法 operation，原子对象可以直接给出此方法的实现，而复合对象则是进一步调用所包含的下一级原子对象或复合对象的同一操作方法来实现。采用组合模式后，客户端代码获得一个抽象的组件对象后可以直接调用其操作方法，而不必关心它是原子对象还是复合对象。

例如，在画图工具中的复合图形绘制中，抽象的组件对象是抽象的图形，原子对象是基本图形（三角形、圆形等，可以有多个），复合对象是复合图形。一个复合图形可以包含一些基本图形以及下一级的复合图形，从而构成一种层次结构。抽象图形上定义了一个绘制图形的方法 draw，每一个原子图形类可以根据自身形状实现自己的绘制方法，而复合图形则循环调用所包含的每一个下一级图形(原子图形或复合图形)的绘制方法来实现自身的绘制。基于这种设计方案,客户端代码获取一个表示图形复合结构的根节点对象引用后,就可以按照抽象图形调用其绘制方法,从而实现整个图形复合结构的绘制,而不用关心其是一个原子图形还是复合图形。

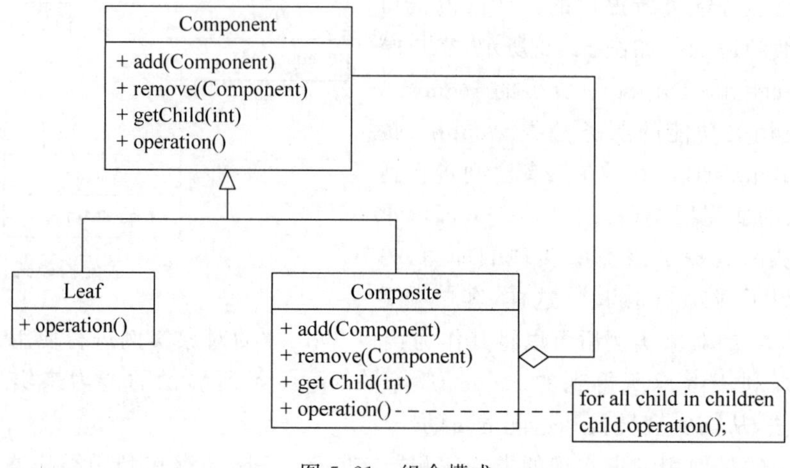

图 5.21　组合模式

4. 策略模式

一些软件功能的实现涉及算法策略选择的问题。例如,图形化软件在界面绘制和显示过程中需要使用布局算法,而其中的算法策略存在很多种不同的选择。为此,我们希望相关的功能实现与具体的算法策略之间能够实现松耦合的依赖,从而在更换算法策略或增加新的算法策略时对功能实现的影响能够最小化。

策略模式为这类问题提供了一种通用设计方案,其基本思想是对算法策略进行封装,使得算法策略与使用它们的功能代码相互独立。如图 5.22 所示,抽象的算法策略类(Strategy)对具体的算法策略进行了抽象和封装,继承该类的具体算法策略类可以提供各不相同的具体实现。另一方面,上下文类(Context)内部聚合了一个算法策略类对象,通过这个对象的算法实现(algorithm)对外提供的统一的策略方法(strategyMethod)实现相关的算法功能(例如界面布局)。这样,我们可以针对每一个算法策略开发一个 Strategy 类的子类,同时允许使用算法策略的客户端代码通过上下文类指定所需要的算法策略(通过 setStrategy 方法)并调用所需要的策略方法。

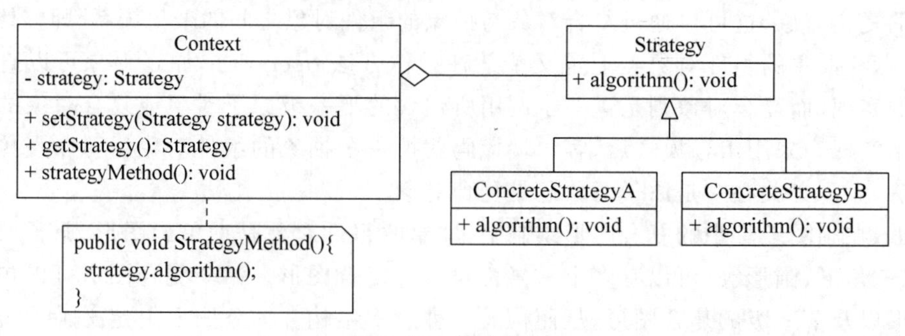

图 5.22　策略模式

策略模式突出体现了面向对象设计的开闭原则，使得算法策略的扩展变得更加容易，避免了通过多重选择语句选择不同的算法策略。同时，算法策略可以独立于客户端代码进行管理，客户端代码无须了解算法策略的实现细节。策略模式的不足是会产生很多具体策略类，需要一些额外的学习和维护开销，同时客户端代码需要明确指定使用哪种具体策略。

5. 观察者模式

在包含用户界面的应用程序中，经常存在同样的数据对象通过多种不同的形式进行可视化展示的情况。例如，关于道路交通的实时监控数据可以通过地图、表格以及各种统计图表等不同的形式来展现，而且数据的状态发生变化后各个展现视图都需要随之更新。此外，各个展现视图都有可能发生变化，未来还有可能增加新的展现方式。如果将数据管理（数据的组织和状态更新等）与数据展现混在一起，那么修改一个展现视图或者新增一个展现视图都有可能对其他已有的展现视图造成影响。按照单一职责原则以及开闭原则，我们希望数据管理与数据展现相分离，同时新增展现视图无须修改已有的代码。

观察者模式为这类问题提供了一种通用设计方案。如图 5.23 所示，负责数据管理的主题类（Subject）与负责显示逻辑的观察者（Observer）相分离，观察者通过对主题（即被观察者）的观察来实现及时的数据更新。为此，主题类中包含一个当前观察者的列表，并提供了新增（attach）和移除（detach）观察者的方法。当主题类中的数据状态发生变化时，可以调用它的通知方法（notify）来通知所有的观察者，该方法的具体实现方式是遍历观察者列表并依次调用它们的更新方法（update）。主题类和观察者类都是抽象类，在具体应用时需要定义继承自它们的具体主题类（ConcreteSubject）和具体观察者类（ConcreteObserver），其中具体观察者类的更新方法需要访问具体主题类来读取更新后的数据状态。注意，主题类依赖于抽象的观察者，而并不依赖于具体的观察者，所提供的通知方法利用多态机制调用抽象观察者的更新方法，因此新增具体观察者之后主题类和具体主题类都不需要修改。

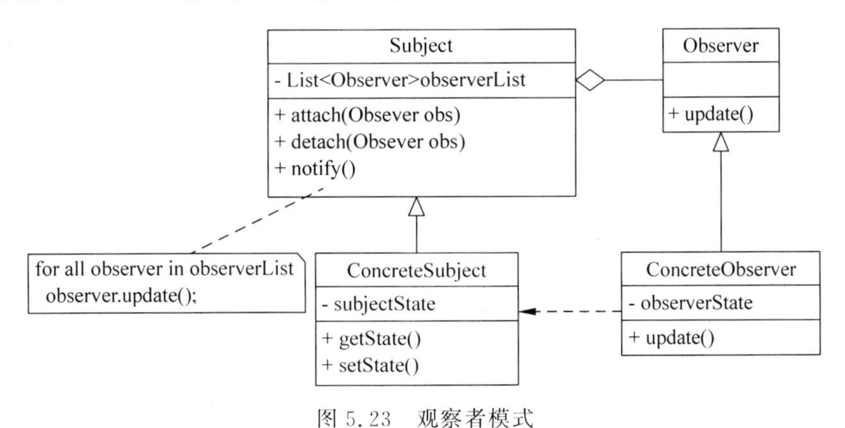

图 5.23 观察者模式

观察者模式通过主题类与具体观察者类的解耦实现了对于具体观察者类扩展的支持，但其中所引入的设计抽象也有一些不利影响。例如，主题对象的状态变化将导致所有具体观察者对象的更新操作，而其中一些更新并不是必要的，因为对应的具体观察者可能并不关注于所做的更新。

5.5 演化式设计

视频讲解

虽然前面介绍了很多软件设计思想、方法和原则,但是完全以事先计划的方式获得一个一直可用的“完美”设计方案却是很难的,特别是对于处于持续演化过程中的软件。在软件开发实践中,随着软件演化过程不断调整和完善软件设计方案的演化式设计一般具有更强的现实性和生命力。例如,继承结构和设计模式很多时候并不是一开始就确定的,而是随着软件演化的过程逐步引入的。这种演化式的软件设计过程往往伴随着对于各种软件设计问题(一般表现为代码坏味道)的分析以及相应的软件设计重构。

5.5.1 演化式设计与计划设计

经典软件工程信奉的是在各种工程领域中广泛采用的计划驱动的开发过程,其中的软件设计也是事先计划好的。这种计划设计(Planned Design)要求设计师在实现开始前做好高层设计并逐步细化,然后将详细的设计方案交给另一组开发者进行实现。这一过程就像建筑工程中设计师先画好图纸然后交给建筑工人进行施工。

然而,当前在软件开发实践中广泛采用的敏捷方法则强调迭代和演化式的开发过程,即通过短周期的迭代(例如一两周)不断交付可运行的软件从而持续获得用户反馈并不断调整开发计划。敏捷开发方法认为长期的计划具有很强的不确定性,因此强调以迭代化的方式制定短期计划并根据变化和反馈不断进行调整。显然,敏捷软件开发过程无法采用传统的基于事先计划的设计和实现方式,而是更倾向于采用所谓的演化式设计(Evolutionary Design),即设计随着实现过程的进展而逐步发展,而设计师的角色在一定程度上与开发者相融合。这相当于将建筑设计师的工作与建筑工人相结合,允许施工团队一边盖房子一边根据反馈持续完善和修改设计图纸。

Martin Fowler 在 *Is Design Dead*?(Fowler,2004)一文中对这两种设计方法的优缺点进行了分析和对比。

计划设计无法对软件实现过程中可能遇到的所有问题进行预见和预判,从而导致实现过程中开发者对设计产生质疑。软件设计人员如果总是忙于考虑软件设计而不参加具体的编码活动,那么软件技术的快速发展可能很快会导致软件设计人员失去编码人员的尊重。与之相对比,建筑业中设计人员和施工人员的技能界限很明确,施工人员一般不会质疑建筑设计方案,而软件开发人员很容易会优秀到足以质疑设计人员给出的设计方案的程度。此外,软件开发中的需求变更几乎总是不可避免的,这就要求软件设计必须要有灵活性,而这对于事先计划的设计是一个很大的挑战。

演化式设计中设计师和开发者角色的融合以及迭代式的设计方案演化调整很大程度上可以解决以上这些问题。然而,演化式设计不提倡太多的预先设计,而是鼓励在迭代式的演化过程中逐步考虑相关设计问题,这使得设计决策似乎主要来自开发过程中一堆即兴的决定。预先设计的缺乏有可能会使软件越来越难以应对变化,而整个软件开发似乎回到了很久以前那种“写了再改”(Code and fix)的低效模式,从而导致修复 Bug 的成本随着时间的推移越来越高。

Martin Fowler 认为这两种软件设计方法的问题都与软件变化曲线相关,即随着软件项目的进展修改软件的成本呈指数级增长(即时间越长修改越困难)(Fowler,2004)。计划设计由于预见性的不足以及需求的变化而逐渐无法适应需要，导致软件修改越来越难；演化式设计由于缺乏事先的设计而使得软件无法为变化做好准备。为此，Martin Fowler 建议将持续集成、测试、重构相结合，实现“抚平变化曲线”的目标。其中，持续集成使得整个团队中不同开发人员的工作可以持续保持同步，使得开发人员不用担心个人所做的修改与其他开发人员的代码出现集成问题；测试可以及时暴露代码中的问题并提供反馈，同时为开发团队创造一种安全感(例如通过回归测试确认软件修改没有对其他部分造成影响)；而持续和系统性的重构则可以不断将设计思考引入软件中。

事实上，Martin Fowler 所建议的持续集成、测试、重构这三种实践已经成为当前敏捷开发实践的重要组成部分，也就是说，当前的敏捷开发实践已经可以在很大程度上实现“抚平变化曲线”的目标。在此基础上，就可以考虑将计划设计与演化式设计相结合，并找到一个合适的平衡点。一般而言，在软件编码开始之前应当做少量的预先设计，对于一些相对稳定同时涉及不同模块开发者之间约定的设计进行决策，同时将更多的设计决策留给后续开发迭代。这样在每次迭代中，开发人员在开始针对特定开发任务编码之前可以考虑是否需要通过重构引入一些设计上的考虑。

5.5.2 代码坏味道

软件重构是实现演化式设计的关键，也是在迭代化开发过程中逐步引入设计决策的重要手段。这样一来，确定软件重构的时机，即何时以及在何处开展重构，就成为一个关键性的问题。为此，Martin Fowler 和 Kent Beck 提出利用代码坏味道(bad smell)这一概念形容软件重构的时机(Fowler，2010)。他们提到：“我们看过很多很多代码，它们所属的项目从大获成功到奄奄一息的都有。观察这些代码时，我们学会了从中找寻某些特定结构，这些结构指出(有时甚至就像尖叫呼喊)重构的可能性。”这里所说到的指示着软件重构机会的特定结构就是所谓的代码坏味道。了解常见的代码坏味道可以帮助我们及时发现代码中潜在的设计问题并考虑相应的重构机会。

Martin Fowler 在他的经典著作《重构：改善既有代码的设计》(Fowler，2010)中定义了 22 种常见的代码坏味道。表 5.5 中列举了其中一些典型代表，包括代码坏味道的名称、含义和重构建议。可以看出，许多代码坏味道都是由于没有很好地遵循面向对象设计思想和原则而造成的，特别是高内聚、低耦合的模块独立性原则。其中一些坏味道之间存在联系，需要加以区分。例如，发散式变化和霰弹式修改代表着相反的两个方向：前者是指同一个类由于不同的原因而发生变化，而后者则是指同一个变化导致不同的类都要进行修改。此外，需要注意的是，每种代码坏味道的评判尺度都可能包含一些主观因素。同时，每种代码坏味道对应的重构建议本身也包含着多种因素的权衡，改进一个问题的同时有可能引入其他问题，因此需要根据实际情况进行综合决策。

表 5.5 典型的代码坏味道

名　　称	含　　义	重构建议
重复代码 (Duplicated Code)	程序中不同的地方存在相同或相似的代码	将相似或相同的代码抽取成新的方法或类，然后将原来包含它们的地方改为对所抽取代码的调用

续表

名　　称	含　　义	重构建议
过长的方法 (Long Method)	方法包含的代码过长	将方法中各个相对独立的部分抽取成多个新的方法,在原方法中调用这些新方法
过大的类 (Large Class)	一个类所承担的职责过多,例如其中包含过多的对象属性	将类中各组密切相关的对象属性抽取到多个新的类中
过长参数列表 (Long Parameter List)	一个方法所要求的传入参数过多	通过调用其他方法获得部分参数,将部分参数替换为可以提供相关信息的对象,或者将部分参数封装为新的参数对象
发散式变化 (Divergent Change)	一个类经常因为多种不同的原因在不同的方向上发生变化	将类中归属不同关注点的部分抽取成不同的类
霰弹式修改 (Shotgun Surgery)	为了实现一个变化(如需求变更)需要在许多类中进行修改	将相关的属性和方法从不同的类中抽取到同一个已有的类中或者创建一个新的类
依恋情结 (Feature Envy)	一个类中的方法对于其他类中的属性和方法的依赖高过自己所处的类	将这个方法移动到与之关系密切的类中。如果只是这个方法中的一部分存在这种情况,那么可以先将这部分抽取出来再移动
数据泥团 (Data Clumps)	多个数据项作为类属性或者方法参数在多个地方一起出现	将这些数据项封装成一个新的类,在它们原来出现的地方加入对这个新类的访问

5.5.3 软件重构

软件重构强调在不改变外部行为的情况下对内部设计进行改进,原因是不希望重构破坏外部已经通过测试甚至已经被用户使用的功能及性能等方面的非功能性表现。因为确保软件对于用户的可用性以及满足用户需求始终是第一位的,只有在不破坏这一前提的情况下对软件内部的设计改进才能得到接受和认可。因此,实施软件重构的首要前提是为其准备一个"防护网",而这个角色一般都是由软件测试来扮演的。

通过测试构建软件重构的"防护网"要求我们为每个类准备自动化测试用例,并在软件重构过程中频繁运行这些测试,一旦测试不通过马上查找原因并解决然后再继续进行重构。在此过程中,自动化测试以一种客观可验证的方式给了我们"软件外部行为没有发生变化"的信心。同时,这也要求我们以"小步前进"的方式进行重构,即每次只执行一小部分重构然后马上通过测试来确认外部行为是否发生了变化。在此过程中,自动化测试环境以及测试用例的完整性是一个关键。对此需要注意的是,这种自动化测试能力是高质量以及高效的软件开发(特别是敏捷开发)自身的要求。正如4.6节中所介绍的,如果遵循测试驱动的开发方法(或者至少有意识地在每个类开发完成后添加测试用例)并使用JUnit等自动化测试框架,那么软件重构所需要的自动化测试保障很大程度上就已经具备了。

有了自动化测试作为保障之后,我们就可以开始考虑并实施软件重构了。如前所述,一般可以通过典型的代码坏味道来识别重构机会。但是需要注意的是,典型的代码坏味道列表并不一定能覆盖所有需要软件重构的迹象。原则上说,凡是我们感觉当前的实现方式为软件的进一步维护和演化制造了障碍,而且存在一些已知的参考设计方案可以解决问题,那么就可以考虑重构。这里所提到的对于进一步维护和演化的障碍经常与所谓的"技术债"(Technical Debt)相关。技术债是指软件实现中为了实现某种短期目标而做出的临时性的技术决策（相当于欠下了“债务”），这种权宜之计导致后续软件修改需要付出额外的时间和成本（相当于支付“利息”）。事实上，许多代码坏味道都是这种技术债的具体体现。例如，为了快速实现并交付某个特性，开发人员可能会选择在已有的条件分支语句中增加新的条件分支，复制一段代码修改后用于另一个地方，或者在代码中“写死”一些变量和逻辑，这些问题可能导致长期维护上的额外负担。由此甚至还产生了所谓的“自承认技术债”（Self-Admitted Technical Debt）的概念，即开发人员自己承认技术债的存在并通过注释等方式进行说明，提示这些问题应当在未来改进和解决。因此，开发人员应当善于从当前代码中识别对于进一步维护和演化构成障碍的技术债，并考虑通过软件重构来进行消除。

为了体现软件重构经验并确保重构操作的安全性（即不改变软件外部行为），人们在大量的实践摸索基础上逐步形成了一系列典型的软件重构操作，其中每一种操作都有着明确的动机和关于具体做法的指导。Martin Fowler 在《重构：改善既有代码的设计》（Fowler，2010）一书中介绍了多种不同类型的软件重构操作，如表 5.6 所示。可以看到，不同类型的重构操作针对软件设计中的不同方面，例如，类间职责分配、数据的封装和访问、条件表达式、类的继承体系等。其中，大型重构是一种大规模的综合性重构，影响的范围较大，需要使用的基本重构操作较多。使用这些重构操作的好处是它们代表着经过广泛实践检验的成熟手段，它们的适用情形、实施过程等方面都有着清晰的定义。真实的软件重构过程可能会比较复杂，需要组合一系列重构操作，此时需要规划相关重构操作的执行顺序。

表 5.6　常用的软件重构操作

类　　型	含　　义	典型重构操作
重新组织方法	调整方法的内容和关系	抽取方法（Extract Method）、内联方法（Inline Method）、内联临时变量（Inline Temp）、以查询代替临时变量（Replace Temp with Query）
在对象之间移动特性	调整类的职责和类间关系	移动字段/方法（Move Field/Method）、抽取类（Extract Class）、内联类（Inline Class）、移除中间人（Remove Middle Man）
重新组织数据	调整数据的封装和访问方式	自封装字段（Self Encapsulate Field）、以对象代替数据值（Replace Data Value with Object）、以字段代替子类（Replace Subclass with Fields）
简化条件表达式	调整和优化代码中的条件表达式	分解条件表达式（Decompose Conditional）、移除控制标记（Remove Control Flag）、以多态代替条件表达式（Replace Conditional with Polymorphism）
简化方法调用	调整和优化对于方法的调用方式	重命名方法（Rename Method）、将查询与修改方法相分离（Separate Query from Modifier）、以工厂方法取代构造方法（Replace Constructor with Factory Method）
处理继承关系	调整和优化类之间的继承关系体系及相关的职责分布	上移字段/方法（Pull Up Field/Method）、下移字段/方法（Push Down Field/Method）、抽取子类/超类（Extract Subclass/Superclass）、抽取接口（Extract Interface）、以委托代替继承（Replace Inheritance with Delegation）
大型重构	在一定范围内开展大规模的软件重构	梳理并分解继承体系（Tease Apart Inheritance）、将过程化设计转换为对象设计（Convert Procedural Design to Objects）、抽取继承体系（Extract Hierarchy）

为了方便开发人员实施软件重构，一些集成开发环境(IDE)提供了自动化的软件重构操作。例如，IntelliJ IDEA(2021.2 版)[①]提供了以下常用的重构操作。

- 安全删除(Safe Delete)：在删除文件、类、方法、变量等内容时搜索并显示代码中使用这些待删除元素的情况，供开发人员确认是否需要进行必要的调整。
- 复制/移动(Copy/Move)：在不同目录或包之间复制子目录、包、文件或类，在不同路径之间移动包或类或者在不同类之间移动成员属性或方法。
- 抽取方法(Extract Method)：将一个方法中的代码片段抽取并移动到一个新的方法中，在原来方法中对应的代码替换为对新方法的调用。
- 抽取常量(Extract Constant)：将代码中的硬编码变量(如字符串)抽取为常量。
- 抽取字段(Extract Field)：将一个重复出现的变量抽取为类的属性字段。
- 抽取参数(Extract Parameter)：将方法中的变量抽取为方法的参数。
- 抽取/引入变量(Extract/Introduce Variable)：将方法中不容易理解或者重复出现的表达抽取为变量。
- 重命名(Rename)：对一个模块、目录、包、文件、类、方法或各种参数、变量进行重命名，并自动更新所有对它们的引用。
- 内联(Inline)：可以视为抽取重构的逆操作，其作用是将一个超类、匿名类、方法、参数、变量在它们被使用的地方展开。
- 修改签名(Change Signature)：修改一个类或方法的签名。

IntelliJ IDEA 为这些重构操作提供了自动化支持。开发人员使用这些重构操作时只需要选择需要重构的代码元素或片段并确定相关的重构选项，IntelliJ IDEA 将自动完成相应的重构操作。图 5.24 展示了一个基于 IntelliJ IDEA 的选择排序方法的重构示例。在这个例子中，开发人员选中选择排序方法中执行数组元素交换的一段代码(图 5.24(a))，然后利用抽取方法的重构功能得到初步的重构结果(图 5.24(b))，最后利用重命名重构功能对新抽取的方法实现了重命名(图 5.24(c))。

```
public static void selectSort(int[] arr){
    for(int i=0; i<arr.length; i++){
        int min = i;
        for(int j=i+1; j<arr.length; j++)
            if(arr[j]<arr[min])
                min = j;
        if(i!=min){
            int temp = arr[i];
            arr[i] = arr[min];
            arr[min] = temp;
        }
    }
}
```

(a) 选择待抽取的代码片段

图 5.24 基于 IntelliJ IDEA 的软件重构示例(抽取方法并重命名)

① https://www.jetbrains.com/help/idea/refactoring-source-code.html。

```
public static void selectSort(int[] arr){
    for(int i=0; i<arr.length; i++){
        int min = i;
        for(int j=i+1; j<arr.length; j++)
            if(arr[j]<arr[min])
                min = j;
        if(i!=min){
            extracted (arr, i, min);
        }
    }
}

private static void extracted(int[] arr, int i, int min) {
    int temp = arr[i];
    arr[i] = arr[min];
    arr[min] = temp;
}
```

(b) 完成方法抽取

```
public static void selectSort(int[] arr){
    for(int i=0; i<arr.length; i++){
        int min = i;
        for(int j=i+1; j<arr.length; j++)
            if(arr[j]<arr[min])
                min = j;
        if(i!=min){
            swap (arr, i, min);
        }
    }
}

private static void swap(int[] arr, int i, int min) {
    int temp = arr[i];
    arr[i] = arr[min];
    arr[min] = temp;
}
```

(c) 对新抽取的方法进行重命名

图 5.24（续）

小　　结

软件设计覆盖体系结构设计、组件级详细设计等多个不同层次，扮演着软件需求与实现代码之间的桥梁角色。培养软件设计能力首先需要深刻理解与软件设计相关的一些思想，例如，分解与抽象、关注点分离、模块化、信息隐藏、重构、复用等。本章在概述软件设计的内容和思想的基础上，主要围绕面向对象设计方法介绍组件级详细设计。面向对象设计方法需要确定类、接口及其之间的关系，各个类之间应当相对独立。面向对象设计的一些基本原则可以为开发人员提供具体的设计指导，同时按照契约式设计的思想应当为不同类之间的接口定义严格的契约。软件设计具有很强的经验性,而设计经验的一种主要表现形式就是设计模式。围绕面向对象软件设计存在一些得到广泛应用的通用设计模式,特别是Gamma等人所总结的23种常用的面向对象设计模式。面向对象软件设计以类为基本单位实现对于软件的模块化分解。然而,这种单一维度的模块化并不能完全满足软件设计的需求。在面向对象编程基础上发展起来的面向切面的编程方法支持横切关注点解耦和模块化封装,为进一步改进软件设计提供了支持。在软件开发实践中,随着软件演化过程不断调整和完善软件设计方案的演化式设计一般具有更强的现实性和生命力。这种演化式的软件设计过程往往伴随着对于各种软件设计问题(一般表现为代码坏味道)的分析以及相应的软件设计重构。

第6章　软件复用

本章学习目标

- 理解软件复用的概念、层次和基本过程。
- 掌握组件级软件复用方式和技术。
- 理解软件开发框架的含义以及框架级复用的模式，了解典型的软件开发框架。
- 了解平台级软件复用的方式和开发过程。

本章首先介绍软件复用的概念、软件开发中不同层次的复用方式以及软件复用的基本过程；接着分别从组件级、框架级、平台级这三个层次介绍软件复用的方式、方法、技术和开发过程；最后通过一个校园防疫小程序应用的开发展示不同层次上的软件复用实现方式。

6.1　软件复用概述

视频讲解

复用(Reuse)意味着重复利用，这是一个在各个领域广泛适用的概念。与制造和建筑领域有形的零部件和建筑材料复用不同，软件复用是一种纯逻辑性制品的重复利用，不存在物理上的材料和加工成本，因此具有很高的效益。事实上，各种层次、各种形态的软件复用已经成为一种必不可少的软件开发手段。为此，每个软件开发者都需要理解软件复用的概念、层次和基本过程。

6.1.1　软件复用概念

随着软件开发项目所面临的软件需求愈发复杂以及所开发的软件系统规模愈发庞大，从零开始的开发方式(Develop from Scratch)已经无法满足软件开发在快速交付、成本控制、质量保障等方面的要求。这些问题伴随着软件产业以及软件工程的诞生与发展，是20世纪60年代软件危机产生的重要原因之一。相似的问题在制造业、建筑业等其他行业和领域已经在很大程度上得到了解决，而其基本思路就是建立在规范化、标准化设计之上的大规模零部件复用和组装式制造和建造。借鉴这一思想，软件工程领域也一直在积极倡导软件复用的思想，希望通过源代码、模块、组件、框架和平台等各个层次上的复用实现提高软件开发质量和效率的目标。

在1968年的NATO(北大西洋公约组织)软件工程会议上，McIlroy等在论文*Mass-Produced Software Components*(McIlroy et al.，1968)中第一次提出了“软件复用”的概念。软件复用意味着重复利用已有的知识、经验或软件制品来开发新的软件产品，这种建立在已有基础之上的软件开发方式能够有效提高开发效率、降低开发成本、提高软件质量，并且缩短产品发布周期。

软件复用所带来的价值已经得到了软件企业和开发人员的广泛认同和接受,并带来了以下两个方面的变化。

首先,软件复用有力推动了通用软件资产的沉淀。不同的软件项目,特别是同属一个业务或技术领域的项目,在软件需求、设计、代码等层面上都有可能存在一些共性和通用的部分,例如相似的使用场景和功能特性,相似的设计结构,相似的代码实现。这些共性和通用的部分可以逐渐沉淀形成不同形式的通用软件资产,例如,软件组件库、技术框架、开放平台等。

其次,软件复用极大促进了软件行业的分工。如同汽车产业围绕标准化的设计方案形成的发动机、轮胎和各种零部件生产与整车组装这样的分工合作和产业链,软件开发围绕通用的软件平台、框架、组件库以及面向特定需求的软件应用也形成了企业内以及社会化的分工合作。例如,开源社区可以共同开发并维护一个通用开发框架,一些企业开发并销售报表、数据分析等通用功能组件,而另一些企业则利用通用开发框架和通用组件开发应用软件;基于一些互联网企业推出的开放开发平台,小型软件企业和个人开发者可以开发一些通用组件或应用,并依托平台获得使用流量和收益。

当前,各种形式的软件复用已经成为软件开发的重要支撑手段。通过复用方式获得的软件组件和其他软件制品在软件项目中已经占据了相当的比重。以国内某大型 IT 企业开发的某一款产品为例,其自研的代码和组件数量与复用的代码和组件数量的对比如表 6.1 所示。产品中复用的部分占据了整个代码量的 30%左右,组件的数量大约占据 40%。复用的对象大部分为第三方库,也包括对高层框架和平台的使用,从中可见组件级的复用已经成为软件开发的重要组成部分。

表 6.1　某款产品中自研与复用的代码和组件数量之间的对比

对比项目	自　研	复　用
代码量	2.8 亿行	1.2 亿行
组件数量	600 以上	400 以上

6.1.2　软件复用层次

软件复用可以在多个层次上发生,这个可以通过软件开发的不同阶段来理解。每个阶段的软件复用形态、方式、收益都各不相同。图 6.1 按照需求分析、软件设计、编码、测试这几个基本开发阶段列举了部分相关的可复用制品。需求分析阶段所产生的软件特性、功能定义、使用场景和业务流程等需求制品可能具有可复用性,特别是面向特定领域归纳的共性需求可以在经过定制后用于特定应用开发。需求的复用意味着与之对应的设计方案和实现代码都可能随之得到复用。软件设计阶段所产生的体系结构设计和组件级设计方案也可能具有可复用性,包括面向特定领域的参考体系结构设计、面向对象设计模板以及背后所蕴含的与领域无关的体系结构模式和面向对象设计模式等。编码阶段所产生的源代码及其各种打包形式(例如 Jar 包)则是更常见的复用形式。不过需要注意的是,一般不推荐通过代码复制粘贴和修改实现软件复用,因为这种方式将导致相似的代码散布在很多地方,难以进行跟踪和统一维护。推荐的代码复用形式是经过良好封装以及清晰的 API(Application Programming Interface,即应用程序接口)定义的软件组件,例如,以 Jar 包形式提供的 Java

组件。此外，与软件需求中的功能定义或者软件设计中的模块定义对应的测试用例等软件测试制品也可能成为软件复用的对象。

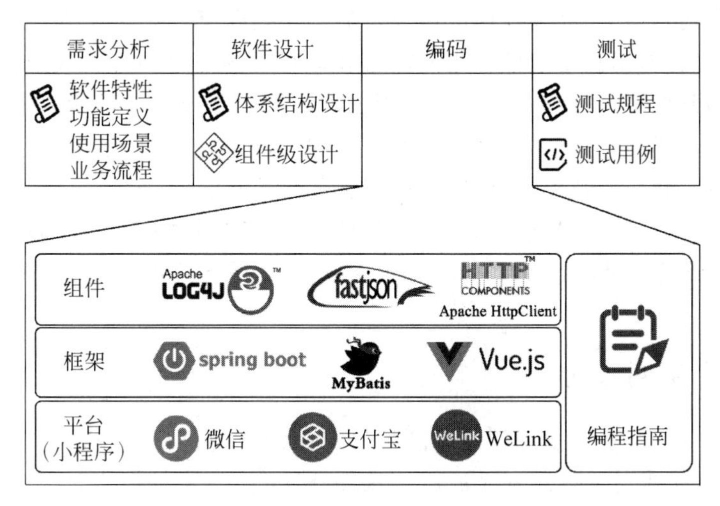

图 6.1　软件复用层次

在以上这些层次中，编码层次的软件复用最为普遍和活跃。在这个层次上，许多企业通过开源社区、商业合作、内部积累等不同渠道积累通用软件组件，已经实现了较为普遍的软件复用。在此基础上，软件技术社区通过不断的技术积累和沉淀，逐步形成了一些通用的软件开发框架，为软件应用开发中的框架性软件复用提供了支撑。此外，互联网软件及其商业模式的不断发展催生了一批网络化的开放应用平台，形成了平台厂商、应用开发企业、用户多方参与的互联网应用生态。针对这三个层面的软件复用的介绍如下。

在组件级复用层面上，软件复用的主要目的是实现特定功能和特性，而形式则主要是各种软件组件。这些软件组件实现特定的功能并明确定义了 API，软件开发人员可以通过 API 调用的方式复用相关的功能实现。按照可复用范围可以将这些软件组件分为三类：当前项目内的通用功能模块(称为一方库)，一般可以通过项目内的接口定义为项目中的多个模块提供共性的功能实现，例如，图书馆管理子系统中多个业务模块都需要使用的图书信息查询功能；同一企业内所积累的通用功能模块(称为二方库)，一般建议封装成软件组件(例如 Jar 包)并提供 API 描述同时由专人进行维护和升级，例如，一家软件企业自研的一套报表打印组件可以用在多个应用产品中实现不同的报表打印功能；由开源社区或企业所提供的广泛授权使用的通用功能模块(称为三方库)，一般都有规范的发布包和对应的 API 描述，例如，图 6.1 中的开源日志组件 LOG4J、JSON 处理组件 fastjson、HTTP 通信客户端组件 HttpClient。

在框架级复用层面上，软件复用的主要目的是获得支撑应用运行的整体性框架，而形式则主要是各种软件开发框架。软件开发框架一般都定义并实现了面向特定类型应用或其局部(例如 Web 应用的前端、后端和数据库访问)的整体框架设计及共性部分的实现，同时支持应用开发进行定制和扩展。在组件级复用中，应用软件代码通过调用软件组件的 API 实现软件复用。与此不同，在框架级复用中，按照软件开发框架规范实现的应用代码被框架调用，因此其中经常会用到类似于依赖注入这样的设计思想。图 6.1 中展示了三种常用的软件开发框架，包括分别面向 Web 应用前端和后端开发的 Vue.js 和 Spring Boot，以及面向数据库操作的 OR Mapping（Object-Relation Mapping，对象关系映射）框架 MyBatis。

在平台级复用层面上，软件复用的主要目的则不仅包括获得特定功能和特性的实现以及整体框架支持，还包括获得软件应用的部署和运行支撑。这种平台级复用的典型代表是各种互联网应用开放平台，例如，图 6.1 中所展示的微信[①]、支付宝[②]、WeLink[③] 平台。这些平台以小程序等形式支持软件应用的开发、部署和运行。为此，平台为应用开发人员提供了整体开发框架以及相应的开发规范，同时以服务的形式提供了身份认证、二维码扫描、用户管理、支付、消息发送等通用功能。此外，平台还为应用提供了计算、存储和网络资源，应用可以以一种透明的方式实现云化部署和运维支撑，甚至平台还可以提供应用推广、收益分成等运营支持。

6.1.3 软件复用过程

软件复用是一个围绕可复用软件制品的生产和消费的过程，包括生产者复用和消费者复用两个阶段，其基本过程如图 6.2 所示。软件开发人员一般主要关注于消费者复用，即作为使用者寻找通用软件组件、开发框架和软件平台等可复用软件制品并进行复用。然而，可复用软件制品本身也需要有人来创造，因此软件开发人员也要有意识地开发可复用的软件制品，例如，善于发现通用功能并将其实现为可复用的软件组件。

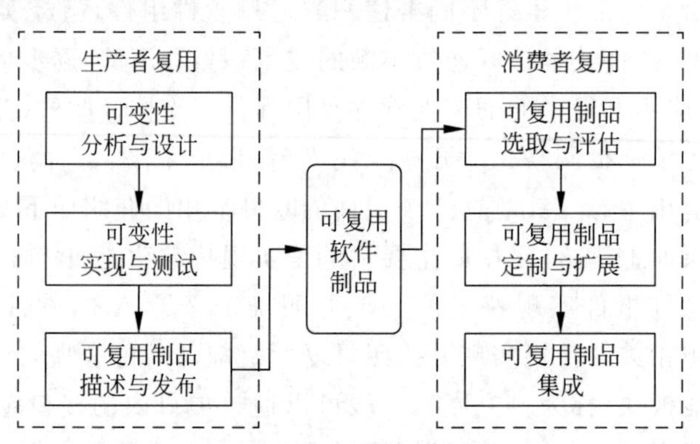

图 6.2 软件复用过程

生产者复用的目标是创建在未来可被当前项目或其他项目复用的软件制品。为了实现该目标，软件开发人员需要通过以下三个活动来开发可复用软件制品。

- **可变性分析与设计**旨在分析可复用软件制品在各种潜在应用中的使用情形，对其中的共性和差异性进行分析并进一步在差异性分析的基础上进行可变性抽象，然后基于可变性分析结果设计相应的可变性实现机制。例如，一个通用报表组件的开发者需要考虑设想中的各种报表在格式、数据获取方式等方面的差异性，在此基础上进行可变性抽象和可变性设计决策（如通过参数化和可扩展脚本支持应用定制和扩展）。

① 微信开放平台：https://open.weixin.qq.com。

② 支付宝开放平台：https://open.alipay.com。

③ WeLink 开放平台：https://open.welink.huaweicloud.com。

- **可变性实现与测试**旨在按照可变性设计方案实现可复用制品并进行测试。这里与一般的软件实现与测试的区别主要在于可变性方面。在实现上，需要关注于如何通过条件编译、参数配置、设计模式、接口抽象和依赖注入等手段实现可变性设计要求。在测试上，需要关注于验证所实现的可变性是否能按照预期的方式支持各种应用定制和扩展。
- **可复用制品描述与发布**旨在为实现好的可复用软件制品添加描述并以某种方式发布以便于开发人员使用。其中，可复用软件制品描述需要着重描述其功能、性能和使用约束，特别是应用开发人员需要特别了解的 API、环境依赖、配置和定制方法等。

消费者复用的目标是使用已开发好的可复用软件制品来构造新的软件应用。为了实现该目标，软件开发人员需要通过以下三个活动来定制并集成可复用软件制品。

- **可复用制品选取与评估**旨在针对应用开发需求和环境并根据可复用软件制品的描述信息来寻找、比较和选择适合的可复用软件制品。选取和评估可复用软件制品时除了考虑功能匹配之外，还需要特别注意环境依赖、性能、可变性配置和扩展能力等方面的要求。
- **可复用制品定制与扩展**旨在面向应用开发需求和环境对可复用软件制品进行定制和扩展以使其适应应用开发的需要。可变性定制的方式主要取决于可复用软件资产中的可变性实现机制，例如，参数配置、条件编译等。而典型的可变性扩展方式是提供基于接口的实现扩展，例如，提供对开放接口的实现。
- **可复用制品集成**旨在将经过定制和扩展的可复用软件制品与软件应用中的其他部分集成在一起构成完整的软件应用。为此可能需要开发一些额外的适配器、连接器从而将不同的部分连接到一起实现交互和通信。

需要注意的是，软件开发人员经常同时扮演可复用软件制品的生产者和消费者两种角色，他们既可以利用可复用制品进行新的软件应用的开发，也可以在适当的时候发现潜在的复用机会并实现可复用软件制品。

6.1.4 软件产品线

汽车等制造业中已经广泛实现了大规模定制化生产，即在标准化产品设计的基础上兼顾大规模生产和个性化定制。例如，汽车生产企业针对特定车型的生产线可以实现大规模汽车组装生产，同时又为客户提供了一系列定制选项(例如，追求舒适还是运动性能、是否加装导航仪等)。借鉴相关成功经验，卡耐基-梅隆大学的软件工程研究所(CMU SEI)提出了“软件产品线”(Software Product Line)的概念(Clements et al.，2002)。软件产品线针对特定领域中一系列具有共性特征的软件应用，试图通过对领域共性和可变性的把握构造一系列领域核心资产，从而使面向应用需求的软件应用可以在这些核心资产基础上通过定制和扩展快速、高效地构造出来。

例如，针对图书馆管理业务领域，可以想象有各种管理和服务方式各不相同的图书馆都需要符合各自需求的应用产品，但其整体业务都是围绕图书资料及其副本的管理、借阅等开展的，因此具有很强的共性。针对图书馆管理领域的软件产品线开发可以在领域共性和可变性需求分析的基础上，设计具有定制和扩展能力的参考体系结构，同时对其中的共性软件组件进行实现，由此形成的领域核心资产可以支持特定的图书馆管理软件应用的快速定制化开发。由此可见，软件产品线不仅实现了此前提到的组件级和框架级软件复用，而且复用内容已经深入到了特定业务领域内，因此所实现的软件复用的系统性和全面性也更高。

软件产品线工程是软件产品线开发中所涉及的一整套工程化开发过程及相关方法，其框架如图 6.3 所示，主要包括领域工程、应用系统工程和产品线管理三个方面(Kang et al.，1998；赵文耘等，2014)。其中，领域工程是其中的核心部分，是领域核心资产(包括领域需求模型、产品线体系结构、领域构件等)的生产阶段，体现生产者复用的过程；应用系统工程在领域核心资产的基础上通过定制化的方式实现特定应用开发；产品线管理则从技术和组织两个方面为软件产品线的构建和长期发展提供管理支持。

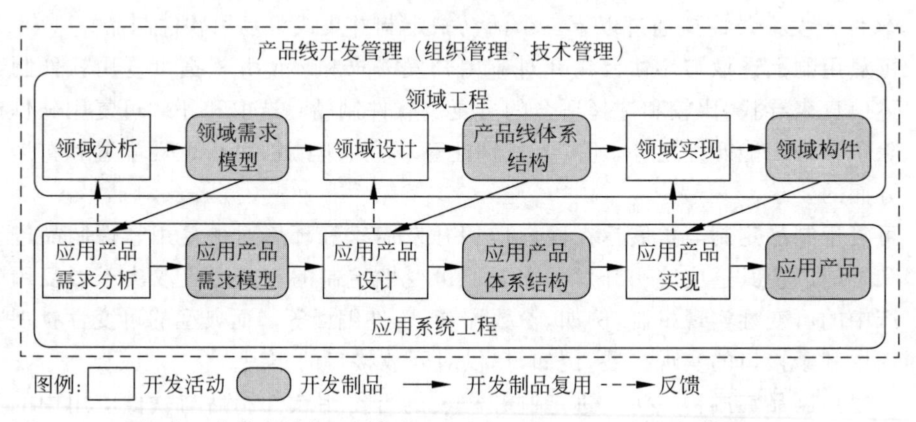

图 6.3　软件产品线工程框架(Kang et al.，1998；赵文耘等，2014)

领域工程主要包括领域分析、领域设计和领域实现这三个阶段。领域分析是领域级的需求工程活动，得到的产物是领域需求模型。在此基础上，领域设计阶段设计产品线体系结构(Product Line Architecture，PLA)或者称为参考体系结构，这种体系结构是面向产品线范围内各个应用产品开发的通用体系结构。领域实现阶段则将在参考体系结构的指导下，对各种可复用的核心制品进行详细设计、实现和测试，得到一组领域构件。在领域工程中，共性和可变性分析、设计和实现是贯穿整个过程的一条主线。其中，可变性主要包括以下三种类型。

- **可选关系(Optional)**。领域内的应用产品可以包括或者不包括某一个元素。例如，图书馆管理系统中的在线预借功能是可选的，这意味着每个应用可以选择提供或者不提供在线预借功能。
- **多选一关系(Alternative)**。具有该可变性的元素存在多个可互相替换的子元素，领域内的每个应用产品都需要从中选取一个包含在产品中。例如，图书馆管理系统中在线预约功能中的副本借出策略具有最近归还(即选择最近归还的图书副本借出)、最远归还(即选择最早归还的图书副本借出)、随机选择等多个选项，每个具有在线预约功能的应用产品都需要从中选择一项。
- **或关系(OR)**。具有该可变性的元素存在多个可互相替换的子元素，领域内的每个应用产品都可以从中选取多个(具体选择数量的限制可以具体约定)包含在产品中。例如，图书馆管理系统中的读者通知方式具有邮件、短信等多个选项，每个应用产品可以选择其中一种或多种用于向读者发送通知。

应用系统工程包括应用产品需求分析、应用产品设计和应用产品实现这三个阶段。与一般软件产品开发的不同之处在于应用系统工程并不是从头开始，而是以应用产品的共性和差异性分析为指导，在产品线领域核心制品基础上通过定制、裁剪、应用特定部分扩展和集成获得最终产品。其中，应用产品需求分析根据特定用户需求对领域需求模型进行定制，得到应用产品的需求模型，具体表现为对可选关系的元素确定其是否绑定，对多选一和或关系的元素确定其加入应用产品的子元素。应用产品设计则基于特定应用产品的需求模型，根据其中的可变点绑定决策，对产品线参考体系结构进行定制或扩展，得到应用产品的体系结构。应用产品实现是在应用产品体系结构基础上获取领域构件或开发与特定需求相关的构件，实现应用产品的开发、集成和发布，最后生产出符合特定用户需求的应用产品。

产品线开发管理从组织管理和技术管理两个方面为领域工程和应用系统工程的开展提供管理支持。其中的组织管理包括团队组织与沟通协调等，而技术管理则包括配置管理等。

6.1.5 开源软件复用

开源软件是一种重要的可复用软件制品来源。当前得到广泛复用的许多软件开发框架以及软件组件都是开源软件。了解开源软件复用需要理解代码托管平台、开源社区、三方库管理平台三者之间的关系，如图 6.4 所示。

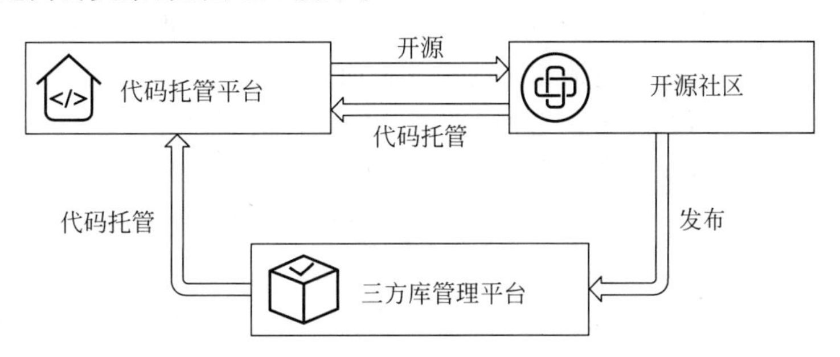

图 6.4　代码托管平台、开源社区、三方库管理平台三者之间的关系

1. 代码托管平台

代码托管平台是用于对软件源代码、文档和其他类型软件制品进行存档和版本管理的在线托管工具，支持以公开或私有的方式进行访问。个人开发者或者团队依赖成熟的代码托管平台对自己的软件开发项目进行开发、维护和版本控制。目前主流的代码托管平台如表 6.2 所示。

表 6.2　主流代码托管平台

托管平台	概　　述
GitHub	2008 年正式上线，已成为全球最流行的代码托管平台，目前属于微软旗下产品。GitHub 中个人用户居多。根据 2020 年度 Octoverse 报告，GitHub 已经拥有超过 2 亿个仓库，并吸引全球超过 5600 万的开发者
GitLab	GitLab 支持无限的开源和私有项目，因此在企业开发中应用广泛。相比 GitHub，团队对仓库拥有更多权限控制，并可部署自己的服务器

续表

托管平台	概　述
Bitbucket	Atlassian 公司提供的一个基于 Web 的版本库托管服务。Bitbucket 既提供免费账号，也提供商业付费方案。免费账号可使用的私有版本库不限数量，但最多可支持 5 名用户。Bitbucket 一般面向专有软件的专业开发者，能够与 Atlassian 的其他产品（例如 Jira，HipChat 等）集成
CodeHub	代码托管（CodeHub）源自华为千亿级代码管理经验，基于 Git，提供企业代码托管的全方位服务，为软件开发者提供基于 Git 的在线代码托管服务，包括代码克隆/下载/提交/推送/比较/合并/分支/代码评审等功能
Gitee	又称为“码云”，是开源中国社区团队推出的在线代码托管平台，为开发者提供云端软件开发协作能力。码云支持个人、团队、企业实现代码托管、项目管理和协作开发

2. 开源社区

开源社区又称开放源代码社区，是根据相应的开源软件许可证协议公布软件源代码的网络平台，一般由拥有共同兴趣爱好的人所组成，同时也为网络成员提供一个自由学习和交流的空间。当开发者希望增加所开发项目的影响力时，可选择将项目在开源社区中进行开源，从而吸引更多的开发者为项目提供贡献。

由于开放源码软件是由分布在全世界的开发者所共同开发的，开源社区就成了他们沟通交流的必要途径，因此开源社区在推动开源软件发展的过程中起着巨大的作用。开源社区提供 pull-request 机制允许对项目感兴趣的开发者提出其发现的 bug 或者新增需求，项目的管理者会审核这些申请并邀请相关的开发者加入其团队。除此之外，开源社区也在不断提升其能力，包括发布代码静态扫描能力等。另一方面，其他开发者会充分依赖开源社区，在其中检索、使用并集成其中的开源软件，从而将这些软件在更大范围的产品项目中进行推广。在源代码层面，开源社区中项目的源代码一般使用代码托管平台进行管理。

目前，国际上知名的开源社区包括 Apache、GitHub、GitLab、kernel. org、Sourceforge、OpenSource、OpenOffice、Mozilla 等；国内知名的开源社区包括木兰社区、开源中国社区、Linux 中国、LUPA、共创软件联盟、ChinaUnix. net、Openharmony、OpenEuler、OpenGauss、TiDB 等。

需要注意的是，开源软件并不意味着可以完全自由地使用其源代码。开源软件项目一般都有对应的许可证协议，其中对于开发者使用开源软件的行为进行了约束。当前常用的许可证协议如表 6.3 所示。可以看到，一些开源软件许可证协议会要求开发人员在其使用开源软件的方式满足某些条件时必须以某种方式和在一定范围内对他们自己利用开源软件所开发的软件进行开源。

表 6.3　常用的开源软件许可证协议

许可证类型	触发代码开源义务的条件	开源要求和范围	典 型 软 件
BSD 类（Apache/BSD/MIT 等）	无	无	Tomcat，OpenSSL
MPL 类（MPL/EPL 等）	产品集成使用该软件，并对外分发或销售；产品对该软件进行了修改	若无修改，则无须开源；若对其进行了修改，需将修改的部分开源	Firefox，Eclipse

续表

许可证类型	触发代码开源义务的条件	开源要求和范围	典型软件
GPL类：GPL	产品集成使用该软件，并对外分发或销售	软件本身须开源。具有传染性，与其有链接关系的代码都必须以GPL许可对外开源，即与该软件在同一进程中运行的代码都必须开源	Linux kernel，Busybox
GPL类：LGPL	产品集成使用该软件，并对外分发或销售	软件本身须开源。具有传染性，与其静态链接部分的代码也必须以LGPL许可开源；动态链接则不被传染	Hibernate，glibc
GPL类：AGPL	产品集成使用该软件	在GPL上增加了一条限制：即便不对外分发，只要在网络服务器上使用AGPL软件提供网络服务，就需要履行相关开源义务	Berkeley_DB
GPL类：SSPL	产品将该软件作为服务或利用该软件的能力向公司外的第三方提供服务	软件本身须开源。具有传染性，使用开源软件相关的服务组件也要开源。相对AGPL，任何试图将开源软件作为服务加以利用的组件，都必须开放用于提供此类服务的软件的源代码	MongoDB

3. 三方库管理平台

如果一个开源软件属于各种软件开发项目都可以使用的三方库时，开发人员一般会选择将其成熟版本发布到三方库管理平台。这样，其他软件的开发者就可以在自己的项目配置文件中引入该三方库的特定版本，这样他们就可以在软件开发中使用所引入三方库的API。一般而言，三方库管理平台主要保存编译和打包后的库文件(例如Jar包)，同时提供对应的三方库在代码托管平台中的地址，从而方便开发者通过代码托管平台获取该库的源代码。

当前使用最广泛的三方库管理平台之一是主要面向Java语言三方库的Maven仓库，它是基于简单文件系统存储的集中化管理Java API资源(提供第三方库API的Jar包)的一个在线管理平台，并且提供客户端为开发者提供资源检索与构建服务。仓库中的任何一个资源都有其唯一的坐标，根据这个坐标可以定义其在仓库中的唯一存储路径。软件项目可以通过包管理器引用该资源坐标，从而将该资源加入项目进行构建。一般而言，Maven仓库中的三方库源代码都在GitHub等开源社区中托管。除了Maven之外，其他主流的三方库管理平台还包括面向C/C++语言三方库的JFrog ConanCenter(与该平台相对应的包管理器是Conan)。

视频讲解

6.2 组件级复用

组件级复用在软件开发中有着极其广泛的应用，这主要是由于以下几个方面的原因。首先，实现通用功能且经过良好封装的软件组件经过大量复用后，不仅可以提高开发效率、节约开发成本,而且其质量较高。这些组件一般以开发库的形式提供,有着明确定义的API及相关的文档描述,应用开发者可以方便地进行复用和集成。其次,有些通用功能与提供方的内部数据和业务密切相关,只能以在线服务的方式提供,因此应用开发人员只能通过远程服务调用的方式进行使用。最后,围绕各种类型的软件组件形成的接口描述规范使得组件接口可以被规范化描述,进一步还可以基于接口描述实现自动化的客户端桩(stub)和服务端骨架(skeleton)代码的自动生成,从而使得组件接口的实现和调用都更加便捷。

本节将针对以上三个方面分别介绍开发库复用、在线服务复用和接口描述规范。

6.2.1 软件开发库复用

软件组件复用的一种主要形式是软件开发库(主要是二方库和三方库)复用。这种复用方式要求开发人员将特定版本的开发库下载到本地参与项目的构建,并将其作为依赖库进行管理(一般通过Maven等库管理平台)。

软件开发库的复用一般都是围绕API进行的。API定义了软件开发库能够对外提供的功能、客户端调用的方式(如方法名称、参数、返回值)以及使用约束(如参数和返回值取值范围、抛出的异常等)。因此,API设计及描述对于软件开发库复用具有重要的作用。软件开发库的API设计一般都需要遵循信息隐藏和模块化等原则并提供准确、全面的API描述,从而使得API的使用者在只关注API而无须了解其内部实现细节的情况下正确使用API。

例如,面向对象的软件开发库一般都会按照包、类、方法这样的层次结构进行API的定义和描述。图6.5展示了Java SE 1.8(Standard Edition 8)中Math类下的addExact方法的描述文档[①],包括以下几个部分。

```
addExact

public static int addExact(int x,
                           int y)

Returns the sum of its arguments, throwing an exception if the result overflows an int.

Parameters:
x - the first value
y - the second value
Returns:
the result
Throws:
ArithmeticException - if the result overflows an int
Since:
1.8
```

图6.5 java.lang.Math.addExact方法的文档描述

- **功能描述**:该方法返回两个参数的总和,如果结果溢出整数型的取值范围,则将抛出异常。
- **访问方式**:addExact使用public static前缀描述,表示该方法为静态方法(类方法),可以使用类名Math来访问该方法。

① java.lang.Math:https://docs.oracle.com/javase/8/docs/api/java/lang/Math.html。

- **参数列表**：该方法接收两个整数型的变量作为输入参数。
- **返回值**：该方法的返回值是整数类型。
- **异常**：若相加结果溢出，则抛出 ArithmeticException 类型的异常。
- **使用范围**：在使用 Java JDK 1.8 及以后版本的 Java 项目中可用。

开发者在实现两整数相加的逻辑时，为了保证计算结果在整数型取值范围内，就需要使用 Math 接口的 addExact 方法。如代码示例 6.1 所示，在客户端程序中，按照 API 使用规范正确调用方法，正确传入实参，并使用适合的处理机制来处理所抛出的溢出异常。

代码示例 6.1 java.lang.Math.addExact 方法的客户端调用代码

```
int sum = 0;
try {
   sum = Math.addExact(x, y);
}
catch (ArithmeticException e){
   System.err.println(e.getMessage());
}
```

6.2.2 在线服务复用

通过互联网提供的在线服务也是一种常用的软件复用对象，这些服务往往与服务提供者自身的业务属性密切相关。例如，气象预报单位对外提供天气预报查询服务，航空公司提供航班信息查询服务，第三方支付企业对外提供在线支付服务。此外，一些企业在内部的网络化软件系统中，也通过在线服务的方式沉淀和积累通用业务或技术服务，这样应用开发只需要通过调用在线服务的方式就可以获得所需要的能力。近几年兴起的“中台”的概念就在很大程度上与这种通用业务或技术服务的积累和复用密切有关。例如，电子商务企业的中台服务可以包括购物车管理、优惠券管理、支付等通用业务服务以及内容存储、短信和邮件发送等技术服务。

与软件开发库不同，开发人员在复用在线服务时无须将其下载到本地参与项目构建，而只需要直接进行在线服务的调用。当前的在线服务中的一种广泛使用的接口风格是 RESTful API，即符合 REST 风格的编程接口（关于 RESTful API 的介绍详见 7.5.2 节）。RESTful API 以资源为核心，这里的资源一般是一个业务对象（例如图书、图书副本、读者）或者业务对象的集合（例如所有新到图书、某个读者目前在借的图书副本），可以使用 URL 来作为唯一标识符并进行引用。同时，RESTful API 通过 HTTP 动词来操作资源，例如，GET（请求读取资源内容）、POST（请求创建新资源）、PUT（请求更新资源）、DELETE（请求删除资源）。这样，RESTful API 就可以通过资源 URL 与 HTTP 动词的组合来定义。RESTful API 一般都会使用 HTTP 作为进程间（客户端进程与服务进程之间）通信机制，并使用 XML 或 JSON 格式来表示资源信息。

应用开发者在复用 RESTful API 时，需要编写客户端代码实现服务调用，例如，使用 Apache 提供的 HttpClient 来实现远程服务调用。为此，开发者需要了解 RESTful API 的接口地址和其他相关信息。表 6.4 展示了关于订单管理的几个 RESTful API 的说明。其中，URI 表示 RESTful API 的调用入口，其中，url 表示服务地址，orders 表示资源(即订单)。RESTful API 具有安全性和幂等性的特性。如果一个 API 的执行对资源不进行修改则该 API 是安全的。如果一个 API 执行一次和多次所产生的结果是一样的，则该 API 是幂等的，反之为非幂等的。例如，GET 方法读取资源但不对资源进行修改因此是安全的，其他方法对资源进行修改因此是非安全的；POST 方法执行一次和多次的结果是不一致的因此是非幂等的，其他方法的一次执行与多次执行结果一样因此是幂等的。

表 6.4 RESTful API 接口说明

URI	接口说明	安全性	幂等性
GET http://url/orders/{id}	返回订单编号为 id 的订单内容	安全	幂等
DELETE http://url/orders/{id}	删除订单编号为 id 的订单	非安全	幂等
PUT http://url/orders/{id}	更新订单编号为 id 的订单	非安全	幂等
POST http://url/orders/	增加一个订单	非安全	非幂等

6.2.3 接口描述规范

RESTful API 在网络化软件以及以微服务架构为特征的云原生软件(详见 7.6 节)中有着大量应用，因此接口规范化描述也成为一个重要的问题。基于 RESTful API 的规范化描述，开发人员不仅可以了解 API 定义从而确保正确调用，而且可以利用相关工具自动生成客户端桩(stub)和服务端骨架(skeleton)代码。此外，测试人员还可以基于 API 定义进行相应的测试。

目前使用最广泛的 RESTful API 描述规范和框架是 Swagger[①]，其中，Swagger 2.0 于 2014 年 9 月正式发布。Swagger 是目前世界上最大的面向 OpenAPI 规范(OpenAPI Specification)的 API 开发者工具框架，支持从 API 设计、描述、测试和部署的整个生存周期过程。同时，Swagger 也是一套接口描述规范。开发人员只要按照 Swagger 的规范定义 API 及相关的信息，就可以通过相关的 Swagger 工具生成各种格式的接口文档、面向不同语言的客户端和服务端代码、在线接口调试页面等。

基于 Swagger 的接口描述可以使用 YAML 格式，其中指定了与接口相关的一系列关键属性，表 6.5 列举了这些属性及其描述。

表 6.5 Swagger 接口描述规范中的关键属性

属性名	描述
basePath	资源的基础路径
path	资源标识，对资源的完整的访问路径为 basePath+path
GET/DELETE/PUT/POST	对资源的操作类型
produces/consumes	资源产出和消费的制品的表达方式，例如 XML 或 JSON
parameters	参数定义，包括参数名称、描述、模式
responses	响应结果定义，一般为 HTTP 规范中的响应返回码，例如，1xx 表示临时响应，2xx 表示成功响应，3xx 表示转发，4xx 表示客户端错误，5xx 表示服务端错误

① Swagger：https://swagger.io。

代码示例 6.2 是一个基于 Swagger 的商品推荐服务接口描述范例。该服务提供了一个 GET 操作类型的接口，完整路径为/rest/demoservice/v1/decision，其功能为根据决策因子集合使用 ID3 决策树进行商品推荐。该接口消费并产出 JSON 格式的数据，输入参数引用 CaseRecord 数据类型来表示商品推荐的决策因子集合，输出数据引用 ProductList 数据类型来表示所推荐的商品集合。

代码示例 6.2　基于 Swagger 的商品推荐服务接口描述范例

```
#服务生成默认接口定义文件
swagger: '2.0'
#服务基本信息定义,包括服务名称,版本,服务描述(包括 SLA),服务 Owner
info:
  #服务接口版本
  version: v1
  #定义服务名称
  title: DemoService
  #描述服务提供的功能、限制、注意事项、服务的 SLA 等
  description: '默认生成 yaml 文件提供了默认接口,用于检查应用部署是否成功'
#服务支持的访问协议 http(s)
schemes:
  - https
#Base PATH,完整的访问路径为 basePath + path
basePath: /rest
paths:
  /demoservice/v1/decision:
    get:
      summary:            '使用 ID3 决策树进行商品推荐'
      description:        '使用 ID3 决策树进行商品推荐'
      operationId: decision
      produces:
        - application/json
      consumes:
        - application/json
      parameters:
        - name: caseRecord
          in: body
          description:   'ID3 商品推荐决策因子集合,例如商品类别、品牌、价格范围等'
          required: true
          schema:
            $ref:        '#/definitions/CaseRecord'
      responses:
        200:
          description:   '推荐的商品列表,例如华为 P50、Oppo R9 等'
          schema:
            type: array
            items:
              $ref:      '#/definitions/ProductList'
```

Swagger 提供了一系列工具来支持开发者对于接口的定义和使用。其中,Swagger Editor[①] 是一个在线的接口描述编辑器,支持实时预览描述文件的更新效果。另外,Swagger Editor 还支持各种不同编程语言的 API 客户端桩和服务端骨架代码的自动生成。客户端桩和服务端骨架分别是服务调用的客户端和服务器端的适配器,其中,客户端桩将特定于客户端程序的方法调用(如 Java 方法调用)转换为远程服务调用的消息(如 REST 消息);服务端骨架则将远程服务调用的消息(如 REST 消息)转换为对于服务器端接口的本地方法调用。这样,RESTful API 的开发者和使用者都可以关注于使用各自本地的编程语言编写代码(例如利用本地方法调用来请求远程服务),而无须关心远程调用所涉及的网络通信和消息转换。

视频讲解

6.3 框架级复用

组件级复用获得的是软件应用中的一些局部功能实现,对于应用整体设计影响不大。而框架级复用则可以让开发人员获得软件应用或其一部分的整体基础框架,在此基础上按照框架规范进行定制和扩展后获得的软件应用可以在很大程度上获得框架所带来的设计灵活、关注点分离、易于维护和扩展等方面的优势。此外,开发框架一般还内置了一些通用的基础功能实现,避免在软件应用开发时重复地实现。因此,基于框架的软件开发可以使得应用开发人员主要关注于特定应用的业务实现,而无须关注于前端界面展示、界面与后台逻辑交互及控制等基础性框架。

当前主流的软件应用(Web 应用、移动应用等)一般都由前端界面和后端服务构成。用户通过前端界面向后端服务发送请求,请求经过后端的逻辑处理后被包装为特定形式的响应数据并在前端进行展示。开发人员现在广泛采用 MVC(Model-View-Controller,模型-视图-控制器)模式来设计应用的结构,将软件界面与业务逻辑分离,同时避免界面展示方式与数据的强绑定,从而提高软件的可扩展性和可维护性。

MVC 模式将软件应用分为三个部分,即封装数据及业务逻辑的模型(M)、查询数据并将数据进行展现的视图(V),以及截获用户请求并操纵数据处理的控制器(C),三者的基本关系如图 6.6 所示。在一次前后端交互过程中,用户首先通过视图向控制器发送请求,该请求被控制器识别后根据预定义规则交由相应的模型业务逻辑进行处理,业务逻辑的处理结果体现为对模型内数据的更新,并将更新结果返回给控制器,控制器随后选择需要展示的视图并将模型数据在视图中进行渲染展示。

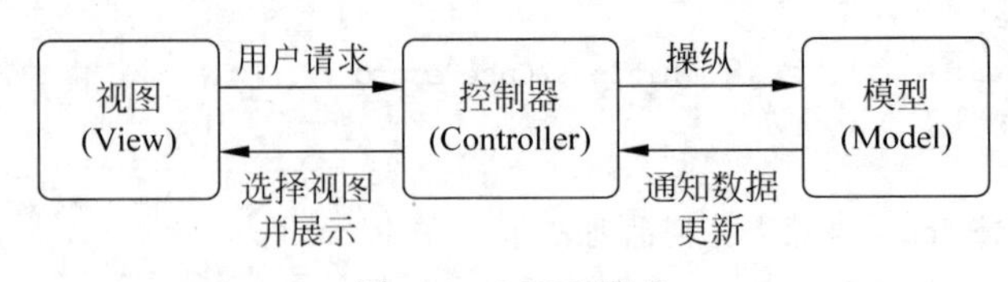

图 6.6 MVC 模式

① Swagger Editor: https://editor.swagger.io。

在Web应用开发领域中，Spring MVC是Spring框架[①]提供的一个基于MVC模式的轻量级Web开发框架，它采用松耦合可插拔的组件结构，因此具有高度的可配置性。图6.7展示了Spring MVC框架的主要组成部分和交互关系，其基本交互过程如下。

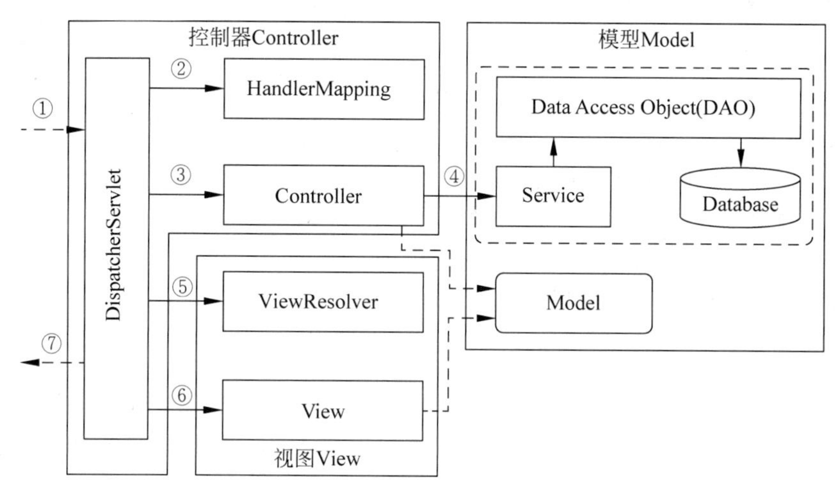

图6.7 Spring MVC请求处理流程

（1）用户通过浏览器向服务器发送请求，请求被Spring MVC的前端控制器DispatcherServlet捕获。DispatcherServlet是MVC控制器角色中的核心组件，负责将请求转发至相应的后端处理逻辑并将结果传递至所选择的前端展示视图。DispatcherServlet在web.xml中定义（如代码示例6.3中的配置所示），默认被命名为< servletName >-servlet.xml（例如dispatcher-servlet.xml）。在配置中，如果servlet-mapping的url-pattern被指定为"/"，表示对后端任何形式的请求都会被dispatcher截获。

代码示例6.3 web.xml中对DispatcherServlet的配置

```
<servlet>
    <servlet-name>dispatcher</servlet-name>
    <servlet-class>org.springframework.web.servlet.DispatcherServlet</servlet-class>
    <load-on-startup>1</load-on-startup>
</servlet>
<servlet-mapping>
    <servlet-name>dispatcher</servlet-name>
    <url-pattern>/</url-pattern>
</servlet-mapping>
```

（2）DispatcherServlet对请求URL（例如< address >/find）进行解析，基于所配置的HandlerMapping映射规则找到对应的Controller并返回给DispatcherServlet。为了实现以上能力，需要在dispatcher-servlet.xml定义Spring启动时需扫描的Controller范围（定义context:component-scan的base-package）。在Controller类中，需要通过注释（Annotation）的方式定义

① Spring框架：https://spring.io。

映射规则。以代码示例6.4为例，其中的@RequestMapping(value="/find")表示URL中带有find的请求将由该RequestMapping所标注的方法(即Find方法)所处理。

代码示例 6.4　Controller 类中的 Find 方法定义

```
@Controller
public class TestController{
    @RequestMapping(value = "/find")
    public String Find(Model model){
        //根据应用业务逻辑刷新模型(具体代码此处省略)
        return "success";
    }
}
```

(3) DispatcherServlet调用请求所映射的Controller(例如调用Find方法)。Controller方法根据应用业务逻辑刷新模型(Model)，并将对应的View名称返回给DispatcherServlet(例如返回"success")。

(4) 在Controller执行过程中，Controller方法可能会调用后端复杂的业务逻辑以刷新模型。例如，当模型的更新依赖于与数据库的交互时，当前一种主流的方式是将后端逻辑进行分层，划分为业务逻辑处理层(Service)和数据持久化层(DAO)，如图6.7中虚线框所示。Service层存放业务逻辑，不直接对数据库进行操作，该层调用DAO层接口，接收DAO层返回的数据。DAO层(例如iBatis)封装了与数据库交互的能力，承担与数据库相关的增、删、改、查等操作。

(5) DispatcherServlet调用ViewResolver(视图解析器)对视图名称进行解析，通过名称映射得到需要被渲染展示的具体视图，并返回给DispatcherServlet。为了实现以上视图映射的能力，需要在dispatcher-servlet.xml中定义视图映射规则，如代码示例6.5中的配置所示。该规则表示选择一个/WEB-INF/views目录下的JSP文件作为展示视图，该JSP文件的名字是视图的名字。例如，如果返回"success"，则映射到/WEB-INF/views/success.jsp。

代码示例 6.5　dispatcher-servlet.xml 中的视图映射规则

```
<bean class="org.springframework.web.servlet.view.InternalResourceViewResolver">
    <!-- 视图的路径 -->
    <property name="prefix" value="/WEB-INF/views/"/>
    <!-- 视图名称后缀 -->
    <property name="suffix" value=".jsp"/>
</bean>
```

(6) DispatcherServlet将模型中的数据填充至视图中的相应元素，从而渲染视图。经过渲染后的视图返回至DispatcherServlet。

(7) DispatcherServlet向前端浏览器返回视图，浏览器负责加载并展示页面。

6.4 平台级复用

随着互联网的广泛应用以及生态的发展，微信、支付宝、WeLink 等流行的互联网应用已经逐步发展成为互联网开放平台。软件企业或个人开发者可以在这种平台上开发小程序应用。这种开放平台上的应用丰富了平台所能提供的服务，使得用户获得了很大的便利。另外，开发应用的软件企业和个人可以通过平台获得经济和其他方面的回报。

从开发方式上看，基于平台的小程序应用开发是一种高度基于复用的软件开发形式。平台为应用开发企业和个人开发者提供了如下几个方面的支持。

- **平台为应用提供了开发和部署环境**。平台为应用提供了完善的开发和部署支撑，包括应用的框架以及丰富的平台服务(例如身份认证、消息通信等)。此外，平台还为开发者提供了一站式的开发工具服务，帮助开发者实现敏捷开发迭代以及持续集成、持续交付、持续部署和一键发布式的应用管理和部署等能力。
- **平台为应用提供了计算、存储、网络等资源以及相关的技术服务**。平台借助于所依托的云计算系统为应用运行提供了计算、存储和网络等资源以及相关的资源伸缩、冗余备份和高可用保障等技术服务。
- **平台为应用提供了用户资源和访问流量**。主流平台的用户数量和访问量都非常大，可以通过应用推荐和其他营销活动为应用带来用户和流量，从而形成一个包括平台、大量应用和海量用户构成的生态系统。

6.4.1 典型平台能力

开放应用平台一般都会以服务的形式为应用开发和运营提供一系列通用能力支撑，包括开发类服务、增长类服务和变现类服务等，如图 6.8 所示。

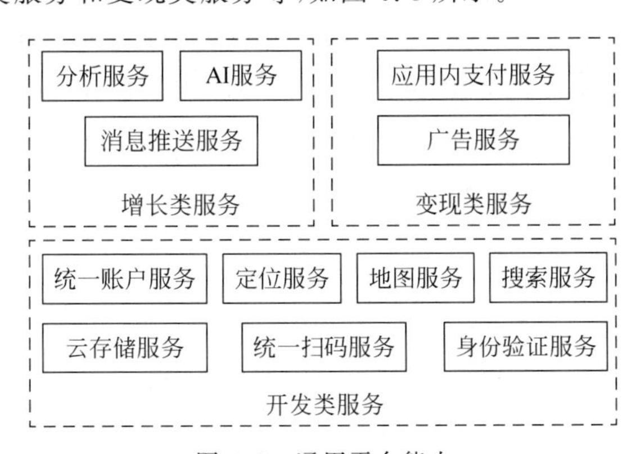

图 6.8 通用平台能力

开发类服务主要面向开发者，为其提供统一的平台级基础支撑能力以搭建各具特色的小程序应用。这类服务主要包含下面这些。

- **统一账户服务**：平台通过统一账户服务实现应用的一键授权登录，同时可以在应用中对用户信息进行授权，即用户授权应用可使用的用户个人信息。
- **定位服务**：平台提供快速、准确地获取用户位置信息的能力，同时提供位置查询服务从而方便用户使用位置相关的能力。

- **地图服务**：平台提供个性化地图呈现与交互，提升基于位置服务的用户体验。
- **搜索服务**：平台提供精准高效的移动应用搜索能力。
- **云存储服务**：平台为应用开发者提供方便、快捷的云端存储能力。
- **统一扫码服务**：平台提供便捷的二维码或条形码扫描、解析、生成能力，从而支持开发者能够快速构建应用内的扫码功能。
- **身份验证服务**：平台提供身份验证服务来保障应用安全性，该服务包括安全可信的本地生物特征认证和安全便携的线上快速身份验证。

增长类服务旨在为应用开发者提供面向应用维护、运营和优化的高级别服务能力。这类服务主要包含下面这些。

- **分析服务**：平台支持全面的行为分析，包括安装、卸载、崩溃等事件的采集，从而允许应用开发者深入洞察用户行为。另外，平台可洞察用户生命周期（即用户的完整历史行为），为用户生命周期模型提供了用户分层，并基于算法预测具有流失风险的用户和具有转化潜力的用户。最后，平台能够导出这些事件数据的明细。
- **AI 服务**：平台提供使用各类机器学习能力搭建的人工智能服务，包括向开发者提供文本类、语音语言类、图像类、人脸人体识别类的服务 API，从而使得基于平台开发的应用产品更加智能。
- **消息推送服务**：平台能够提供稳定、及时、高效的消息推送服务，精准送达用户，从而有效提升用户活跃度和黏度。

变现类服务为应用开发者提供基于平台的收入渠道。这类服务主要包含下面这些。

- **应用内支付服务**：应用内支付服务能够降低开发者在支付渠道、全球化合规等开发引入和产品上线环节的投入，从而使得开发者能够聚焦应用本身，更关注于应用创新，助力开发者实现商业变现。
- **广告服务**：在小游戏、工具类、资讯类小程序上的推荐和置顶对于商家来说都是一个极佳的曝光位置。平台提供的广告服务以此为基础，使得开发者能够通过传播广告并收取广告费的方式达到变现目的。

6.4.2 基于平台的应用开发过程

基于平台的应用开发过程一般包括入门、准备、开发、上线和运营五个阶段，如图 6.9 所示。

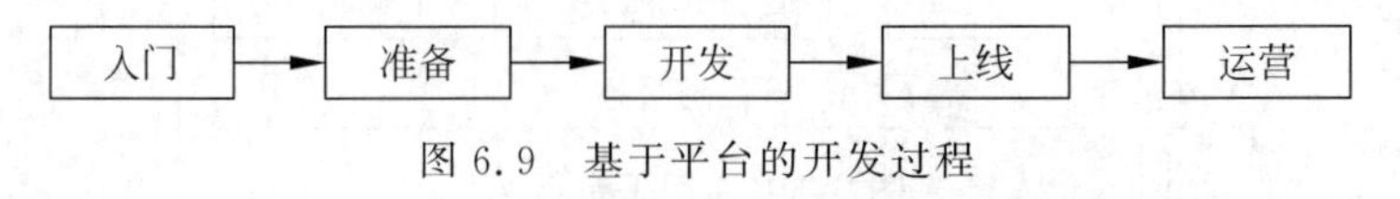

图 6.9 基于平台的开发过程

在入门阶段，开发人员首先需要了解特定平台所能够提供的服务，并熟悉基于平台的小程序的设计过程。为此，开发人员需要了解应用所需要集成的服务能力，对小程序应用场景进行设想和分析，了解小程序应用市场的构建方式以及平台对各类应用开发人员的支持。在开发人员支持方面，可以通过阅读平台开发指导文档、平台提供的多种范例、参加平台技能培训的方式来熟练掌握基于平台的开发过程。同时，也可以参与技术交流社区或群组提升开发技能。

在准备阶段，开发人员为特定应用的开发进行准备，包括软件开发上的准备以及对相关工具、资源、服务的详细了解。在开发准备方面，开发人员需要注册平台账户并获得相关的开发权限。此外，开发人员需要熟悉平台的相关开发工具、各类平台服务、前后端可能使用到的各种第三方库，以及与特定平台相关的设计规范和范例。

在开发阶段，开发人员基于平台提供的模板来开发小程序应用，包括集成各类所需的能力服务，例如，免登录、后台服务端的权限申请、消息推送、扫码等服务。

在上线阶段，开发人员将构造好的小程序应用提交平台管理员审核。

在运营阶段，开发人员和运营管理人员实时跟踪小程序应用的运行状态（例如，服务访问量、成功率、响应时间、业务成交量、用户留言和其他反馈等）并及时进行问题处理，例如，基于日志分析进行问题定位和故障预警。

6.5 基于复用的软件开发案例

本节以一款基于平台的校园防疫小程序应用为例，介绍不同层次上的基于复用的软件开发实践。该应用需要实现以下需求。

- **健康打卡**。学校师生通过填写表单的方式来登记其每日健康信息，协助学校完成每日防疫防控。
- **进出校申请和报批**。学生可以填写表单申请临时进出校，管理部门随后在小程序中进行审批。
- **防疫信息查询和统计**。学校管理部门能够分类查询、统计师生的健康情况，包括师生的打卡情况，本科生、研究生分别的返校当日人数和总人数等。
- **防疫政策查询**。以时间线的方式展示国家、省、市各级别的防疫政策和风险级别，并且可查询特定城市的防疫相关政策。

从软件体系结构的角度看，该应用是一个典型的前后端分离的 Web 应用。其中，应用的前端部分使用基于 JavaScript 的前端框架 Vue[①]；后端部分使用 Spring Boot 框架搭建应用框架结构并集成 ORM（Object Relation Mapping，对象关系映射）框架 Mybatis[②] 和连接池管理框架 Druid[③]，同时使用 H2SQL[④] 进行数据持久化。同时，后台功能实现还使用了消息中间件 Kafka[⑤] 以及实现 JSON 处理的 Java 库 Fastjson[⑥]。

从应用发布形态的角度来说，该应用依托 WeLink 开放平台进行部署，并以 We 码小程序的方式进行发布。WeLink[⑦] 是华为云提供的融合了消息、会议、邮件、知识、能力开放等功能的企业数字化办公协作平台，可以实现团队、知识、业务、设备的全面连接。当在移动端使用时，WeLink 与微信和支付宝平台类似，可以作为门户支持对小程序应用（We 码小程

① Vue：https://vuejs.org。
② MyBatis：https://mybatis.org/mybatis-3。
③ Druid：https://druid.apache.org。
④ H2SQL：http://h2database.com。
⑤ Kafka：https://kafka.apache.org。
⑥ Fastjson：https://github.com/alibaba/fastjson。
⑦ WeLink 官方网站：https://www.huaweicloud.com/product/welink.html。

序)的访问。We码小程序[1]是部署在WeLink移动端上的一种应用类型,类似于微信平台上的小程序。

以下分别介绍该小程序应用的后端和前端开发以及所使用到的可复用制品。该应用的源代码可以从本书的配套网站上下载。

6.5.1 后端服务开发

该小程序应用的后端开发过程包含三个步骤,其中结合了组件级复用和框架级复用实践。

1. 使用Spring Boot搭建后端服务工程

该应用使用IntelliJ IDEA(简称IDEA)作为后端服务的开发环境。首先在IDEA中创建一个Maven工程。Maven工程需要在pom.xml中对依赖进行配置。除了常规配置之外,该工程基于Spring Boot框架开发,并且需要使用Swagger进行组件接口定义和生成,因此在pom.xml中需要加入与以上框架、组件相关的依赖和插件,如代码示例6.6所示。其中,在Swagger的代码生成配置中,定义了接口描述文件的地址,以及接口代码的生成目标地址。

代码示例6.6 pom.xml配置(部分)

```
<dependencies>
    <!-- boot 核心 -->
    <dependency>
        <groupId>org.springframework.boot</groupId>
        <artifactId>spring-boot-starter-web</artifactId>
    </dependency>
    <!-- 引入 swagger -->
    <dependency>
        <groupId>io.springfox</groupId>
        <artifactId>springfox-swagger2</artifactId>
        <version>2.9.2</version>
    </dependency>
    <dependency>
        <groupId>io.springfox</groupId>
        <artifactId>springfox-swagger-ui</artifactId>
        <version>2.9.2</version>
    </dependency>
</dependencies>
<build>
    <plugins>
        <plugin>
            <groupId>org.springframework.boot</groupId>
            <artifactId>spring-boot-maven-plugin</artifactId>
        </plugin>
        <plugin>
            <groupId>io.swagger</groupId>
            <artifactId>swagger-codegen-maven-plugin</artifactId>
            <version>2.4.2</version>
```

① We码小程序开发教程:https://open.welink.huaweicloud.com/docs/#/990hh0/whokyc/ys0pkd。

```
            <executions>
                <execution>
                    <goals>
                        <goal>generate</goal>
                    </goals>
                    <configuration>
                        <inputSpec>
                            ${project.basedir}/src/main/resources/cep.yaml
                        </inputSpec>
                        <language>spring</language>
                        <output>${basedir}</output>
                        <apiPackage>${default.package}.api</apiPackage>
                        <modelPackage>${default.package}.model</modelPackage>
                        <generateSupportingFiles>false</generateSupportingFiles>
                        <configOptions>
                            <dateLibrary>legacy</dateLibrary>
                            <delegatePattern>true</delegatePattern>
                            <implicitHeaders>true</implicitHeaders>
                            <useTags>true</useTags>
                            <java8>true</java8>
                        </configOptions>
                    </configuration>
                </execution>
            </executions>
        </plugin>
    </plugins>
</build>
```

Spring Boot 框架相关的 application.yml 资源文件定义在 src\main\resources 目录下，其中定义了服务启动端口、数据库配置、MyBatis 数据库映射、日志等相关配置，如代码示例 6.7 所示。

代码示例 6.7　application.yml 资源文件

```
server:
  port: 8080      # 服务器端口
spring:
  datasource:    # 数据库配置
    name: cepdb
    url: jdbc:h2:mem:cepdb
    username: sa
    password: testpwd
    type: com.alibaba.druid.pool.DruidDataSource
    driver-class-name: org.h2.Driver
    initialization-mode: always
    schema:
      - classpath:schema.sql
    data:
      - classpath:data.sql
```

```
mybatis:
  #配置 mapper.xml 路径
  mapper-locations: classpath: com.demo.stfse.mapper/*.xml
  # 实体类存放位置
  type-aliases-package: com.demo.stfse.model
logging:       # sql 日志输出
  level:
    com.demo.stfse.mydemo: debug
```

2. 定义 Swagger 接口描述并自动生成接口代码

校园防疫小程序应用的后端服务接口可以基于 Swagger 进行描述(描述文件 cep.yaml 存放于 src\main\resources 目录下),相应的接口定义和调用代码可通过 Swagger codegen 插件自动生成。以下以健康打卡和健康统计两个服务为例,展示其接口描述和所生成的接口代码。代码示例 6.8 展示了 cep.yaml 中对这两个接口的描述,分别是健康打卡的接口(/rest/cep/health/punch)和健康统计的接口(/rest/cep/health/statistic)。其中,健康打卡所需要传递的参数的数据格式(HealthRecord)和健康统计所反馈的结果的数据格式(HealthStat)也同时在 cep.yaml 中进行定义(其数据格式定义不在此罗列)。前者表示某一个学生当前所在城市及其健康信息,后者表示学校整体的打卡和未打卡的学生人数。

代码示例 6.8 基于 Swagger 的接口描述文件 cep.yml

```
paths:
  /rest/cep/health/punch:
    post:
      summary: "健康打卡"
      description: "健康打卡"
      tags:
        - HealthService
      operationId: punch
      consumes:
        - application/json
      produces:
        - application/json
      parameters:
        - name: record
          in: body
          description: '健康上报数据'
          required: true
          schema:
            $ref: '#/definitions/HealthRecord'
      responses:
        200:
          description: '上报成功'

  /rest/cep/health/statistic:
    get:
      summary: '健康统计'
      description: '健康统计'
```

```
tags:
  - HealthService
operationId: statistic
produces:
  - application/json
responses:
 200:
   description: '健康统计信息'
   schema:
     $ ref: '#/definitions/HealthStat'
```

通过 Swagger codegen，可在指定目录下生成接口相关文件和模型相关文件。根据代码示例 6.8 中的配置，会在工程文件的 src\main\java\com\demo\stfse\api 文件夹（由 pom.xml 中的 default.package 属性指定）下生成与 HealthService 相关的三个接口文件，分别是 HealthServiceApi，HealthServiceApiController 和 HealthServiceApiDelegate。HealthServiceApi 是按照 Swagger 接口描述生成的原始接口文件。HealthServiceApiController 是 Spring 框架提供的实现 API 的服务，它会调用相应的 Delegate 接口。HealthServiceApiDelegate 则是开发者需要实现的接口。

另外，在工程文件的 src\main\java\cepdemo\model 文件夹下生成了与数据模型相关的文件，包括 HealthRecord.java 和 HealthStat.java。

3. 实现接口业务逻辑

基于一组自动生成的组件级和框架级代码，开发者仍然需要编写一些与特定应用业务逻辑相关的实现代码。在这个阶段，主要的编码工作包括以下几部分。

（1）在 src\main\java\cepdemo\service 目录下添加接口实现类 HealthServiceImpl.java，以实现 HealthService 接口。

（2）在 src\main\java\cepdemo\mapper 下添加 HealthMapper.java，该文件是对数据库接口的定义。

（3）在 src\main\resources\cepdemo\mapper 下添加 MyBatis 的接口映射文件 HealthMapper.xml。

（4）在 src\main\resources 下添加数据表 schema.sql。

（5）在第一步创建的 HealthServiceImpl 接口实现类中添加数据库访问逻辑。

6.5.2 前端 We 码小程序开发

校园防疫小程序应用是基于 WeLink 平台的 We 码小程序。因此，应用的前端部分可以使用 We 码开发者工具来快速搭建平台小程序，其中的前端界面可以利用 We 码小程序所提供的 Vue 模板。基于 WeLink 平台的小程序开发与部署包括以下几个步骤。

（1）登录 WeLink 开发者平台创建 We 码应用，如图 6.10 所示，该过程包括定义小程序的图标、中文名称和英文名称。

（2）小程序的前端部分使用 We 码开发者工具进行开发。该工具内嵌了一组常用的前端模板，这些模板本身已经复用了前端框架（例如 Vue.js）。对于开发者来说，一旦某一个模板已经能够满足开发者需要，那么选择该模板直接生成前端部分代码是一个最有效率的

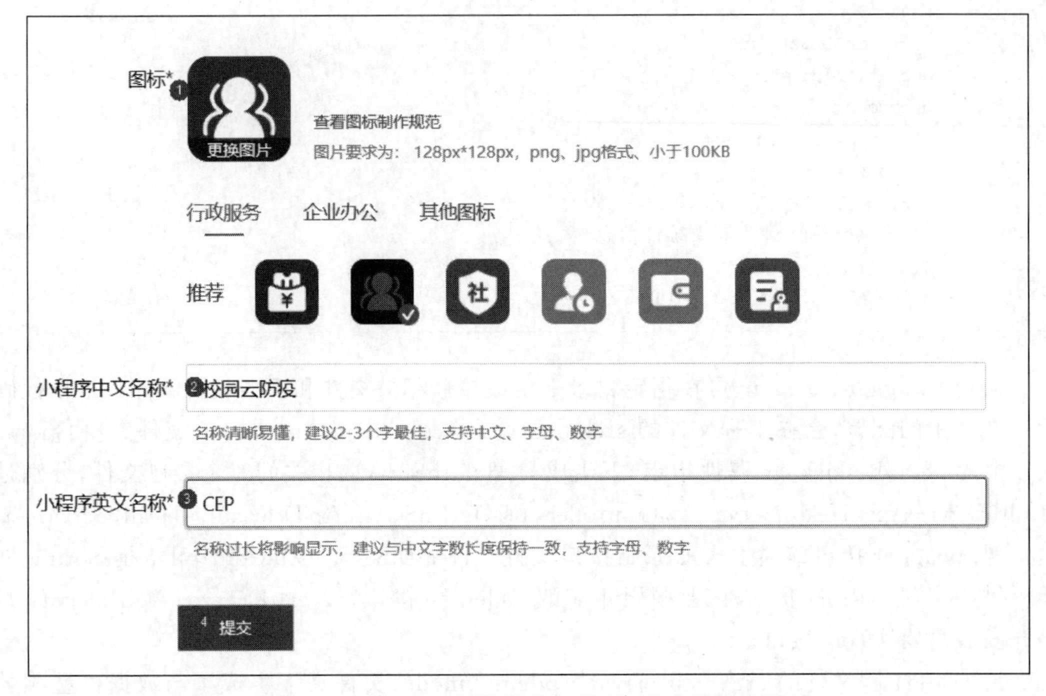

图 6.10 WeLink 开放平台创建 We 码应用的过程

工作方式。在该模板中，开发者仍需要添加业务逻辑，按照后端提供的 Swagger 接口规范来与后端服务进行对接，以实现前后端的数据交互。

(3) 开发者使用 We 码开发者工具进行应用的预览和上传发布。在这个过程中，开发者需要将该应用和在 WeLink 中注册的 We 码小程序进行关联。在开发调试过程中，可使用手机上的 WeLink App 扫描关联后的二维码，进行预览。

以上所用到的 We 码开发者工具是为开发者提供的用于开发 We 码小程序应用的 IDE 环境。We 码开发者工具内置了一系列应用模板(例如人事服务、行政服务等)，开发者可以直接使用模板从而快速搭建具有类似需求的应用。另外，开发者还可以利用 IDE 提供的模拟器和开发工具进行应用调试，并在登录 WeLink 开发者账号后进行预览和上传。

小　　结

各种层次、各种形态的软件复用已经成为一种必不可少的软件开发手段。其中，通过组件级复用可以获得软件应用中的一些局部功能实现。而框架级复用可以让开发人员获得软件应用或其一部分的整体基础框架，在此基础上按照框架规范进行定制和扩展。基于框架复用所开发的软件应用可以在很大程度上获得框架所带来的设计灵活、关注点分离、易于维护和扩展等方面的优势。随着互联网的广泛应用以及生态的发展，微信、支付宝、WeLink 等流行的互联网应用已经逐步发展成为互联网开放平台。基于这种开放平台的小程序应用开发是一种高度基于复用的软件开发形式。其中，平台不仅为应用提供了开发和部署环境以及计算、存储、网络等资源，而且还为应用提供了用户资源和访问流量。本章最后还以一款基于平台的校园防疫小程序应用为例，介绍了不同层次上的基于复用的软件开发实践。

第7章 软件体系结构

本章学习目标

- 理解软件体系结构的概念、作用及相关设计思想。
- 理解软件体系结构设计背后的决策过程及其对非功能性质量需求的影响。
- 掌握软件体系结构多视图建模以及相应的规范化描述方法。
- 了解典型的软件体系结构风格及其特点。
- 理解分布式软件体系结构的特点以及相关的软件技术。
- 了解云原生软件以及微服务体系结构的思想和相关技术体系。

本章首先介绍软件体系结构相关的概念，包括软件体系结构的定义、作用及其基本思想；接着介绍软件体系结构设计背后所蕴含的决策过程以及针对非功能性质量需求的体系结构设计考虑；然后围绕软件体系结构的“4+1”视图中的每一个视图介绍了软件体系结构描述方法，并对几个典型的软件体系结构风格进行了描述；最后针对分布式软件体系结构和近几年开始流行的云原生软件体系结构的基本思想、技术以及相关软件框架和工具进行了介绍。

7.1 软件体系结构概述

视频讲解

此前介绍的组件级详细设计主要关注于单个软件组件内部的局部设计方案，例如，包含一组类（一般从几个到几十个）的面向对象设计方案。对于大规模软件系统，特别是在网络上部署的分布式软件系统而言，更高层的软件体系结构设计也是必不可少的。因此，如果想逐步从程序员成长为架构师，那么仅仅能写好代码以及做一些组件内的详细设计已经不够了。还需要具有架构思维，熟悉相关技术栈，同时掌握各种架构风格、模式以及架构设计方法。

软件体系结构（Software Architecture）在工程实践中经常被称为软件架构，它是一个软件系统的高层设计结构，决定了系统的高层分解结构以及其他一些最重要的设计决策。软件体系结构就像是建筑设计师为一栋大楼所描绘的设计图纸，决定了整个软件系统的整体样式、各个组成部分以及相互之间的关系，起到承上启下的作用：一方面，体系结构设计为满足软件系统整体的功能性需求、质量需求和约束（如项目完成时间、需要符合的标准等）提供了一种解决方案；另一方面，体系结构设计为后续更加具体的组件级设计（类似于楼层和房间内部设计）和实现（类似于建筑施工）提供了指导和参考。

因此，软件系统开发应该在早期就进行体系结构设计，从而为后续的开发、测试、集成和部署打下良好的基础。即使是在倡导增量、迭代开发的敏捷开发过程中，也应该在早期关注于整体的体系结构设计，因为体系结构很难以增量的方式进行开发，而根据变化重构体系结构是十分昂贵的（与之相比较，根据变化重构单个组件相对容易）（Sommerville，2018）。

一个软件体系结构主要包括以下几个方面的内容。

- **一组软件组件**：这些组件表示软件系统高层分解的结构元素，每个组件可以是简单的程序模块或类，也可以是复杂的子系统甚至是扩展的数据库、中间件等。
- **软件组件的外部属性**：每个软件组件的外部属性，包括功能性属性（例如接口、交互协议等）以及非功能性质量属性（例如响应时间、吞吐量等）。
- **软件组件之间的关系**：不同软件组件之间的关系，包括静态依赖关系、动态交互关系以及运行时部署关系等。
- **全局的实现约定**：涉及多个软件组件、需要在系统全局作出约定的技术决策，例如，实现语言、异常处理策略、共享资源的使用方式、包和文件的命名方式等。

以上这些软件体系结构各方面的内容都会影响最终的软件系统组件集成：软件组件列表决定了哪些软件组件会参与集成并构成完整的软件系统；每个软件组件的外部属性决定了其他组件可以如何对该组件的功能接口、处理性能和响应时间等方面做出假设；软件组件之间的关系决定了组件之间如何装配集成（例如，哪些组件之间将建立起接口组装关系）以及如何在特定场景下进行协作（例如，如何通过一系列消息发送和处理实现一个场景）；全局的实现约定决定了不同组件之间在实现语言、异常处理策略、共享资源的使用方式、包和文件的命名方式等方面如何保持一致。

为什么需要在局部的详细设计和实现之前先进行软件体系结构设计呢？有些人可能会觉得好像可以直接打开 IntelliJ IDEA、Eclipse 等 IDE（集成开发环境）开始编程并实现功能，似乎并不需要事先进行设计，特别是高层的体系结构设计。然而，对于飞行器控制系统、金融交易系统这样的大规模复杂软件系统而言，在没有全局体系结构设计的情况下直接开始考虑局部设计和实现是不可想象的。出现这种差异的主要原因在于系统规模、复杂性以及非功能性质量要求等方面的区别。如果一个软件系统规模比较小而复杂度也比较低（一个标志是一个人就可以在脑海中对这个软件系统的设计细节全盘掌握），同时对于性能、可靠性、可维护性、可扩展性等非功能性质量没有特别的要求，那么不经过体系结构设计而直接考虑详细设计甚至直接开始编码实现也是可行的。反之，如果一个软件系统规模比较大而复杂度也比较高，同时对于性能、可靠性等非功能性质量有特别的要求，那么这种系统一般都需要实现为分布式软件系统（即软件系统分布在多个硬件节点上或多个进程中并通过跨网络或跨进程的通信相互连接），而相应的体系结构设计则必是不可或缺的。在工业界，人们经常用搭一个小木屋和建造一栋高楼大厦来比喻这两类软件系统。如果是搭建一个小木屋，那么不事先画图纸似乎也是可行的。毕竟小木屋比较简单，一个人想一想基本能想清楚怎么搭，甚至可以边搭边考虑，万一搭得不对调整或返工也不是太困难。而如果是建造一栋高楼大厦，那么在没有建筑师设计图纸的情况下直接动工那一般都会带来一场灾难，因为没有人知道应该如何分工合作，而确保大楼坚固耐用的一些重要决策（例如大楼的承重结构）也不知道该由谁来决定。

软件体系结构设计体现了人们应对复杂性的两种基本手段，即分解与抽象。一方面，体系结构设计给出了系统的分解结构，即一组组件以及它们之间的关系，这使得开发人员在后续开发过程中可以针对这些组件分别考虑其实现方案。另一方面，体系结构设计也给出了系统实现方案的一种抽象表示，使得开发人员可以对系统实现方式有一个整体性的理解，同时组件的外部属性描述使得每个组件的开发人员可以在无须了解实现细节的情况下理解其他组件并考虑集成关系(例如如何调用另一个组件)。

总而言之,软件体系结构作为大规模、复杂软件系统实现方案的一种高层抽象发挥着以下几个方面的作用。

- **初步确认设计方案是否能有效满足需求**:软件体系结构虽然只是一种高层设计方案,无法运行和测试,但仍然可以通过一些手段初步确认需求满足情况。就像摩天大楼、大型桥梁等大型工程建设设计方案的论证那样,软件体系结构设计也可以凭借专家经验并通过主观评审等方式进行分析,初步确定根据设计方案开发出的软件系统是否能够满足可靠性、性能等重要需求。
- **为满足未来演化和复用的需要而做出规划**:大多数软件系统都不可避免地需要持续进行演化以适应新的需求和运行环境的需要。此外,开发中的软件系统可能有机会将其整体或局部经过一定的修改之后用于满足其他类似市场或客户的需要,从而实现大范围软件复用。软件体系结构设计可以通过可维护性、可定制性、可扩展性等方面的考虑为软件系统适应未来演化和大范围复用的需要打下基础。
- **多种候选技术方案对比选择的依据**:针对一个软件系统的需求可能存在多种不同的技术方案,对应不同的软件体系结构设计方案,通过对比分析这些体系结构设计可以选择出最优的技术方案。
- **识别并降低软件实现的风险**:通过对软件体系结构设计进行分析,可以发现其中可能存在关键性风险的地方(例如,性能瓶颈、容易被攻击的脆弱点等),从而可以有针对性地采取措施(例如,加强对于可能的性能瓶颈的优化考虑并在性能测试中加以注意)、降低相关风险。
- **软件开发任务分工协作的基础**:软件体系结构为软件开发团队的分工协作提供了基础。基于软件体系结构设计,开发团队可以以组件为单位进行任务分工并明确需要共同遵守的约定(例如组件之间的接口),同时确保分别开发完成的组件最终能顺利集成得到完整的系统(前提是每个组件都按照体系结构设计要求进行了开发)。
- **相关涉众沟通和交流的基础**:开发人员在后续的设计、实现和测试活动中可以以软件体系结构设计作为大家共同的语境进行相关沟通和交流,例如,用相同的名称称呼某个组件、基于体系结构设计中的接口和其他设计约定讨论并决定实现策略等。

7.2 软件体系结构决策

软件设计与建筑设计、汽车设计等其他设计过程一样,都是一种复杂的构思和决策过程。在此过程中,设计师需要考虑很多问题,而每个问题都可能存在多种候选的方案。因此,设计是一个搜索过程,搜索空间是一个巨大的由各种设计问题候选方案组成的组合空间,一般可以从目标与条件、效用函数、约束等几个方面进行刻画(Brooks,2011)。

1. 目标与条件

设计方案需要满足的一组目标以及相关的条件。总体目标一般比较抽象和宏观,需要不断分解得到更加具体的子目标和要求的条件。例如,校园一卡通系统中"使用方便快捷"这一高层目标可以不断细化得到"刷卡操作简单""刷卡响应时间快"等具体目标以及"刷卡消费结果在1s内确认并返回"等条件。

2. 效用函数

针对每一项目标或条件的评估函数，能够根据目标或条件的满足情况计算出效用值。针对单项目标或条件的评估函数一般都不是线性的，而是以渐进曲线的方式趋于饱和。例如，对于校园一卡通系统中刷卡消费功能的响应时间而言，从 10s 逐步提升到 1s 的过程中效用值持续显著提高，但从 1s 继续提升到 0.1s 直至 0.01s 的过程中效用值已经很难显著提升了(此时提升的难度却越来越大了)。此外，还需要综合不同的目标或条件满足情况给出整体的效用值(例如各项效用值的加权和)。例如，校园一卡通系统设计方案的整体效用需要综合多项目标的效用值来计算，包括“系统可靠，服务随时可用”“安全且不会泄露隐私”“使用方便快捷”等。

3. 约束

设计方案所需要满足的约束，其中有些约束是绝对的(即满足或不满足)，而有些约束则具有一定的弹性(存在一定的协商空间)。不满足约束的候选解决方案一般应当在设计构思过程中被排除。例如，校园一卡通系统中，“不能明文传输和保存密码信息”就是一个绝对的约束，而“项目整体在 2021 年 10 月底交付并上线运行”则是一个有一定弹性的约束(交付时间约束可能会限制存在技术风险以及耗时较长的设计方案的采用)。

对于软件设计而言，需要满足的目标与条件主要来自软件需求和成本控制要求，而约束则来自软件开发项目对于软件产品本身以及开发过程的各种限制条件和要求。对于软件设计方案而言，实现功能性需求的方式相对直观，即将所要求的功能性需求无一遗漏地分配到某个软件设计单元(例如组件、模块、类等)上即可。然而，实现可维护性(Maintainability)、可扩展性(Extendibility)、性能(Performance)、可用性(Availability)、可靠性(Reliability)、信息安全性(Security)、防危安全性(Safety)、韧性(Resilience)等非功能性的质量需求则要复杂得多，因为这不仅取决于软件系统的组件如何划分而且还取决于一系列复杂的技术选型决策以及组件间交互设计，例如，使用什么样的数据库、使用什么编程语言和开发框架、组件之间采用何种通信协议和交互模式(如同步或异步)、组件如何部署以及实现运行时伸缩等。一些常见的非功能性质量需求及对应的软件体系结构设计考虑如表 7.1 所示。需要注意的是，不同的非功能性质量需求之间经常存在冲突，即实现某一个非功能性质量需求的设计可能会对另一个造成负面影响。例如，面向可维护性和可扩展性所采取的细粒度组件以及灵活的可变性设计经常会对性能造成负面影响；面向信息安全和防危安全采取的额外的验证、加密和保护措施对性能可能会有负面影响并带来额外的成本开销。因此，软件体系结构设计经常需要在不同的非功能性质量需求之间进行权衡取舍。例如，一个性能压力并不是太高但需要灵活适应不同客户需要的软件产品可以更突出对于可维护性和可扩展性的追求；反之，一个对于性能要求十分苛刻的软件系统则有可能需要牺牲一部分可维护性和可扩展性。

表 7.1　针对非功能性质量需求的体系结构设计考虑

质量属性	含　义	体系结构设计考虑
可维护性可扩展性	当产生新需求、发生需求变更或发现缺陷时，能够花费较少的时间和成本完成修改任务，需要修改的地方较少且影响范围可控	软件系统的组件粒度较小，各个组件相对独立，组件间松耦合；组件间依赖通过契约化的方式进行显式的声明，避免共享数据等隐藏的依赖和相互影响；通过可插拔组件等方式实现可灵活配置和扩展的可变点

续表

质量属性	含　　义	体系结构设计考虑
性能	系统能支持大量的并发访问并保证响应时间在可接受范围内	软件系统或其组件能够以分布式的方式部署多个副本并实现负载均衡；副本数量能够根据需要进行伸缩(即副本数量增加或减少)；关键性操作集中实现和部署以避免频繁的分布式通信；使用缓存等手段提高数据访问性能
可用性可靠性	系统能够随时提供自身的服务(即服务随时可用)，这要求系统运行时很少失效或者失效后能尽快恢复	软件系统或其组件具有冗余副本，在失效时可以进行自动更新或替换；隔离不同组件及其副本，避免失效造成更大范围的影响；使用超时、熔断、限流等机制及异步通信降低失效影响
信息安全性	系统中的信息不会被非法访问或篡改，功能不会在非授权情况下被使用，在遭遇恶意攻击或入侵时仍能保持一定的服务能力	对于系统功能和数据的访问进行充分的用户身份认证和权限检查；敏感信息进行加密传输和存储；系统对各种访问行为进行完整的日志记录和严密的审计；将关键性数据和其他资产置于层次化结构的最内层进行安全确认和保护
防危安全性	系统不会因为失效而对人身财产安全或环境造成危害或破坏	将可能造成危害或破坏的操作集中在一起实现并加以特别的保护；对于潜在的危害或破坏进行检测和预测，一旦发现问题，及时停止相关操作以避免造成损失
韧性	系统在设备(如硬盘)失效或遭受网络攻击等不利情况下仍然能够持续提供系统的关键性服务	系统能够持续检测设备失效和网络攻击，并在检测到问题后进行防御和恢复；系统能够通过资源调配、服务降级等手段实现自适应调整，从而在不利情况下确保关键性服务持续可用

软件设计特别是软件体系结构设计的主要挑战在于如何满足非功能性质量需求。一个软件系统的非功能性质量需求越多、要求越严苛，相应的软件体系结构设计难度越高。试想一个火车票订票系统如果没有特别的非功能性质量要求，那么把功能性需求梳理清楚之后一一实现难度并不大。此时软件组件如何划分、组件间如何实现通信和交互、选用何种数据库都不重要，甚至将大量代码堆砌在少数几个代码文件中实现全部功能也是可行的，最终得到的代码发布打包在一起用一台服务器部署运行即可。然而，如果这个系统像真实的火车票订票系统那样开始提出非功能性质量要求，例如，支持百万级的用户并发访问、系统每月宕机不超过1次、系统每天用户不可用的时间不超过1min、系统不易被黑客入侵、系统可以方便增加各种增值服务等，那么软件体系结构设计就很有挑战了。例如，为了支持百万级的用户并发访问，一台服务器的处理能力肯定不够，可能需要大量的服务器同时提供服务。为此，需要精心考虑软件体系结构设计，使得软件系统在运行时能够充分利用大量服务器的处理能力同时保证系统的可靠性和可用性，例如，需要引入负载均衡机制、考虑将系统及数据库进行服务化拆分从而有利于运行伸缩、使用分布式缓存缓解数据访问的性能瓶颈问题、引入异步通信和分布式事务以确保可靠性和数据一致性等。由此也可以看出，虽然单机运行的软件系统也可能需要考虑体系结构设计，但比较有挑战的软件体系结构设计一般都是分布式软件系统。

软件体系结构的设计过程是一个复杂的设计决策过程。在此过程中，软件架构师需要针对一系列问题进行决策，包括整体体系结构风格(例如，单体体系结构还是微服务体系结构，见7.6节)、编程语言和开发框架、数据库及缓存、组件划分以及组件间通信方式等。其中的每一个决策都可能存在多种候选方案，这些候选方案一般各有利弊，即对某些设计目标有利而对其他一些设计目标不利。因此，这些设计决策对于软件系统最终的质量（如性能、可靠性、可维护性、可扩展性等）以及开发成本和技术难度都有着重要的影响。此外，各种体系结构决策之间还存在各种依赖关系，例如，某些决策是其他决策的前提条件，因此软件体系结构设计往往表现为一种分层的决策过程。

例 7.1　校园一卡通系统的体系结构设计决策

校园一卡通系统中的部分体系结构设计决策如图 7.1 所示。

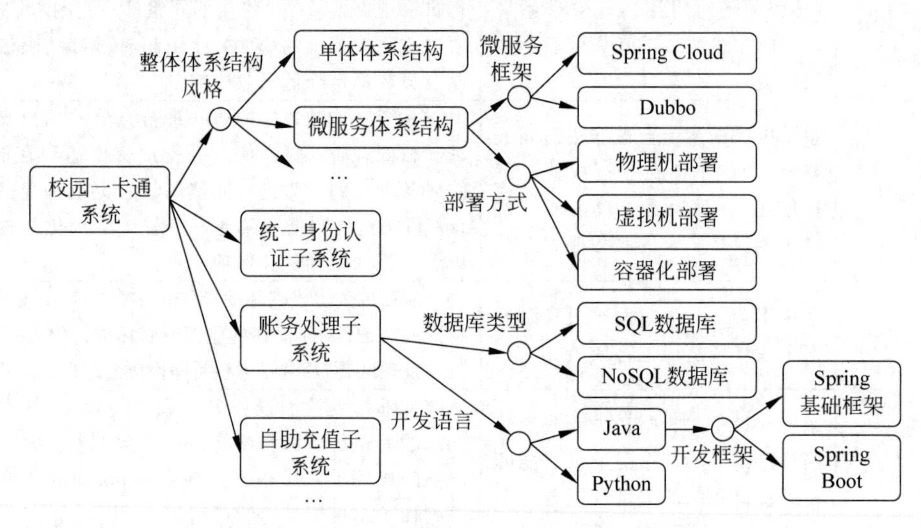

图 7.1　校园一卡通系统的部分体系结构设计决策

该系统包含统一身份认证、账务处理、自助充值、图书馆管理、门禁管理等多个子系统。这些子系统之间存在交互关系，例如，各个业务子系统都需要通过统一身份认证来识别一卡通用户身份、涉及付款的子系统都需要请求账务处理模块来实现扣款等。

这个系统的体系结构设计首先需要考虑整体的体系结构风格，这个决策会决定不同的模块将如何划分、封装以及交互。体系结构风格的候选方案包括单体体系结构和微服务体系结构（见 7.6.1 节）等。单体体系结构容易实现，但模块独立性和故障隔离性差；微服务体系结构虽然实现难度高一些，但各个模块经过服务化封装后独立性和隔离性好，因此具有更好的可扩展性和可用性。

确定采用微服务体系结构这一方案后，需要进一步考虑服务划分以及整体的微服务框架。可选的微服务框架包括 Spring Cloud 和 Dubbo。其中，Spring Cloud 为微服务开发提供了一站式解决方案，提供的组件齐全；支持基于 REST 调用的服务间交互，因此服务之间耦合较松；源于 Spring，天然支持 Spring boot，便于业务快速落地。而 Dubbo 则提供了一些服务治理的关键组件；支持基于 RPC 的服务间交互，因此性能较高，常用于电商系统。校园一卡通系统的性能要求没有电商系统那么高，同时开发团队熟悉 Spring 系列的各种框架，因此决定采用 Spring Cloud 框架。此外，整体系统的部署方式也需要考虑，候选方案包括物理机部署、虚拟机部署和容器化部署（见 7.6 节）。由于采用了微服务体系结构而且希望实现服务独立发布、部署和伸缩，因此容器化部署更合适。

微服务体系结构允许每个服务选择不同的技术栈，包括数据库、编程语言等。对于账务处理子系统而言，在整个微服务体系结构中将被实现为一个或多个服务，此时需要进一步考虑这部分业务所使用的数据库类型和开发框架等。在数据库类型方面，常见的选择包括SQL数据库（即关系型数据库）和NoSQL数据库（即非关系型数据库）。其中，SQL数据库采用结构化存储，优势在于支持复杂查询、技术成熟；NoSQL数据库的优势在于存储结构灵活、并发性能好、支持分布式扩展和伸缩。由于校园一卡通系统使用人数相对固定、并发访问量相对较小同时需求相对稳定，因此选择使用SQL数据库（如MySQL）。在开发语言方面存在Java、Python等多种选择，由于开发团队熟悉Java语言因此选择了Java。在此基础上需要进一步选择微服务实现的具体开发框架，例如，Spring基础框架或者较新的Spring Boot。其中，Spring Boot则配置简化、开发效率高，因此开发团队选择使用Spring Boot。

如果软件设计的思考过程可以清楚地表达为如图7.1所示的决策树结构，那么架构师只需要在其中进行穷举搜索并在考虑约束的情况下根据效用函数进行评判取舍就可以得到一个最优的设计方案。然而，这种“理性模型”很多时候并不现实，这主要是因为（Brooks，2011）：需要考虑的设计决策过多，依赖关系过于复杂，存在组合爆炸问题；软件设计的目标往往模糊不清并且不完整；设计约束和条件经常处于不断变动之中；效用函数很难进行精确计算。由于以上这些原因，这样的“理性模型”事实上对于大规模复杂软件系统而言并不现实。然而，识别需要考虑的设计决策及候选方案并根据设计目标和约束进行权衡选择仍然是软件设计（特别是软件体系结构设计）的一种基本思考方式。

在真实的软件体系结构设计过程中，架构师往往会依靠经验（例如，类似系统的设计方案、相关的体系结构风格和模式等）进行整体考虑，构思一个足够好的设计方案（而非最优方案），同时以增量和迭代化的方式不断发展和完善设计方案。

7.3　软件体系结构描述

视频讲解

如前所述，软件体系结构设计是软件开发分工协作以及相关涉众沟通和交流的基础。因此，软件体系结构设计方案不能仅以一种抽象的方式存在于架构师的脑海中，而是要通过一种规范而又具体的方式进行描述和表达，从而成为相关涉众可以共享访问的一种重要的软件开发文档。此外，与代码相似，软件体系结构设计也会因为各种原因发生变更，变更过程也需要纳入版本管理和变更管理，这也要求软件体系结构设计能最终形成文档化的描述作为版本管理和变更管理的对象。

软件体系结构设计是一种高度抽象的复杂设计方案，难以通过单一的方式完整表达。就像一栋建筑的设计方案难以通过一张图纸来表达，而是要从不同角度进行观察和投影，从而得到俯视图（鸟瞰图）、平面图、立面图、剖面图等一系列设计图纸。这些图纸反映了观察和理解建筑设计的不同视角（或称为视图），而这种多视图的描述方式降低了描述和理解设计方案的难度和复杂性。

与之相似，软件体系结构设计也需要通过一种多视图的方式进行描述和理解。这些视图不仅以“分而治之”的方式降低了人们理解软件体系结构设计的难度，而且也体现了不同涉众对于软件体系结构不同的关注点。例如,对于项目经理而言,软件体系结构应当明确组件划分以及组件间接口定义,从而可以据此分配开发和测试任务;对于开发人员而言,软件体系结构应当明确每个组件的开发要求,包括使用的语言、开发框架、共享数据和资源的访问方式等;对于软件集成和发布工程师而言,软件体系结构应当明确整个系统各个部分编译和构建的成分及其形态;对于安装部署工程师而言,软件体系结构应当明确各软件组件应当如何部署到不同的硬件设备上以及如何进行网络通信。

软件体系结构视图的思想在软件工程领域已经得到了广泛接受,有多种不同的体系结构视图定义,其中,Philippe Kruchten(1995)提出的"4+1"视图使用最广泛。如图7.2所示,"4+1"视图从不同涉众的视角出发定义了四种常用的软件体系结构视图类型:逻辑视图、开发视图、运行视图、部署视图。此外,作为一种特殊的视图,用例视图以软件系统的使用场景为纽带将其他四种视图联系到了一起。

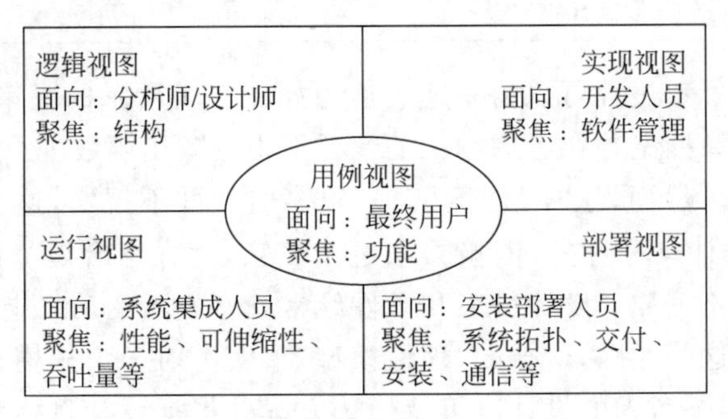

图7.2　软件体系结构的"4+1"视图

- **用例视图(Use-Case View)**。用例视图也被称为场景视图,是对软件系统与外部参与者之间的典型交换序列的场景化描述,从最终用户的角度刻画了系统需要实现的功能。用例视图位于各体系结构视图的核心,是联系各种不同视图的纽带,以用例和场景为基础可以对各个体系结构视图进行分析以确认其是否满足功能要求。因此,用例视图应该包括各种关键的用例和场景,以免体系结构设计遗漏重要的功能需求。关于用例和场景建模的详细介绍可以在8.3.1节中找到。
- **逻辑视图(Logical View)**。逻辑视图反映软件分析和设计人员的关注点,即软件的业务模型以及逻辑分解结构。逻辑视图可以描述目标软件系统的领域模型(概念、实体及其之间的关系)、关键数据模型与数据流,还可以描述系统的高层组件(例如,单体体系结构中的模块、微服务架构中的服务以及所复用的自有或第三方组件等)及其之间的关系。
- **实现视图(Implementation View)**。实现视图也称为开发视图,反映软件开发者以及开发管理者的关注点,即系统是如何分解实现以及如何构建得到最终的交付制品(如二进制发布包)。实现视图可以描述代码的组织结构,即代码仓库(repository)以及其中的代码目录结构是如何组织的,例如,是每个组件(例如微服务架构中的服务)单独一个代码仓库还是多个组件放在一个代码仓库中、代码仓库中各个组件源代码目录的组成结构等。实现视图还可以描述构建(build)模型,即各个组件如何与所依赖的外部组件(如第三方开发库)一起通过编译构建得到交付制品。
- **运行视图(Process View)**。运行视图反映系统集成人员的关注点,即组件之间的动态交互行为以及其中的并发和同步设计。运行视图可以描述系统的进程划分和定义、组件等设计元素如何分布在不同的进程之中、进程之间如何进行交互和同步。运行视图对于分析系统的性能、并发性、分布性、可伸缩性、吞吐量、容错能力等质量属性具有重要的作用。

- **部署视图(Deployment View)**。部署视图也称为物理视图,反映安装部署人员的关注点,即软件系统如何交付并部署到运行环境中。部署视图可以描述交付和部署包的结构,即在构建得到的交付制品基础上如何进行组织和打包从而得到可以在运行环境中部署的软件包。部署视图还可以描述面向运行环境的软件部署方案,包括硬件节点类型、每类节点的设备要求、设备之间的网络连接方式、设备上的运行环境及参数配置、交付和部署包在硬件节点上的部署位置等。

不同的软件体系结构视图在软件开发的不同阶段发挥作用,如图 7.3 所示。其中,用例视图和逻辑视图主要指导需求分析和软件设计过程,逻辑视图还会为实现与测试提供软件高层逻辑结构方面的指导;实现视图指导实现与测试阶段的任务分工以及部分集成和构建活动,同时面向部署交付的需要定义交付制品;运行视图指导实现与测试阶段的进程划分与定义、进程间交互的集成与测试等,同时面向部署交付提供进程及交互关系定义;部署视图指导部署交付阶段的部署交付包的组织以及面向运行环境的软件部署方案。

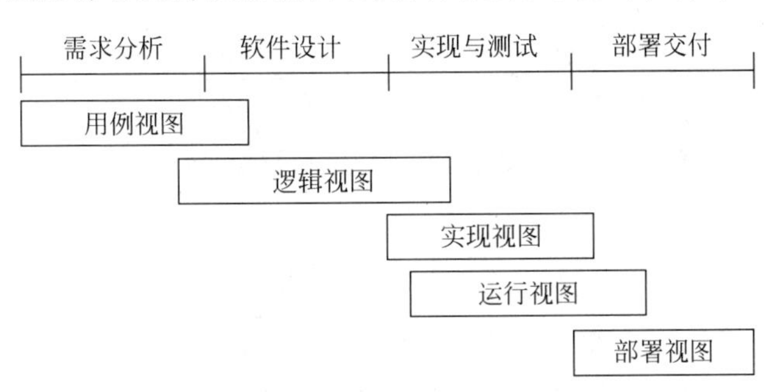

图 7.3 软件体系结构视图的作用阶段

下面,我们以校园一卡通系统中的图书馆管理子系统为例,介绍各个体系结构视图的内容及其描述方式。

1. 用例视图

用例视图描述系统与外部参与者之间的交互场景,其中每一个用例表示一类交互场景。可以使用如图 7.4 所示的 UML 用例图(Use Case Diagram)来描述用例概览,其中的大矩形框表示系统边界、边界内的椭圆表示需求用例、边界外的元素表示各种不同类型的外部参与者。此外,还可以使用 UML 顺序图(Sequence Diagram)或活动图(Activity Diagram)描述每一个用例内部的具体交互过程。关于用例与场景描述的详细介绍可以在 8.3.1 节中找到。

2. 逻辑视图

逻辑视图中的领域模型和数据模型可以使用如图 7.5 所示的 UML 类图(Class Diagram)来描述,其中每一个矩形组合代表一个类(可以表示概念或实体)、各种连线表示类之间的关系(例如继承、聚合、关联关系等)。关于类模型描述的详细介绍可以在 8.3.2 节中找到。

逻辑视图中的组件结构可以使用如图 7.6 所示的 UML 组件图(Component Diagram)来描述,其中每一个矩形组合代表一个组件、组件上的每一个触角表示一个接口、组件之间的连接线表示接口依赖关系。其中,灰底的组件表示由第三方提供的开发包、适配器等外部组件。注意,逻辑视图中的组件是一种高层的系统组成元素,其本身还可以由多个子组件或文件来实现。

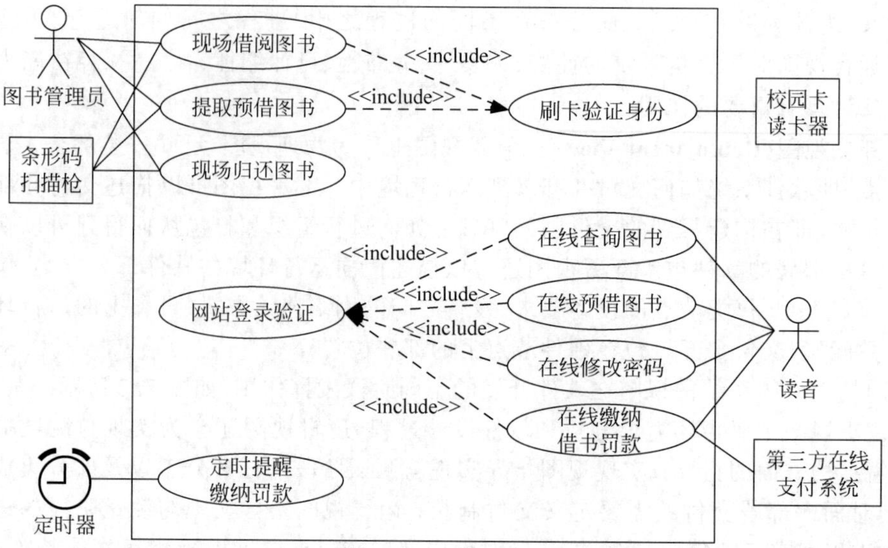

图 7.4　图书馆管理子系统部分用例模型（用例视图）

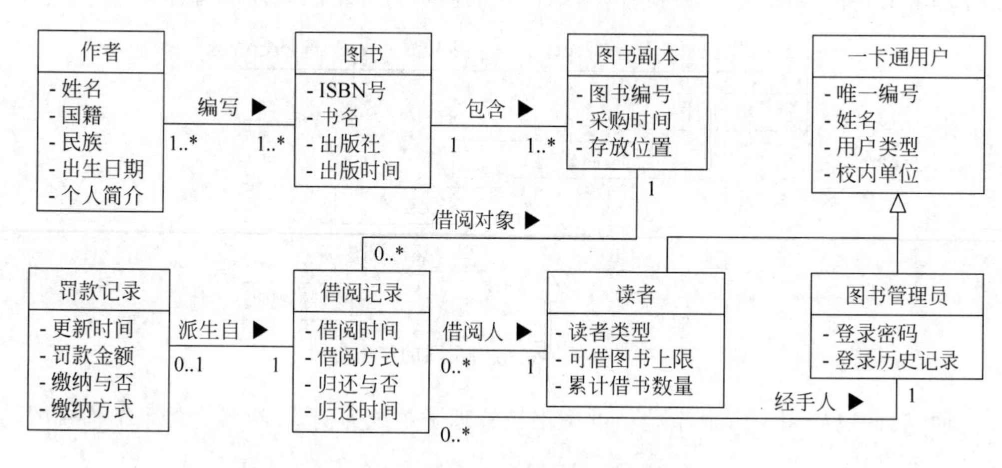

图 7.5　图书馆管理子系统部分数据模型（逻辑视图）

3. 实现视图

实现视图中的代码组织结构可以使用如图 7.7 所示的 UML 包图（Package Diagram）来描述，其中每一个矩形组合代表一个包，这些包通过使用 UML 中的“构造型”（Stereotype）这一机制被扩展定义成了代码仓库（Repository）或者代码目录（Directory）。通过这个代码组织结构可以看到在图书馆管理子系统中，两个前端界面组件和其他后端组件实现了代码仓库上的分离，同时四个后端组件在同一个代码仓库中分别对应一个目录。在此基础上还可以进一步描述构建模型，即这些代码内容与外部组件（如读卡器开发包）一起通过构建产生几个交付制品（例如 Jar 包或 War 包）、构建过程在何种环境下（例如操作系统以及所使用的构建工具）进行等。

4. 运行视图

运行视图中的进程交互关系可以使用如图 7.8 所示的 UML 顺序图（Sequence Diagram）来描述，其中顶部的矩形或人形图标表示交互的参与方（例如用户、组件、外部服务等）、纵向的直线代表时间线（从上到下代表时间的推移）、纵向的矩形条代表激活状态（即交互参与方在此期间处于激活状态）、横向的箭头代表交互消息。图中有三类交互消息：实心三角箭头

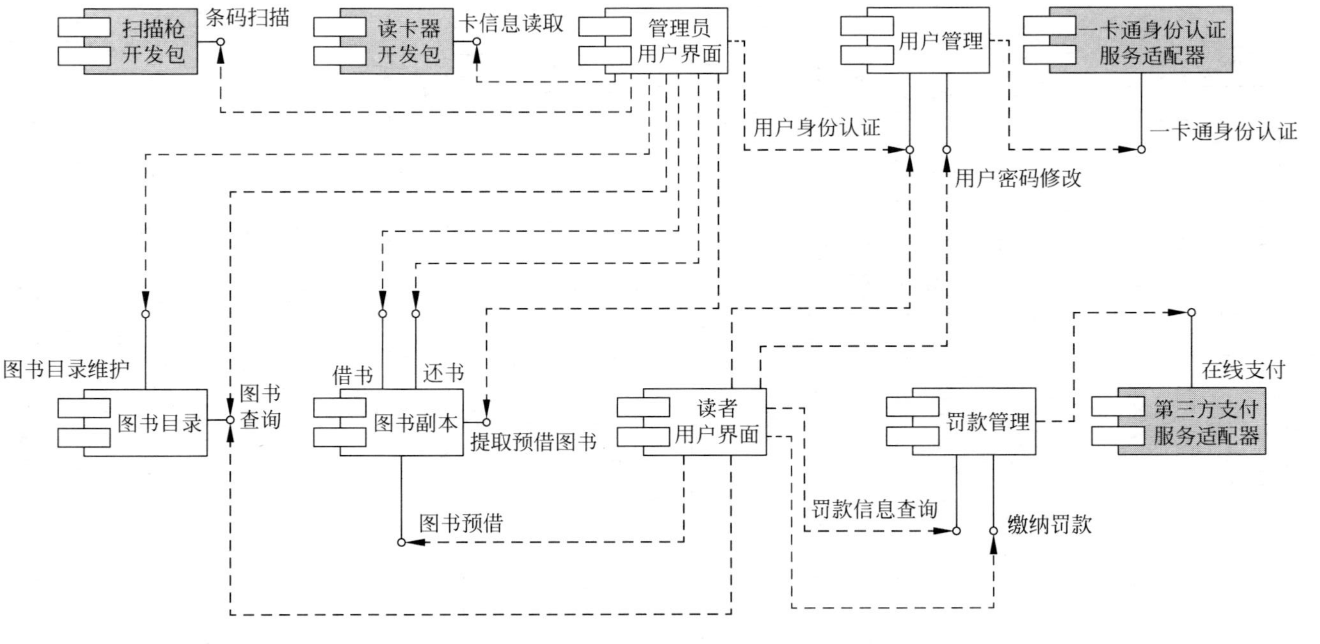

图 7.6 图书馆管理子系统部分组件模型(逻辑视图)

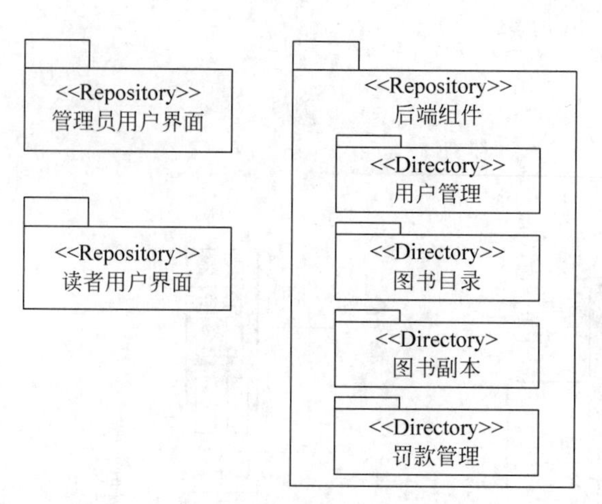

图 7.7 图书馆管理子系统部分代码组织结构(实现视图)

代表同步请求,即请求方发出请求后会等待返回消息;实线分叉箭头代表异步请求,即请求方发出请求后不等待返回消息(如有返回也是通过异步回调的方式实现);虚线分叉箭头代表对于同步或异步请求的返回。例如,图中罚款管理组件向第三方支付服务发起的支付请求就是异步的,这意味着每发起一次支付请求后罚款组件不会等待返回结果。

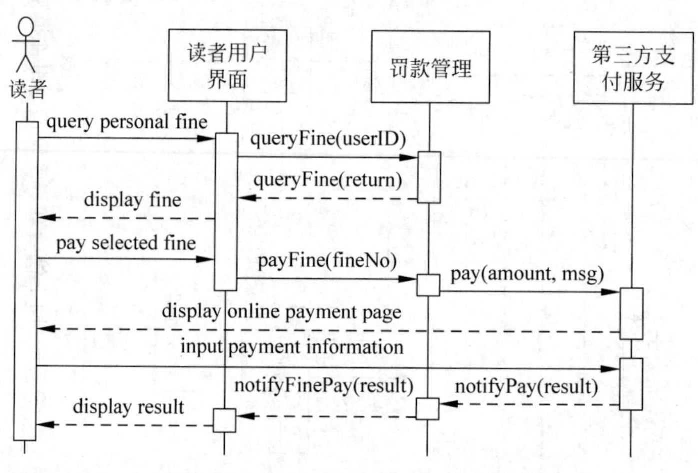

图 7.8 图书馆管理子系统部分进程交互(运行视图)

运行视图可以帮助我们分析进程之间的交互关系,从而对系统性能、可靠性等方面的质量属性进行推断。例如,服务器端的罚款管理组件需要服务很多罚款查询和缴纳罚款请求,因此需要确保性能和可靠性。然而,支付过程需要用户操作而且包含与第三方支付服务之间的网络通信,因此耗时且不确定性很强。罚款管理与第三方支付服务之间的异步交互确保支付过程的耗时和不确定性不会导致罚款管理组件的线程资源不会由于等待支付结果而大量占用。当第三方支付服务处理完支付请求后会以异步的方式通知罚款管理组件,后者再进一步更新罚款信息并通知读者用户界面,最终读者用户界面会展示罚款缴纳结果。

5. 部署视图

部署视图中面向运行环境的软件部署方案可以使用如图 7.9 所示的 UML 部署图(Deployment Diagram)来描述,其中的每一立方体通过使用 UML 中的"构造型"(Stereotype)这

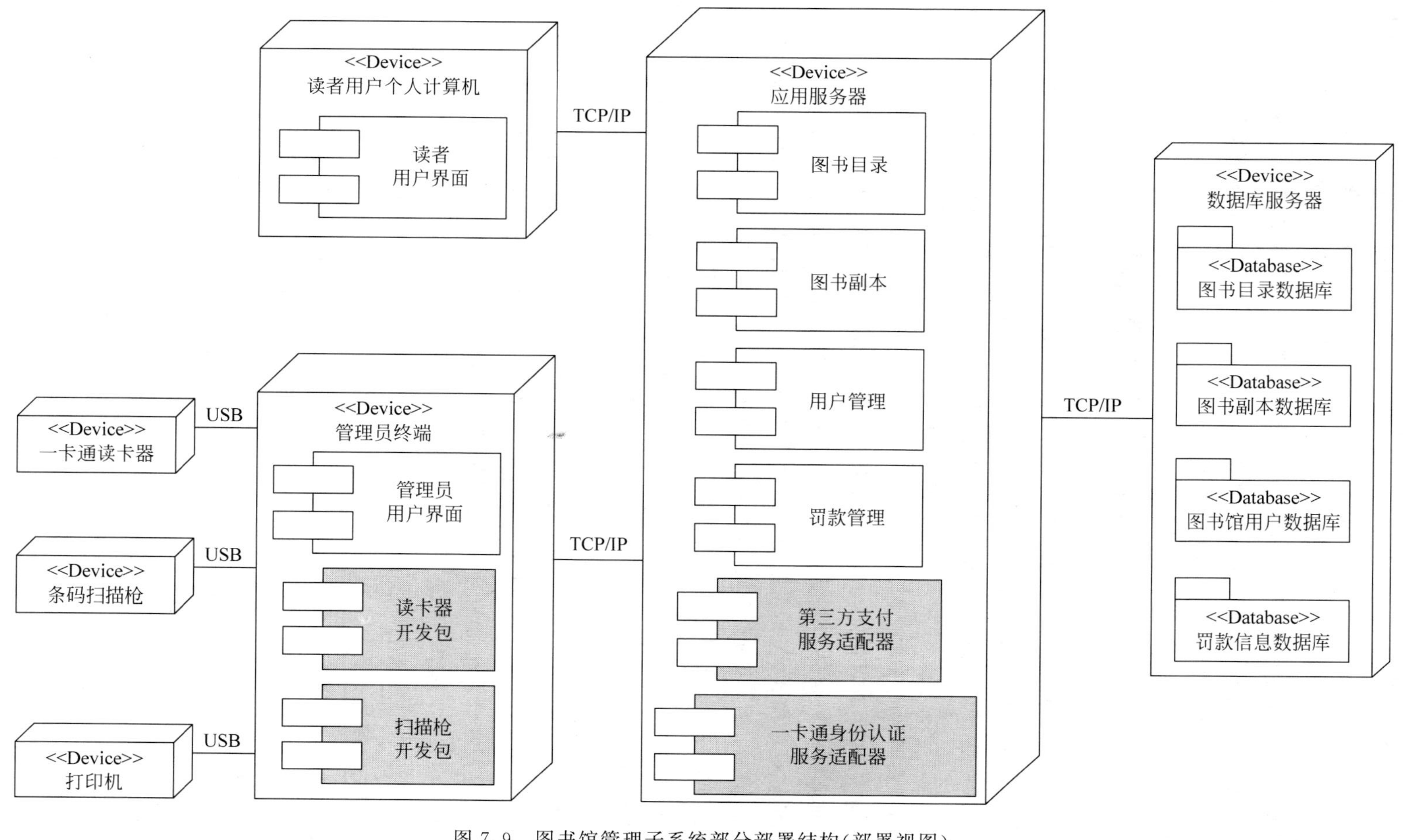

图7.9 图书馆管理子系统部分部署结构(部署视图)

一机制被扩展定义为设备节点(Device),立方体中的矩形组合表示部署在相应节点上的软件组件,而立方体之间的连线表示相应的通信协议。从图中可以看出,读者用户界面和管理员用户界面分别部署在读者用户个人计算机和管理员终端上;后台业务服务及相关的第三方组件部署在应用服务器上,同时应用服务器与数据库服务器相分离;读者用户个人计算机和管理员终端都需要连接应用服务器来请求相关服务;管理员终端还连接一卡通读卡器、条码扫描枪和打印机。如果需要,部署视图还可以描述所部署的组件对应的软件包是如何在构建得到的交付制品基础上打包产生的。

视频讲解

7.4　软件体系结构风格

说起建筑设计,我们经常可以很自然地想起很多不同风格的建筑,例如,西方的巴洛克风格、哥特式风格以及中国的宫殿和古典园林风格等。对于每种建筑风格,我们不仅可以想到典型代表(例如,代表哥特式风格的米兰大教堂、代表中国古典园林风格的苏州拙政园和其他园林),而且脑海中还会浮现起一些典型的特征(例如,哥特式建筑高高的尖顶、尖形的拱门,中国古典园林的亭台水榭)。

与之相似,各种不同软件系统的体系结构虽然各不相同,但也存在一些典型的设计风格。软件体系结构风格并不是具体的体系结构设计方案,而是以一种抽象的方式刻画了软件系统的整体设计样式,包括系统中的组件类型以及不同类型的组件之间的关系和组织方式等。与此同时,每一种软件体系结构风格也都有其明确的适用条件和优缺点。

例如,21 世纪初当网络化软件刚刚发展起来之时,人们经常谈论一个软件系统应当采用 C/S(Client/Server,客户端/服务器)还是 B/S(Browser/Server,浏览器/服务器)架构风格。其中,C/S 风格包含功能强大并针对特定操作系统(如 Windows)专门开发的客户端软件,大部分业务逻辑可以在客户端实现,而服务器端可以相对简单甚至只提供数据库服务;B/S 风格则依赖于用户计算机上所安装的浏览器来展现界面并实现用户交互,大部分业务逻辑在服务器端实现。这两种风格各有优点。例如,C/S 风格可以实现复杂的客户端逻辑并充分利用客户端计算机资源,而 B/S 风格则无须安装客户端因此升级方便(相应地也各有缺点)。同时,选择其中一种体系结构风格后对于后续进一步的软件设计考虑也提供了指导。例如,选择了 C/S 风格后服务器端主要关注于数据库设计而客户端则需要进一步考虑交互界面和功能逻辑设计;选择了 B/S 风格后,页面层一般仅实现与用户的交互功能(称为前端),其他业务逻辑则要在后台应用程序中实现(称为后端),同时考虑支撑后端逻辑的数据库设计。由此可见,了解软件体系结构风格对于更好地理解设计思想以及考虑具体的软件体系结构设计方案都具有重要的作用。

除了以上介绍的 C/S 和 B/S 风格外,其他经典的软件体系结构风格还包括层次化风格、黑板风格、管道和过滤器风格等。下面将主要介绍这三种经典的软件体系结构风格。此外,以嵌套、分层的主程序和子程序划分以及调用为主要特征的调用和返回风格、以面向对象类的划分以及类间消息通信为主要特征的面向对象风格有时也被认为是一种软件体系结构风格。需要注意的是,不同的软件体系结构风格之间并不是互斥的,而是可以在同一个软件系统中结合使用。例如,一个采用 B/S 体系结构风格的软件系统可以同时采用层次化体系结构风格,并在其中的业务层采用面向对象体系结构风格。

1. 层次化体系结构风格

层次化风格，顾名思义，就是将软件系统分为多个不同的层次并建立层级关系。这种层次化的设计思想具有普适性，例如，各种政府和企业组织结构很多也都是这种层次化结构。在这种结构中，每个层次都有明确的功能和职责划分，上层依赖于下层而下层则不能依赖于上层。在严格的层次化体系结构中，每一层只能依赖于相邻的下一层而不允许依赖于更低的层次；而在灵活的层次化体系结构中，每一层可以依赖于任何一个较低的层次。同时，层次化体系结构通过明确定义的层间接口隔离不同层次内部实现方式的影响。

层次化体系结构风格有着广泛的应用。整个计算机系统就是由应用软件、中间件、数据库、操作系统、网络协议、硬件等不同的层次组成，而计算机网络协议栈本身也是一种非常典型的层次化结构(例如，OSI 协议包括七层结构、TCP/IP 包括四层结构)。图 7.10 描述了一个很多 Web 应用软件都采用的层次化体系结构风格的例子。这个层次化设计方案明确了层与层之间的功能和职责划分，同时也进行了一定的隔离。例如，用户界面与业务逻辑和数据库之间进行了隔离，这意味着用户界面层主要关注于与用户的交互逻辑而不能实现业务逻辑，同时用户界面需要通过服务接口层提供的服务化接口(例如以 RESTful API 的形式)来间接访问业务逻辑和数据。此外，数据访问层隔离了业务逻辑和数据库，这意味着业务逻辑实现需要通过数据访问层(例如，通过 Hibernate 等对象关系映射框架实现)来间接访问数据库。需要注意的是，这里的层是一个粗粒度的划分单位，其中每一层又可以包含许多不同的组件(例如，业务逻辑层可以包含不同的业务组件)。

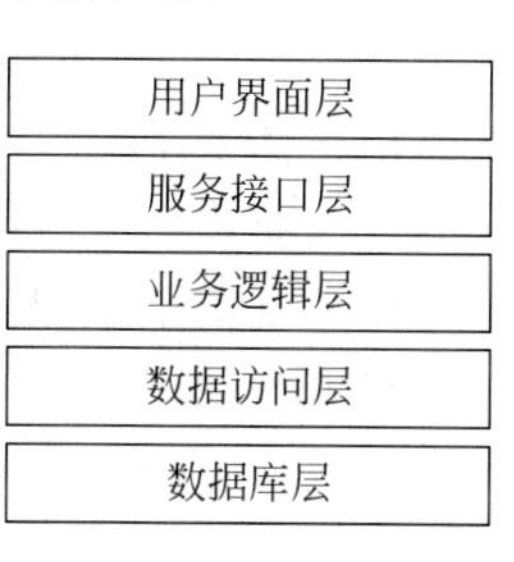

图 7.10 层次化软件体系结构风格示例

这种层次化的设计充分体现了分解和抽象的设计原则：通过层次划分将系统功能实现分解到不同层次上，各自承担一部分职责；同时，通过层间接口对每个层次的内部实现进行抽象，使得其他层次的开发者无须了解其内部实现就可以与之进行交互。因此，层次化体系结构具有多个方面的优势。首先，清晰的层间接口定义和抽象有利于将开发任务解耦，每个层次的开发者可以在约定的层间接口基础上相对独立地进行开发和测试。其次，清晰的层次划分和层间接口定义隔离了变更的影响，某个层次内部的变化只要不影响层间接口那么其他层次就不会受到影响。最后，标准化的层间接口使得开发人员可以方便地替换其中的某一层，因此提高了系统的可移植性。例如，如图 7.10 所示的层次化体系结构设计只要确保数据访问层对上提供的数据访问接口不变就可以对底层所使用的数据库进行替换和迁移。

层次化体系结构风格的不足主要是清晰的层次结构定义有时候较为困难。同时，过多的分层可能对系统性能造成负面影响。例如，数据和信息在各层之间不断转换并需要遵循相应的接口标准，可能导致额外的性能损耗；同时，高层实现不能直接访问底层资源，从而导致无法针对性地进行定制和优化。

2. 知识库体系结构风格

知识库体系结构风格是一种以数据为中心的体系结构风格。在这种风格的软件体系结构设计中，以数据的形式存在的知识在中心知识库中被集中保存和管理，围绕知识库的一组软件组件通过共享知识库间接进行交互。这些软件组件从中心知识库中读取感兴趣的知识和信息，通过加工和处理后又对一些知识和信息进行更新从而触发相关软件组件后续进一步的加工和处理。在人工智能应用中，这种体系结构风格又被称为黑板风格，用于解决求解过程（例如相应的算法过程）未知的人工智能问题。在这种黑板风格中，中心知识库像黑板一样共享已有的知识，相关的知识源根据黑板上已有的知识进行加工处理并将所产生的新的知识写到黑板上从而推动其他知识源继续这一求解过程直至得到期望的结果。这种思想模仿的是人类专家合作进行知识推理的过程，即每位专家根据黑板上已有的知识独立思考并将所产生的新知识写到黑板上进行共享从而激发其他专家继续进行探索和思考。

知识库体系结构风格在基于数据库的信息系统、人工智能专家系统、基于资源库的应用系统等方面有着广泛应用。图7.11描述了一个采用知识库体系结构风格的大学教学管理系统的体系结构示意图。其中，教学管理数据库扮演着知识库的角色，集中保存着与学生学籍、课程排课、课程选课及成绩等相关信息。围绕该数据库的四个组件并不存在直接交互关系，而是通过访问数据库实现间接交互。例如，学籍管理组件中添加新录取的学生信息后，对应的学生就可以通过选课管理组件进行选课，而成绩管理组件就可以相应添加这些学生成绩在对应课程上的成绩；同时，学生选课和课程成绩信息更新后，学籍管理组件也可以据此审核学生是否满足毕业条件中学分修读部分的要求。

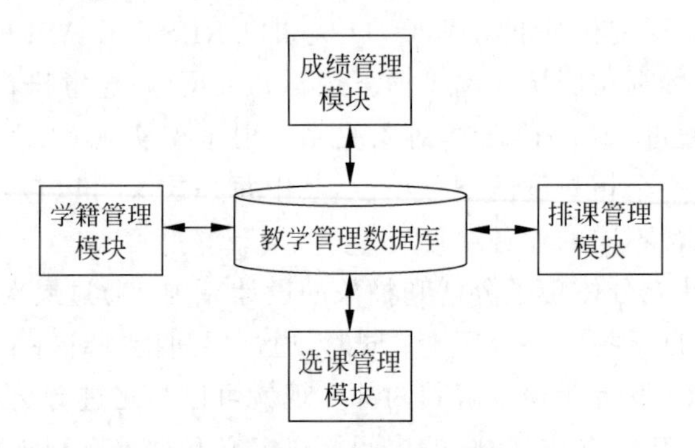

图7.11 知识库软件体系结构风格示例

知识库体系结构风格实现简单并且能够依托成熟的关系型数据库（如MySQL）、图数据库（如Neo4j）和其他非关系型数据库（如MongoDB）实现大量数据的共享。同时，围绕中心知识库的各个组件之间耦合度很松，可以方便地实现组件的增加和修改而不会带来太大的副作用。

知识库体系结构风格的不足主要是当中心知识库数据量大到一定程度之后难以实现高效的数据访问和管理。例如，对于关系数据库而言，虽然也有一些分布式的解决方案，但在数据同步和分布式事务实现等方面还是存在一定的挑战。此外，中心知识库中的数据格式和规范对于系统开发有很大影响，一旦定义不合适可能会导致相关组件难以扩展和修改。

3. 管道-过滤器体系结构风格

管道-过滤器体系结构风格是一种数据流体系结构，即其中的组件是按照数据流进行组织的。这里的“管道”和“过滤器”分别代表体系结构中的两类组成元素：“过滤器”表示实现数据加工和处理的软件组件，而“管道”则表示这些组件之间的连接关系并掌握数据流的走向。这就像自来水厂有很多功能不一的过滤池（如沉淀、氯气消毒等），每一个池子都能对流入的水进行一定的处理然后流出，连接这些过滤池的管道决定了整个水处理的过程。在计算机领域，“管道”和“过滤器”这两个名词最初来自 UNIX 系统：可以通过在运行各种程序的进程之间建立管道的方式将不同的程序组合起来，一个程序的输出可以成为另一个程序的输入，每个程序都会对输入数据进行一些处理并过滤掉其中一些数据。

管道-过滤器体系结构风格非常适合于各种自动化数据处理应用。图 7.12 描述了一个符合管道-过滤器体系结构风格的成绩单打印系统体系结构设计。整个系统以批处理的方式读取学生学籍和课程信息，经过审核后进行成绩单的排版和打印。系统中每一个组件的主要功能都是对输入数据进行某种处理，例如，进行审核过滤掉不符合要求的数据、按照预定义的格式对文本信息进行排版等。各种组件之间的关系主要体现在输入输出数据流上，因此耦合相对较松，还可以通过改变管道连接关系来改变整体的处理逻辑（例如，在成绩单排版和打印之间增加一个对成绩单打印进行排序的组件）。

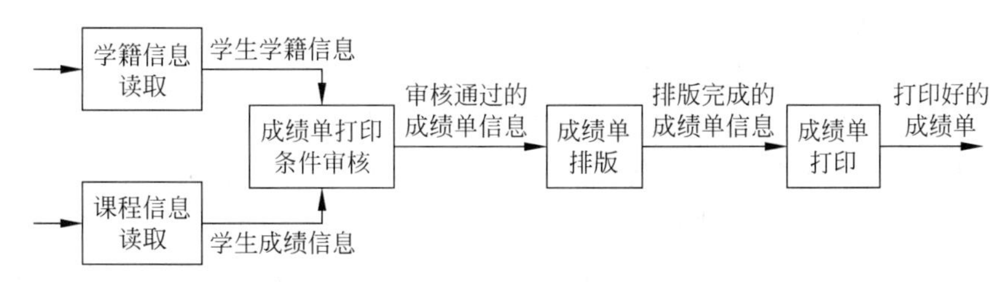

图 7.12　管道-过滤器软件体系结构风格示例

管道-过滤器体系结构风格适合于以数据传输和处理逻辑为主的系统（如数据批处理系统），这种系统中包含一系列数据处理组件而且几乎不包含任何与用户交互的内容。人机交互性较强的软件系统，例如，需要图形用户界面支持的系统，一般不适合采用管道—过滤器体系结构风格。

7.5　分布式软件体系结构

视频讲解

随着计算机和网络技术的发展以及应用领域的扩展，分布式系统（Distributed System）已经成为当前软件应用（特别是大规模网络化应用）的主流。分布式系统是指软件系统中包含多个通过网络连接的计算设备（称为节点），其中的软件分布在不同的计算设备上并通过网络进行通信。分布式系统的广泛应用主要是因为两方面的原因。一方面，移动终端（如智能手机）、传感器（如温度传感器）、智能设备（如智能冰箱）等网络化设备的大量使用使得相应的软件应用必须适应这种网络化和分布式的运行环境。另一方面，网络的发展使得很多软件应用的用户数和使用频次都非常高，相应地对软件应用的性能和可用性的要求也很高，这使得很多软件应用都必须使用多台服务器甚至云计算平台来进行分布式部署。例如，当前很多互联网应用都支持手机和浏览器客户端，并在云端使用成千上万的服务器资源支持数以亿计的庞大用户群体。

与单机部署的软件系统相比，分布式软件系统的体系结构设计具有更强的挑战性。分布式软件体系结构需要考虑软件组件如何分布在不同的设备上并实现高效的分布式通信，同时还要确保一致性。例如，为了增加一个网上购物系统的订单处理能力需要在多台服务器上部署相关的软件组件以提高并行处理能力，但同时也需要设计相应的同步机制以确保一致性（如成功支付的订单一定会安排送货）。此外，分布式软件体系结构设计除了满足可维护性、可扩展性等要求外，一般还需要考虑以下几个方面的质量要求。

- **高性能（Performance）**：系统在高并发访问的情况下能够实现较高的吞吐量（即单位时间内成功处理的请求数）并确保较低的延迟（即从客户端发起请求到收到响应的时间间隔）。
- **高可用性（Availability）**：在任意时间访问时系统都可以以较大的概率正常运行并提供所请求的服务，这要求系统有较好的容错性（即使某些组件失效也能继续提供全部或一部分服务）以及较强的故障检测和恢复能力。
- **可伸缩性（Scalability）**：系统具有良好的弹性，即系统的处理能力（包括相应的资源开销）能够随着负载的上升而随之扩张以及随着负载的下降而随之收缩。
- **高安全性（Security）**：系统难以被外部攻击或利用从而导致非法访问、信息泄露、数据篡改或系统不可用。

理解分布式软件体系结构设计首先需要了解分布式系统的基本原理和设计原则，其次需要了解相关的软件技术（如远程调用、负载均衡、消息传输、分布式存储、可靠性保障等）。围绕这些软件技术有许多现成的开源或商业软件中间件（Middleware，即位于应用软件与操作系统等系统软件中间的一种通用软件）及相应的开发框架可用。因此，现代的分布式软件系统开发通常都会在已有的分布式软件中间件和开发框架基础上进行设计并实现。本节的余下部分将分别介绍分布式系统的基本原理和设计原则、相关的软件技术以及可用的分布式软件中间件和开发框架。

7.5.1 设计原则

如前所述，软件体系结构设计经常需要在多个相互冲突的目标之间进行权衡决策。分布式软件体系结构设计的几个基本要求之间就存在这样的冲突。设想一下，一个分布式系统为了提高并发处理能力经常需要在多个服务器节点上部署相同或相关的功能组件，其中可能包含一些相同的数据内容，例如，多个支持负载均衡的商品查询服务器上都保存着同样的一些商品数据（如编号、名称、数量等）。此时，如果某一个客户端请求需要更新这些数据内容，例如，商品购买成功后需要更新对应商品的数量，那么相关服务器上的对应商品数量都需要更新。为了确保不同服务器上商品数量的一致性，更新操作需要同时发送给相关的服务器，但如果其中有一些服务器或其网络发生故障而导致更新失败，那么就会导致更新成功和更新失败的服务器之间发生商品数量不一致的问题。而如果要严格确保一致性，那么就要求相关服务器上的数据更新全部都成功后系统才能正常提供服务，由此可能导致系统的整体可用性下降（考虑到各种无法预计的服务器或网络故障问题）。因此，需要明确分布式软件体系结构设计的相关原则，从而指导我们做出合理的权衡决策。

以上所讨论的问题可以用 CAP 定理（CAP Theorem）来说明。这个定理最初源自加州大学伯克利分校的计算机科学家 Eric Brewer 在 2000 年的分布式计算原理会议（ACM Symposium on Principles of Distributed Computing）上所作的题为 *Towards Robust Distributed Systems* 的主题演讲中的一个猜想，因此又被称作 Brewer 定理（Brewer's Theorem）。后来在 2002 年，来自麻省理工学院的 Nancy Lynch 和 Seth Gilbert 证明了这一猜想(Lynch et al.，2002)，使之成为一个定理。

如图 7.13 所示，CAP 定理认为对于一个同时存在数据读取(如读取商品数量、订单状态等)和更新(如更新商品数量、订单状态等)操作的分布式系统中，一致性(Consistency)、可用性(Availability)、分区容错性(Partition Tolerance)这三个属性无法同时被满足，即如果想满足其中两个那么剩下的一个必须被牺牲。

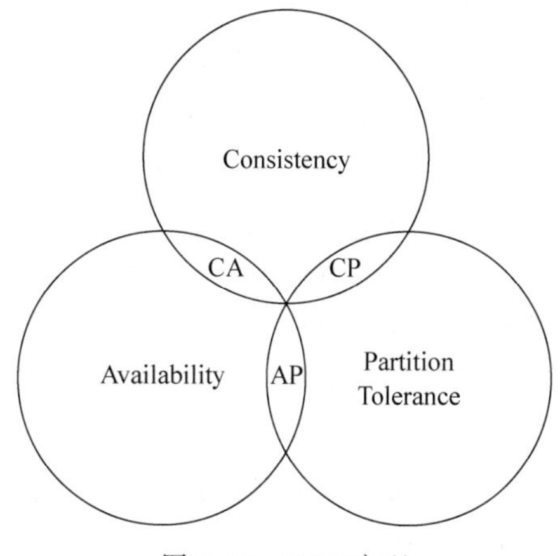

图 7.13　CAP 定理

- **一致性**：数据更新后任何一个客户端在任何时候访问都能读取到最新的数据，就好像这些数据只有一份统一的副本放在一个节点上。
- **可用性**：向一个非故障状态的节点发出的请求总是可以在合理的时间内返回正确的响应(但所返回的数据可以不是最新的)。
- **分区容错性**：系统中某一个节点或网络分区发生故障后，系统仍然能够对外正常提供服务，这意味着系统的多个网络分区中都部署了数据和服务副本。

按照 CAP 定理，我们无法兼顾一致性、可用性、分区容错性这三个属性，但可以同时实现其中两个，由此产生三种情况：实现一致性和可用性(CA)，此时放弃分区容错性，即采用单节点部署数据和服务；实现一致性和分区容错性(CP)，此时放弃可用性，即要求在多副本数据完成同步更新之前停止进行请求响应，容忍由此带来的可用性问题；实现可用性和分区容错性(AP)，此时放弃一致性，即允许不同分区返回不一致的结果。

在实践中，需要在 CAP 定理的基础上根据系统的实际情况进行权衡取舍。例如，对于当前大多数互联网应用系统(如在线购物、在线社交等应用)而言，显然用户无法接受系统时不时就无法访问或者某些商品暂时无法查询或购买，因此可用性是必须满足的。另外，由于网络或服务器故障总是不可避免的，同时单台服务器无法承载大量的用户并发访问，因此这些系统都需要使用大量的服务器和网络分区(例如不同的数据中心、机房或网段)并部署多个服务和数据副本，从而使分区容错性成为一种必要的选择。由此，是否可以放松一致性的要求就成为一个很多人思考的问题。

在大量的互联网应用软件开发实践基础上，人们逐渐在 CAP 定理的基础上形成了更具实践指导意义的 BASE 原则。BASE 原则最初是由 eBay 的架构师 Dan Pritchett 所提出来的(Pritchett，2008)，其主要思想是牺牲数据的强一致性来换取高可用性并在最后能实现最终一致性。BASE 原则包括三个方面，即基本可用(Basically Available)、软状态(Soft State)、最终一致性(Eventual Consistency)。

- **基本可用**：不追求绝对的系统可用性，而是允许在服务质量有所下降的情况下确保基本的可用性。例如，一些服务请求的响应时间可以比平时长一点，为此可以向用户展示等待页面；一些服务可以以降级的方式对请求进行响应，如一个商品推荐服务简单返回预定义的热门商品列表而不是运行一个复杂的算法来给出智能的推荐。
- **软状态**：又称弱状态，即允许系统中不同节点上的数据处于一种不一致的中间状态，这意味着不同节点上的数据更新可以存在一定的时间差。例如，网上购物系统中多个节点上保存的某个商品的数量可以暂时处于不一致的状态，此时不同的用户查询可能会得到不一样的结果。

- **最终一致性**：系统中不同节点上的数据副本经过软状态的过渡后最终都能够达到一致的状态。例如，如果没有新的商品数量更新操作，网上购物系统中多个节点上保存的某个商品的数量在经过一定的延迟后最终都能达到一致的状态。

BASE原则和最终一致性的思想使得分布式软件体系结构设计具有了更大的灵活性。由于放松了强一致性要求，系统可以通过多副本部署提高系统的处理能力以及应对局部服务器或网络失效的能力，同时根据负载的变化灵活调整副本的数量，从而实现较高的性能、可用性和可伸缩性。

在此基础上，架构师可以根据特定应用系统的实际情况做出不同的权衡决策。例如，对于一个在线购物系统中可抵扣支付款项的用户积分账户而言，为了确保账户不被透支，保证强一致性是有必要的，因此一个账户正在进行积分抵扣操作时需要暂时冻结其他访问请求(好在同一时刻多个客户端请求同时访问一个用户积分账户的情况非常少)。然而，对于这个在线购物系统中的商品信息而言，确保其能够随时进行查询和购买(即可用性)是非常重要的，而一致性在这里却可以略微放松。试想一下，如果该系统部署了多个商品信息查询和购买服务及其数据的副本并确保可用性，那么有可能在同一时间多个用户的商品查询和购买请求访问了不同副本上的同一商品数据。由于要确保可用性，因此这些副本可能在未完成数据同步的情况下分别响应了不同用户的请求，从而导致数据不一致(例如，某件商品在剩余数量不足的情况下同时卖给了多个用户)。这种不一致对于在线购物系统而言可能是可接受的，因为系统可以在后续配送环节想办法调货满足超卖的订单或者退回所支付的款项和抵扣的积分，从而实现最终一致性。

7.5.2 进程间通信

在分布式软件系统中，不同组件可能会部署在不同的网络节点或同一网络节点的不同进程上，相互之间需要通过进程间通信进行交互。与本地方法和函数调用等通信方式相比，进程间通信更加复杂而且需要考虑通信延迟和可能的调用失败等问题。因此，在分布式软件体系结构设计中，组件间交互技术的选择是一个重要的技术决策。

分布式软件系统中的组件间交互存在多种实现方式，可以按照同步/异步模式、一对一/一对多两个维度进行划分，如表7.2所示(Richardson，2019)。其中，同步模式是指客户端组件发出请求后会等待服务端的实时响应，因此可能会导致阻塞；异步模式下客户端组件发出请求后不会发生阻塞，而服务端也无须实时响应。一对一和一对多则是指每个客户端请求将会由一个还是多个服务实例来处理。以上两个维度组合后就产生了三种交互模式(一对多的同步模式不存在)：在一对一的同步模式下，客户端发出请求后进行阻塞等待，而服务端会有一个唯一的实例处理该请求并实时响应；在一对一的异步模式下，客户端发出请求后无须阻塞而是继续执行，服务端会有一个唯一的实例处理该请求并在此后某个时间进行响应(一般以回调客户端接口的方式)或者不进行任何响应(此时是客户端对服务端的单向通知)；在一对多的异步模式下，客户端以消息的方式发出请求后继续执行，多个服务实例通过消息订阅收到通知或者进一步产生多个回调消息作为异步响应。

表 7.2　分布式软件系统中的组件交互方式(Richardson,2019)

	一对一	一对多
同步模式	请求/响应	无
异步模式	异步请求/响应、单向通知	发布/订阅、发布/异步响应

一对一的请求/响应式的组件交互一般通过远程调用的方式来实现,如图 7.14 所示。为了方便远程调用的实现,开发人员一般都会采用某种开发框架来将业务逻辑实现与远程调用及其所包含的进程间通信相解耦。其中,请求方(即客户端)会引入一个调用代理,这样其实现代码可以以本地调用的方式实现所需要的远程调用;服务方(即服务端)则会引入一个包装器,将其业务逻辑实现包装成可以跨进程访问的服务。请求方的调用代理内部通过远程调用请求服务方的服务包装器,而服务包装器接收远程访问请求并调用相应的业务逻辑实现。调用代理和服务包装器一般被分别称为桩(stub)和骨架(skeleton),它们都可以由远程调用框架来提供,因此应用程序的开发者无须了解其中的进程间通信实现方式。

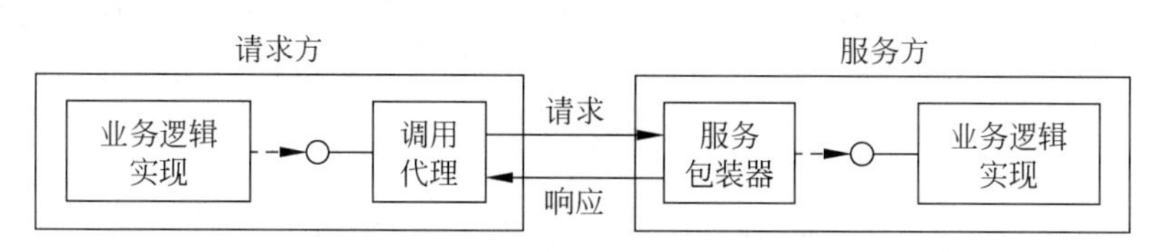

图 7.14　远程调用示意图

下面介绍 REST 和 RPC 这两种常用的远程调用技术,然后介绍基于消息的进程间通信技术。

1. REST

REST 的全称是 Representational State Transfer(即表现层状态转换),是一种基于 Web 服务的软件体系结构风格。满足这种风格的软件由可独立部署的 Web 服务组件组成,这些 Web 服务一般都是无状态的,因此需要调用服务的客户端(如 Web 页面或移动端)保存相应的状态并在服务调用时提供所需要的状态信息。这种无状态服务的一个优势是可以灵活伸缩,因为不需要在增加服务实例时进行状态同步。这里主要介绍符合 REST 风格(即 RESTful)的 Web 接口及对应的远程调用技术。

REST 是以资源为核心的,这里的资源一般是一个业务对象(例如图书、图书副本、读者)或者业务对象的集合(例如所有新到图书、某个读者目前在借的图书副本),可以使用 URL 来作为唯一标识符并进行引用。例如,图书对象可以用"/books/{bookID}"这样的 URL 来标识和引用(其中 bookID 表示图书编号),而读者在借的图书副本集合可以用"/borrowedBooks/{userID}"这样的 URL 来标识和引用(其中 userID 表示读者编号)。RESTful 接口通过 HTTP 动词来操作资源,这些动词包括:

- GET——请求读取资源内容。
- POST——请求创建新资源。
- PUT——请求更新资源。
- DELETE——请求删除资源。

这样,Web 服务接口就可以通过资源 URL 与 HTTP 动词的组合来定义。例如,一个图书服务的图书信息查询接口可以定义为如下这个服务端点(endpoint)。

```
GET / books/{bookID}
```

该服务的新增图书接口可以定义为如下这个服务端点(书名、出版社等字段可以放入请求消息体来传递)。

```
POST / books
```

该服务的更新图书信息接口可以定义为如下这个服务端点(需要更新的书名、出版社等字段可以放入请求消息体来传递)。

```
PUT / books/{bookID}
```

该服务的删除图书接口可以定义为如下这个服务端点。

```
DELETE / books/{bookID}
```

RESTful接口一般都会使用HTTP作为进程间(客户端进程与服务进程之间)通信机制,并使用XML或JSON格式来表示资源信息。例如,下面这段JSON消息表示一个图书对象,可以作为图书查询请求的返回消息或者新增、更新图书信息请求的请求消息内容。

```
{
"ISBN" : "9787302470939",
"title" : "赶集·集外/老舍短篇小说集",
"publisher" : "清华大学出版社",
"publishDate" : "2017 - 12 - 01"
}
```

当前,各种主流语言的技术社区都提供了支持RESTful服务及客户端开发的软件框架。例如,在Java开发中广泛使用的Spring Boot[①]框架针对RESTful服务开发提供了@RestController、@RequestMapping等注解来定义控制器和API,同时为客户端服务调用提供了RestTemplate类。此外,客户端服务调用还可以使用Apache提供的HttpClient[②]来实现。

RESTful接口体现了不同组件开发者之间的接口约定。例如,在前后端分离的Web应用开发中,后端以RESTful接口的形式为前端提供业务服务接口。因此,RESTful接口开发一般遵循所谓API优先的原则,即首先以一种规范形式定义接口规约然后生成API相关的定义和调用代码。远程调用接口通常都是使用IDL(Interface Definition Language,接口定义语言)进行定义,以反映服务开发者与请求服务的客户端开发者之间一致认可的接口说明。相应的IDL描述可以发布和共享,使得相应的接口定义可以以一种统一和一致的方式在不同的项目中使用。RESTful接口广泛使用OpenAPI规范[③]进行描述,并可以使用Swagger[④]所提供的工具进行RESTful接口开发和描述。使用这些工具可以在RESTful接口定义的基础上自动生成客户端的桩以及服务端的骨架,即图7.14中的调用代理和服务包装器。

---

① Spring Boot: https://spring.io/projects/spring-boot。

② HttpClient: https://hc.apache.org/httpcomponents-client-5.1.x。

③ OpenAPI: https://www.openapis.org。

④ Swagger: https://swagger.io。

RESTful 接口具有多种优点同时也有一些缺点(Richardson,2019)。其主要优点包括:规范简单易用,熟悉的人多;支持浏览器扩展(如 Postman)或命令行等方式直接测试;直接支持请求/响应方式通信,无须使用中间代理;所使用的 HTTP 对防火墙友好(即一般都能通过防火墙访问)。其主要缺点包括:只支持请求/响应方式的通信;调用期间服务需保持在线,因此可能导致可用性降低;单个请求中获取多个资源不方便;难以将多个更新操作映射到有限的 HTTP 动词;客户端必须知道服务实例的位置(URL),因此需要使用服务发现。

2. RPC

RESTful 接口方便调用和测试,但因为采用基于 HTTP 的文本消息通信所以性能稍差一些,同时由于所支持的 HTTP 动词有限,因此难以通过单个 API 实现多个更新操作。与之相比,RPC(Remote Procedure Call,远程过程调用)通过二进制消息进行通信因此性能更好、延迟更小。此外,REST 以资源为核心,接口按照针对资源的几种固定动作来定义;而 RPC 是以操作为核心的,可以灵活定义各种接口操作。

如图 7.14 所示,在基于 RPC 的组件交互中,客户端组件(请求方)代码首先调用本地调用代理(即客户端桩),然后本地调用代理将请求信息(包括调用的接口及参数)进行序列化包装使之成为能够通过网络传输的二进制消息并将消息发送给服务端。服务端的服务包装器收到消息后会进行反序列化操作,即从二进制消息中解析出所调用的接口及其参数,然后调用本地业务逻辑实现代码。服务端完成处理后,返回消息以类似的方式发送给客户端,即服务包装器进行序列后发送给客户端调用代理并由客户端调用代理反序列化后最终返回给客户端组件代码。

gRPC(Google Remote Procedure Call)[①]是 Google 开源的一套高性能、通用远程过程调用框架,支持多种语言(如 Java、C++、C#、Go、Node、PHP、Python、Ruby)。与 REST 一样,gRPC 也是一种同步通信机制。此外,与 RESTful 接口类似,基于 gRPC 的接口开发一般也遵循 API 优先的原则并使用 IDL 进行接口定义。gRPC 接口一般使用基于 Protocol Buffers[②] 的 IDL 进行定义。Protocol Buffers 是 Google 提供的一种语言和平台中立、可扩展的结构化数据序列化机制。Protocol Buffers 编译器可以在接口的 IDL 描述基础上针对不同的语言自动生成相应的客户端桩(即调用代理)和服务端骨架(即服务包装器)代码,它们在远程调用过程中使用 HTTP/2 协议并通过 Protocol Buffers 格式的二进制消息进行通信。

gRPC 接口定义可以包含多个服务及相应的请求/响应消息定义。其中的服务定义类似于 Java 接口,每个服务可以包含多个强类型的方法定义,这些方法的参数和返回值都需要严格进行类型匹配。下面这段代码给出了一个使用 Protocol Buffers 的 IDL 描述的 gRPC 接口的例子,其中定义了一个图书服务 BookService,该服务包含一个添加图书方法 createBook 和一个图书查询方法 queryBook。与这些方法相关的请求和响应消息也进行了定义。例如,queryBook 的请求消息包含一个表示查询关键字的字符串,而响应消息则包含多个图书对象,其中每个对象都包含 ISBN 号(isbn)、书名(title)、出版商(publisher)、出版日

① gRPC: https://www.grpc.io。

② Protocol Buffers: https://developers.google.cn/protocol-buffers。

期(publishData)这些信息。

```
service BookService{
    rpc queryBooks(QueryBookRequest) returns (QueryBookResponse);
    rpc createBook(CreateBookRequest) returns (CreateBookResponse);
}

message QueryBookRequest{
    required string query = 1;
}

message QueryBookResponse{
    repeated Book books = 1;
}

message Book{
    required string isbn = 1;
    required string title = 2;
    required string publisher = 3;
    required string publishDate = 4;
}
```

与 REST 相比,gRPC 具有一些显著的优缺点(Richardson,2019)。其主要优点包括:设计具有复杂更新操作的 API 非常简单;高效、紧凑的进程间通信机制,在交换大量消息时具有性能优势;支持在远程过程调用和消息传递过程中使用双向流式消息方式。其主要缺点包括:与基于 REST/JSON 的 API 机制相比,JavaScript 等客户端使用基于 gRPC 的 API 更麻烦一些;旧式防火墙可能不支持 HTTP/2。

除了 gRPC 之外,其他流行的 RPC 框架还包括阿里巴巴开源的 Apache Dubbo①、腾讯开源的 Tars②、百度开源的 bRPC③ 等。

3. 基于消息的通信

前面所介绍的两种远程调用技术支持的都是同步交互模式,即客户端发出请求希望能立即收到响应并会停下等待响应。然而,在有些交互场景下客户端并不需要马上收到响应。可以类比一下人与人之间的通信模式。有时候我们着急找某个人并希望立即获得答复时,会选择打电话(相当于发出请求)并等待对方应答(相当于响应),此时就是同步交互模式。而有的时候我们并不急于马上获得回复甚至不需要回复时,会选择向对方发送一条短信然后继续做其他事情。对方可能在一两分钟内也有可能几个小时后看到并处理这条短信,然后根据需要决定是否回复一条短信。这种短信交互模式就是一种基于消息的异步通信模式。与同步通信相比,异步通信更加灵活,消息接收方可以灵活决定按照何种顺序以及何时处理消息,而发送方还可以将消息发给多个接收方。需要注意的是,基于消息通信也可以实

---

① Dubbo: https://dubbo.apache.org。

② Tars: https://www.oschina.net/p/tars。

③ bRPC: https://github.com/apache/incubator-brpc。

现类似于同步调用的效果，即用异步来实现同步：客户端发送请求消息后可以停下来反复查看响应消息有没有收到，收到后马上对响应消息进行处理(就像一个心急的人发完短信后不断查看对方有没有回消息而无心做其他事情)。

基于消息的通信一般需要使用消息队列(Message Queue，MQ)来实现：消息的发送方(消息的生产者)将消息放入消息队列中，消息队列作为一种容器保存消息，消息的接收方(消息的消费者)从消息队列那里获取消息并进行处理。所传递的消息包含消息头(header)和消息体(body)，其中，消息头包含消息ID、回复地址等元信息，而消息体中则是作为消息正文的数据内容(文本或二进制格式)。消息的内容一般包括以下三种类型。

- **数据**：业务数据内容，例如，一本图书的ISBN号、标题、作者等信息。
- **命令**：类似于远程调用请求，包含操作及其参数，例如，预借一本图书。
- **事件**：表明发送方业务对象状态发生了变化，需要通知对此感兴趣的其他相关方，例如，图书馆新到图书上架(对新到图书感兴趣的用户可以得到通知)。

消息队列为消息通信提供了通道，一般支持如下两种通道模式。其中，命令一般通过点对点模式发送，而数据一般作为命令消息的响应消息内容通过点对点模式发送。事件一般通过发布-订阅模式发送，从而允许多个接收方按照事先订阅的话题来得到感兴趣的事件通知。

- **点对点模式**：消息的发送方和接收方进行一对一的通信，消息仅有一个接收方(即消费者)，消息被读取处理后从队列中移除。
- **发布-订阅模式**：消息的发送方和接收方进行一对多的通信，发送方发布的每条消息都会标注相关的话题(Topic)，接收方按照话题进行订阅并接收所订阅话题下的消息。

利用这两种消息通信模式，可以实现表7.2中的每一种交互方式。单向通知可以利用点对点通信模式来实现，发送方向指定的接收方发送消息后无须响应消息。请求/响应和异步请求/响应需要组合两个点对点消息通道来实现(如图7.15所示)：发送请求消息时，消息头中包含回复地址(即响应消息通道)，服务方处理完请求消息后按照此地址发送响应消息；发送响应消息时，消息头中包含关联消息ID，这样请求方处理此消息时就能跟对应的请求消息匹配上。在这种交互模式下，如果请求方发送请求消息后并不阻塞等待而是继续其他处理并在后续某个时间点处理响应消息，那么所实现的是异步请求/响应模式；如果请求方发送请求消息后一直阻塞等待直到响应消息到达然后进行处理，那么所实现的是请求/响应模式。此外，利用发布-订阅模式可以实现发布/订阅交互方式，也可以实现发布/异步响应交互方式(此时需要结合请求/响应通道模式)。

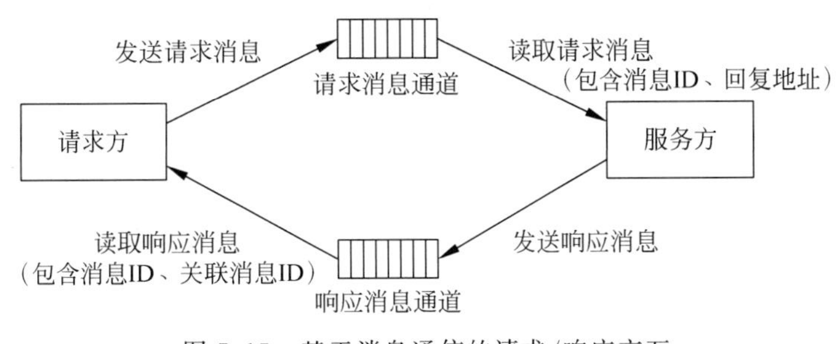

图7.15　基于消息通信的请求/响应交互

常用的消息队列包括两类,即无代理(Broker-less)消息队列和基于代理(Broker-based)的消息队列。

使用无代理消息队列的消息发送方和接收方直接通信,消息队列以 API 的方式被编译到应用程序中实现点对点通信。这种轻量级的消息通信机制具有网络流量低和延迟低的优势,但要求发送方和接收方在消息通信期间都在线且无法实现良好的可用性保障。无代理消息队列的典型代表是 ZeroMQ[①]。

与之相比,基于代理的消息队列通过独立部署的分布式消息代理来提供消息服务。消息代理扮演消息发送方和接收方之间的中介角色,发送方把消息发送给消息代理,然后消息代理再把消息发给接收方。使用消息代理的好处是发送方无须知道接收方的地址,而且消息代理可以对消息进行缓冲直至接收方收到消息(因此双方无须同时在线)。基于代理的消息队列可以实现消息缓冲、重传等功能,具有更好的可用性保障,因此得到了广泛的应用。常用的基于代理的消息队列包括 RabbitMQ[②]、Apache Kafka[③]、Apache ActiveMQ[④]、Apache RocketMQ[⑤]。

与无代理的消息队列相比,基于代理的消息队列具有一些显著的优缺点(Richardson,2019)。其主要优点包括:消息的发送方与接收方松耦合;消息代理可以提供消息缓存和相关的可用性保障;可以灵活实现多种交互方式;明确的进程间通信(远程调用会给人一种本地调用的错觉)。其主要缺点包括:消息代理可能成为性能瓶颈同时存在单点故障风险(不过现代消息代理大多具有较好的横向扩展能力和高可用性);需要单独部署、管理和维护一套消息代理。

7.5.3 负载均衡

分布式软件系统经常需要处理大量的并发请求。虽然我们可以通过提升服务器性能以及改进程序运行效率等手段提高单台服务器的处理能力,但是当并发请求量大到一定程度时就必须要依靠很多台服务器一起来分担请求负载。这些服务器上部署着一样的服务端程序,可以提供一样的服务能力和服务内容。这就像中午就餐高峰的食堂,单个窗口的服务员动作再快也无法应付就餐的人潮,此时就要多开窗口来分流就餐人群。有了多台服务器的并行处理能力后,接下来的问题就是如何将大量的请求负载以一种合理、均衡的方式分配到不同的服务器上。这种负载均衡调度一旦做得不好有可能造成有的服务器负载很高而有的服务器则出现空闲,从而导致整体处理能力不足以及计算资源的浪费。

负载均衡器的作用类似于食堂、银行等服务窗口前的引导人员所发挥的作用,他们根据各窗口前排队的人数引导新来的人到某个窗口(例如当前人数最少的窗口)前排队。在分布式软件系统中,负载均衡器以软件的方式实现并通过各种策略和算法实现负载均衡调度。负载均衡器的实现方式包括服务端负载均衡和客户端负载均衡这两种。

服务端负载均衡是目前主流的负载均衡实现方式。如图 7.16 所示,客户端发出的请求由服务端的负载均衡器接收,然后负载均衡器再按照某种策略选择一个服务实例进行转发。

① ZeroMQ:https://zeromq.org。

② RabbitMQ:https://www.rabbitmq.com。

③ Apache Kafka:http://kafka.apache.org。

④ Apache ActiveMQ:http://activemq.apache.org。

⑤ Apache RocketMQ:http://rocketmq.apache.org。

服务端负载均衡一般通过反向代理的方式实现。所谓反向代理是相对于正向代理而言的：内部局域网中的机器要访问外网就需要先连接代理服务器，然后由代理服务器转发请求访问外网服务并返回结果。反向代理与此正好相反：处于外网的客户端发出请求后，服务端的负载均衡器选择一个内部的服务实例来处理此请求。在此过程中，客户端无须了解具体服务实例的信息而只需要了解服务端反向代理(负载均衡器)的地址并向其发出请求即可。客户端与服务实例之间通过反向代理实现了隔离，也增强了安全性。此外，反向代理一般还支持文本、图片等静态资源的缓存功能，可以加快这些资源的访问速度和存取效率。最常用的服务端负载均衡器软件是 nginx①，其他的还包括 LVS② 和 HaProxy③。除了软件负载均衡器，还有利用智能路由器等硬件实现的负载均衡器，例如 F5④、Radware⑤。

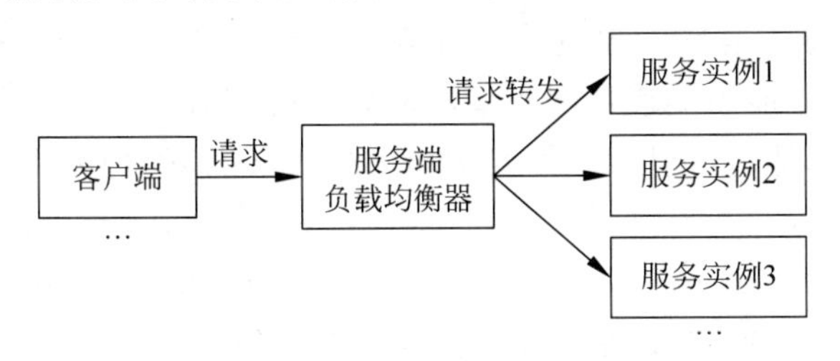

图 7.16 服务端负载均衡

与服务端负载均衡不同，在客户端负载均衡模式下，每个客户端在发送服务请求时直接决定要访问的服务实例，如图 7.17 所示。服务端维护一个服务注册表，每个服务实例被创建时都会到服务注册表上进行注册，并在后续过程中通过心跳机制(定时向注册表发送心跳消息)维持联系。客户端一般在本地保存一份服务实例列表，通过查询服务注册表进行定时更新，同时在发现不可用的服务实例后将其移除。客户端发起请求时先从本地列表中查询当前可用的服务实例，然后根据某种负载均衡策略选择其中一个服务实例发送请求。Spring Cloud Ribbon⑥ 是一个常用的客户端负载均衡插件，可以以软件库的形式被集成到服务调用客户端中，并与 Eureka⑦ 等服务注册与发现服务相结合使用。

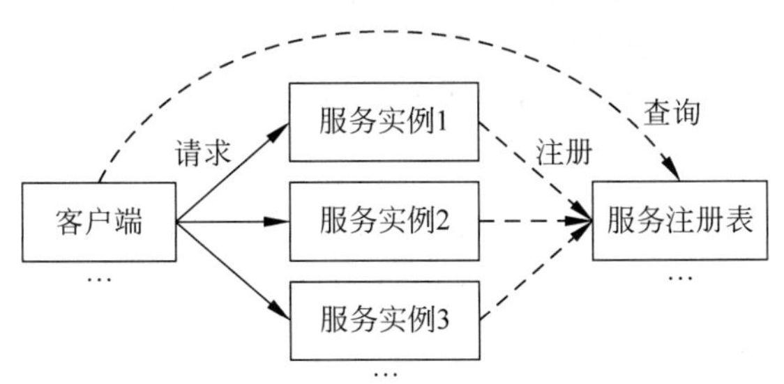

图 7.17 客户端负载均衡

① nginx：http://nginx.org。
② LVS：http://linuxvirtualserver.org。
③ HAProxy：https://www.haproxy.com。
④ F5：https://www.f5.com。
⑤ Radware：http://www.radware.com.cn。
⑥ Spring Cloud Ribbon：https://github.com/Netflix/ribbon。
⑦ Eureka：https://github.com/Netflix/eureka。

服务端负载均衡与客户端负载均衡的一个根本区别在于服务列表是由服务端的负载均衡器维护还是由客户端自己维护。采用服务端负载均衡的好处是能够及时更新可用服务实例列表并更好地保障服务响应速度，同时客户端开发较为简单；采用客户端负载均衡的好处是避免负载均衡器单点故障的影响，因为每个客户端本地保存了服务列表。

无论是服务端还是客户端负载均衡，都需要采用某种负载均衡策略及相应的算法来做出决策，为每一次服务请求选择一个合适的服务实例。常用的负载均衡策略包括以下几种。

- **随机选择**：随机从可用服务实例列表中选择一个进行请求。如果每个服务实例的处理能力类似且服务请求的处理时间都差不多，那么随机选择在请求量较大的情况下也能大致确保请求较为均匀地被分配到各个服务实例上。
- **轮询(加权轮询)**：将请求轮流分配给各个服务实例。显然，这种策略也是假设每个服务实例的处理能力类似且服务请求的处理时间都差不多。如果服务实例的处理能力存在差异，那么可以为服务实例加上权重，这样处理能力强的服务实例可能会分配更多的请求。
- **最小负载(加权最小负载)**：根据各个服务实例当前的请求负载(例如等待队列的长度)，将请求分配给负载最小的服务实例。如果各个服务实例的处理能力相似，那么这种策略可以实现较为均匀的负载分配。但是，如果服务实例的处理能力存在差异，那么可能导致实际负载(根据所需要的处理时间)不均衡的情况。此时可以为服务实例增加权重，这样处理能力强的服务实例可能会分配更多的请求。
- **最快响应速度**：根据每个服务实例的请求响应速度(含请求的排队等待时间)，将请求分配给响应最快的服务实例。这种策略可以充分考虑服务实例的实际处理能力，但需要排除服务实例在失效后快速返回的情况(即很快响应但实际上是失败)。

7.5.4 分布式存储

分布式软件系统中高效的数据存取经常是一个关键问题。为了增加系统的处理能力，可以增加服务器和服务实例并采用负载均衡策略。但是很多服务实例都需要访问持久化的数据存储(数据库或文件)，从而使数据存储和访问成为瓶颈。例如，如图 7.6 所示的图书馆管理子系统体系结构中，如果同一时间借书和还书的请求过多，那么可以增加图书副本组件的服务实例数以提高处理能力。但这些服务实例都要访问图书副本数据库表进行查询和更新，如果这些数据访问请求都由同一个数据库来满足，那么这个数据库很快会成为处理能力和性能上的瓶颈。因此，分布式软件系统中经常需要采用分布式的数据存储方案，特别是分布式文件系统和分布式数据库。

分布式文件系统可以部署在由多台服务器组成的集群上，一般采用主从(Master/Slave)结构进行组织。在这种结构中一般会有一个主节点和多个从节点。主节点管理整个文件系统的命名空间以及客户端对文件的访问操作，而从节点则管理所存储的数据(因此又称数据节点)。主节点管理数据节点并向它们转发文件存取访问请求，如果一个数据节点无法正常工作则会被暂时移除。为了确保数据不丢失以及数据访问的高可用性，每个数据块都会在多个数据节点上进行存储以实现冗余备份，主节点会根据数据的可用副本情况决定在数据节点之间进行数据复制(例如，一个数据块的可用副本数量较少时选择一个数据节点来复制一份)。分布式文件系统对外提供统一的文件访问(例如创建、读取和更新文件)，访问的客户端无须了解其内部的分布式结构。分布式文件系统的一个典型代表是作为 Hadoop[①] 一部分的 HDFS(Hadoop Distributed File System)。

分布式数据库是一种可以部署在网络上的多台服务器上,物理上分散但逻辑上统一的数据库。客户端访问分布式数据库时可以将其作为一个整体发出访问请求(例如数据库查询),而无须关心其背后的分布式结构。与分布式文件系统相似,分布式数据库一般也采用主从(Master/Slave)结构进行组织,由主节点来调度和转发数据访问请求,多个数据节点分散存储数据并通过数据复制来进行同步。常用的分布式数据库包括基于 Hadoop HDFS 的 HBase[②]、MongoDB[③]、Apache Cassandra[④] 等。这些分布式数据库一般都是非关系型的数据库(称为 NoSQL),例如,HBase 和 Apache Cassandra 是一种基于键/值存储的列式数据库(即数据库表按照列而不是行来存储数据);MongoDB 是一种支持类似 JSON/BSON 格式的文档数据库,可以存储比较复杂的数据类型。

分布式软件系统经常会频繁读取某些数据,例如,图书馆管理子系统中的图书目录信息。这些信息很多时候是很少更新的,因此从数据库中通过反复的持久化数据访问(例如访问硬盘)读取这些信息是很浪费的(从计算资源和处理时间的角度)。此时,一个很自然的想法就是能否将经常被读取且较少变化的数据放到内存中,这样应用服务读取这些数据时无须访问数据库而只需要访问内存即可,这就是缓存的思想。由于分布式软件系统的特性,相应的缓存系统也需要是分布式。分布式缓存在内存中保存和管理数据,因此所支持的数据读写都比较快。此外,分布式缓存本身类似于分布式数据库,可以部署在多台服务器上并支持数据访问请求的转发和数据的复制。使用分布式缓存时,应用服务自行决定相应的缓存策略,例如,读取哪些数据时需要尝试访问缓存、所访问的数据在缓存中不存在时(即缓存不命中)从数据库读取并在缓存中保留一份、何时以及如何对缓存中的数据进行更新(因为对应的数据库中的数据可能被更新过了)。放在缓存中的数据一般会设置有效期,超过有效期未更新的数据就会失效(缓存系统可能会清理失效数据)。分布式缓存对于分布式软件系统,特别是互联网在线服务系统,有着十分重要的作用。这些系统的海量访问请求在很大程度上都依靠分布式缓存来支撑。如果某个缓存数据过期而此时又有大量的请求需要访问这个数据,那么这些请求就会导致大量的数据库访问从而使数据库服务器宕机(这种情况称为缓存击穿)。因此,制定合理、可靠的缓存策略对于分布式软件系统是十分重要的。当前使用最广泛的分布式缓存系统之一是 Redis[⑤],它是一种内存数据存储系统,支持字符串、哈希、列表、集合、带范围查询的排序集、位图等数据结构。需要注意的是,虽然 Redis 最初是作为分布式缓存被开发的,但由于其本身也支持持久化的数据保存而且访问速度较快,因此也有人将其作为分布式数据库使用。

7.5.5 可靠性保障

分布式软件系统面临外部不可预知的访问负载以及内部分布式网络和服务器的各种不

① Hadoop: https://hadoop.apache.org。

② HBase: https://hbase.apache.org。

③ MongoDB: https://www.mongodb.com。

④ Apache Cassandra: https://cassandra.apache.org。

⑤ Redis: https://redis.io。

确定问题，如何确保其可靠运行是一个难题。虽然通过严格的开发和测试过程可以尽量确保少出错并为各种可能的问题做好准备，但是在体系结构层面上采取一些额外的可靠性保障策略还是有必要的。这些保障策略建立在软件工程(准确说应该是所有的“工程”)所蕴含的综合权衡的思想基础上，即将各种有利和不利影响综合考虑后根据相对重要性选择相对较好的决策而不是追求完美。就分布式软件系统的可靠性保障而言，当系统无法保证完全正常运行时可以通过降低服务质量、牺牲一些相对不那么重要的功能和服务，甚至拒绝一部分访问请求等手段确保系统维持基本运转。相关的可靠性保障策略包括限流、降级、熔断等。

1. 限流

外部用户因素或者内部非预期的故障都有可能导致系统中某些服务的访问量激增。例如，一个网上购物系统在举办秒杀等促销活动时，高峰期可能涌入大量的访问流量，此时如果不加以限制，那么响应这些请求的商品查询等后台服务有可能会崩溃甚至导致系统瘫痪。为此，可以采用限流策略来加以保护，就是对于超过流量限制的请求拒绝访问或者转入一个队列进行等待，此时用户看到的页面提示可能是“访问量太大请稍候再试”或者“访问人数过多正在排队中”。

2. 降级

当系统访问负载较大、资源不足时，还可以采取服务降级的策略，即通过适当降低服务质量和用户体验来确保核心服务的可用性。采用服务降级策略时，需要考虑各种服务的重要性，确保重要性较高的服务能够优先获得所需要的资源。常用的降级策略包括以下几种。

- **停用优先级较低的服务**：通过停用优先级较低的服务来节省资源。例如，在网上购物系统中，高峰访问时段可以停用商品推荐、发表评论等服务，确保商品浏览和购物等核心服务的可用性。
- **降低服务质量**：将一些服务切换为质量较低、用户体验稍差但节省资源的实现方式。例如，在网上购物系统中，高峰访问时段可以使用基于规则的简单算法来实现商品推荐而避免消耗资源的精确推荐算法。
- **降低信息或服务的时效性**：通过降低信息或服务的时效性来节省资源。例如，在网上购物系统中，高峰访问时段用户的购物积分可以延迟到账(相关的业务处理推迟到高峰期过后处理)。

3. 熔断

熔断是一种过载保护机制，类似于电路中的断路器会在电流过大时跳闸。在分布式系统中，上游服务调用下游服务来实现特定的功能，如果下游服务不可用或者响应速度很慢，那么上游服务也会失败同时等待响应的时间也会变长。此时，上游服务可以断开对下游服务的调用，从而避免局部的失败和延迟随着一层层的服务依赖扩散、蔓延和逐级放大。例如，在网上购物系统中，订单处理服务需要调用积分服务来更新用户积分，如果积分服务频繁调用失败那么订单处理服务在接下来的一段时间内会停止调用积分服务(所对应的积分更新操作可以后续再处理)从而避免受其影响。配置了熔断机制的服务一般会通过如下过程进行熔断处理。

- **熔断条件监测**：持续监测下游服务的调用成功率和响应时间，如果在一个时间窗口内某个下游服务的失败率或次数超过一定的阈值那么将进行熔断。

- **切断联系**：切断与所熔断的服务之间的调用关系，代之以快速失败（即不调用而直接返回失败，从而避免等待）或者服务降级（即用另一个实现类似功能的简单服务替换）。
- **恢复时机探测**：在切断联系期间每隔一段时间探测一下被切断的服务是否恢复正常了，如果恢复正常那么将启动恢复。
- **恢复正常**：熔断结束，当前服务恢复对被调用的服务的正常调用，同时继续进行熔断条件监测。

Spring Cloud① 提供的 Hystrix 组件提供了实现超时机制和断路器模式的工具类库，可以用来设置服务调用超时以及实现服务熔断机制。目前 Hystrix 已经停止更新，推荐的替代实现包括 Alibaba Sentinel② 和 Resilience4j③。

7.6 云原生软件体系结构

视频讲解

云计算技术在过去十几年中飞速发展，已经成为现代分布式软件系统的一种主流支撑技术。如今我们讨论的分布式软件系统有很大一部分就是指在云上部署和运行的软件系统。云计算的特点是高度分布式、可伸缩以及资源按需使用。需要注意的是，在云上部署和运行并不代表一个软件系统就完全符合云计算的特点。为此，近几年兴起了一个新的概念"云原生"(Cloud Native)，代表顺应云计算特点的软件应用的典型形态。可以将云原生软件应用理解为云计算的原住民，即应用的设计、开发、部署和运行方式都充分考虑了云的特点。云原生计算基金会(Cloud Native Computing Foundation，CNCF)④对于云原生的定义如下。

云原生技术有利于各组织在公有云、私有云和混合云等新型动态环境中，构建和运行可弹性扩展的应用。云原生的代表性技术包括容器、服务网格、微服务、不可变基础设施和声明式 API。这些技术能够构建容错性好、易于管理和便于观察的松耦合系统。结合可靠的自动化手段，云原生技术使工程师们能够轻松地对系统做出频繁和可预测的重大变更。

以上提到的这几个代表性技术都与软件体系结构有着密切关系。

- **容器(Container)**。应用软件被实现为一组相对独立的服务，使用轻量级（相对于虚拟机和物理机）的容器进行打包和部署，使得服务的伸缩更加灵活和快速，而基础设施和资源（云计算平台上的计算、存储和网络等资源）利用率得以提高。
- **服务网格(Service Mesh)**。应用软件服务之下的一个专门的基础设施层，其目的是确保服务与服务之间能够实现安全、快速和稳定地通信。服务网格为每个服务实例提供了轻量级的网络代理，能够在服务开发者无意识的情况下实现服务发现、负载均衡、服务间通信以及相关的可靠性保障（如超时控制、重试熔断等），使得服务开发者可以专注于业务逻辑的实现。
- **微服务(Microservice)**。应用软件采用微服务体系结构风格，实现为一组独立开发、独立部署、独立伸缩的服务，服务与服务之间实现了松耦合和物理隔离，相互之间只

① Spring Cloud：https://spring.io/projects/spring-cloud。
② Alibaba Sentinel：https://github.com/alibaba/Sentinel。
③ Resilience4j：https://resilience4j.readme.io。
④ 云原生计算基金会：https://www.cncf.io。

能通过服务 API 以及进程间通信机制(如 REST、RPC 或基于消息的通信)进行同步或异步交互。

- **不可变基础设施(Immutable Infrastructure)**。部署服务的服务器在完成部署之后不再发生变化,直至服务实例被销毁后重新创建。与之相对应的是可变基础设施,即管理员在部署软件后经常需要再进行一些系统升级、打补丁、修改配置等操作,不仅烦琐而且导致软件运行环境不可控、出现问题后难以重现(因为难以保证运行环境一模一样)。实现不可变基础设施的关键在于以云端虚拟化基础设施为基础,通过容器来对服务及其运行环境(如 Tomcat、JVM 等)进行整体构建和打包,然后对容器镜像(Image)进行版本化管理和自动化部署。
- **声明式 API(Declarative API)**。以声明式的方式来定义运行环境,例如,“创建 10 个 X 服务的实例”“创建包含 3 个服务注册中心的集群”,而不需要通过组合多个命令式的 API(例如,循环调用服务实例创建和其他相关命令)来定义软件运行所需要的运行环境。

从以上这些技术可以看出,云原生软件从体系结构设计上看其主要出发点是将特定应用软件的业务逻辑实现(如网上购物流程和积分规则等)与通用的技术基础设施(如服务间通信以及服务的部署、伸缩和可用性保障等)相分离。这样,前面提到的软件体系结构所需要实现的很多非功能性质量特性(如性能、可用性、安全性、韧性等)都可以由云计算基础设施去保障,而应用的开发者只需要关注于业务视角的体系结构设计(如服务边界划分和服务间交互逻辑设计)。云原生软件的思想中包含一系列软件体系结构设计原则及设计模式,其中体现了模块化、松耦合、关注点分离等经典软件设计思想,同时充分考虑了云计算的特点。

除了以上这些技术,一般还认为云原生的思想与一些代表性的软件开发过程及管理实践相关,具体包括开发运维一体化(DevOps)、持续交付(Continuous Delivery)和康威定律(Conway's law)等。其中,开发运维一体化和持续交付在第 2 章中有介绍。而康威定律则是指一个系统的设计结构反映了设计这个系统的企业内部的组织结构和沟通关系。根据康威定律的思想,对于采用微服务架构的云原生软件系统而言,每个服务最好都对应一个相对独立的开发团队(一个团队可以开发和维护多个服务),服务与服务之间不仅在软件实现上是松耦合的而且对应的开发职责边界清楚,所需要的开发上的沟通关系与组织结构相一致。这就意味着打算采用云原生和微服务架构的企业首先要让开发团队的组织结构与所规划的服务划分结构相适应。

本节的余下部分将主要介绍与云原生软件体系密切相关的几个方面,包括微服务体系结构、微服务开发框架以及容器化部署技术。在此基础上可以通过阅读相关书籍(例如,Chris Richardson 的《微服务架构设计模式》这本书(Richardson,2019)对微服务相关的设计思想和软件技术栈进行详细的介绍)和网络资料(例如,本章提供的各种软件开发框架和工具链接)来进一步学习和了解微服务应用开发及部署。同时,可以通过一些开源的微服务软件应用(例如,复旦大学所开发并开源的 TrainTicket[①])来学习微服务设计思想和相关软件技术栈。

---

① TrainTicket 开源项目:https://github.com/FudanSELab/train-ticket。

7.6.1 微服务体系结构

微服务是一种体系结构风格，与其相对应的是传统的单体体系结构或称巨石体系结构(Monolithic Architecture)。采用单体体系结构的软件应用虽然也会如图7.6所示那样按照模块化的原则进行组件划分并按照组件分配开发任务，但是各个组件之间只是逻辑上隔离而在物理上并没有进行隔离。这一点可以从开发和运行两个方面去理解。从开发上看，同一项目中的不同组件往往共享一个代码仓库和版本管理系统，作为一个整体进行编译、构建和部署。从运行上看，同一项目中的不同组件经常在同一台服务器上(甚至同一个进程中)运行并共享计算、存储、网络等各种资源。因此，这种软件应用的体系结构事实上"隐藏"在大量的代码之中，组件结构只能依靠代码文件的目录结构等手段来进行区分，而组件之间除了明确定义的接口之外还可能通过共享全局变量、数据库或文件等方式进行交互。

微服务体系结构是近几年兴起的一种分布式软件体系结构风格，目前已经成为云原生软件的一种主流体系结构风格。James Lewis 和 Martin Fowler 所写的一篇文章(Lewis，2014)中对微服务体系结构给出了下面这样的定义。

微服务体系结构风格将应用实现为一组小的服务，每个服务在自己的进程中运行并通过轻量级的机制(例如 HTTP 资源 API)进行通信。这些服务是围绕业务能力来构建的，可以通过完全自动化的部署机制进行独立部署。这些服务可以用不同的编程语言来编写并使用不同的数据存储技术，对于这些服务仅有一些最低限度的集中管理。

微服务体系结构的兴起源于在当前业务快速交付以及运行的高可用性要求下，传统的单体体系结构在开发和运行上遇到的各种问题。虽然单体体系结构在软件系统发展的早期具有开发和测试简单、易于进行大规模更改、易于打包部署等优点，但随着软件不断演化可能会逐步出现多种问题并被形容为所谓的"单体地狱"，其主要表现包括以下几个方面(Richardson，2019)：组件边界不清且依赖关系复杂，随着不断演化软件系统规模不断膨胀且越来越复杂；软件项目完整代码的载入、构建、运行和测试都变得越来越慢，导致开发速度越来越慢；项目中所有软件组件共享一套构建、集成、测试和部署流水线，任何一个组件的代码修改都有可能相互影响从而导致整个代码库的构建结果经常处于不可交付的状态，使得从代码提交到实际部署的时间很长；所有组件一起构建、部署和运行，这使得每个组件难以根据自身的特点选择合适的技术栈(如编程语言、中间件、数据库等)，系统长期依赖过时的技术栈而尝试新技术经常需要对系统整体进行重构；整个项目作为一个整体进行部署和运行时伸缩，因此服务器环境需要满足所有组件的需要，导致部署和伸缩的灵活性不足；不同组件在一起部署和运行并共享运行环境，导致组件之间缺少故障隔离，任何一个组件中的故障(如内存泄露)都有可能导致其他组件受到影响，从而威胁到系统整体的可靠性和可用性。

与单体体系结构不同，微服务体系结构将软件实现为一组独立开发、独立部署、独立伸缩的服务，服务与服务之间实现了松耦合和物理隔离，相互之间只能通过服务 API 以及进程间通信机制进行同步或异步交互。这使得作为基本的软件组件单元的服务实现了高度的独立性，在很大程度上缓解了单体体系结构所面临的几个问题。首先，每个服务由一个开发团队独立开发，单个服务的规模较小、复杂性较低，而且可以拥有独立的代码仓库以及构建、集成、测试和部署流水线，因此开发可以更加快速。其次，每个服务都可以独立开发、部署和更新而不会相互牵扯,因此各个服务都可以频繁修改和交付。再次,每个服务都可以拥有自己的运行环境,因此每个服务的开发者都可以自由选择适合自身的技术栈。最后,每个服务都可以独立进行伸缩(即增加或减少运行时的服务实例),因此灵活性更强,同时每个服务实例的运行环境都是隔离的(例如通过容器化部署),因此实现了故障隔离。

图 7.18 从部署和伸缩的角度说明了单体体系结构与微服务体系结构的区别。图中不同的形状代表不同的功能,每一个带竖线的方框代表一个独立打包和部署的实例。可以看到,在单体体系结构中,一个软件系统的所有功能作为一个整体(虽然会划分为不同的组件)部署和运行(经常在一个进程中),如果要进行扩容(即增加服务实例)那么只能对整个系统进行复制部署。而在微服务体系结构中,每个功能都可以实现为一个独立的服务,这样每个服务都可以根据需要独立进行复制并部署在不同的服务器上。

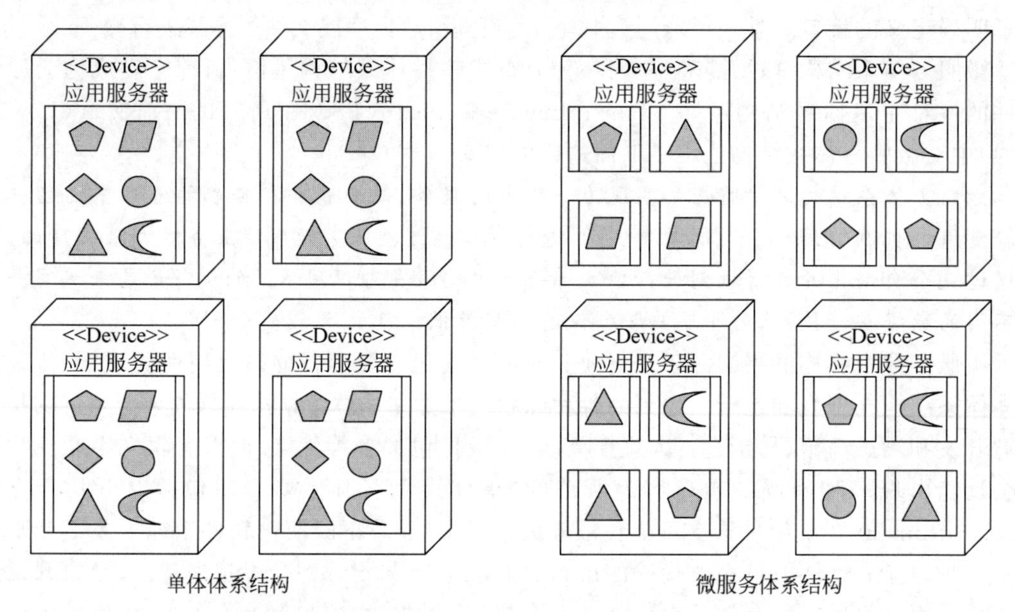

图 7.18　单体体系结构与微服务体系结构(Lewis,2014)

由于一个服务可以拥有多个实例并且实例会由于自动伸缩、故障和升级等原因发生动态变化,因此服务的调用方无法实现确定服务实例的访问地址和端口。因此,微服务体系结构经常需要使用服务发现及相应的负载均衡机制。如同 7.5.3 节所介绍的,需要有一个服务注册表来对当前可用的服务实例列表(包含访问地址和端口)进行管理,服务调用请求将通过服务发现及负载均衡机制被动态转发到合适的服务实例上。

图 7.19 展示了一个图书馆管理子系统的微服务体系结构示例。其中支持两类客户端,即移动客户端和浏览器客户端,它们都需要通过 API 网关(Gateway)上暴露的 API(经常是 REST API)来访问后台服务。API 网关作为外部访问的接入点隔离了外部客户端与内部的服务,将内部服务进行聚合后对外提供统一的服务接口,使得客户端与后台服务之间的耦合降低。此外,API 网关还可以实现安全防护、流量控制、监控和计费等功能。后台的业务服务相互独立部署和运行,可以拥有自己的私有数据库,服务之间除了通过 API 及消息队列交互外没有其他交互途径(包括共享数据)。内部业务服务之间可以使用 REST 或 RPC API 进行同步交互,也可以通过消息队列进行异步交互。例如,图书副本服务和罚款管理服

务在完成借还书以及罚款缴纳等操作后都会以异步消息的方式向通知发送服务传送需要发送给用户的通知信息。

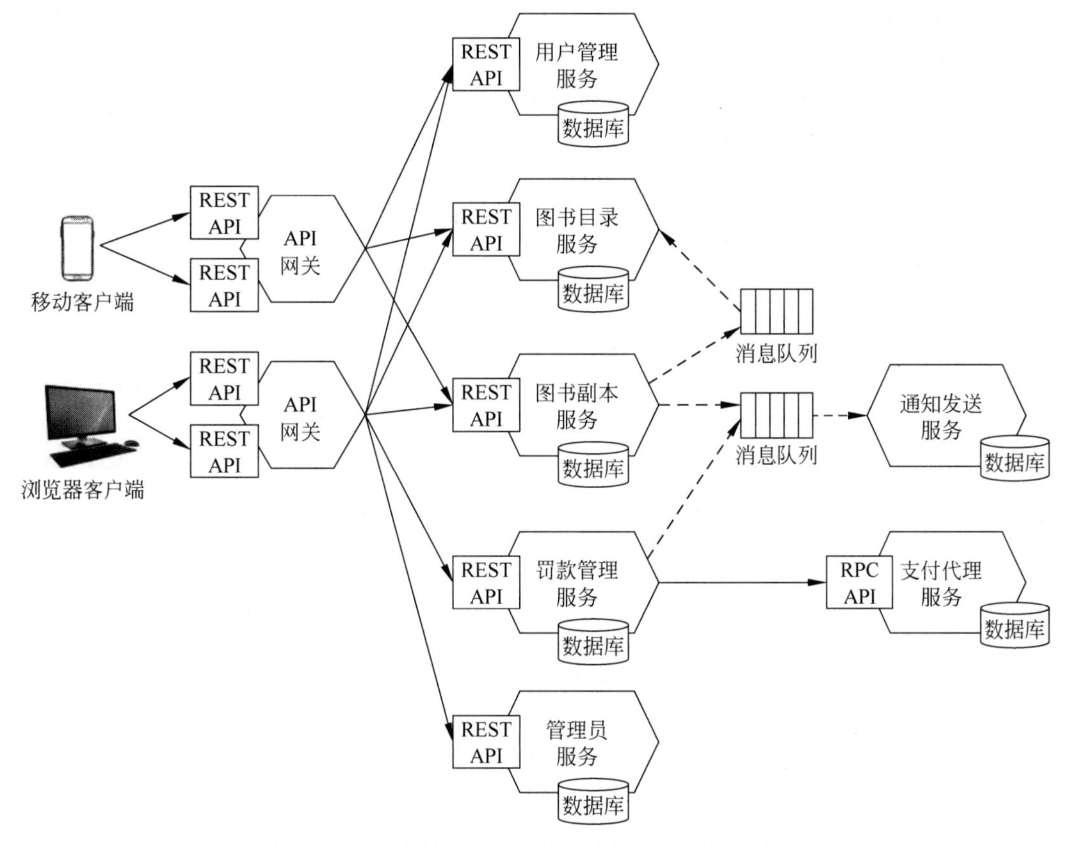

图 7.19　图书馆管理子系统的微服务体系结构示例

需要注意的是,单体体系结构也有其优点,因此在一些应用中也有其用武之地。而微服务体系结构也不是解决一切软件开发问题的“银弹”,也存在一些显著的弊端和问题(Richardson,2019)。首先,服务的拆分和定义是一个挑战,如果服务拆分做得不好那么将导致糟糕的效果。例如,如果所得到的微服务应用中服务之间耦合度很高而且需要部署在一起(否则可能存在性能问题),那么就会形成所谓的“分布式的单体应用”,从而同时具有单体和微服务体系结构的缺点。其次,微服务体系结构虽然使单个服务的复杂度降低但却带来了服务之间交互关系的复杂性,包括分布式通信、分布式事务等,同时使测试和调试变得更加困难。最后,微服务体系结构对于软件运行的基础设施及服务治理的要求很高,需要提供服务注册和发现、服务网格、容器编排管理、服务调用链路追踪等方面基础设施支持。

7.6.2　微服务开发框架

微服务应用开发包括两个层面,即单个服务开发和整体微服务治理结构的实现。单个服务开发总体上与传统 Web 应用开发类似(甚至可以将单个服务视为一种 Web 应用)。服务对外提供的接口(API)以及对其他服务的调用需要通过 REST、RPC 等远程调用或基于消息的通信来实现。服务开发完毕后可以独立打包和部署。微服务治理结构则包括一系列微服务体系结构所必需的基础设施，包括实现服务网关、服务注册发现、负载均衡、容错、配置管理等基础功能的服务治理组件。这些服务治理组件自身经常也被实现为服务，并与应用中的业务服务进行交互。目前流行的微服务应用开发框架，例如前面提到过的 Spring Cloud、Apache Dubbo，都提供了一体化的服务治理基础设施，同时对单个服务开发也提供了支持。其中，Spring Cloud 是基于 Spring Boot 开发的，后者为单个服务的快速开发提供了支持；Apache Dubbo 则提供了面向接口代理的高性能 RPC 调用功能，可以用于实现服务间交互。此外，Apache ServiceComb[①] 也是一个开源的微服务全栈开发框架。

下面以 Spring Cloud 为例介绍几个主要的与微服务开发相关的组件(如图 7.20 所示)，这些组件的介绍如下。

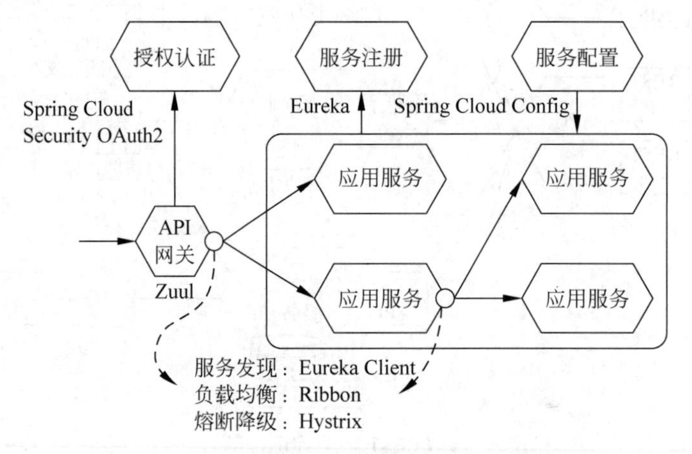

图 7.20　Spring Cloud 微服务开发相关组件示意图

- **服务网关(Zuul)**。Zuul 为外部的客户端应用(如移动应用)访问后台服务提供了统一的接入点，实现了反向代理和服务端负载均衡(这样客户端应用就只需要知道在 Zuul 上对外发布的外部 API 即可)，同时还实现了认证、鉴权、限流等网关管理功能。
- **服务注册与发现(Eureka)**。Eureka 服务端以 RESTful 服务的形式提供服务注册和发现功能，Eureka 服务自身可以有多个实例并构成一个集群，相互之间通过同步复制实现服务注册信息的一致性。Eureka 客户端以一种透明的方式为每个服务实例实现与 Eureka 服务端的交互，包括作为服务提供者进行服务注册和心跳消息发送以及作为服务使用者进行服务注册信息的拉取和本地缓存。
- **负载均衡(Ribbon)**。Ribbon 实现了客户端负载均衡，提供了随机选择、轮询等不同的负载均衡算法实现并支持相应的负载均衡规则配置，同时还实现了服务调用超时和重试等机制。
- **熔断降级(Hystrix)**。Hystrix 为服务调用方实现了服务调用的熔断降级功能，在服务调用频繁失败或超时的情况下自动切断服务调用并通过备选的响应(如预设的默认值)来实现服务降级，从而避免导致故障的级联传播甚至雪崩效应。
- **服务配置(Spring Cloud Config)**。Spring Cloud Config 为微服务应用提供了一个统

① Apache ServiceComb：http://servicecomb.apache.org。

一的配置数据管理服务，各个服务可以将所需要的配置信息统一存储在配置中心上进行集中管理并通过接口进行读取。Spring Cloud Config 支持面向不同环境的配置管理以及配置信息的热修改（即在不重启的情况下进行修改），并支持本地存储以及配置数据版本管理（通过与 Git 等版本管理工具相集成）。

- **授权认证（Spring Cloud Security OAuth2）**。Spring Cloud Security OAuth2 为通过 API 网关访问内部服务的外部客户端提供认证和授权服务，外部客户端通过认证和授权并获得相应的令牌（Token）后才能访问通过 API 网关对外开放的相关服务。

以 Spring Cloud 为代表的主流微服务开发框架都提供了一整套轻量级、开箱即用、覆盖全栈的组件来帮助构建微服务系统运行所需要的基础设施，从而使开发人员可以专注于服务的定义和业务逻辑的实现。希望详细了解 Spring Cloud 及其他微服务开发框架的读者可以查阅这些开源项目的网站以及相关的技术书籍。

7.6.3 容器化部署

容器是一种比虚拟机更加现代和轻量级的虚拟化机制。虚拟机实例需要拥有独立的运行内核，同时需要额外的 CPU 计算资源和内存资源来运行操作系统的相关功能，因此比较笨重。而容器实例则可以认为是物理机上的一种特殊进程，无须运行自己的操作系统，因此比较轻量级。从实例部署上看，一台物理服务器一般可以部署几个虚拟机实例，而容器实例则可以达到几百上千个。从启动速度上看，一个虚拟机实例启动一般需要几分钟，而一个容器实例启动则一般只需要几秒钟。与此同时，容器实例之间相互隔离且都具有自己的 IP 地址，在其中运行的进程就像在独立的机器上运行一样。目前最流行的容器实现是 Docker[①]。

一个软件应用（微服务体系结构中每个服务可以作为一个独立的应用来部署）运行的时候需要依赖于一整套环境，包括服务器软件（如 Web 服务器 Tomcat）、数据库（如 MySQL 等）以及各种开发库（如各种 Jar 包）。容器允许开发者将一个应用及其运行环境一起打包成为容器镜像（Image）并作为一个整体进行部署。就像 Docker 的图标（如图 7.21 所示）所描绘的那样，容器所起的作用就像是标准集装箱，不管集装箱中装的是什么货物、需要什么样的保存条件，集装箱都可以将其包装起来并进行标准化的管理（堆放、运输等），同时确保集装箱之间相互隔离。

图 7.21　Docker 图标

容器的这些特性使其成为微服务部署的一个绝佳选择。虽然直接在虚拟机甚至物理机上部署微服务也是可行的，但是容器化部署可以更好地发挥微服务体系结构的特点。通过轻量级和标准化的容器化打包和部署，运行时管理可以更加灵活和快捷地进行服务实例的扩容（增加新的实例）和升级（用新版本镜像创建服务实例并替换老的服务实例），从而更好地实现持续交付和灵活伸缩等目标。

微服务容器镜像构建及实例创建的基本过程如图 7.22 所示。在开发构建阶段，各个服务的构建部署流水线读取服务的源代码及镜像描述，然后根据镜像描述将服务与各种依赖项一起进行构建和打包形成服务的容器镜像，然后被推送到容器镜像仓库。其中，镜像描述

① Docker：https://www.docker.com。

(如 Docker 容器对应的 Dockerfile)中指定了基础容器镜像(其中包含一些基础运行环境,例如 Java 运行时环境 JRE),同时描述了一些软件安装和容器配置指令以及容器实例创建时需要运行的初始化脚本。容器镜像仓库中的镜像文件还可以有版本号,这样同一服务不同版本的镜像可以共存并根据需要使用。在运行阶段,每台虚拟机实例上的容器运行时根据指令从容器镜像仓库中拉去不同服务的容器镜像(一般还需要指定版本)然后创建相应的容器实例(其中运行着对应的服务实例)。

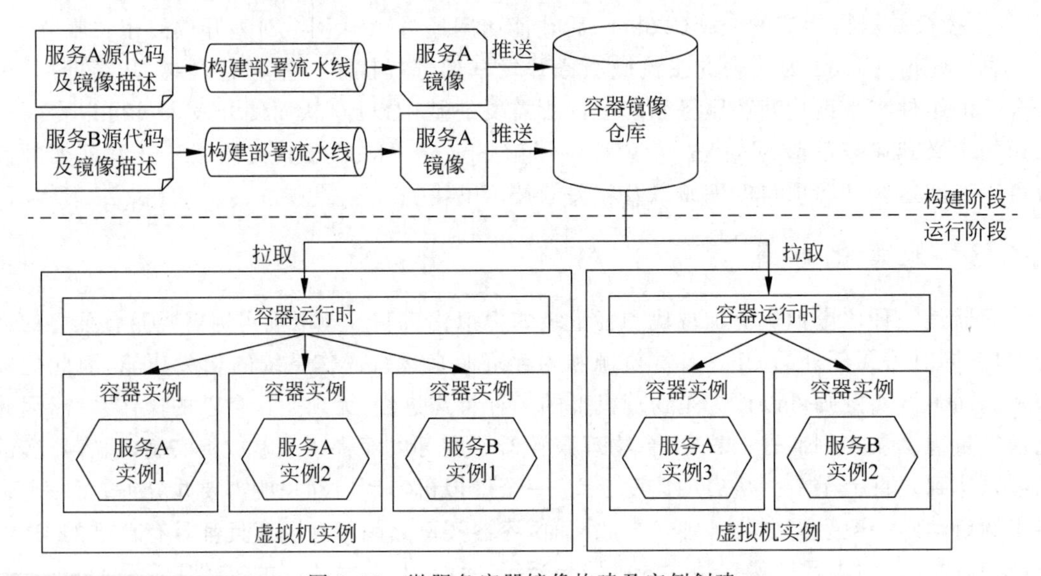

图 7.22 微服务容器镜像构建及实例创建

使用容器部署服务可以实现灵活的实例创建和伸缩以及良好的服务实例隔离,同时还可以方便地对服务实例的资源(CPU、内存、磁盘等)使用进行限制。使用容器部署服务的主要弊端是需要大量的容器镜像管理工作。如果使用公有云(例如 AWS、阿里云、华为云)部署微服务应用,那么可以使用公有云平台提供的相关基础设施服务,否则可能需要自己管理容器基础设施。

微服务应用中的服务之间经常会存在一些依赖关系,同时服务还有可能依赖于消息代理和数据库等基础服务,因此仅以单个服务为单位进行实例创建和管理经常是不够的。为此,微服务的容器化部署经常还需要容器编排和集群管理工具的支持,这些工具可以将一组相关的容器作为一个整体进行编排和管理。例如,针对 Docker 的编排和集群管理工具 Docker Compose 可以在单个服务器或主机上创建并管理多个容器,而 Docker Swarm 则可以在多个服务器或主机上创建并管理容器集群。但是在实际的微服务系统中,特别是包含数百、数千甚至更多服务的大规模系统中,使用最广泛的 Docker 编排和集群管理工具是 Kubernetes①(简称 K8S,因为 K 和 S 之间有 8 个字母),其主要功能如下(Richardson,2019)。

- **资源管理**。对由一组计算机组成的集群进行管理,将这些计算机的 CPU、内存和磁盘等资源视为一个资源池进行统一管理。
- **容器调度**。根据容器的资源需求以及节点(物理机或虚拟机)的可用资源优化选择

① Kubernetes: https://kubernetes.io。

在哪里创建容器实例，同时可以实现在同一节点上创建密切相关的容器实例（例如存在密切的依赖关系）或者将某几个特定容器的实例（例如需要实现分散备份）分散部署在不同节点上等策略选择。

- **服务管理**。通过服务命名和版本号管理每个服务，确保按照所指定的数量运行服务的实例，同时对服务请求进行负载均衡并支持服务的滚动升级和旧版本回滚。

小　　结

软件体系结构是一个软件系统的高层设计结构，决定了系统的高层分解结构以及其他一些最重要的设计决策。软件体系结构设计的主要挑战在于如何满足非功能性质量需求，为此需要针对一系列设计问题确定相应的设计决策并决定如何在相互冲突的非功能性质量需求中进行权衡。作为软件开发分工协作以及相关涉众沟通和交流的基础，软件体系结构设计需要通过一种规范并且具体的方式进行描述和表达。为此，我们一般可以采用一种多视图的方式，从设计结构、开发管理、系统集成、安装部署等不同角度对软件体系结构进行思考和刻画。软件体系结构设计存在一些典型的设计风格，它们以一种抽象的方式刻画了软件系统的整体设计样式，为具体的软件体系结构设计提供了参照和指导。与单机部署的软件系统相比，分布式软件系统的体系结构设计具有更大的挑战，需要在考虑分布式通信问题的基础上实现一致性、可用性和容错性等方面的设计目标，因此需要掌握相关的设计思想以及进程间通信、负载均衡、分布式存储、可靠性保障等方面的技术。最后，云计算技术的发展催生了云原生的概念以及相应的软件技术体系，需要对作为云原生软件主流风格的微服务体系结构以及相应的软件开发框架和容器化部署技术有所了解。

第8章 软件需求

本章学习目标

- 理解软件需求的含义、类型、工程化过程以及质量要求。
- 了解如何从高层用户需求逐层分解和精化得到系统需求。
- 掌握场景分析、类分析、行为分析等常用的需求分析和描述方法。
- 了解敏捷开发中的需求分析方法及需求管理流程。
- 了解可靠性、安全性、隐私性等软件可信性需求的含义及分析方法。

本章首先介绍软件需求相关的概念，包括软件需求的含义、典型的软件需求类型、需求工程过程以及软件需求的质量要求；接着介绍用户需求和系统需求的关系以及如何从高层用户需求开始，通过逐层分解和精化得到系统需求；然后按照场景分析、类分析、行为分析介绍典型的需求分析和描述方法；最后介绍敏捷开发中的需求分析方法和需求管理流程，以及软件可信性需求的含义和分析方法。

视频讲解

8.1 软件需求概述

如果你在一个定制化开发项目中担任需求沟通和分析的工作，或者在一个通用软件产品项目中担任产品经理，那么你将有机会去定义整个软件系统的需求。这些需求需要反映客户、用户以及其他相关方的要求、诉求和愿望，并在很大程度上成为检验最终交付的软件系统是否符合要求的重要依据。因此，软件需求也是开发团队中的架构师、程序员等开发人员理解开发要求、考虑技术方案以及做出技术决策的重要参考。如果软件需求自身存在缺陷，例如，对客户和用户要求理解不准确或不完整，那么以此为基础开发出来的软件很可能会导致客户和用户不满意或难以在市场上被接受。

理解软件需求还需要注意软件需求与用户需求、系统需求的关系和区别。用户需求陈述用户的期望，即希望系统向各种用户提供什么样的服务以及系统运行应该满足哪些约束。而系统需求则反映了开发方与客户和用户协商后达成的关于系统所需要提供的服务、实现的功能及相关约束的一致意见，可以作为双方开发合同的一部分。而软件需求则是系统需求中关于待开发的软件的功能、质量及约束等方面的描述。注意，软件系统是一个包含软件、网络、硬件、设备、人工处理和工作流程等各种不同元素在内的完整系统，这些元素相互协作共同实现系统的整体需求。

8.1.1 需求的含义及其来源

“需求”的英文是“requirement”，字面意思是某种要求或必要条件。我们讨论的软件需求就是指针对某个待开发的软件系统的要求。国际标准ISO/IEC/IEEE 24765：2017给出了以下这几种“需求”的定义。

(1) 表达一种需要以及与之相关的约束和条件。

(2) 一个系统、系统组件、产品或服务为了满足某种约定、标准、规格说明或其他正式的强制性文件而必须满足的条件或拥有的能力。

事实上，软件需求来自与待开发系统相关的多个方面的人或组织，一般称其为涉众(stakeholder)。待开发系统最终做成什么样子以及应用效果如何对于涉众都存在或多或少的影响，反之涉众对于待开发系统做成什么样子也都或多或少有一定的发言权。遗漏或忽略某些涉众或者他们的要求都有可能导致最终交付的软件系统不满足某些方面的要求。与软件系统相关的涉众一般包括以下几类。

- **用户**：使用系统的人或组织，例如，校园一卡通系统中的学生、老师以及工作人员(如食堂窗口工作人员、负责充值的后勤工作人员)等。
- **客户**：组织系统开发并为此支付费用的人或组织，例如，校园一卡通系统中的学校或代表其组织系统开发的学校信息化办公室。
- **系统集成商**：负责将目标软件系统与其他应用软件及软硬件和网络基础设施集成在一起的人或组织，例如，校园一卡通系统中的整体集成商。
- **软件工程师**：参与目标软件系统设计、开发和测试等方面任务的工程师，例如，校园一卡通系统项目开发团队成员。
- **销售人员**：负责软件产品市场销售的人员，例如，校园一卡通系统开发商中的市场销售部门。
- **公众与监管机构**：可能受到目标软件系统影响的公众以及代表公众利益的监管机构，例如，与校园一卡通系统相关的教育行政管理部门。

不同类型的涉众所关心的问题各不相同，相应的需求也不一样。例如，用户主要关心系统是否能满足自己的使用需求；客户关心系统的整体满意度以及成本控制；系统集成商关心目标软件系统与其他软硬件系统和基础设施的接口是否清晰，是否容易集成；软件工程师关心软件系统需求的清晰性和实现难度；销售人员关心软件系统是否具有一定的通用性和可定制性，能够销售给其他客户；公众与监管机构关心目标软件系统是否符合公众利益以及监管规定。

因此，对于一个软件开发项目的需求分析而言，首先应当尽可能全面地识别相关的涉众并充分考虑他们的期望和诉求。具体的需求信息收集方式除了面向各类涉众的访谈、调研、研讨之外，也包括阅读各种文档资料(如相关的法规、标准和市场研究报告)以及参考相似的软件系统。

需要注意的是，不同涉众的要求可能存在不一致，因为他们由于各自的角色和出发点不同或者个人偏好不同而有着不同的诉求。例如，在校园一卡通系统项目中，师生员工代表希望能在所有一卡通消费点(如学校食堂、超市)设置充值点以及供余额和消费历史查询的触摸屏；然而，校方代表希望能控制成本，希望仅设置少量充值点且由充值点工作人员提供余额和消费历史查询服务。因此，需求分析过程需要发现不同涉众需求之间冲突或不一致的地方，并通过协商进行解决。

8.1.2 需求的类型

软件需求一般分为功能性需求、质量需求、约束三种类型,如表8.1所示。

表8.1 三种类型的需求

需求类型	子类型	需求示例
功能性需求	系统应提供的服务	能够按照关键字检索图书
	系统针对特定输入的响应	对于格式不正确的身份证号输入进行错误提示并请用户重新输入
	系统在特定情形下的行为	用户如果5min内没有任何操作,那么主界面自动进入锁定状态
	系统不应做什么	不允许尝试密码输入三次以上
质量需求	性能(performance)	联机刷卡应当在5s内返回结果
	可靠性(reliability)	系统的整体可靠性要达到99.99%以上
	安全性(security)	系统应确保手机支付充值账户和密码不会被泄露和盗用
	易用性(usability)	用户根据提示学会手机支付充值的时间不超过10min
约束	产品约束	软件系统需要在已有的几台服务器上运行并使用Linux操作系统
	过程约束	软件系统应当在5个月内交付并严格遵循给定的过程规范

功能性需求是指系统应向用户(人或其他系统)提供的功能,具体包括(Pohl,2012):系统应提供的服务,例如"能够按照关键字检索图书";系统针对特定输入如何响应,例如"对于格式不正确的身份证号输入进行错误提示并请用户重新输入";系统在特定情形下的行为的陈述,例如"用户如果5min内没有任何操作,那么主界面自动进入锁定状态";系统不应做什么,例如"不允许尝试密码输入三次以上"。

质量需求定义了整个系统或一个系统组件、服务或功能的质量特性,如性能、可靠性等(Pohl,2012)。有些质量需求针对的是系统的整体表现,例如"系统的整体可靠性要达到99.99%以上";而有些质量需求则针对系统中特定的服务、功能或组件,例如"联机刷卡应当在5s内返回结果"。

约束是一种限制了系统开发方式的组织或技术要求,包括文化约束(即约束来源于系统用户的文化背景)、法律约束(即约束来源于法律和标准)、组织约束、物理约束、项目约束等(Pohl,2012)。此外,按照约束作用的对象可以分为产品约束和过程约束。约束本身并没有对软件系统提出直接的要求,但会对系统解决方案的考虑以及开发过程进行限制,因此也是一种不可忽视的需求信息。例如,客户可能要求所开发的软件系统在客户单位已有的几台服务器上运行并使用Linux操作系统,相应的软件解决方案必须在满足这一约束的情况下考虑;软件系统的交付时间及关键时间节点要求可能会对软件需求的取舍和优先级排序产生影响。

8.1.3 需求工程过程

作为软件工程的一部分,软件需求也应当通过一种工程化的方式和过程进行获取、分析和管理。在此过程中所产生的各种不同抽象层次、不同形式的中间及最终产物,例如,需求描述文本、模型、变更记录等,被称为需求制品。整个需求工程过程主要包括以下活动。

- **需求获取**：识别相关涉众及文档资料、相关系统等其他需求来源，通过多种手段从这些来源那里获得各种需求信息并建立对于待开发软件系统的初步理解。
- **需求分析**：分析所收集的各种需求信息，抽取有用的需求陈述并不断进行细化，同时发现需求陈述中有冲突或不一致的地方并对需求进行优先级排序。
- **需求描述**：通过标准的图形化或自然语言文本的方式对所获取和分析的需求陈述进行结构化组织和文档化描述。
- **需求确认**：通过格式审查和内容评审等方式检查文档化的需求描述是否符合标准格式要求、是否完整、准确地反映了相关涉众的期望和要求。

以上这些活动并不是一个一次性的顺序过程，而是一个迭代展开的持续性过程。例如，在需求确认过程中发现有遗漏的需求或者在迭代化软件开发过程中客户提出新的需求后，都需要针对某一部分需求重新开展获取、分析、描述和确认等工作。

此外，需求管理贯穿整个持续性过程，针对需求追踪、需求复用以及需求变更等方面进行管理。

需求追踪管理建立并维护需求与其来源（如法规条文、用户或客户的原始陈述）的前向追踪关系，以及与后续的设计方案（如相关设计决策）、实现（如相关模块、类等代码单元）、测试（如测试用例）等软件制品之间的后向追踪关系。通俗地说，需求追踪就是记录需求从哪里来，又是如何在软件系统设计和实现中进行考虑，以及在软件测试过程中进行验证的。需求追踪关系对于软件质量保障、软件维护和演化都有着重要的作用。例如，借助需求追踪关系可以：验证重要的需求是否都在设计、实现和测试过程中进行了考虑，避免遗漏或忽视重要需求的问题发生；辅助理解某个设计和实现决策背后的原理以及某个软件测试用例的依据；快速找到与一个发生变化的需求相关的设计和实现，评估软件修改的影响范围和工作量以及做出修改决策。

需求复用管理是为了在多个不同的软件开发项目中复用相似或相同的需求及其相关的软件制品（如设计决策和实现代码）。不同的软件项目中可能存在相似或相同的需求。例如，校园一卡通系统中的充值与网上购物系统中的付款都包含在线支付的需求，相应的设计和实现方式可能是相似的。此外，特定业务领域中面向不同客户的变体产品之间更是存在大量的共性需求，例如，面向不同学校所开发的校园一卡通系统在需求上一般都大同小异。为了让软件复用的机会最大化，需求复用管理需要建立跨项目的需求复用库，让不同项目的开发者都可以很方便地发现共性需求以及相关的软件制品并进行复用。

需求变更管理以一种规范化的方式保障需求变化能够平稳、可靠地实施。软件需求的变化经常都会发生，但如果不对需求变化进行有效的管理，那么将很容易造成混乱，例如，重要的需求变化要求没有得到妥善的处理和实现、接受了不符合合同约定或企业商业策略的需求变化要求、需求变化对正在进行的软件开发造成了干扰、针对需求变化的代码修改没有经过严格的测试就发布给了客户等。为此，需要通过一个规范化的过程对需求变更进行管理，一般包括：评估需求变更请求的类型、必要性、预期完成时间和成本；做出需求变更决策，决定接受还是拒绝变更请求，对于接受的变更请求确定其优先级；安排开发人员实现变更请求、进行测试验证并与目标软件产品进行集成；根据产品发布策略确定新的产品版本的发布时间和方式。

8.1.4 需求的质量要求

软件需求是软件设计和实现的基础，同时也是软件测试工程师验证软件实现是否符合要求的重要依据。但是需要注意的是，作为开发和测试基础的软件需求（往往以需求文档的形式存在）本身也有可能存在质量缺陷。很多分析报告都表明软件项目失败的原因很大一部分都与需求的问题相关，包括目标不明确、需求获取不全面、需求理解不一致、需求变化过于频繁等。软件代码中存在的很多缺陷也都可以追溯到需求中存在的问题。而且不难想象，需求中引入的问题发现得越晚，所需要的问题修复和解决成本越高。

为此，软件需求自身也需要满足一系列质量要求，具体包括以下几个方面。

(1) 完整、无遗漏。所描述的需求完整、无遗漏地反映了相关涉众的要求和期望。如果一些涉众的要求和期望由于与其他需求冲突或存在可行性等方面的问题而暂时不予考虑，那么应当与相关涉众充分沟通取得一致并将情况进行说明和记录。

(2) 明确、可测试。所描述的需求含义明确，可通过测试进行验证。这要求每条软件需求描述都为软件开发人员给出明确的要求，最终软件是否满足一条需求可以设计相应的测试用例和测试方法进行验证。不满足这一点的需求描述往往笼统、含糊，需要进一步明确其要求或者通过分解细化成更明确的需求陈述。

(3) 严格、无歧义。所描述的需求表述严格，不同的人阅读之后不会产生不一样的理解。自然语言表达的需求尤其要注意这一要求。自然语言中的一词多义、语法和语义二义性等问题都有可能导致需求描述存在歧义。有歧义的需求可能导致不同的人产生不同的理解，从而给软件项目埋下质量隐患。

(4) 一致、无矛盾。不同的需求描述之间保持一致，相互之间不存在矛盾。需求描述中不同的地方可能会对相同或相关的要求多次进行提及或陈述，其中如果存在不一致甚至自相矛盾，那么对于开发人员完整、准确地理解需求会带来困难。为了避免这类问题，需要采取多个方面的措施，包括：定义并使用统一的术语表，避免滥用各种名词术语；避免在多个地方陈述同一事实，如需要可采用链接等方式引用其他地方的需求陈述；不同地方的需求陈述需要在逻辑上保持一致，避免矛盾。

在软件开发项目中，软件需求的重要性经常被低估，一些开发人员甚至觉得大致理解客户和用户的要求之后就可以开始软件设计和实现工作了。为了避免软件需求问题造成的返工和质量问题，需要做好软件需求本身的质量保障，尽早发现软件需求中的各种问题并加以解决。针对软件需求的质量保障活动主要是需求评审，一般是邀请各类涉众代表（如客户、用户、软件工程师等）和专家（如领域专家、技术专家）通过会议的方式针对软件需求的各项质量要求进行评审。

8.1.5 系统需求与软件需求

软件并不是存在于真空之中，而是与计算机网络、硬件、设备、人工处理和工作流程等构成一个完整的系统。对于我们一般所关心的应用软件（如校园一卡通系统软件、互联网社交与电子商务应用软件等），还需要基础软件（如操作系统、数据库和各种中间件系统）的支持。校园一卡通系统的部分组成元素如图 8.1 所示。试想一下，如果没有校园网络、服务器、操作系统、数据库等基础软硬件和网络的支持，校园一卡通系统软件根本就无法部署和运行；如果没有部署在各个食堂窗口及图书馆的刷卡终端以及所安排的工作人员，各种刷卡消费和借还书服务也就无法使用了；如果没有办理一卡通开卡、挂失等业务的管理员以及相关的工作流程，那么师生员工也就无法顺利使用校园一卡通系统了。

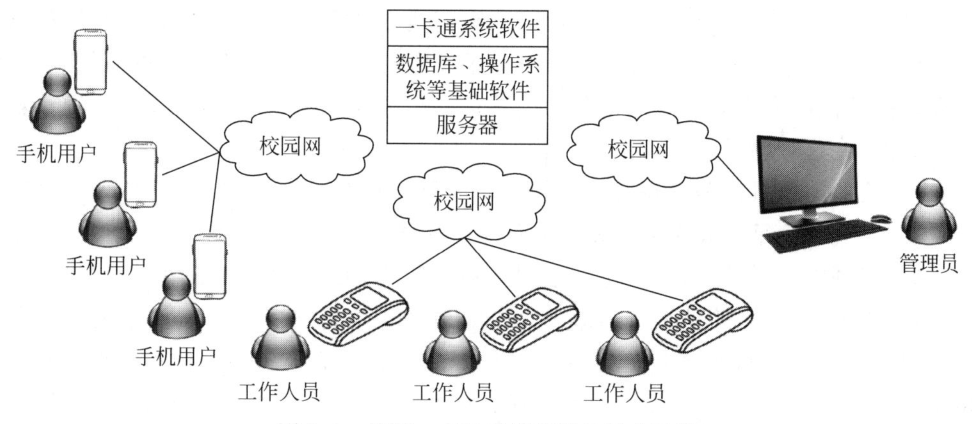

图 8.1　校园一卡通系统的部分组成元素

这类由软件以及其他非软件元素构成的整体被称为软件密集型系统(Software Intensive System)。为了理解这类系统的含义，可以类比其他被称为"系统"的东西，例如，自然生态系统、社会福利与保障系统等。这些系统的共同点都是由各种不同的元素组成，这些元素相对独立但又相互依存、相互影响，对外呈现出一种整体性。此外，系统还存在嵌套包含关系，即每个系统都有可能是一个更大的系统的一部分，而其自身可能又包含多个更小的子系统。例如，一片森林构成了一个相对独立的自然生态系统，由各种动植物以及土地、水源等自然环境组成，其中的动植物和自然环境形成了相互依存的食物链等关系，但对外又呈现一种整体性(如吸收二氧化碳排放氧气)。此外，这个森林生态系统又是更大的自然生态系统的一部分。

理解软件需求需要建立这样一种"系统观"：软件是一个完整的软件密集型系统的一部分同时扮演着非常重要的作用；真正有意义并且能够被客户和用户所用的是完整的系统而非仅仅其中的软件；必须在考虑整个系统，特别是软件与其他系统元素的依存关系和职责分配的基础上理解其中软件所需要满足的需求。因此，理解软件需求首先要从考虑整个软件密集型系统的需求开始，通过不断分解和精化(见 8.2 节)逐步明确软件与其他系统元素的职责分配，从而使软件需求逐步清晰和明确起来。

8.2　需求分解和精化

软件开发项目一般都始于一个高层的愿景。愿景给出了关于软件系统能够实现什么样的目标的主观愿望，而需求工程的主要目标就是在现有的系统上下文环境中建立并实现愿景。为此，我们需要从愿景开始，在考虑上下文环境的基础上逐步对目标进行分解和精化，从而逐步引出可以指导软件开发的具体需求。

8.2.1 系统愿景与上下文

软件开发项目一般都源自一个改变当前现状的“愿景”(vision)。例如,校园一卡通系统开发项目一般都源自师生员工对于校园学习和生活中种种不便的不满(如食堂消费、借书、进入办公室或宿舍都需要使用不同的卡证,且很多地方都需要人工验证)以及利用信息化手段改变这一现状的愿望。为此,客户(学校)对于校园一卡通系统开发项目的愿景是“一卡在手方便、快捷地使用和享受校园内的各种公共资源和服务”。后续的各种需求工程和软件开发活动都是围绕这一愿景的实现而展开的。

需求工程的主要目标是在现有的系统上下文环境中建立并实现愿景(Pohl,2012)。这里的系统上下文环境是指处于待开发的软件系统边界之外且对目标系统的开发及其应用效果有影响的各种因素的综合,一般包括空间和物理环境、用户群体、文化和社会环境、软硬件和网络基础设施、第三方软件系统与服务等。如果说愿景给出了关于软件系统能够实现什么样的目标的主观愿望,那么上下文环境则给出了目标实现可以利用的客观便利条件或必须考虑的客观约束。因此,需求分析和理解必须要收集和了解系统上下文环境,并在此基础上规划实现项目总体愿景和目标的解决方案。例如,在校园一卡通系统开发项目中,需要了解学校的师生总数、食堂窗口数量以及就餐高峰人流量等信息,因为这些情况会影响对系统的性能要求(如并发处理能力和响应时间);需要了解学校校园网的网络条件以及已有的服务器配置,因为学校要求系统部署在已有的校园网环境和服务器上;需要了解已有的第三方在线支付服务,因为系统中各种在线付款业务都需要借助于这些服务来实现。

需要注意的是,哪些属于项目内部需要规划并实现的解决方案、哪些属于项目外部的客观上下文环境取决于项目边界的划分。例如,在校园一卡通系统开发项目中,如果客户不要求系统部署在学校已有的服务器上而是由开发方提供,那么服务器就成为项目边界内解决方案的一部分了。

8.2.2 愿景与目标分解和精化

愿景是一种非常抽象以及高层次的需求表达,并不能直接用于指导软件开发。为此,需要将愿景进行分解和精化,即针对愿景提问“如何才能实现”,识别一组更加具体的目标,这些目标的达成可以确保愿景的实现。通过这种方式,愿景被分解为一组目标。这些目标又可以进一步被分解和精化成下一级子目标,方式同样是针对目标提问“如何才能实现”。需要注意的是,目标的分解和精化存在两种方式:一种方式是“与”分解,即所有的子目标之间是“与”的关系,必须全部满足才能保证父目标满足;另一种方式是“或”分解,即所有的子目标之间是“或”的关系,其中任何一个子目标满足就能保证父目标满足。事实上,“与”分解就是从满足父目标的各个方面出发进行分解和精化,而“或”分解则是为父目标设想各种可能的解决方案。需要注意的是,“或”分解时所考虑的每一个候选解决方案(子目标)都有可能带有一定的上下文环境假设,如果这些假设条件不满足,那么相应的候选解决方案就会无效。此外,多个并列的候选解决方案往往各有利弊,具体体现为对实现成本、使用便利性及所需人工以及各种质量属性等不同方面的不同影响。以上这一目标分解和精化过程不断迭代进行，直至得到可明确指导设计和实现的详细需求。这一过程伴随着问题和解决方案的不断迭代转换，即每一层细化后的目标都是对上一层目标（问题）所给出的解决方案。

例 8.1　校园一卡通系统愿景与目标分解

校园一卡通系统愿景与目标分解的部分示例如图 8.2 所示。

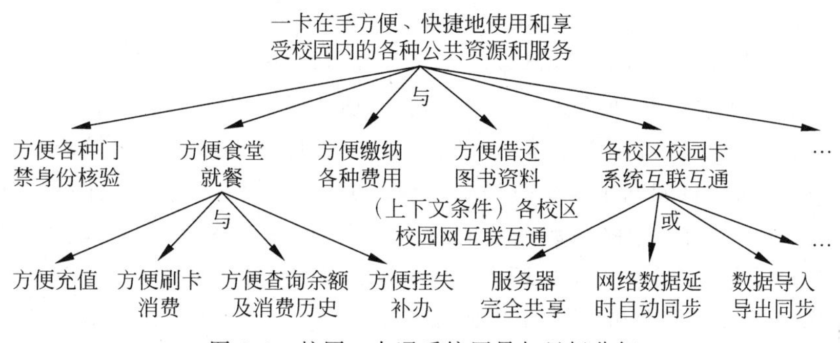

图 8.2　校园一卡通系统愿景与目标分解

针对“一卡在手方便、快捷地使用和享受校园内的各种公共资源和服务”这一愿景，通过调研学校师生员工的学习、工作和生活方式不难识别出“方便各种门禁身份核验”“方便食堂就餐”“方便缴纳各种费用”“方便借还图书资料”等目标，这些目标都与校园公共资源和服务相关。此外，由于学校有多个校区，因此很自然会要求实现“各校区校园卡系统互联互通”的目标，从而确保师生员工在不同校区都能使用一卡通使用各种服务以及进行各种消费。以上这些目标之间是“与”关系，其中有一个没有实现那么整体愿景就很难说被实现了。

在此基础上还可以继续对这些目标进行分解和精化，例如，“方便食堂就餐”可以进一步被分解和精化为“方便充值”“方便刷卡消费”“方便查询余额及消费历史”“方便挂失补办”等子目标，这些目标之间也是“与”关系。

至于“各校区校园卡系统互联互通”这一目标，其核心是各校区之间的一卡通数据能够完全打通，例如，在不同校区刷卡消费或充值的数据需要汇集到一起。对于这一目标，最简单的解决方案当然是服务器完全共享，即所有校区的一卡通服务都使用同一组服务器，这样所有一卡通使用信息都是统一存储和管理的，不同校区互联互通的目标自然就实现了。但是需要注意，这一解决方案依赖于一个上下文环境假设，即各校区校园网互联互通。由于校园网络在校园一卡通项目的边界之外，因此这一条件是否满足取决于当前校园网的状况。对于当前大部分有多个校区的大学而言，各校区校园网互联互通已经不是问题了，但在某些情况下（例如多个校区位于不同地域）这一条件也有可能不具备。除此之外，还存在“网络数据延时自动同步”和“数据导入导出同步”这两种解决方案。这三种子目标（解决方案）之间是“或”关系。如果第一个方案不适用，那么后两种方案其中之一都能满足父目标，但存在不同的影响，例如，“数据导入导出同步”需要一卡通系统管理人员每隔一段时间进行数据收集和手工导入导出且存在同步延迟，但其优势是实现较为简单。

事实上，整个软件开发过程就是从问题（需求）到解决方案（最终交付给客户的软件系统）的一种逐步精化的过程。一种笼统的理解是软件需求回答“做什么”（what），而软件设计和实现回答“怎么做”（how）。但事实上，从“做什么”到“怎么做”是一个不断迭代转换的过程，如上所述的从愿景到每一层次的目标分解和精化都是从“做什么”到“怎么做”的转换。每一次转换都使得需求更加明确，相应地候选解决方案的空间也不断缩小：对于愿景和高层目标存在很多不同的实现方式，但伴随着目标分解和精化以及权衡取舍，一些候选解决方案不断被排除，而需要实现的解决方案则越来越清晰。

此外，随着需求的逐步分解和精化，软件和计算机网络、硬件、设备、人工处理等其他系统元素的职责分配也逐步明确，其中待开发的软件所承载的职责很大程度上就体现为软件需求。例如，对于“各校区校园卡系统互联互通”这一目标，如果选择了“服务器完全共享”这一方案，则互联互通的校园网承担了打通各个校区的职责，而待开发的软件无须实现任何的数据同步功能；如果选择了“网络数据延时自动同步”这一方案，则待开发的软件承担了不同校区数据自动收集、交换和同步的职责；如果选择了“数据导入导出同步”这一方案，则待开发的软件承担了数据导出和导入的职责，而管理员还要承担使用软件导出和导入数据的职责。这一选择过程需要开发方与用户、客户及其他涉众一起讨论，考虑各方期望和利益诉求并进行权衡决策。

8.2.3 优先级排序

需求并非都是同等重要。有些需求优先级比较高，需要尽快实现；而有些需求则只是锦上添花，相对没那么重要。需求优先级排序对于软件开发项目的多个方面都有着重要的作用：当项目开发资源或时间有限，难以按期完成所有需求时需要根据优先级对需求进行取舍；当需求发生冲突、难以同时满足时，需要按照优先级进行取舍。

根据需求对于相关涉众的意义和价值，需求优先级一般可以分为以下几个层次（Walden，1993）。

- **基本需求**：必须实现这种需求软件产品才能使用或者进入市场。
- **期望型需求**：用户、客户及相关涉众明确提出的需求，这些需求如果实现那么对于涉众的满意度有正面作用。
- **兴奋型需求**：用户、客户及相关涉众没有意识到某个需求或者没有期望该需求在系统中被实现，但如果实现了可以提高涉众的满意度。

例如，在校园一卡通系统中，校园卡充值和刷卡消费等功能属于基本需求，如果没有这些功能那么这个系统基本就没什么意义了；由客户（学校）提出的校园卡消费信息统计分析功能则属于期望型需求，这些功能可用于学校掌握各个食堂就餐人员分布及就餐高峰时间等，具有比较重要的意义，但如果暂时无法提供那么校园一卡通系统也能先投入使用；基于就餐数据分析的就餐时间和地点推荐则可能是一个兴奋型需求，相关涉众可能并未意识到这个需求，但如果实现了那么可能会让用户（就餐的师生员工）感到兴奋。

事实上，需求优先级很多时候也反映了需求之间的依赖关系：低优先级的需求往往依赖于一些高优先级的需求，对应的高优先级需求不实现的话这些低优先级的需求就无法实现。例如，在校园一卡通系统中，如果校园卡充值和刷卡消费等基本功能没有实现，那么校园卡消费信息统计分析功能就无法实现或没有意义。

8.2.4 冲突识别与协商

在需求分解和精化的过程中，还需要注意识别其中所蕴含的冲突。需求冲突源于不同涉众对于待开发的软件系统的不同看法和利益诉求。除了涉众之间的个人矛盾等不合理因素外，需求冲突一般来自以下几个方面（Moore，2003）。

- **数据冲突**：数据冲突是由于缺少信息、错误的信息或者对同一问题的不同理解而引起的。
- **利益冲突**：利益冲突是由涉众主观或客观上的不同利益或者目标引起的。
- **价值冲突**：价值冲突是由涉众评价问题时采用的不同准则（如文化差异）引起的。

由此可见，数据冲突是由于信息不对称或误解造成的，做好澄清、沟通后一般都可以消除。而利益和价值冲突则是由于不同涉众的利益或价值观不一致造成的，是一种更加根本性的冲突，消除冲突需要进行更多的需求协商工作。协商的结果一般是一方或多方做出一些让步，或者由上级决定做出一个结论。

需要注意的是，需求冲突也可能是产生创新性想法的契机。如果能为解决需求冲突而想出一个各方都感到满意的解决方案，那么有可能会成为一个软件产品的创新，从而让软件企业获得更大的竞争优势。例如，校园一卡通系统项目中，师生员工与校方关于充值点设置以及余额和消费历史查询方式的需求冲突也许可以通过如下例这样的方式产生一个创新性的解决方案（见例 8.2）。

例 8.2　校园一卡通系统中的创新性的需求冲突解决方式

师生员工代表希望能在所有一卡通消费点（如学校食堂、超市）设置充值点以及供余额和消费历史查询的触摸屏；然而，校方代表希望能控制成本，希望仅设置少量充值点且由充值点工作人员提供余额和消费历史查询服务。

分析双方的利益诉求之后不难发现，双方的需要冲突主要源自人工充值点以及触摸屏查询这一传统的服务方式。结合当前智能手机以及各种在线支付方式的广泛应用，不难想到利用手机小程序的方式支持一卡通手机充值以及余额和消费历史查询这一新的解决方案。这个方案既方便了师生员工充值和查询，又不需要增加人工及触摸屏购置和维护成本，师生员工和校方都能接受这个方案，而且还可以成为校园一卡通系统的一个创新性的产品特性。

当然，确定使用这一创新的方案后，相应的具体软件需求中就会包含使用手机小程序实现在线充值以及余额和消费历史查询。

频讲解

8.3 需求分析与描述

随着需求分解和精化，抽象的系统愿景逐渐被细化为明确和具体的需求。例如，校园一卡通系统"一卡在手方便、快捷地使用和享受校园内的各种公共资源和服务"的愿景被细化为"方便充值""方便刷卡消费""方便查询余额及消费历史"等具体需求。此时，需要进一步针对这些需求进行分析，并将分析结果进行描述和记录。当前企业开发实践中，使用最广泛的是场景分析，这种分析方式站在参与者的视角分析与待开发系统的交互过程。此外，关注于业务实体和实体之间关系的类分析、关注于系统响应外部事件的方式的行为分析也都有一些应用。以上这些分析方式所得到的分析结果都可以通过自然语言或者模型化的方式进行描述。其中，自然语言需求描述具有普适性和灵活性强、容易理解和使用的优势，但其固有的二义性是一个主要问题。模型化的需求描述则具有规范性和精确性的优势，但在普适性、灵活性和易用性等方面则存在不足。因此，在软件开发实践中，这两种描述方式经常结合在一起使用。

8.3.1 场景分析与描述

此前讨论的愿景和目标对于阐明相关涉众的意图以及解释各种需求的原理（例如，出于上下文环境限制或质量目标偏好而做出的解决方案选择）都十分有效。但是，有时候相关涉众，特别是软件开发人员，希望能够以一种直观和形象化方式描述和谈论待开发的软件系统将如何与各类用户打交道。这种方式就像电影和电视剧剧本那样，明确一个个具体场景、每个场景所涉及的参与者（演员）和上下文环境（物理环境及道具等），以及他们在场景中的交互过程（动作和对话等）。

为此，我们需要进行场景和用例分析，在识别需求用例的基础上产生用例概览描述，然后再针对其中每一个用例进行详细的交互过程分析和描述。

1. 场景和用例

在需求工程中，场景（scenario）表示一组参与者（actor）与待开发系统之间的一系列交互步骤（或称交互序列）。参与者是待开发系统边界之外的人（如图书管理员）、设备（如刷卡机）或其他系统（如在线支付系统）。而交互序列有明确的开始和结束，构成一个相对完整的整体，其目的是满足相关涉众的一个或一组目标。也有一些失败场景，其中所追求的目标最终并未实现。例如，在图书馆管理子系统中存在多个不同的借书场景：在现场图书借阅场景中，图书管理员与读者以及系统通过一系列交互步骤完成借书过程，其中涉及读者校园卡刷卡以及图书条形码扫描；在网上图书预借场景中，读者与系统通过一系列交互步骤完成图书预借，整个过程通过网络在线完成，不涉及校园卡刷卡和图书扫描。除了这些成功场景之外，还有可能发生一些失败场景，例如，由于读者在借图书数量达到上限或有未缴纳的罚款而导致系统不允许借书或预借。

具有相同目标且交互过程相似、仅在部分步骤上有所区别的一组场景可以被组织为一个用例（use case）。在这些场景中，往往存在一个在大多数情况下会发生且满足相关目标的成功场景，称为主场景。除此之外，还可以包括多个在部分步骤上与主场景有所差异的可能场景以及处理异常情况的异常处理场景。可能场景和异常场景明确了目标软件系统在处理相关请求时需要考虑的多种情况，因此如果有所遗漏，那么相应的需求就会不完整并给目标软件系统带来质量隐患。

现场图书借阅可以作为一个用例，所包含的几个不同场景如表 8.2 所示。其中，几个可能场景描述了通过不同于主场景（刷卡借书）的方式（输入卡号结束）成功实现现场图书借阅目的的情况，以及由于各种可预见的原因（如在借图书超限或存在未缴纳罚款）借书失败的情况；异常场景则描述了由于各种未知异常而导致常规过程失败的情况（如刷卡失败或图书扫描失败）以及对应的异常处理策略（如改用输入图书唯一编码的方式录入图书信息）。

表 8.2　现场图书借阅用例的几个不同场景

场景类型	场　景　名	简 要 解 释
主场景	现场刷卡借阅图书成功	图书管理员利用系统刷读者校园卡成功为读者办理现场图书借阅手续
可能场景	现场输入卡号借阅图书成功	图书管理员利用系统输入读者卡号并核实身份后成功为读者办理现场图书借阅手续
	在借图书超限导致图书借阅失败	由于读者在借图书超过指定上限，因此图书管理员无法帮助读者完成本次图书借阅
	存在未缴纳罚款导致图书借阅失败	由于读者存在未缴纳的图书罚款，因此图书管理员无法帮助读者完成本次图书借阅
异常场景	校园卡刷卡异常	读者校园卡刷卡因不明原因失败，提醒读者去一卡通管理中心检查校园卡问题并更换，同时可改用输入卡号的方式进行借阅
	图书扫描异常	图书扫描因不明原因失败，可改用输入图书唯一编码的方式进行借阅处理

需要注意的是，这里讨论的异常处理与程序（如 Java 程序）中的异常处理有所不同。虽然处理的都是“异常”，即由于外部原因导致的非正常情况，但这里讨论的异常情况以及相应的处理策略都是需求和业务层面上的考虑，并不涉及相应的编程层面上的考虑。例如，表 8.2 中的校园卡刷卡异常给出的处理策略就是一种业务处理上的对策。

2. 用例识别

用例刻画了外部参与者与目标软件系统之间的交互序列。因此，识别用例可以首先识别有哪些外部参与者会跟目标软件系统打交道，然后再考虑他们（它们）在各种情况下可能发生的与目标系统之间的典型交互序列。参与者一般包括以下几类。

- **由人来扮演的角色**：需要与目标系统交互的各类用户都属于这类参与者，例如，校园一卡通系统中的食堂消费者、食堂窗口工作人员、图书馆读者、图书管理员等。注意，这里的参与者代表的是一种抽象的角色，而不是具体的哪个人。此外，一个人可以同时扮演多个角色，例如，学校的学生可以同时是食堂消费者和图书馆读者。
- **外部设备**：与目标系统交互的各种外部设备，其中既包括为系统提供数据和信息的传感器（sensor），又包括可以对外施加作用的执行器（actuator）。外部设备拓展了软件系统感知和操控物理世界的能力。例如，图书馆管理子系统利用条码扫描枪扫描图书条码，通过校园卡读卡器读取校园卡信息。此外，软件系统还可以利用各种传感器感知温度、湿度、光照、位置等物理信息，并通过各种执行器施加抓取物品、控制开关等物理动作。
- **外部系统**：与目标系统交互的其他外部软件系统，这些外部系统为目标系统提供所需的服务或信息或者请求目标系统提供所需的服务或信息。例如，对于校园一卡通系统而言，为校园卡充值提供在线支付服务的第三方在线支付系统就是一个这样的外部系统。
- **定时器**：这是一种特殊的参与者，会定时触发预定义的处理逻辑。例如，校园一卡通系统通过设置定时器实现每个月底自动发送短信或邮件提醒读者待缴纳的借书罚款以及超期未还的图书。

注意，这里讨论的参与者除了定时器外都位于目标软件系统边界之外，他们（它们）与目标系统进行交互，但并不属于目标系统的一部分。目标系统将通过开发各种接口（Interface）来实现与这些参与者的交互，包括与外部用户角色交互的用户接口（User Interface，UI）、与外部设备交互的硬件接口（如访问校园卡读卡器的接口）、与外部系统交互的软件接口（如第三方在线支付服务接口）。目标软件系统中所实现的这些接口属于系统的一部分，而这些接口交互的对象（例如用户、硬件、外部系统）则属于系统边界之外。

识别参与者后，可以针对每一个参与者考虑其与目标系统可能存在哪些典型的交互，直白地说就是参与者会在哪些情况下与目标系统打交道。例如，对于图书馆管理子系统的一个主要参与者读者而言，我们很容易想到他们会与系统打交道的几种情形，例如，到图书馆现场借阅图书、在线预借图书、到图书馆取预借图书、在线缴纳借书罚款等。其中每一种情形都有可能成为一个需求用例。在所识别得出来的候选用例的基础上，可以进一步按照以下标准确定最终的需求用例。

- **过程明确且完整**：用例应当包含明确的交互过程，可以明确识别其中的交互步骤，交互过程有明确的开始和结束。
- **可独立完成且不可再分**：用例可以在不依赖其他用例的情况下独立完成，内部不可再细分得到更小的独立用例。
- **对于用户有价值**：用例所包含的交互过程完成后，对相关用户会有一定的价值。

表 8.3 列举了图书馆管理子系统中与读者相关的几个候选用例的筛选结果以及相应的原因说明。从中可以看出，判断一个用例是否符合要求并不是看这个用例是简单还是复杂，而是看它是否符合以上几个标准。例如，在线修改密码（登录系统网站后修改网站登录密码）虽然简单，但有完整过程、可独立完成且对用户有价值（例如通过修改密码增强账户安全性）；反之，网站登录验证就没有什么独立的价值了，用户在执行各种在线执行的用例（如在线查询图书信息）过程中都需要登录验证，但单独进行登录验证而其他什么事都不干就没什么意义了。

表 8.3　图书馆管理子系统中与读者相关的几个候选用例

候选用例	筛选结果	原因说明
现场借阅图书	符合要求	由读者在图书馆现场触发，有完整的交互过程，可独立完成且不可再分，对于读者有价值
现场归还图书	符合要求	由读者在图书馆现场触发，有完整的交互过程，可独立完成且不可再分，对于读者有价值
在线缴纳借书罚款	符合要求	由读者在系统网站上在线操作触发，有完整的交互过程，可独立完成且不可再分，对于读者有价值
在线修改密码	符合要求	由读者在系统网站上在线操作触发，有完整的交互过程，可独立完成且不可再分，对于读者有价值
定时提醒缴纳罚款	符合要求	由定时器定时触发，有完整的交互过程，可独立完成且不可再分，对于读者有价值
在线预借图书，等待通知后现场取书	不符合要求	在线预借图书和现场取书虽然存在因果关系，但是相对独立的两个交互过程，在线预借图书成功后即使暂不取书也算完成了一件事情
刷卡验证身份	不符合要求	独立完成没有什么意义，往往作为其他包含现场刷卡的用例（如现场借阅图书、提取预借图书）交互过程的一部分出现
网站登录验证	不符合要求	独立完成没有什么意义，往往作为其他在线完成的用例（如在线缴纳借书罚款、在线查询图书信息）交互过程的一部分出现

3. 用例概览描述

在识别需求用例的基础上，可以使用 UML 用例图(Use Case Diagram)给出所有用例的概览描述。校园一卡通系统图书馆管理子系统部分用例概览如图 8.3 的 UML 用例图所示。其中，大的方框表示系统边界，内部是所识别出的所有需求用例，外部是参与交互的外部参与者；椭圆表示用例；系统边界之外的参与者分别用人形图标表示由人扮演的角色，用方块表示设备和外部系统，用时钟图标表示定时器，以示区别。

参与者与用例之间的连线表示参与关系，即参与者会参与对应的用例的交互过程。根据图 8.3 可以看出，现场借阅图书、提取预借图书、现场归还图书这三个用例主要由图书管理员参与完成并会使用到条形码扫描枪。需要注意的是，读者也会参与这几个用例，但是都是与图书管理员交互(例如，语言交流、递上图书和校园卡等)而不会直接跟软件系统交互，因此这里并没有将读者作为这几个用例的参与者。在这种情况下，如果将读者作为这几个用例的参与者也是可以的，这样在用例详细描述时可以体现读者与图书管理员之间的交互，这部分交互虽然与软件系统没有直接关系但可以让我们更好地理解相关用例交互过程中的上下文情况(例如，图书管理员是如何获得图书和校园卡的)。在线查询图书、在线预借图书、在线修改密码、在线缴纳借书罚款四个用例主要由读者参与完成，其中在线缴纳借书罚款还涉及外部的第三方在线支付系统。定时提醒缴纳罚款用例是由定时器驱动执行的用例，因此对应的参与者是定时器。

图 8.3 中还描述了用例之间的包含(include)关系，这主要是为了避免在不同的用例之间重复一部分公共的交互序列。如前所述，刷卡验证身份本身并不适合作为一个独立用例，但这部分交互序列同时出现在现场借阅图书和提取预借图书用例中，因此可以作为一个被其他用例包含的子用例以避免重复。这样，在描述现场借阅图书和提取预借图书这两个用例的交互序列时，就可以把刷卡验证身份整体作为一个交互步骤表示。刷卡验证身份会用到校园卡读卡器，因此读卡器是这个子用例的一个参与者。与之相似，在线查询图书、在线预借图书、在线修改密码、在线缴纳借书罚款四个用例都包含网站登录验证这个子用例。

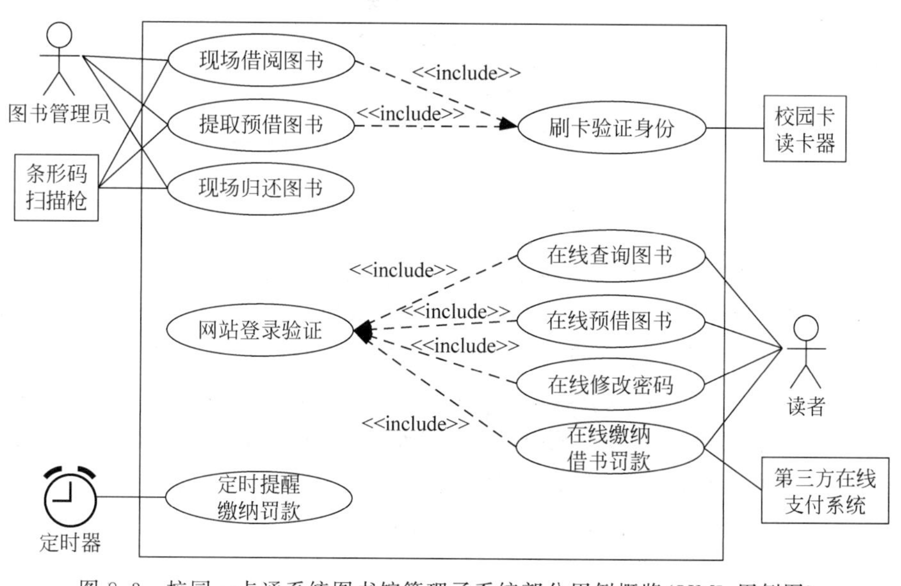

图 8.3 校园一卡通系统图书馆管理子系统部分用例概览(UML 用例图)

4. 用例详细描述

用例概览给出了目标系统用例及相关参与者的整体概览，但无法显示每个用例的具体交互过程。为此，还需要针对每个用例展开详细描述内部的交互序列。用例详细描述一般可以使用 UML 活动图(Activity Diagram)或其变体泳道图(Swim Lane Diagram)以及 UML 顺序图(Sequence Diagram)来表示。

图 8.4 是用泳道图描述的"在线缴纳借书罚款"用例详细过程。其中，圆角矩形表示用例中的步骤(即活动)，实心圆和带环的实心圆分别表示开始和结束，菱形代表条件分支，箭头代表过程流。作为活动图的一种变体，泳道图用纵向的矩形区域(形似泳道)表示参与用例交互的相关方，每个步骤所在的区域就是执行该步骤的交互方。参与该用例的交互方除了读者、第三方在线支付系统这两个外部参与者外，还包括系统本身(即图书馆管理子系统)。注意，此时并不关心图书馆管理子系统内部的组成部分及其关系(即软件设计中考虑的组件、模块及其关系)，而是将其作为一个整体并考虑其与读者和第三方在线支付系统的交互过程。

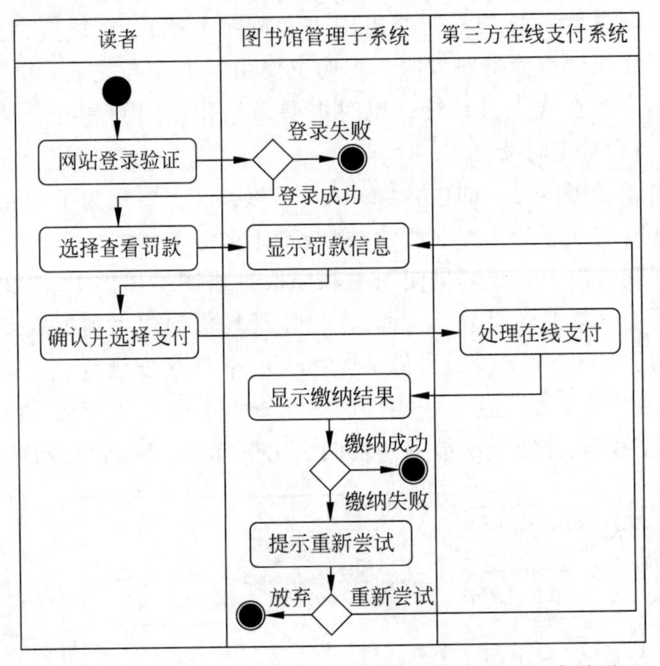

图 8.4 "在线缴纳借书罚款"用例详细描述(UML 泳道图)

通过这个详细描述，可以看到在线缴纳借书罚款首先需要通过网站登录验证。由于在图 8.3 中，网站登录验证被定义为一个子用例，因此在这里不需要展开描述网站登录验证的内部执行过程(如输入用户名密码、验证不正确后重试等)，而只是将其描述为一个交互步骤(活动)。登录成功后，读者选择查看罚款，确认系统显示的罚款信息后，由第三方在线支付系统来处理在线支付。最终，图书馆管理子系统显示缴纳结果，如果失败还会提示读者重新尝试。

除了使用 UML 图描述外，用例详细描述也可以在用例描述模板的基础上使用自然语言来表达。例 8.3 给出的"在线缴纳借书罚款"用例的自然语言描述所采用的模板包括以下几个方面的内容。

- **目标**：相关的参与者在当前用例中希望实现的目标。
- **前置条件**：当前用例发生所需要满足的前提条件。
- **触发条件**：触发当前用例执行的事件及需要满足的条件。
- **主场景**：在大多数情况下会发生且满足相关目标的成功场景，具体描述为一系列交互步骤。
- **其他场景**：可能发生的在部分步骤上与主场景有所差异的其他场景，可以有多个，每个都具体描述为一系列交互步骤。
- **异常场景**：可能发生的反映异常情况及相应的异常处理方式的场景，可以有多个，每个都具体描述为一系列交互步骤。
- **发生频率**：当前用例发生的频率。

例 8.3 "在线缴纳借书罚款"用例的自然语言描述（对应的泳道图描述见图 8.4）

用例名称：在线缴纳借书罚款

参与者：读者、图书馆管理子系统（目标软件系统）、第三方在线支付系统

目标：读者希望能方便快捷地完成缴纳罚款的过程，同时罚款原因、金额、产生时间等明细信息公开透明，缴纳方式安全可信，结果能够准确、及时反馈；图书馆管理子系统希望读者能够及时缴纳罚款，同时第三方支付稳定可靠，支付结果准确无误。第三方在线支付系统希望单位时间内的支付请求量不要过高，以免对系统造成较大的压力。

前置条件：当前用户拥有图书馆读者卡且读者卡处于正常可用状态。

触发条件：读者登录网站并选择缴纳借书罚款。

主场景：读者一次性完成借书罚款缴纳

（1）读者进行网站登录验证。

（2）读者登录成功后选择查看罚款。

（3）系统显示罚款信息。

（4）读者确认罚款信息并选择支付。

（5）第三方在线支付系统处理在线支付。

（6）系统显示罚款缴纳成果结果。

其他场景：

1. 登录失败

（1）读者进行网站登录验证。

（2）系统显示登录失败。

2. 罚款缴纳失败后再次尝试成功

按照主场景执行到显示缴纳结果之后：

（1）系统显示缴纳失败并提示重新尝试。

（2）读者选择重新尝试。

（3）系统显示罚款信息后按照主场景继续执行，最终缴纳成功。

3. 罚款缴纳失败后读者选择放弃

按照主场景执行到显示缴纳结果之后：

(1) 系统显示缴纳失败并提示重新尝试。

(2) 读者选择放弃。

异常场景:等待第三方在线支付结果超时

按照主场景执行到处理在线支付之后:

(1) 系统等待第三方在线支付结果超时。

(2) 系统提示读者稍后电话联系图书馆服务中心核对支付结果。

发生频率:早上9点到晚上12点期间平均每小时10次,高峰期(如学生毕业离校手续办理截止日前夕)每小时可达500次。

8.3.2 类分析与描述

在谈论软件需求的时候,包括此前介绍的需求用例时,经常都会提到一些名词性的对象,例如读者、图书、借书罚款等。此时,需要了解这些对象包含哪些属性以及相互之间存在什么样的关系。例如,图书除了书名、作者之外,是否还包含ISBN号、封面图片、出版时间等信息;同一本图书是否会包含多个副本,这些副本是否都有唯一编号;读者同时只能借一本书还是可以借多本书。这些信息是理解场景、功能等需求描述的基础,同时也是软件设计阶段考虑数据结构(如数据库表结构)设计的基础。对于这种需求信息,一般采用面向对象类的思想进行分析和描述。

1. 类的基本概念

面向对象软件开发中的类是属性和操作的统一封装体。每一个类都代表着同一类对象或实体的共性抽象,包含一组所有对象或实体都具有的属性和操作。与软件设计中的设计类以及软件实现中的实现类相似,类与类之间存在多种不同类型的关系,包括继承(Inheritance)、聚合(Aggregation)、关联(Association)、依赖(Dependency)等。

在需求分析中所关心的是分析类。与设计类和实现类不同,分析类是在不考虑设计和实现方案的情况下讨论和分析需求的过程中可以识别出来的类。例如,图书馆管理子系统中的分析类包括读者、图书、图书副本、借阅记录等。这些类都是在讨论需求的时候会被提及的。与之相反,与数据库访问、网络通信等设计和实现细节相关的类一般不应当作为分析类考虑。分析类主要包括以下这些类型(Pressman,2021)。

- **外部实体**:产生或使用目标软件系统信息的外部实体,例如,人员、设备、其他系统。
- **事物**:目标软件系统所管理的各种事物,例如,订单、发票、商品。
- **事件**:发生的事件,一般具有时间戳,例如,报警、来访。
- **角色**:由人扮演的各种角色,例如,读者、管理员。
- **组织单元**:人类社会的各种组织单位,例如,公司、部门、学校、院系。
- **场地**:现实世界的场地空间,例如,房间、楼宇、车位。
- **结构**:各种结构体,例如,车辆、电器。

2. 类分析的基本过程

类分析的基本过程包括识别分析类、定义类的属性和操作、确定类之间的协作关系这几个部分。

分析类的识别一般都源自针对各种文字表达的需求陈述(如客户和用户的需求表述)中

的名词或名词性短语的分析。其中，常见的可作为候选类的名词或名词性短语的类型如前所述。在此基础上，还需要从以下两个方面对候选类进行筛选。

- **包含系统运行所需要的信息**。分析类应当包含一些系统运行所不可或缺的信息。需要注意的是，某个概念或事物在现实世界中可能具有很多信息，但并不都是当前软件系统所关心的，这取决于系统的整体需求和关注点。例如，对于图书馆管理子系统而言，一本图书的书名、作者、出版社等这些都是我们关心的(读者查询图书时会关心这些信息)，但印刷图书的纸张就不必关心了(出版社的图书发行和经营管理系统可能会关心)。一个分析类可以通过属性来表达相关的有用信息，一般也同时包括改变这些属性的操作。
- **包含多个而不是单个属性**。有些候选分析类仅包含单个属性，那么可以作为其他分析类的一部分，而不用单独作为分析类。例如，图书的作者应当作为一个独立的分析类还是图书类的属性取决于系统需要记录和处理的作者信息有哪些。如果系统只需要记录作者姓名以作为图书信息的一部分进行展示或支持作者信息的关键字查询，那么作者信息是一个单一属性，可以作为图书类的一部分；如果系统需要从多个方面记录作者信息，例如，记录作者的姓名、国籍、民族、出生日期、个人简介、个人作品等，从而支持针对作者的详细查询和分析，那么作者就包含多个属性且一个作者可能与多个图书对象存在关联，因此作者信息应当作为一个独立的分析类。

表 8.4 列举了图书馆管理子系统中几个候选分析类的筛选结果以及相应的原因说明。从中可以看出，判断一个候选分析类是否符合要求需要考虑开发项目的范围和关注点以及候选分析类所包含的属性是否有多个。例如，图书采购单被排除的原因是当前的图书馆管理子系统不用考虑图书采购事宜，如果系统的范围扩大将图书采购包含其中(例如根据读者推荐生成采购单并实时采购)，那么这个后续分析类就需要被考虑了。而出版社信息是当前系统所需要的，但只需要作为文本字符串内容在图书信息展示和图书查询的时候使用即可，因此作为图书类的一个属性而不是一个独立的分析类更合适。与之相比，作者信息则包含更多的属性，因为当前系统要求在图书信息展示和查询中用到更详细的作者信息(例如，按照作者出生年代和民族等进行图书查询)，因此作者应当作为一个独立的分析类而不是图书类的一个属性。

表 8.4　图书馆管理子系统中的候选分析类

候选分析类	筛选结果	原因说明
读者	符合要求	系统的主要服务对象，与图书借还、罚款缴纳等业务直接相关，是一卡通用户且包含读者类型、可借图书上限、累计借书数量等多种信息
图书管理员	符合要求	参与现场借阅图书等需现场处理的业务过程且需要记录参与操作的管理员信息，包含登录密码、登录历史记录等多种信息
作者	符合要求	在图书查询和图书推荐等业务过程中都需要查询和分析图书作者，包含姓名、国籍、民族、出生日期、个人简介等多种信息
图书	符合要求	各种与图书相关的业务过程中都会涉及，包含 ISBN 号、书名、作者封面图片、出版社、出版时间等信息
图书副本	符合要求	各种与图书实物相关的业务过程中都会涉及，包含图书编号、采购时间、存放位置等信息

续表

候选分析类	筛选结果	原因说明
图书馆员工	不符合要求	当前系统仅关注于与图书及借还管理相关的业务,所涉及的图书管理员仅是一部分员工,普通员工的人事信息(如年龄、籍贯)等不在当前系统关注的范围内
图书采购单	不符合要求	当前系统仅关注图书副本进入图书馆后的相关服务和管理业务,图书采购不在系统关注的范围内
出版社	不符合要求	出版社信息在图书查询和图书信息展示过程中都有所涉及,但仅需要以文本字符串的方式存在,属于单一属性,可以作为图书类的一部分存在

确定分析类之后,需要为每一个分析类定义属性和操作,同时确定类之间的协作关系。类的属性和操作的确定与类之间协作关系的确定是相辅相成的,都与类的职责划分相关。软件系统实现各个用例和场景的能力要求需要分配到各个分析类上,成为分析类的职责要求。类的职责划分应当综合考虑以下两个方面的因素。

- **完整覆盖**:所有类的职责分配总体上应当完整覆盖目标软件系统的整体需求以及在各个用例和场景中的能力要求。
- **合理均衡**:职责应当在相关的类之间合理、均衡分布,每项职责都应当分配给与之相关性最高的类。

每个类的职责要求可以通过将自身的能力(即属性和操作)与其他类的协助(通过类间协作关系)相结合来实现。确定每个类的职责要求之后,其中属于该类自身能力的部分就体现为类的属性和操作,而需要其他类的职责支持的部分就需要定义相应的协作关系了。

类的属性如前所述,应当是该类的所有对象实例所共享的并且反映目标软件系统运行所不可或缺的信息。而类的操作则与类的属性密切相关,一般包括以下这几种类型:查询当前类的实例对象状态和信息,例如,图书类的作者信息查询操作;操纵(增、删、改、格式化等)当前类的实例对象数据,例如,图书类的副本数量更新操作;基于当前类的实例对象数据的计算操作,例如,图书借阅记录类的罚款金额计算操作;监控当前类的实例对象中控制事件的发生,例如,图书类的副本归还通知操作(监控到归还后通知正在等待预约的读者)。

类之间的协作关系主要表现为一个类请求另一个类所拥有的属性和操作。有些类之间存在明显的继承、聚合或关联关系,例如,读者与一卡通用户之间的继承关系、图书类与作者类之间的关联关系等。对于这些类而言,协作可以在原有的关系基础上直接实现。例如,图书类可以通过关联关系去获取作者类中的出生日期、籍贯等信息。有些类之间不存在这些明显的关系,那么为了实现类间协作就需要在类之间建立依赖关系。例如,为了定时提醒缴纳罚款,借书罚款类需要依赖于邮件通知类来发送提醒邮件。

3. 类模型描述

类分析得到的类模型可以使用UML类图来描述,其中包含分析类、分析类的属性和操作以及分析类之间的关系。校园一卡通系统图书馆管理子系统的一部分类模型如图8.5所示,其中略去了分析类的操作以及部分属性。图中分析类之间的关系包括继承(三角形箭头)和关联(无箭头的线)。关联关系上标注了关系含义,三角形代表关系的方向。注意,关联关系是双向的,图中仅标注了一个方向的关系解读,从相反的方向也是可以对关系进行解读的(从图书类到作者类存在"作者是"的关系)。关联关系上标注的基数说明了对应的分析类参与关联关系的情况,可以描述一对一、一对多、多对多等不同的情况。例如,作者类和图书类之间关联关系的基数表明每位作者都编写了一本或多本图书,而每本图书都包含一个或多个作者;图书类与图书副本类之间关联关系的基数表明每本图书都有一个或多个副本,而每个图书副本都对应唯一的图书;罚款记录类与借阅记录类之间关联关系的基数表明每条罚款记录都派生自唯一的一条借阅记录,而每条借阅记录可以产生一条罚款记录也可以不产生。

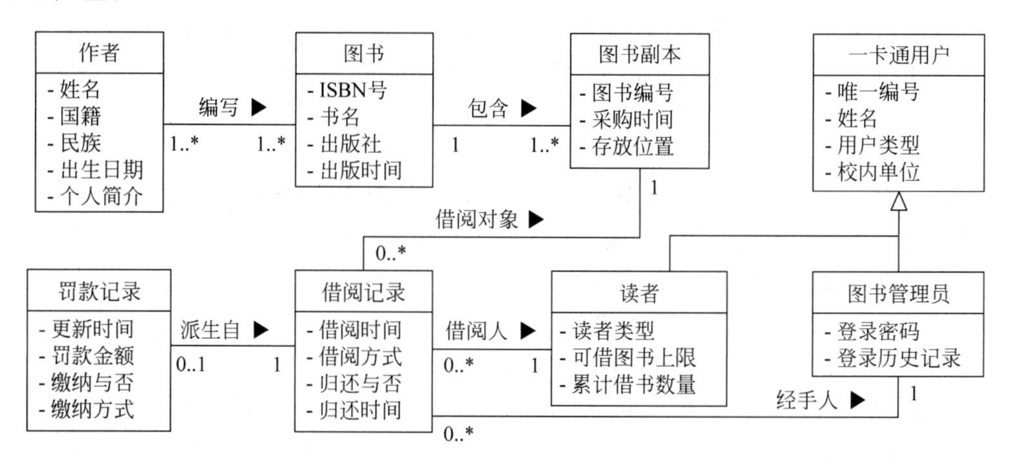

图 8.5　校园一卡通系统图书馆管理子系统部分类模型(UML 类图)

每个分析类通过将自身的属性和操作以及存在协作关系的其他类的能力相结合来实现自身的职责。类与类之间的关系构成了一系列导航关系。例如,每条借阅记录的借阅人和经手的图书管理员都需要从借阅记录类出发,分别通过与读者类和图书管理员类的关联关系来获得;每条罚款记录通过借阅记录类、图书副本类、图书类、作者类这个导航链追溯到对应的作者,这样就可以实现类似于"哪些作者写的书导致的超期罚款最多"这样的查询了。

8.3.3　行为分析与描述

有时候目标系统或其一部分会响应外部的事件激励而执行一些动作,同时伴随自身状态的变化,这一过程被称为行为(behavior)。通过行为分析,我们可以从系统本身的角度而非场景分析中的外部参与者的角度了解到系统是如何响应外部事件进行状态的转换并执行各种动作的。行为分析可以针对目标系统整体来进行,也可以针对系统的某个部分(例如某个业务类)来进行。

1. 行为的基本概念

行为分析主要涉及以下这些概念。

- **状态**:行为主体所处于的某种情形,一般会维持一段时间(短则几秒甚至更短,长则几小时甚至更长)。
- **事件**:影响行为主体行为的外部或内部事件,推动行为主体状态的不断转换和各种动作的执行。
- **状态转换**:行为主体各种状态之间的转换,一般是在事件的激励下发生的,有时也会附加相应的条件要求。
- **动作**:行为主体在维持某个状态期间或者在状态转换过程中所执行的动作。

2. 行为分析的基本过程

行为分析首先需要确定合适的行为主体。并不是所有的目标系统或业务类都需要进行行为分析。我们可以按照以下标准确定需要进行行为分析的系统或业务类：存在多个明显的状态，会在外部事件的作用下不断进行状态转换并同时执行一些相关动作。例如，校园一卡通系统中运行在自助充值机上的自助充值子系统存在一系列明显的状态(例如，空闲状态、读取卡信息状态、输入充值金额状态、支付状态、更新账户状态等)以及状态转换(例如，屏幕单击后从空闲状态转换为读取卡信息状态)；校园一卡通系统图书馆管理子系统整体上并不存在明显的状态和状态转换，但其中的图书预借请求则存在一系列明显的状态(例如，填写状态、已提交状态、等待中状态、图书已到状态、图书已取等)和状态转换(例如，读者到图书馆取走图书后从图书已到状态转换为图书已取状态)。

确定行为主体后，需要进一步识别事件、状态、状态转换以及相关的动作。

事件可以从用例描述以及其他需求文本描述中识别。识别事件的关键点是确定系统与参与者之间是否发生了信息交换，如果发生了那么就会产生相关的事件，并且事件应该是发生信息交换这一事实而不是所交换的信息本身(Pressman，2021)。例如，自助充值子系统在读取到卡信息之后会显示操作菜单，因此读取卡信息是一次信息交换，但相应的事件应该是"卡信息读取完毕"而不是"所读取的卡信息"(前者强调读取完毕这一事实，而后者强调所读取到的信息)。

状态是行为主体在各种事件发生的间隙所处的一种相对稳定的情形。行为主体的状态一般都会维持一段时间，无论这段时间长达几天(如图书预借请求的等待中状态)还是仅有几毫秒(如自助充值子系统的读取卡信息状态)。处于某种状态时，行为主体会维持某种表现(如自助充值子系统在空闲状态下持续在屏幕上滚动播放欢迎画面)或持续执行某些动作(如自助充值子系统在读取卡信息状态下持续读取卡信息)。

状态转换刻画了行为主体从一种状态到另一种状态的变化。状态转换一般由事件来触发，同时还可以带上附加条件(即触发事件发生并且满足附加条件的情况下才会发生相应的状态转换)。有时候状态转换没有触发事件，此时前一个状态完成所需要执行的动作后无须其他事件触发就可以自动转换为后一个状态。

动作刻画了行为主体处于某个状态期间或者在状态转换过程中所需要执行的一些动作。这些动作与状态及状态转换密切相关。例如，有些动作约定了是在进入或退出某个状态时执行的，或者处于某个状态期间持续不断执行的；有的动作是在状态转换的过程中执行的；有的动作执行完后会触发状态转换(该状态转换没有触发事件)；有的动作在执行过程中会修改行为主体的某些属性或产生某些结果，从而影响后续的状态转换。

3. 行为模型描述

行为模型可以使用UML状态机图来描述，其中包含状态、事件、状态转换、动作等。校园一卡通系统自助充值子系统行为模型如图8.6所示。该子系统从初始状态开始自动进入空闲状态，然后随着各种事件在不同的状态间转换。驱动状态转换的主要是用户操作事件，例如，单击屏幕、选择"退出"、单击"确认"按钮等，此外还包括外部系统事件(例如收到支付确认)和超时事件(即前一状态在指定时间内未完成由此导致超时)。例如，读取卡信息状态如果没有在指定时间内完成并进入下一状态(选择操作类型)，那么就会触发超时从而导致回到空闲状态。一些状态跳转上没有标注事件，这种情况表示前一状态完成需要完成的动作后自动触发对应的状态跳转。例如，系统在读取卡信息状态下完成读取卡信息动作(在给定时间内完成，即没有超时)后自动进入下一状态(选择操作类型)。模型中的动作包括几种类型：Entry 类型表示进入一个状态时要执行的动作；Do 类型表示处于一个状态期间一直执行的动作；Exit 类型表示离开一个状态时要执行的动作；状态跳转动作表示在状态跳转过程中执行的动作。例如，读取卡信息状态下的 Entry 动作表示进入这个状态时要显示"正在读卡…"，Do 动作表示在这个状态维持期间一直执行读取卡信息的动作(完成后自动跳转到下一状态)，而在因为超时发生状态转换返回空闲状态的过程中则会执行显示"读取失败…"的动作。

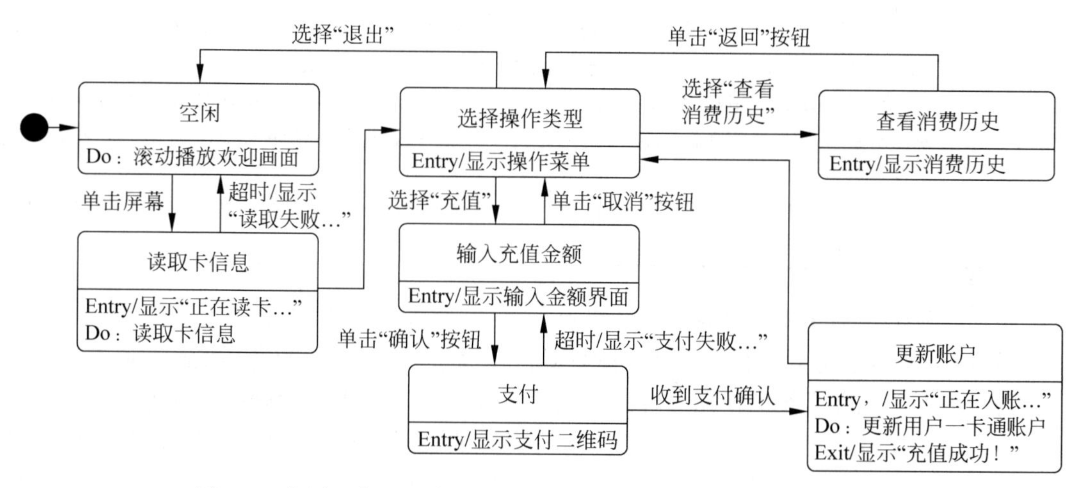

图 8.6　校园一卡通系统自助充值子系统行为模型(UML 状态机图)

8.3.4　需求文档

项目需求分析完成后需要形成一份需求文档作为后续开发活动(如设计、实现、测试)的基础。需求文档主要通过自然语言的方式进行书写，同时穿插一些图表和其他形式化描述，例如前面介绍的用例图、泳道图、类图、状态机图、规则表格、计算公式等。

需求文档一般都会参考规范的需求文档模板，同时也有一些需求文档相关的行业标准。许多软件企业都会参考相关标准制定企业内的规范化需求文档模板。表 8.5 描述了 IEEE 推荐的需求文档标准(IEEE，1998)中的文档结构。

表 8.5　IEEE 推荐的需求文档标准中的文档结构

章	内 容 概 述
前言	明确文档的目标读者人群，描述文档的版本历史(每个版本的修订时间、修订原因以及内容修改的概述等)
引言	这部分描述系统的意义和必要性，即为什么需要开发这个系统。需要简要描述系统的功能以及该系统如何与其他相关系统集成和一起工作，同时描述该系统如何服务于委托开发方的总体业务或战略目标
术语表	定义文档中所使用的专业术语，帮助缺少相关专业经验和知识的读者理解相关术语
用户需求定义	描述为用户提供的服务以及相关的非功能性系统需求。这些描述可以使用客户能够理解的自然语言、图形化或者其他表达法。同时还要描述当前项目开发必须遵循的产品和过程标准

续表

章	内容概述
系统体系结构	描述所预计的系统体系结构的高层概览,显示各个系统模块上的功能分布。系统体系结构中复用的组件应当进行明确和强调
系统需求规格说明	更详细地描述系统的功能和非功能性需求。可以根据需要进一步增加非功能性需求中的细节信息,并定义与其他系统的接口
系统模型	提供图形化的系统模型,用于描述系统组件之间的关系以及系统与环境之间的关系。可能的模型包括对象模型、数据流模型或语义数据模型等
系统演化	描述考虑当前系统需求时所基于的基本假设,以及预计由于硬件演化、用户需求变化等原因可能导致的变化。这部分信息对于系统设计很重要,因为系统设计者了解这些信息可以避免在做出设计决策时对未来可能发生的变化造成不必要的限制
附录	描述与所开发的应用相关的一些特定的详细信息,例如,硬件和数据库描述。硬件需求明确说明系统所要求的最低配置和优化配置。数据库需求明确说明系统所使用的数据的逻辑组织以及数据之间的关系
索引	提供相关的文档索引。除了常规的字母序索引外,还可以包括文档中图的索引以及需求中功能定义的索引

使用自然语言描述需求其优点是对于大多数人而言都容易理解,表达能力强,使用灵活,且适用范围广。使用自然语言可以很容易描述高层意图、需求目标、功能和非功能性要求等需求内容。此前介绍的使用各种图形化方式描述的需求用例、类模型、行为模型也在一定程度上可以用自然语言表达,例如,例 8.3 中使用自然语言模板描述的需求用例。使用自然语言描述需求的缺点同样十分明显,那就是表达方式随意,容易出现二义性和模糊性。这里的二义性是指不同的人针对同一个需求表述可能会产生不同的理解和解读。造成自然语言需求二义性的主要原因包括以下三个方面(Pohl,2012)。

- **描述不充分**:针对一个需求的描述缺少一些必要的细节,从而导致不同的人可能会做出不同的细节假设,从而产生对同一需求的不同理解。例如,“如用户访问记录存在异常则拒绝登录”这一需求描述中的“访问记录存在异常”这一陈述如果不提供相关的细节描述(即哪些情况被认为是存在异常)那么可能导致不同的人产生不同的理解和解读。
- **模糊的术语**:需求文档中所使用的术语未经过严格定义,不同的人可能对其含义产生不同的理解。例如,“高年级学生选课时系统应当提醒学生核对毕业要求”这一需求描述中的“高年级学生”这一术语如果没有进行明确定义,那么可能导致不同的人产生不同的理解和解读(例如本科三年级学生是否算高年级学生)。
- **自然语言固有的二义性**:自然语言所固有的词法、语法、指代等方面的问题都可能导致语义上的不同理解,从而造成二义性。例如,“系统显示最近 5 笔充值和消费记录”这一需求描述中的“5 笔”可能导致不同理解,即 5 笔充值记录和 5 笔消费记录或者充值和消费记录加起来一共 5 笔;“用户将校园卡放到读卡器上同时用键盘输入密码,如果无效则系统扣款操作失败”这一需求描述中的“无效”是指校园卡无效还是密码无效不清楚。

为此,在使用自然语言描述需求时应当遵循以下指导原则。

(1) 定义需求文档术语表并在需求描述中统一使用标准术语。

(2) 使用规范化的需求文档模板和需求描述句式。例如，统一使用主动语态，使用“系统应当……”这样的句式表达必须实现的需求，使用“系统可以……”这样的句式表达建议实现的需求。

(3) 使用带编号的句子来描述基本需求条目并保持原子性(即每个句子表达一条不可再分的原子需求)。例如，对于需求描述“R：可根据关键字检索感兴趣的课程，输入关键字后1s内返回匹配的课程列表”，应当将其分解为两条原子需求“R1：可根据关键字检索感兴趣的课程”(功能需求)和“R2：输入关键字后1s内返回匹配的课程列表”(质量需求)。其中的编号R1、R2是需求条目的唯一编号，可以在需求文档中各个地方进行引用。

(4) 采取多种手段以避免引入二义性，包括：尽量提供理解需求所需要的细节信息，例如，具体情况的列举说明、规则表格、计算公式等；定义标准术语表，对需求描述中出现的术语进行明确定义；注意需求描述的句式、语法和指代词的使用，避免读者产生不同理解。

(5) 在适当的地方结合规则表格、公式、UML模型等其他更精确的描述方式。

(6) 结合使用半结构化自然语言，即定义标准的自然语言表格或模板并明确其中每个字段的含义。例如，例8.3中的自然语言需求描述就是基于需求用例模板书写的。

8.4 敏捷开发中的需求工程

视频讲解

随着软件产业的发展，如何快速交付高质量、高价值的软件产品并及时满足客户和用户的需要正变得越来越重要，敏捷开发方法应运而生。敏捷宣言(Agile，2001)中倡导的价值观与原则揭示了一种更好的软件开发方法，启迪人们重新思考软件开发中的工作方式和价值取向。在众多敏捷方法中，Scrum和XP(eXtreme Programming，极限编程)是最著名的两种。Scrum注重管理和组织实践，而XP则更关注具体的编程实践，二者互为补充、相得益彰。

在企业开发实践中，为了应对激烈的商业竞争，开发团队需要适应高频的需求变化并及时响应外部变化，因此要做到软件持续按需发布，同时交付周期要求更短、发布频度要求更高。在这类软件产品的研发过程中，基于全功能团队的敏捷开发模式是主流。敏捷方法倡导需求分层不宜过多，Scrum等敏捷方法都强调通过传递有价值、易交付的需求来实现敏捷迭代交付。敏捷方法认为需求变化非常快，以至于需求文档在被写出来时就已经过时了，因此敏捷方法不使用正式的需求文档，而是经常增量地收集用户需求并且将它们作为简短的用户故事(User Story)写在卡片或白板上(Sommerville，2018)。这些用户故事可以按照对于用户的价值和紧迫性进行优先级排序，从而决定在下一次迭代开发过程中优先实现哪些用户故事。

因此，在规划并进入下次迭代之前需要对需求进行细化。一般而言，一次敏捷迭代的时间周期一般是1～2周，因此进入迭代的需求粒度不能太大。用户故事经常被用作敏捷迭代中的基本需求单元，一般粒度较小。大的用户故事一般被称为史诗故事(Epic)。用户故事是一种从用户视角出发表述的端到端的细粒度功能，是对用户或客户有价值的功能点的简洁描述。用户故事之间是解耦的，每个用户故事都可以独立交付，是敏捷迭代交付的基础。为此，用户故事应当满足以下INVEST原则(Wake，2003)。

- **I(Independent)**：独立，能够单独进行实现。

- **N(Negotiable)**：可协商，要求不能定得太死，开发过程可变通。
- **V(Valuable)**：有价值，对于客户和用户有意义。
- **E(Estimable)**：可估算工作量及进度（不能估算往往意味着无法做出相对准确的计划，一般是因为粒度还不够小）。
- **S(Small)**：足够小，能在一个迭代内完成，不能跨越多个迭代。
- **T(Testable)**：可测试，能够对应设计测试用例来验证用户故事是否实现。

用户故事典型的描述格式为：

作为一个<角色>，我想要<活动>，以便于<商业价值>。

As a <Role>, I want to <Activity>, so that <Business Value>.

例如，在校园一卡通系统图书馆管理子系统中可以有如下用户故事。

作为一个“读者”，我想要“在读者所预约的图书归还到馆后立刻短信通知读者”，以便于“读者及时借到想看的图书”。

作为一个“图书管理员”，我想要“统计每月借阅的热门书籍”，以便于“图书馆梳理待选购的新书清单”。

需要注意的是，用户故事不能使用技术性的语言来描述，而是要使用用户可以理解的业务语言来描述。

用户故事与此前介绍的需求用例（Use Case）有一定相关性。在传统的软件需求分析中，用例用于表示从参与者视角出发的完整业务场景，每个用例似乎都可以视为一个用户故事。但是，在现实中有些用例从实现角度看粒度较大，同时用例的场景之间存在部分重叠和交叉，因此无法在一次迭代中开发完成。敏捷开发提倡在迭代过程中以用户故事作为小粒度的任务单元进行开发和验收，从而提高开发和测试验收效率，快速满足客户和用户价值，并尽快获得反馈、暴露问题。为此，在敏捷开发中需要基于 INVEST 原则将一些较大的需求用例转换为多个相对较小且独立可测试、能够体现客户和用户价值的需求表述，即用户故事。

因此，用户故事和需求用例在范围、生命周期、使用目的等方面都有所区别（Cohn，2010）。从范围上看，需求用例覆盖的范围一般都比用户故事要大，用户故事需要适应敏捷迭代开发的需要，因此一般需要对所覆盖的范围和内容进行限制（例如不超过十天的开发工作量）以便于进行任务安排和调度。从生命周期上看，需求用例通常是永久性的工作制品，只要软件产品处于活跃的开发或维护之中用例就会继续存在；而用户故事具有一定的短时性，往往仅在所属的开发迭代中发挥作用，虽然有些团队会选择将用户故事长期存档但也有许多团队选择在用户故事所属的开发迭代结束后将其抛弃。从目的上看，用户故事和需求用例是针对不同的目的编写的。编写用例的目的是让开发人员与客户或用户代表一起进行讨论并就需求达成一致，而编写用户故事的目的是发布迭代开发和交付计划并引导客户和用户通过对话提供更多的需求细节。敏捷开发更加注重个体与交互而不是厚重的文档，而用户故事的编写可以引导客户和用户代表与开发人员一起通过对话和交流细化需求信息。

例如，针对图 8.4 和例 8.3 中所描述的“在线缴纳借书罚款”用例，可以根据 INVEST 原则拆分得到若干用户故事，包括：

作为一个“图书馆管理方”，我想要“读者在查看罚款信息并缴纳罚款之前通过身份验证”，以便于“确保系统安全和用户隐私保护”。

作为一个"读者",我想要"在缴纳罚款之前查看并确认罚款信息",以便于"确保系统所收取的罚款都是合理的"。

作为一个"读者",我想要"通过在线支付缴纳罚款",以便于"实现业务便捷办理"。

作为一个"读者",我想要"通过在线支付缴纳罚款后系统立即告知支付结果,如不成功允许再次尝试支付",以便于"系统方便使用"。

可以发现,通过用户故事拆分后,"在线缴纳借书罚款"用例中不同类型用户所关心的特性及其价值都变得更明确了,同时更细粒度上的需求表达也为迭代化开发计划的制定和执行提供了便利。例如,可以想象"在线缴纳借书罚款"用例可以通过多次迭代实现:首先实现一个登录后显示罚款金额并直接支付的版本,完成最基本的在线缴纳借书罚款功能;在下一次迭代中增加罚款信息确认的特性,使读者在缴纳罚款前可以查看罚款明细并确认;在后续迭代中继续完善并实现了在线支付缴纳罚款后的系统结果告知以及重试的特性。

在基于用户故事的敏捷交付实践中,开发团队会在迭代计划会议上将纳入计划的用户故事分派给开发团队中的成员,相应的成员应在本次迭代周期内完成用户故事的详细设计、实现和测试,保证按时、高质量交付。需要注意的是,以上这些用户故事并不一定都是事先一次性定义的,而是可以随着迭代化的开发过程逐步被提出来的。例如,实现初步的"在线缴纳借书罚款"功能后,用户可能会提出"在缴纳罚款之前查看并确认罚款信息"这一要求从而产生相应的用户故事,而这一用户故事就可以被开发团队考虑放入接下来的迭代开发任务中。这也体现了敏捷开发持续交付、快速反馈和频繁迭代的特点。

随着软件产品的不断迭代演化,软件开发团队可以在已交付的用户故事基础上考虑其他更具创新性也有可能带来更高价值的用户故事。例如,在实现并交付校园一卡通系统图书馆管理子系统基本功能和特性的基础上,开发团队可以考虑将以下更具创新性的用户故事列入新的迭代计划。用户故事独立、短小的特点可以确保其可以在后续迭代中及时、高质量地完成开发和交付。

作为一个"读者",我想要"通过手机小程序绑定校园卡实现刷手机办理现场借书和取书",以便于"实现业务便捷办理"。

需要注意的是,需求分析只是敏捷开发需求工程过程中的一环。完整的需求工程过程包含需求提交、需求预审、需求分析、需求排序、需求投资决策、需求争议处置、需求确认、需求分发、需求实施、需求验收等内容。如果因为用户反馈或其他原因导致需求变更,那么开发团队需要根据需求引入的阶段重复上述部分环节。

敏捷开发过程的一个初衷就是更好地应对需求变化。因此,在敏捷开发过程中,用户提出的需求变更可以通过一种便捷的方式灵活处理,而不需要经过正式的变更审核和管理过程。例如,用户可以对一系列变化的需求进行优先级排序,同时确定目前已经制定的下一个迭代开发计划中哪些功能特征和用户故事需要为此次高优先级需求变化的实现而暂时搁置。这种灵活的需求变更过程弱化了对于规范化需求文档和需求管理过程的要求,对于需求不确定性强、存在快速变化和竞争压力的软件系统和产品而言是一个合理的选择。但是,如果对应的软件系统和产品存在明确的可靠性、安全性等方面质量要求,那么还是要定义并编写一定的业务和质量需求说明文档,以免在迭代过程中被忽视(Sommerville,2018)。

8.5 软件可信需求

视频讲解

随着软件应用的不断深入,许多与人身和财产安全、经济和社会运行、环境影响密切相关的系统都越来越依赖于软件来实现主要功能或作为基本运转的重要支撑。这类系统的例子包括网络与通信基础设施、航天器导航控制系统、汽车自动驾驶系统、直接用于诊疗的智能医疗设备、发电站及智能电网系统、银行及在线交易系统、股票期货等金融交易系统等。这些系统被称为"关键性系统"(Critical System),即系统故障或其他问题可能导致人身伤害、严重的环境破坏、重大财产和经济损失等。因此,人们对于这类系统的可信性(Trustworthiness)或可依赖性(Dependability)有着很高的要求,具体包括可用性(Availability)、可靠性(Reliability)、防危安全性(Safety)、信息安全性(Security)、韧性(Resilience)等方面(Sommerville,2018)。

一些企业在此基础上结合特定领域的业务需要和实践经验进行了延伸和完善,提出了自己的可信能力体系。例如,华为公司的可信框架中包含以下可信质量属性(华为,2021)。

- **信息安全性(Security)**:系统有良好的抗攻击能力,能够保护业务和数据的机密性、完整性和可用性。
- **韧性(Resilience)**:系统受到攻击时能够保持一定的运行状态(包括进行一定的服务降级),遭遇攻击后能够快速恢复并持续演进。
- **隐私性(Privacy)**:用户数据的使用政策对用户透明,用户能够以适当的方式控制自己的个人数据的使用方式并决定何时以及是否接收相关信息。
- **防危安全性(Safety)**:系统失效导致的危害不会导致不可接受的风险,不会伤害人身安全或人体健康,不会造成严重的环境破坏或财产损失。
- **可靠性和可用性(Reliability & Availability)**:系统能持续保障业务无故障运行并具备故障快速恢复和自我管理能力,可以针对用户提供可预期的、一致的服务。

需要注意的是,虽然这些可信质量属性都是普遍适用的,不同类型的软件系统在具体的可信性要求上可能差别很大,这与这些系统的应用领域、服务模式以及用户对系统所依赖的方面都密切相关。例如,对于一个在线购物系统或即时通信与在线社交系统而言,确保持续的可用性是十分重要的,因为用户希望随时随地打开网页或手机 APP 都能访问到系统服务,哪怕偶尔出错后再进行弥补(例如,在线支付出现差错后与客服沟通处理、消息一次发送不成功后再次尝试发送)在一定程度上也是可以接受的。相较之下,对于一个智能医疗仪器或生产设备控制系统而言,出错是不可接受的,因为可能造成严重的人身伤害或重大损失(例如,医疗仪器因为不当的治疗作用而伤害人体、生产设备的运转故障造成生产事故),此时可靠性比较重要而为了预防事故发生停止系统运转是可以接受的。而对于字处理软件和电子表格(如 Word、Excel)而言,系统经常出错重启可能会让用户感到不高兴,但用户更在意的是所编写的内容是否丢失。

现实世界中软件系统的可信性受到多个方面的威胁,包括软件自身的缺陷和其他质量问题、所依赖的硬件和其他基础设施的问题、运行环境中的各种不确定性因素、来自外部或内部的各种攻击等。因此,软件产品的客户和用户、软件开发方以及各国政府和监管机构都越来越重视软件的可信性,有些重要的关键性软件系统甚至需要通过强制性的可信性认证才能进入相关的市场。

具备高可信性的关键性系统的开发是十分昂贵的，因为系统必须要经过严格的开发和测试过程以将可能发生的缺陷或故障数量降到最低，同时还要提供完善的容错、攻击防御和故障恢复等机制。此外，一些关键性系统还需要专门通过相关的可信认证。

软件系统的可信保障是一个端到端的过程，贯穿从最初的软件构想到最终的软件运行保障全过程。可信需求是实现可信保障的重要一环，同时也是软件需求中最重要的一类需求。可信需求与功能性需求和其他质量需求均通过相同的方式管理，但一般建议将可信需求作为第一优先级以及软件产品的必要基本属性加以考虑。也就是说，从一个软件产品的构想开始就应当对可靠性与可用性、信息安全与隐私保护、防危安全性等可信要求加以考虑，并作为软件技术方案设计和实现的基本要求。

可信质量属性的要求是抽象和普适性的。为了在特定软件产品中实现可信目标，开发团队还需要结合该软件产品特定的客户和用户要求以及环境条件具体开展可信需求分析，例如，确认当前软件产品开发需要关注哪些可信质量属性、这些可信质量属性在当前软件产品中存在哪些具体要求、当前软件产品在哪些场景下可能发生相关的可信威胁以及可能的应对措施等。一般可以在可信理论方法的指导下，通过业务场景分析、威胁分析、认证分析等步骤完成软件产品的可信需求收集和分析。

- **业务场景分析**：基于软件产品的商业目标以及应用领域、用户群体的特点对业务场景进行分析，初步识别与可信要求相关的客户和用户价值，同时重点分析在系统边界上可能存在的不确定性。
- **威胁分析**：根据软件产品的定位和业务价值并考虑其使用环境，识别出需要保护的核心资产，包括重要的数据和敏感信息、支撑系统正常运转的核心模块、可能影响重大设施设备和人身安全的命令和操作等。围绕这些核心资产，并根据业务场景中识别出的用户、周边环境、外部依赖，分析可能发生的恶意攻击、意外事件等可能造成重大故障的隐患。
- **认证分析**：根据软件产品的目标市场和应用领域分析潜在的合规要求，充分考虑目标市场国家、行业、客户的监管和准入要求，建立满足相应的安全与可信认证和准入要求的路线图。为此，需要定义软件产品的目标可信等级，包括安全认证、隐私合规等。

校园一卡通系统的部分可信需求分析如例 8.4 所示。通过以上分析过程可以识别出与可信性需求密切相关的业务场景、潜在威胁、可信认证要求等可信需求，在此基础上与软件产品的功能性需求和其他质量需求相结合形成完整的软件可信需求描述，从而为开发和交付可信软件产品奠定坚实基础。

例 8.4　校园一卡通系统的部分可信需求分析

业务场景分析

根据校园一卡通系统的应用场景及其特点，可以发现该系统主要为师生员工的校园生活以及工作和学习提供便利，不涉及人身安全、人体健康及环境破坏等方面，但是系统的刷卡消费和楼宇门禁功能对于维持校园的正常工作和学习秩序具有重要的作用。系统所记录的师生员工校园活动及消费记录具有一定的隐私性和敏感性。系统的主要功能都在校园网内运行，但一卡通充值和一些在线服务功能通过互联网进行开发。通过以上分析可以得出以下初步结论。

(1) 信息安全性：需要确保系统的安全稳定运行不会受到外部的影响，特别是通过互联网提供访问的一卡通充值及各种在线服务功能。

(2) 隐私性：系统中所记录的师生员工校园活动及消费记录需要注意隐私保护。

(3) 防危安全性：与本系统相关性不大。

(4) 可靠性和可用性：系统的刷卡消费和楼宇门禁功能等核心功能需要保证较高的可靠性和可用性，其他服务和功能也需要尽量保证持续可用以及可靠性。

威胁分析

针对以上业务场景的核心资产及威胁分析如下。

(1) 信息安全性：需要保护的核心资产包括通过互联网提供访问的一卡通充值及各种在线服务功能，主要威胁来自互联网上潜在的攻击者。

(2) 隐私性：需要保护的核心资产包括系统中所记录的师生员工校园活动及消费记录，主要威胁来自越权访问相关信息的内部用户以及企图窃取相关信息的外部攻击者。

(3) 可靠性和可用性：需要保护的核心资产包括系统的刷卡消费和楼宇门禁等核心功能，主要威胁来自突然激增的访问量、校园网及服务器等基础设施的突发故障、系统内部数据库的服务可用性问题等方面。

认证分析

需要根据国家对于教育机构的软件系统可信认证要求以及对于公民个人隐私数据保护的要求确定系统整体的可信水平和认证要求。

小　　结

对于软件需求的全面、准确理解以及规范化的描述是成功的软件开发项目的重要基础。为此，我们需要从高层的客户愿景和用户需求出发通过逐层分解和精化得到更具体的系统需求。此外，软件并不是存在于真空之中，而是与计算机网络、硬件、设备、人工处理和工作流程等构成一个完整的系统。因此，我们需要在系统需求的基础上，根据软件与其他非软件系统组成部分之间的职责划分确定软件需求。软件需求是一个非常复杂的整体，需要从不同的角度去观察和分析。目前常用的需求分析方法包括场景分析、类分析和行为分析，这些方法分别从外部参与者及交互序列、业务对象以及对象间关系、系统外部行为等不同的方面对软件系统进行分析，同时提供了不同的 UML 模型作为需求描述手段。与传统软件开发不同，敏捷方法强调持续增量地收集用户需求并且描述为用户故事，以有价值且独立的用户故事作为迭代计划制定和执行的基本任务单元。最后，随着软件应用的不断深入，许多重要的关键性系统都越来越依赖于软件来实现，因此包含安全性、可靠性、可用性、隐私性、韧性等要求在内的可信性成为很多软件系统的基本要求。为此，需要通过系统性的方法识别和分析可信性需求，并将其以第一优先级纳入到软件系统的开发计划中去。

第9章 软件测试

本章学习目标

- 理解软件测试的概念和基本原则。
- 了解各种软件测试过程模型及其优缺点。
- 理解单元测试、集成测试、系统测试、验收测试等软件测试类型的含义。
- 掌握常用的黑盒软件测试方法和白盒软件测试方法。
- 理解常用的系统测试类型,了解相应的系统测试技术和工具。

本章首先介绍软件测试相关的概念、原则以及经典的软件测试过程模型;接着介绍单元测试、集成测试、系统测试、验收测试等各种软件测试类型;然后分别介绍常用的黑盒软件测试方法和白盒软件测试方法;最后,介绍面向功能正确性以及性能、兼容性、易用性、可靠性、安全性等非功能性质量特性的系统测试技术和工具。

9.1 软件测试概念与原则

各种软件质量问题频繁导致各种事故的发生,影响人们的正常生产生活甚至造成严重的人身和财产损失。因此,软件企业和开发团队需要采取各种手段及早发现和解决各种软件质量问题,其中最重要的一种手段是软件测试。经过长期的研究和实践,软件工程领域已经形成了系统性的软件测试方法和技术体系,能够有效保障软件产品质量。

9.1.1 软件质量事故

从最初局限于计算设备中的计算任务到如今深入渗透社会经济生活的各种信息处理、智能决策和自动控制任务,人类依赖软件来实现越来越多的目标和任务。另一方面,软件作为一种复杂的人造物,不可避免地会因为人在认知和思维方式上的缺陷(例如,理解和掌握复杂问题的局限性、偶然的疏忽等)而引入各种质量问题,从而导致各种事故甚至灾难性的后果。以下列举几个曾经造成重大影响的软件质量事故案例。

- 1996年6月4日,Ariane 5火箭在发射37s之后偏离飞行路线并发生爆炸。调查报告显示,事故是由于控制软件在将一个表示火箭水平速率的64位浮点数转换成16位有符号整数时发生溢出而导致的。发生这一问题的原因是开发人员在开发Ariane 4火箭控制软件时确定这个值不会超出16位整数,然而Ariane 5火箭的速度提高了近5倍。不幸的是,开发人员在开发Ariane 5火箭控制软件时复用了这段代码,并且没有对代码所基于的假设进行检查。
- 2007年10月30日,北京夏季奥运会第二阶段门票销售刚启动就因为购票者太多而被迫暂停。经过评估,是由于开发团队低估了观众购票的热情,以至于当时的系统设计方案无法支持大规模的用户并发访问请求,从而导致售票系统瘫痪。

- 2012年1月9日,刚进入春运期间的12306火车票网上订票系统单击量超过14亿次,导致系统出现登录缓慢、支付失败、扣钱不出票甚至系统崩溃等严重问题。此后的2012年9月20日,中秋和国庆黄金周出行人群集中购票导致系统日单击量达到14.9亿次,因此再次出现网络拥堵、重复排队等现象。这一系列故障的根本原因在于系统架构规划以及客票发放机制存在缺陷,无法支持如此大并发量的交易。
- 2018年3月18日,美国优步公司的一辆沃尔沃XC90汽车在测试时发生交通事故,导致一名49岁女性行人死亡。车祸发生时,涉事车辆正处于自动驾驶模式,车内配有一名安全操作员。调查报告认为,涉事车辆的自动驾驶软件存在几处设计缺陷,包括不能识别在人行横道以外出现的行人。

以上这些事故中所涉及的软件质量问题主要包括功能和非功能性两方面。功能性质量问题包括软件实现逻辑上的不严密和不确定性,而非功能性质量问题则主要是系统的处理性能、吞吐量和可用性等方面的问题。为了避免这些缺陷所造成的事故以及财产损失和人身伤害,有必要投入大量的时间和人力在软件发布前进行充分的测试,从而及时发现并修复各种软件缺陷。

9.1.2 软件测试概念

早期的软件测试主要依靠错误猜测和经验推断,并未形成系统化的测试方法与过程。随着软件工程研究与软件开发实践的积累,学术界和工业界逐渐形成了一些软件测试理论和方法,其中也包含对于软件测试的不同观点。

其中一种有代表性的观点是20世纪70年代初Bill Hetzel博士在软件工程历史上第一次正式的关于软件测试的会议上所提出的,即“软件测试是以评价一个程序或软件系统的质量或能力为目的的一项活动”。这种观点认为软件测试的目的是验证软件的正确性。然而,由于软件自身的逻辑复杂性以及软件运行时近乎无穷的可能性,验证软件的正确性几乎是不可行的。

与之相对应的是,Glenford J. Myers在20世纪70年代末所提出的另一种更加现实的观点,即“软件测试是以发现错误为目的而执行一个程序或系统的过程”。这种观点认为软件测试的目的是为了发现软件中的错误,只要发现的错误足够多,那么开发人员就可以消除大部分软件质量问题。为此,软件测试人员应当采用各种“破坏性”的思维和手段(例如,尝试极端的输入和操作方式)来暴露软件系统中潜在的问题。这种观点代表着软件测试理论和实践的主流。

随着软件工程研究和实践的发展,人们对于软件测试逐渐形成了系统性的认识以及成熟的方法和技术体系。下面列举几个有代表性的关于软件测试的定义。

- **ISO/IEC/IEEE系统和软件工程术语标准(ISO/IEC/IEEE 24765: 2017)中的定义**:软件测试是将软件系统或组件在指定条件下执行,观察或记录执行结果,并对系统或组件的某些方面进行评估的活动。
- **ISTQB(International Software Testing Qualifications Board)(Van Veenendaal et al., 2008)给出的定义**:软件测试是由生命周期内所有静态和动态活动组成的过程,这

些活动包括计划和控制、分析和设计、实现和执行、评估出口准则和编写报告、测试的收尾工作以及对软件产品和相关的工作产品的评估,目的是发现软件系统中的缺陷、提供涉众对软件系统质量的信心,以及预防软件系统中的缺陷。

- **IEEE SWEBOK(软件工程知识体系)(Bourque et al. ,2014)给出的定义**:软件测试是一个动态的过程,它基于一组有限的测试用例执行待测程序,目的是验证程序是否提供了预期的行为。

以上这些定义反映了软件测试的几个重要方面。首先,软件测试需要对软件(包括单个软件模块或完整的软件系统)进行人工(人工测试)或自动(自动化测试)执行。其次,软件测试是基于预期的软件行为进行的,这种预期通常来自软件需求规格说明(或称规约,即specification)或其他要求。再次,软件测试需要对软件在测试中的实际行为和预期的软件行为进行比较,其中既包含对于输出结果的比较又包括对于响应时间等指标的测量,通过这种比较发现二者之间的差异。最后,软件测试的主要目的还是发现问题,找到差距,充分的软件测试可以在一定程度上让我们建立起对于软件质量的信心。

需要注意的是,软件测试存在广义和狭义上的两种理解。广义上的软件测试涵盖了一切针对软件的质量检查和评价,除了动态的软件测试外还可以包括人工代码评审、静态代码扫描(目的是发现缺陷或漏洞)、程序的形式化分析等其他形式。而狭义上的软件测试则主要是指通过人工或自动化的方式运行软件并对结果进行观察和分析,以此来发现潜在的软件功能性或非功能性缺陷。

本章主要关注于狭义理解的软件测试,其基本过程如图 9.1 所示。软件测试通过一组测试用例来驱动被测软件的运行,然后分析软件的实际运行结果与预期结果之间的差异。如果二者存在偏差,那么可以认为被测软件中存在缺陷。最基本的测试用例包含测试输入以及预期结果两部分。被测软件可以是完整的软件系统,也可以是某个层次上的软件模块:如果被测对象是一个方法或函数,那么测试输入就是传递给方法或函数的实参,而预期结果是期望的方法或函数返回值;如果被测对象是一个类,那么测试输入可能包括对这个类的对象初始化和一系列后续的方法调用以及各个方法调用的参数,而预期结果是各个方法调用的返回值以及在此过程中的对象状态变化;如果被测对象是一个完整的软件系统,那么测试输入一般是一个用户操作序列,而预期输出可以是系统通过界面展现的处理结果。

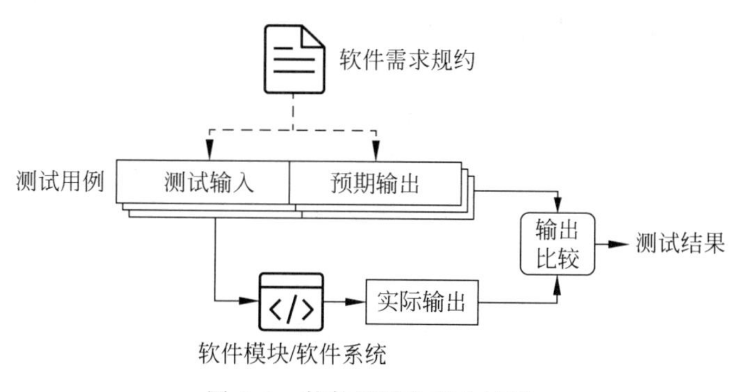

图 9.1　软件测试的基本过程

软件测试所使用的测试用例需要根据软件需求规格说明进行设计。例如,针对一个软件系统的测试用例中的操作步骤可能来自需求规格说明中所定义的用户使用场景,而测试输入和期望输出则是以需求规格说明中的功能定义来确定的。为了实现充分和全面的软件测试,针对一个待测软件需要准备一组测试用例,数量可以从几个到几百个甚至更多。具体的测试用例数量取决于多方面因素,例如下面这几个方面。

- **待测软件的复杂性**:待测软件的功能越复杂,操作和输入组合的数量越多,所需要的测试用例数量就越多。例如,一个复杂的计算器程序所需要的测试用例数量远多于一个简单的加法程序。
- **测试的严格性要求**:待测软件的严格性要求越高,所需要的测试用例数量就越多。例如,一个用于乘用车的自动控制软件所需要的测试用例数量远多于一个用于玩具车的自动控制软件。
- **所采用的测试技术**:软件测试存在多种不同的测试方法和技术,例如黑盒测试、白盒测试等(详见 9.4 节)。使用不同的软件测试方法和技术得到的测试用例数量也会有所区别。

另外需要注意的是,软件测试的执行方可以是开发人员,也可以是专门的测试人员甚至第三方测试机构。这些不同的测试执行方各自都有一些优势和劣势。开发人员的优势是熟悉软件的功能逻辑和实现方式,容易进行针对性的深入测试;劣势是不熟悉软件测试方法和技术,同时容易受到自身实现思路的影响。测试人员的优势是熟悉软件测试方法和技术,同时可以用一种"严苛"的眼光进行测试;劣势是不熟悉软件的功能逻辑和实现方式。因此,开发人员所负责的开发者测试一般包括单元测试和集成测试,而且可以与测试驱动的开发相结合(见 4.6 节)。开发者测试的主要目的是确定软件开发任务已完成、软件具备可运行的条件。测试人员一般负责系统测试和验收测试等更高级别的测试,其测试目的主要是为了发现软件缺陷。而第三方测试机构一般则针对需要权威认证和确认的软件进行测试并提供相关证明材料。

9.1.3 软件测试原则

软件测试人员应当对软件测试建立正确的理解和认知,并能够以高效和可靠的方式规划和开展软件测试活动。为此,软件测试人员需要充分理解以下七项得到广泛认同的软件测试基本原则(Van Veenendaal et al.,2008)。

1. 测试只能揭示软件中的缺陷,并不能证明软件的正确性

软件测试的现实目标是尽可能多地暴露软件中的缺陷和各种问题。充分的测试有助于消除软件中的缺陷,从而提高软件质量。然而,即便执行了大量的测试之后并未找到缺陷或问题,那也不能说明软件就是完全正确的(即不包含缺陷)。因此,软件测试人员应该更好地设计测试用例,从而使其能够尽可能多地发现缺陷。

2. 穷举测试是不现实的

穷举测试意味着使用所有可能出现的输入(包含有效和无效的输入)来测试软件的所有功能。然而,即使是字符串处理、基本数学运算这样的简单函数,其输入空间也是无穷大的,更不用说更加复杂的软件系统了。穷举测试需要消耗大量的时间和资源,很多时候甚至是不可能实现的。另一方面,一些次要的缺陷(例如,界面显示上的瑕疵、计算结果精度上的小问题)对于软件正常使用的影响并不大。因此,软件测试需要在测试充分性以及时间和成本开销两者之间进行仔细的权衡,在尽可能保证产品质量的情况下控制测试成本和时间。例如，可以根据需求优先级和风险评估将测试资源优先投入到实现重要功能且风险较高的部分。

3. 尽早开始测试

软件中的缺陷可以在任何一个阶段被引入。例如，需求规格说明中可能包含对于客户需求的不正确的理解或者有歧义的描述，软件设计方案中可能包含性能缺陷，编码过程中可能无意中引入逻辑错误。此外，软件缺陷发现得越晚，修复成本就越高。因此，软件测试活动应当尽早开始。一方面，早期的需求和设计过程中需要通过评审等活动及时发现需求和设计中的问题并及时解决。另一方面，编码活动开始后应当按照“由小及大”的原则进行测试，首先针对完成的代码单元（例如类）及时进行单元测试，然后逐步进行集成测试和系统测试等其他更高层次上的测试。

4. 缺陷经常是聚集分布的

缺陷的分布经常也符合帕雷托法则（Pareto Principle），即二八定律：80%的缺陷集中在20%的软件模块中。这意味着大多数缺陷往往集中在软件中的一小部分，一个模块已发现的缺陷越多，那么其中隐藏的未被发现的缺陷也越多。因此，测试人员对于发现缺陷较多的模块需要特别加以注意并投入更多的测试资源和时间。

5. 测试中的杀虫剂悖论

杀虫剂悖论（Pesticide Paradox）是指软件经受的测试越多，对于测试人员的测试就具有越高的免疫力（耐药性）。这主要是因为同样的测试人员和测试用例按照同样的思维方式进行测试，因此很难发现新的缺陷。为了克服这种问题、提高测试效率，应该经常补充一些新的测试用例并采用轮换的方式引入新的测试人员。

6. 根据不同软件的特点开展测试活动

不同类型和特点的软件在测试要求和测试方法上有很大区别。例如，自动驾驶等安全攸关系统在防危安全性和可靠性方面有很高的要求，而游戏软件则对性能和负载能力以及用户友好性有很高的要求。针对这些软件的测试要点有很大不同。此外，不同形态的软件在测试方法上也有很大不同。例如，与硬件密切相关的嵌入式系统和部署在云上的网站服务在所使用的测试方法和技术上就有很大不同。

7. “不存在缺陷的系统就一定是有用的系统”是一个谬论

消除缺陷并不代表软件就一定是有用的。例如，软件开发所基于的需求可能并不是用户所要的，此时即使对软件进行了彻底的测试也不能使得软件满足用户的需要。因此，软件测试人员应当认识到测试不仅是为了发现缺陷，同时也要确认软件是否真正满足了用户需求。

9.2 软件测试过程模型

视频讲解

软件测试并不仅仅是一个活动，而是包含一系列不同类型测试活动的过程，例如，单元测试、集成测试、系统测试等。此外，软件测试与软件开发过程紧密结合，各种测试活动穿插在整个开发过程中，从而衍生出了V模型、W模型和敏捷测试模型等软件测试过程模型。

9.2.1 V模型

V模型是软件过程中瀑布模型的变种，最早在20世纪80年代后期提出。如图9.2所示，V模型明确定义了多个软件测试阶段及其与软件开发过程阶段的对应关系，从而为软件开发和测试人员指明了开展各种测试活动的时间阶段和顺序，其中，单元测试最先进行，用于确认代码是否符合详细设计的要求；集成测试进一步确认各个软件单元是否能够按照概要设计的要求正确地实现集成；系统测试针对已经实现所有单元集成的软件系统进行整体测试，确认其是否满足软件需求分析所要求的功能和非功能性需求；验收测试则面向最终的验收环节确认软件产品是否符合最终用户的需求。理想情况下，各个软件测试活动中的测试用例都在对应的开发阶段中进行了设计。例如，详细设计阶段应当定义每个代码单元(例如类)的单元测试用例，需求分析阶段应当定义系统测试用例，而最初用户需求讨论时就应当定义最终系统的验收测试用例。

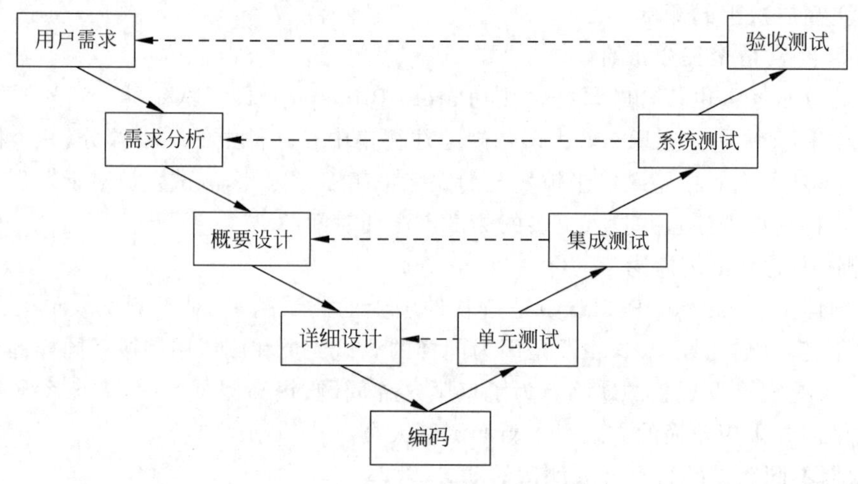

图 9.2　软件测试 V 模型(赵文耘等，2014)

V 模型是与瀑布模型相配套的软件测试过程模型，因此不可避免地带有很多与瀑布模型类似的局限性。首先，阶段性的测试过程使得 V 模型主要适合于瀑布模型等串行的开发过程，不适合需求变化频繁的软件系统。其次，V 模型中的测试活动在编码之后才会进行，这使得早期需求和设计阶段引入的缺陷发现时间较晚，从而导致对应的缺陷修复成本较高。

9.2.2　W 模型

W 模型是 V 模型的扩展，其中部分解决了 V 模型的局限性。如图 9.3 所示，W 模型增加了各个软件开发阶段中应同步进行的验证(Verification)和确认(Validation)活动，简称 V&V。其中，验证的目的在于确保各阶段产出的软件制品是否符合上一阶段定义的规格说明，即确保开发者正在以正确的方式开发产品，例如，验证概要设计是否符合需求规格说明；模块的详细设计是否符合概要设计规格说明；代码实现是否符合详细设计规格说明。确认的目的是确定软件是否能够满足用户的真实需求，即确保开发者正在开发正确的产品。因此，确认要以用户的实际需要作为判断标准，例如，可以邀请用户代表参加需求、设计和代码的评审会议。

W 模型强调测试是伴随整个软件开发周期的持续过程，其中不仅包括对于软件实现的测试，而且包括对于需求和设计规格说明等早期软件开发制品的验证和确认活动。例如，在需求分析完成后组织业务专家、用户代表和开发人员代表等开展需求评审。通过这种针对软件开发制品的早期验证和确认活动可以尽早发现缺陷，减少后期的缺陷修复和返工。

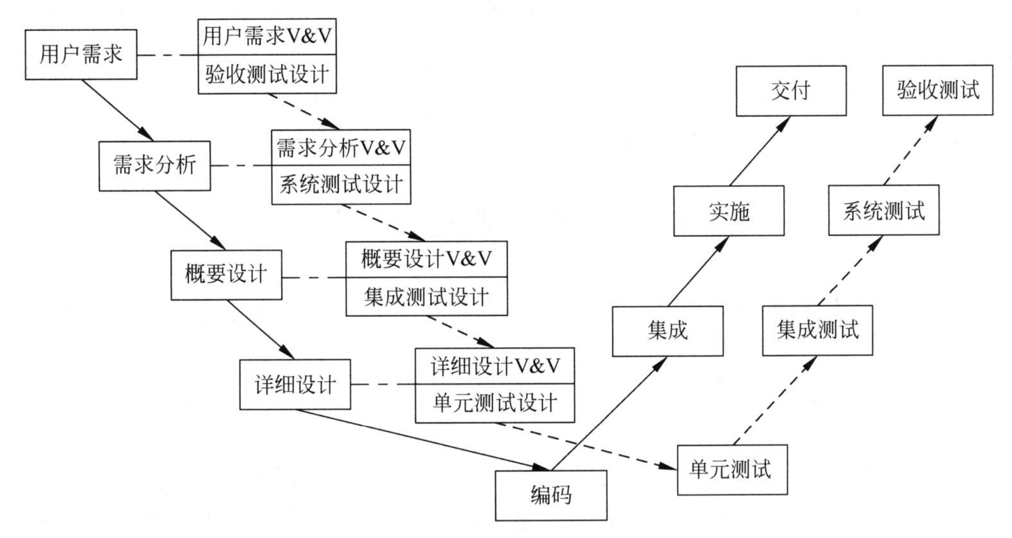

图 9.3　软件测试 W 模型(赵文耘等,2014)

与 V 模型类似,W 模型中的测试仍旧保持严格的顺序关系,只有当前一阶段完成后才能进入下一阶段。这种串行的测试过程难以支持频繁的需求变更和迭代化的开发过程。

9.2.3　敏捷测试模型

随着敏捷软件开发过程的流行,与之相适应的敏捷测试模型也逐渐出现。如图 9.4 所示,敏捷软件测试模型对于敏捷软件开发迭代中的测试活动进行了细化。在每次敏捷迭代开始时,首先由项目领导组制定本次迭代的开发计划(步骤(1)),随后由开发组成员基于开发计划进行分析、设计与编码(步骤(2)与步骤(3))。针对本次迭代中新增的代码,由测试组进行第一次测试(步骤(4)),其目的是发现新增的代码中是否存在缺陷。如果发现缺陷,则由开发组负责修改代码(步骤(5))。最后,由测试组执行第二次测试(步骤(6)),其目的是针对前一步骤所修改的部分进行再测试同时对产品进行整体的回归测试。回归测试会重复执行测试用例集中的测试用例,其目的是确保新引入的变更不会影响软件系统已有的行为,尤其是那些未修改的软件部分的行为。所有的迭代完成后,由项目领导组负责软件系统的发布和交付。

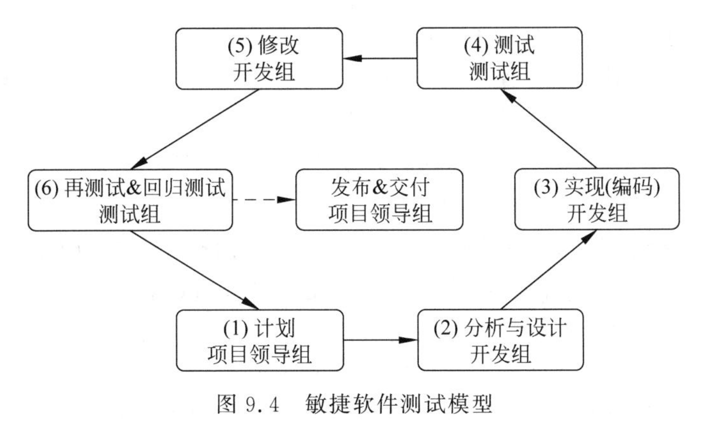

图 9.4　敏捷软件测试模型

与传统的V模型和W模型不同，敏捷软件测试过程中的测试活动不再是一个个独立的阶段，而是随着迭代化的开发过程持续进行的活动。在敏捷开发过程中，每一次迭代往往只会交付较少的新功能或特性，测试人员需要在有限的时间内对新功能或特性进行测试从而确保能频繁地向客户交付可运行的软件产品。

视频讲解

9.3 软件测试类型

虽然V模型具有很大的局限性，但其中定义的软件测试类型具有通用性。当前软件企业中的测试过程一般都包含这些软件测试类型。

9.3.1 单元测试

单元是软件系统中不同层次上的组成部分。最小的单元可以是方法或函数，稍大一些的单元可以是类或文件，而更大的单元可以是模块或组件。就像汽车制造过程中各种零部件必须首先通过测试和检验然后才能进入整车组装和测试一样，软件开发中的各种软件单元也需要先进行单元测试，然后再逐层逐级组合得到更大的软件单元直至完整的软件系统。

单元测试的主要依据是详细设计方案中对于每个单元的设计要求。具体而言，单元测试需要考虑的测试目标主要包括以下几个方面(朱少民，2010)。

- **代码单元接口**：代码单元的接口是否可以像预期那样接收正确的输入数据并返回正确的输出数据。为此，需要考虑接口方法或函数的各种输入组合以及相应的期望输出。对于类或文件，还需要考虑对不同接口方法或函数的典型调用序列进行测试。观察测试结果时，除了考虑方法或函数的返回结果外，还需要注意代码单元调用其他代码单元以及外部API时的参数传递是否正确。此外，如果代码单元涉及文件访问、网络传输等外部I/O操作，那么还需要注意I/O操作结果是否符合预期(例如，期望的内容是否正确写入文件)以及资源使用是否正确(例如，资源是否正常关闭或释放)。
- **局部数据结构**：代码单元中的局部数据结构(例如，数值、堆栈、链表等)在程序执行过程中的使用和更新方式是否符合预期，数据内容是否保持正确、完整。例如，对于一个类属性，需要注意其在使用之前是否进行了初始化；对于一个类中的堆栈结构，需要注意在程序执行过程中其内容是否发生溢出、覆盖或丢失。
- **代码中的边界条件**：代码单元中的各种边界条件附近可能经常会隐藏缺陷，因此需要在测试中特别加以注意。这里的边界条件包括方法或函数输入参数取值范围的边界以及程序执行控制流的边界等。例如，对于一个有取值范围的方法参数需要尝试在其上界和下界附近进行测试；对于代码中的循环结构需要考虑循环完全跳过、执行一次、执行最大次数等情况。
- **代码执行路径**：代码中的缺陷仅当某些特定程序路径被执行时才会暴露出来，因此应当尽量将各个程序路径都执行到从而发现更多的缺陷。为此，可以考虑采用各种不同的代码覆盖度准则和相应的测试方法。例如，采用分支覆盖准则可以确保每一条语句以及每一个条件分支都被执行至少一次。
- **错误及异常处理**：代码在遇到非法输入或外部异常时应当以正确的方式进行处理，

因此需要对代码单元的错误及异常处理方式进行测试。需要考虑的问题包括出现错误或异常时是否进行了正确的内部处理，是否正确给出了错误信息，是否按照预期抛出了异常等。

需要注意的是，随着敏捷开发和测试驱动开发（TDD）的兴起，单元测试已经被广泛认为是开发活动的一部分，需要作为一种开发者测试，由开发人员进行测试用例设计和执行。单元测试需要一整套框架的支持，包括测试用例的执行和测试桩等，其中涉及单元测试工具（例如 JUnit）以及 Mock 工具（例如 JMockit），这部分介绍详见 4.6.3 节。

9.3.2 集成测试

单元测试确保了单个软件单元的质量。然而，多个通过测试的代码单元组合在一起并不能保证没有问题。例如，将一个通过测试的销售模块与另一个通过测试的发货模块进行组合时，发货模块可能因为无法解析销售模块提供的地址格式而无法正确执行发货业务（赵文耘等，2014）。这种缺陷是由于代码单元对于相互之间的接口理解不一致而导致的，需要通过集成测试来发现。

集成测试，也称为组装测试或联合测试，是将已分别通过测试的软件单元按照设计方案进行集成同时进行测试，其主要目的在于检查参与集成的软件单元之间的接口是否存在问题（赵文耘等，2014）。因此，集成测试既包括对多个软件单元的集成，又包括对于集成结果的测试。集成测试发现的缺陷主要是由模糊、不完整的接口规格说明或对接口规格说明的错误实现造成的，相关的错误主要来自于以下几个方面（Pressman，2021）。

- 数据在穿越软件单元之间的接口传递时发生丢失或明显延迟（例如通过网络传输）。
- 不同软件单元对参数或值存在不一致的理解，这种问题不会导致软件单元之间调用或通信失败，但可能导致不一致的处理逻辑。
- 软件单元由于共享资源或其他原因而存在相互影响和副作用。
- 软件单元交互后进行计算的误差累计达到了不能接受的程度，或者单元的接口参数取值超出取值范围或者容量。
- 全局数据结构出现错误，使得不同软件单元之间无法按照统一的标准进行计算。
- 软件单元使用未在接口中明确声明的资源时，参数或资源造成边界效应。

在单元测试活动中，一个软件单元如果依赖于其他软件单元，那么需要与相关的测试替身集成在一起才能进行完整的单元测试，这种方式带有集成的影子。然而，单元测试中的测试替身集成与集成测试中的软件单元集成有着本质的区别。测试替身是由单元测试人员实现的，其作用是按照软件单元的接口要求提供完整、正确的功能模拟，从而使单元测试的焦点集中于被测单元上。而在集成测试中，参与集成的多个软件单元都有着完整的实现，而且可能是由不同的开发人员分开实现的，因此其焦点在于软件单元之间的交互。

在 V 模型中，集成测试的测试用例在系统的概要设计阶段就被开发出来。概要设计（一般对应软件体系结构）描述了软件系统的单元组成方案（例如模块分解结构）以及交互关系，因此从中可以了解到哪些软件单元需要进行组合并且如何进行组合。

一个软件系统可能包含很多模块以及更细的代码单元。因此，软件集成测试需要确定所采用的集成策略，即按照何种顺序、何种方式对软件单元进行组合并实施集成测试。常用的软件集成测试策略包括以下几种（赵文耘等，2014）。

1. 大爆炸式(Big Bang)的集成策略

将所有通过单元测试的软件单元一次性地按照设计方案集成到一起进行测试。这种策略简单、易行,所使用的测试用例数量较少,因此可以缩短测试时间。然而,这种策略的缺点也是显而易见的。一方面,由于参与集成的软件单元数量众多,因此无法对软件单元之间的接口进行充分测试,也不能很好地对全局数据结构进行测试。更为严重的是,由于涉及的软件单元数量众多,集成测试发现错误后难以进行定位,并且在修复一个错误的同时又引入新错误时更难判断出错的原因和位置。因此,这种集成策略只适用于软件单元数量较少、功能逻辑简单的小型项目,在大型项目中一般都不会采用。

2. 自顶向下的增量集成策略

相比于大爆炸式的集成策略,自顶向下的集成策略属于一种渐增式的集成方式。这种策略按照系统概要设计所制定的单元层次结构,以主控单元为起点,自上而下按照深度优先或者广度优先的次序逐个组合各个软件单元。每次组合一个新的软件单元时就执行一次集成测试,因此能够逐一检查软件单元之间的接口交互是否符合预期。自顶向下的集成策略能够始终提供一个看似完整的软件系统,因此能够较早地验证软件系统的功能,给开发者和用户带来信心。此外,只有在个别情况下才需要开发测试用例(最多不超过一个),从而减少了测试用例开发和维护的成本。与大爆炸式的集成相比,渐增式的集成策略能够便于测试人员进行故障隔离和错误定位。然而,使用这种策略也会带来一些实践挑战。首先,在测试时需要为每个单元的下层软件单元构造测试桩,因此会带来较大的测试桩的开发和维护成本。其次,这种策略要求主控单元易于测试,这间接增加了开发主控单元的难度。最后,这种策略可能会导致对底层单元特别是被不断重用的单元的测试不够充分。

3. 自底向上的增量集成策略

自底向上的集成策略也是一种渐增式的集成方式。与自顶向下策略相反,自底向上策略是从系统概要设计所定义的软件层次结构的最底层单元开始进行组装和集成,每组合一个新的软件单元就进行一次集成测试。使用自底向上集成策略可以尽早地验证底层软件单元的行为,提高测试效率。此外,这种策略减少了开发测试桩的工作量,便于测试人员对错误进行定位。这种策略的缺点首先在于直到最后一个单元加入之后才能看到整个系统的框架,其次只有在测试过程的后期才能发现与时序和资源竞争相关的问题。此外,这种策略增加了开发测试用例的工作量和成本,并且也不能及时发现高层单元设计上的错误。

4. 三明治集成策略

三明治集成策略是一种混合的渐增式策略,它综合了自顶向下和自底向上两种集成策略的优点。这种策略的具体实现方式是选择软件层次结构中的某一层作为起点,对该层下面的各层使用自底向上的集成策略,而对该层上面的各层使用自顶向下的集成策略,最后对完整的系统集成进行测试。三明治集成策略可以较早地测试高层单元,也可以将低层单元组合成具有特定功能的单元簇并加以测试。如果运用一定的技巧,那么就有可能减少测试桩和测试用例的开发成本。使用该集成策略的不足是中间层可能无法尽早得到充分的测试。

5. 其他集成策略

除了以上几种常用的集成策略之外,还有以下几种集成策略(赵文耘等,2014)。

- **基于调用图的集成**。该策略适合于软件系统提供功能调用图的情况,包括成对集成与相邻集成。成对集成的思想就是免除测试用例与测试桩的开发工作，使用实际代码来代替这两个单元。成对集成的方法就是对应调用图的每一个边建立并执行一个局部的集成测试，称为集成会话。相邻集成是将一个节点的所有邻居集成在一起，包括所有直接前驱节点和直接后继节点。相邻集成可大大降低集成测试的会话数量，也可避免测试用例和测试桩的开发。

- **基于功能的集成**。这种策略从功能实现的角度出发，按照软件单元的功能重要程度组织单元的集成顺序。使用该策略，需要首先确定功能的优先级别，然后分析优先级最高的功能路径，把该路径上的所有单元集成到一起，必要时需要开发测试用例和测试桩。
- **基于风险的集成**。这种策略旨在尽早地验证风险最高的单元间的集成，因为这些单元间的集成往往是错误集中的地方，对其进行测试有助于系统的稳定，从而增强对系统的信心。
- **基于事件的集成**。这种策略又称基于消息的集成，是从验证消息路径的正确性出发，渐增式地把系统集成到一起，从而验证系统的正确性和稳定性。验证消息路径的正确性对于嵌入式系统和面向对象系统具有比较重要的作用。

9.3.3 系统测试

系统测试在集成测试完成后进行。系统测试将整个软件系统作为一个整体并考虑具体的系统运行环境，在此基础上确定软件系统是否符合需求规格说明中各个方面的要求。系统测试具有两方面的特点。一方面，系统测试针对特定的质量属性开展，例如，性能测试、兼容性测试、安全性测试等；另一方面，系统测试强调软件运行所处的整个系统环境（包括硬件、网络、物理环境和设备、用户等）。系统测试包括一系列测试活动，分别针对不同的软件质量特性采用相应的测试技术和手段。

1. 功能测试

功能测试根据软件系统的需求规格说明和测试需求列表，验证软件的功能实现是否符合要求。从广义的角度看，单元测试、集成测试也属于功能测试，但系统级别的功能测试需要将软件系统置于一个实际的应用环境中，模拟用户的操作实现端到端的完整测试，以确保软件系统能够正确地提供服务（赵文耘等，2014）。针对不同的应用系统，系统功能测试的内容差异很大，但主要的测试目标涵盖功能操作、输出数据、处理逻辑、交互接口等几个方面（朱少民，2010）：需要确保软件系统的每项功能符合实际要求；系统能够正常启动与关闭；系统能接受正确的数据输入，对异常数据的输入可以进行提示、容错处理等；数据的输出结果准确，格式清晰，可以保存和读取；功能逻辑清楚，符合使用者习惯；系统的各种状态按照业务流程而变化，并保持稳定；支持各种应用的环境，能配合多种硬件周边设备，与外部应用系统的接口有效。

2. 性能测试

性能测试的目的是在真实环境下检测系统性能，评估系统性能以及服务等级的满足情况，同时分析系统性能瓶颈以支持系统优化（杜庆峰，2011）。性能测试通常是在功能测试已经基本完成，并且软件已经稳定（改动已经很少）的情况下才开始进行的，主要关注于响应时间、吞吐量、负载能力等性能指标。性能测试阶段可能会发现软件的功能性缺陷，但这并不是性能测试的主要目标。系统性能测试环境应当尽量与产品的真实运行环境保持一致,并模拟一些可能出现的特殊情况(例如,系统可能出现的峰值并发访问)。此外,测试时应当单独部署和运行系统,以避免其他软件带来的性能干扰。

3. 兼容性测试

兼容性测试旨在验证软件系统与其所处的上下文环境的兼容情况,即软件系统在不同的环境下,其功能和非功能质量都能够符合要求。在具体的实施中,兼容性测试主要针对硬件兼容性、浏览器兼容性、数据库兼容性、操作系统兼容性等方面展开测试工作(赵文耘等,2014)。例如,可以针对用户可能使用的不同浏览器及其版本对一个 Web 软件系统进行测试。

4. 易用性测试

易用性测试是针对软件产品易理解性、易学习性、易操作性等质量特性的测试。易用性测试与人机交互以及用户的主观感受相关,因此一般需要模拟用户对系统进行学习和使用并对参加测试的人员的主观感受和客观学习和使用情况(例如学习时间、界面操作情况等)进行分析。

5. 可靠性测试

可靠性是指软件系统在特定条件下以及特定时间内正常完成特定功能或提供特定服务的能力,一般可以用概率来度量(朱少民,2010)。软件可靠性不仅与内部的实现方式及缺陷相关,而且也与系统环境、使用方式及系统输入相关。可靠性测试一般需要模拟高强度以及持续的系统访问和使用,并分析系统正常运行并提供服务的概率。

6. 信息安全测试

信息安全测试是验证软件系统的信息安全等级并识别潜在信息安全问题的过程,其主要目的是发现软件自身设计和实现中存在的安全隐患和漏洞,并检查软件系统对外部攻击和非法访问的防范能力。信息安全测试的目标具体包括物理环境的安全性(物理层安全)、操作系统的安全性(系统层安全)、网络的安全性(网络层安全)、应用的安全性(应用层安全)以及管理的安全性(管理层安全)(赵文耘等,2014)。

9.3.4 验收测试

验收测试在系统测试完成之后进行,其目的是确认软件系统是否完成了用户所提出的需求。与前几个阶段的测试不同的是,验收测试站在用户的角度对软件进行检验,因此一切的判别标准是由用户决定的。通常,验收测试包含 α 测试与 β 测试两个阶段(赵文耘等,2014)。

α 测试是指软件开发企业组织用户或内部人员模拟各类用户对即将面市的软件产品(称为 α 版本)进行测试,试图发现问题并对其进行修复。这种测试需要在软件开发企业内部搭建的与实际应用相类似的软件运行环境中执行。α 测试是软件组织在内部控制软件质量的最后一道门槛,通过 α 测试或经过修改后的软件产品被称为 β 版本。

β 测试是基于 β 版本开展的测试活动,它是指软件开发公司组织各方面的典型用户在日常工作中实际使用 β 版本,并要求用户报告异常情况、提出批评意见。基于这些反馈,软件开发公司再对 β 版本进行修正与完善。通常,一些互联网企业会将软件产品的 β 版本发布于网络,用户可以下载并进行试用,此时所有的用户均可作为该软件产品的测试人员,为其提供反馈意见。当 β 测试完成后,软件产品即可被正式发布。

9.4 黑盒软件测试方法

黑盒测试也称为功能测试或数据驱动的测试。在黑盒测试中，测试人员将被测软件整体视为一个仅能通过外部接口交互的封闭的黑盒，无法查看同时也无须了解其中的实现细节（例如代码中的控制结构）。测试人员依据被测软件的规格说明设计测试用例，使用测试用例中的输入驱动软件运行，通过软件运行输出与预期输出的比较来发现软件中的缺陷。黑盒测试方法适用于单元测试、集成测试、系统测试、验收测试等不同层次的测试，对应的外部接口的含义也有所不同。例如，针对一个类进行单元测试时，黑盒测试面对的外部接口是类接口（主要由公开方法组成）；针对一个系统进行系统测试时，黑盒测试面对的外部接口是系统的用户界面和其他系统接口。

黑盒测试面临的主要问题是被测软件的输入空间非常大，因此需要选取一定数量的输入数据（包括多个输入参数的组合）作为测试用例。这里的测试用例选取需要权衡测试充分性（需要更多的测试用例覆盖各种不同情况）以及成本和时间约束（要求测试用例不能太多以免带来太大的成本和时间开销），同时能够注意到一些经常容易出错的地方（例如输入参数的一些特殊取值）。以下介绍的等价类划分法、边界值分析法、判定表、错误推测法这几种黑盒测试方法在这些方面都有一些相应的策略，能够有效实现测试目标。

9.4.1 等价类划分法

等价类划分的基本思想是将程序的输入划分为一组等价类，针对同一个等价类中任何一个输入数据的测试都等同于针对该等价类中其他输入数据的测试。也就是说，如果使用等价类中的某一个数据作为输入并检测到某种软件缺陷，那么使用该等价类中其他数据进行测试也将检测到相同的缺陷；反之亦然（赵文耘等，2014）。由此可见，如果能确定被测软件输入空间中的等价类划分，那么就可以从每个等价类中选取一个输入作为代表形成相应的测试用例，从而在兼顾测试充分性的情况下大大减少测试用例数量，提高测试效率。

等价类划分法的关键在于确定输入空间中的等价类划分。为此，测试人员需要认真阅读并理解待测软件的规格说明，在此基础上根据一系列原则确定等价类划分。

首先，等价类可以被分为有效等价类和无效等价类。有效等价类是被测软件的合法输入数据集合，而无效等价类则是被测软件的非法输入数据集合。判断输入数据是否合法的依据是被测软件规格说明中的相关说明。例如，一个软件界面或方法的规格说明中明确一个表示年龄的整型输入参数取值范围为1～120，那么在此范围内的整数都是合法输入，而其他输入都是非法输入（例如0或负数）。对有效等价类中的输入数据进行测试能够验证软件是否能够实现预定义的功能以及达到期望的性能，而对无效等价类中的输入数据进行测试能够检验软件是否能够对非法输入进行判断和适当的处理（例如，给出错误提示或返回特定的错误码），从而测试软件的健壮性和容错性。

确定等价类划分可以针对被测软件每一个输入的取值范围和其他约束考虑以下五条原则，在此基础上形成一系列等价类。

- 如果一个输入条件规定了输入数据的取值范围，那么可以确定一个有效等价类和两个无效等价类。例如，某一个软件输入参数 X 的取值范围是1～20，那么有效等价类为[1,20]的区间,两个无效等价类为 $X<1$ 和 $X>20$ 的区间。

- 如果一个输入条件规定了输入数据值的集合,或者是规定了“必须如何”的条件,那么可以确定一个有效等价类和一个无效等价类。例如,如果针对软件的两个输入参数 X 和 Y 的取值条件为 $X<Y$,那么有效等价类为 $X<Y$,无效等价类为 $X\geqslant Y$。
- 如果软件规定了输入数据的一组可枚举的值(假定有 n 个值),并且软件对每一个输入值都进行不同的处理,那么可以确定 n 个有效等价类和一个无效等价类。例如,如果软件的输入 X 来自一个集合$\{1,2,3\}$,那么有效等价类是 $X=1$、$X=2$、$X=3$ 这三个,而无效等价类是 $X\notin\{1,2,3\}$(例如 $X=4$)。
- 如果软件规定了某个输入数据必须满足的规则,那么可确定一个有效等价类(符合规则)和若干个无效等价类(从不同角度违反规则)。例如,一个系统的合法用户名必须以字母或数字组成且不包含特殊字符,同时必须由字母开头,那么针对该用户名的一个有效等价类是“符合规则的用户名”,无效等价类包括“包含特殊字符的用户名”“不以字母开头的用户名”等。
- 如果确定一个已知等价类中不同的取值在软件内部会按照不同的方式进行处理,那么应该针对该等价类进一步进行划分,从而形成更小的等价类。例如,对于一个日期类型的输入数据,如果确定软件对于合法日期中的节假日、周末和平时三种情况会进行不同的处理,那么需要进一步将合法日期细分为这三种更小的等价类。

按照以上这些指导原则确定等价类划分后,可以进一步设计相应的测试用例。为此,需要建立等价类表,其中每一行代表一个输入条件(例如方法的一个参数)以及针对该条件的有效等价类和无效等价类。设计测试用例时,需要考虑其覆盖等价类的程度,可以按照以下两条步骤执行:首先,寻找一个能够尽可能多地覆盖尚未被覆盖的有效等价类的测试用例,重复该步骤直至所有的有效等价类都被覆盖为止;其次,寻找一个只覆盖一个尚未被覆盖的无效等价类的测试用例,重复该步骤直至所有的无效等价类都被覆盖为止。注意,这里一个测试用例不应覆盖多个无效等价类,否则当出现测试用例执行失败的情况时无法确定是由于哪个无效等价类所引发的。

使用等价类划分法对一个货品登记程序设计其测试用例。该程序允许使用者输入货品信息,最后给出货品存放指示。程序的规格说明是:使用者为新货品指定编号,编号必须为英文字母与数字的组合,由字母开头,长度为 6 个字符,且不能有特殊字符;货品的登记数量为 10～500(包含 10 和 500);货品的类型是设备、零件、耗材中的一种;货品的尺寸是大型、中型、小型中的一种,大型货品存放在室外堆场,中型货品存放在专用仓库,小型货品存放在室内货架;违反以上要求的登记信息被视为无效输入。

根据程序规格说明,表 9.1 列出了输入数据的等价类表。其中,分别使用划分原则中的第 4、第 1、第 2 和第 3 条划分出了货品编号、登记数量、货品类型和货品尺寸这四个输入数据的有效等价类和无效等价类。

表 9.1 货品登记程序输入数据的等价类表

输入数据	有效等价类	无效等价类
货品编号	(1) 符合规则的编号	(7) 编号长度不为 6 (8) 编号有特殊字符 (9) 编号不以字母开头

续表

输入数据	有效等价类	无效等价类
登记数量	(2) 10≤数量≤500	(10) 数量<10 (11) 数量>500
货品类型	(3) {设备,零件,耗材}	(12) 非设备、零件、耗材中的一种
货品尺寸	(4) 大型 (5) 中型 (6) 小型	(13) 非大型、中型、小型中的一种

基于等价类表,针对货品登记程序的测试用例见表 9.2。其中,货品编号、登记数量、货品类型、货品尺寸分别使用参数 A、B、C、D 表示。从表中可见,前三条测试用例覆盖了所有输入数据的有效等价类,后七条测试用例分别覆盖输入数据中的某一个无效等价类。

表 9.2 货品登记程序的测试用例

输 入 数 据	预 期 输 出	所覆盖的等价类
A=EQ0101,B=30,C=设备,D=大型	合法登记信息,存放地为室外堆场	(1)(2)(3)(4)
A=CM0202,B=100,C=零件,D=中型	合法登记信息,存放地为专用仓库	(1)(2)(3)(5)
A=MT0303,B=400,C=耗材,D=小型	合法登记信息,存放地为室内货架	(1)(2)(3)(6)
A=EQ01023,B=30,C=设备,D=大型	非法登记信息	(7)
A=EQ0102#,B=30,C=设备,D=大型	非法登记信息	(8)
A=0102EQ,B=30,C=设备,D=大型	非法登记信息	(9)
A=EQ0101,B=0,C=设备,D=大型	非法登记信息	(10)
A=EQ0101,B=600,C=设备,D=大型	非法登记信息	(11)
A=EQ0101,B=30,C=装置,D=大型	非法登记信息	(12)
A=MT0202,B=100,C=耗材,D=中小型	非法登记信息	(13)

9.4.2 边界值分析法

大量历史经验表明,开发人员经常会在软件的输入或输出数据的边界附近犯错。例如,一个计算实数平方根的函数要求输入的实数大于或等于 0,该函数的开发者在取值判断时将“≥0”误写成了“>0”,因此在输入 0 时会返回错误结果而对于其他输入值则不会出错。因此,边界值分析强调围绕输入或输出数据的取值边界设计测试用例,覆盖这些容易出错的地方。因此,边界值分析可以作为等价类划分法的一种补充,即在等价类划分的基础上围绕每个等价类的边界值设计测试用例。

边界值分析法所选择的测试数据一般位于输入的边界条件或临界值附近,具体可参考以下原则进行选择。

- 如果输入条件规定了一个取值范围,那么选择这个范围的上界和下界以及刚刚超出上界和下界的取值作为测试输入。例如,如果取值范围是[a,b]的整数,那么可以取 a、b、$a-1$、$b+1$。
- 如果输入条件规定了传入值的个数,那么选择最大个数、最小个数、比最大个数多一个、比最小个数少一个的传入值作为测试输入。例如,一个批量上传学生成绩的服务要求输入的成绩表格最多包含 100 条记录,因此可以分别针对空表格(包含 0 条记录)、包含 100 条记录的表格、包含 101 条记录的表格进行测试。

边界值分析法对于参数存在明确取值范围的软件的测试很有效，但其缺点是对布尔值或逻辑变量无效，也不能很好地测试不同的输入组合。

针对货品登记程序示例，表 9.3 列出了与登记数量相关的边界值测试用例。

表 9.3　货品登记程序登记数量的边界值测试用例

输入数据	预期输出
A=MT0303,B=10,C=耗材,D=小型	合法登记信息，存放地为室内货架
A=MT0303,B=9,C=耗材,D=小型	非法登记信息
A=MT0303,B=500,C=耗材,D=小型	合法登记信息，存放地为室内货架
A=MT0303,B=501,C=耗材,D=小型	非法登记信息

9.4.3　判定表

被测软件可能包含多个输入，这些输入参数的取值存在多种有意义的组合，其中的一些组合可能会导致运行出错。因此，需要使用一种基于参数组合的测试技术用于发现导致这种错误的软件缺陷。

判定表方法正是这样一种基于组合分析的测试方法。一个判定表由条件和动作两部分组成，表明在每种条件下应该采取的动作（预期的输出结果和行为），而相应的测试要覆盖判定表列出的所有可能的参数取值组合。判定表方法包含以下五个基本概念。

- **条件桩(Condition Stub)**：列出问题的所有判断条件，即针对待测软件的参数且对问题处理有影响的所有条件。
- **动作桩(Action Stub)**：列出针对问题可能采取的所有操作，即待测软件的所有预期输出或可能执行的行为。
- **条件项(Condition Entry)**：针对所有条件桩的具体取值组合，其中每个条件桩可以取 true 或 false。
- **动作项(Action Entry)**：列出针对每一个条件项（即条件桩的取值组合）应该采取的动作桩的组合，即待测软件在特定的参数取值组合下应当采取的动作组合，包括预计的输出以及采取的行为。
- **规则(Rule)**：条件项和动作项的每一个组合形成一条规则，即判定表中贯穿条件项和动作项的一列，每条规则可以对应产生一个测试用例。

针对一个被测软件的判定表可以按照以下四个步骤来产生。

(1) 列出该软件所有的条件桩和动作桩，每一个作为判定表的一行。

(2) 列出条件桩所有有意义的取值组合，其中每一个组合是一个条件项，作为判定表的一列。

(3) 针对每一个条件项确定相应的动作项，即在此条件项下所有需要执行的动作桩。

(4) 对得到的初始判定表进行简化，合并相似的规则或者相同的动作。

以一个商品配送系统为例，其需求规格说明为：当一个客户采购特定商品时，如果该商品不在可经营范围内，则系统向客户发送短信通知。如果商品在经营范围内并且此商品可发售，则系统告知发运部门发送此商品。当货物送达时，如果客户以往的付款历史情况正常，则允许客户货到后两周内转账，否则（客户付款历史存在不良记录，例如拖欠付款）货到后要求客户立即付款。如果该商品无法发售，则系统通知采购部门重新进货，并告知客户。如果客户的付款历史情况正常，则采用电话通知的形式，否则采用短信通知的形式。

根据该需求规格说明可构造如表 9.4 所示的判定表，其中归纳了系统所能接受的条件以及在这些条件的不同取值组合情况下的系统行为。

表 9.4 商品配送程序的判定表

条 件 桩	条 件 项							
	R1	R2	R3	R4	R5	R6	R7	R8
此商品在可经营范围内	false	false	false	false	true	true	true	true
此商品可发售	true	true	false	false	true	true	false	false
客户付款历史情况正常	true	false	true	false	true	false	true	false
动 作 桩	动 作 项							
发送商品					√	√		
货到后允许客户转账					√			
货到客户必须立即付款						√		
重新进货							√	√
电话通知							√	
短信通知	√	√	√	√				√

该判定表存在三个条件桩和六个动作桩。每一个条件可以取满足(true)或不满足(false)的值，因此一个判定表内的规则数量可达到 2^n，n 为条件的数量。以上判定表具有 8 个规则，每一条规则是一个测试用例，表示在不同的条件取值的情况下(输入)程序应当执行的操作(预期输出)。

初始的判定表可以被简化，从而减少测试用例的数量。简化的依据是查看初始判定表是否存在导致相同动作的不同条件组合。若存在，则可仅保留重复的条件取值，而将不同的条件取值作为无关元素，用"—"表示。表 9.4 的初始判定表可被简化为表 9.5，保留"此商品在可经营范围内"的 false 取值。

表 9.5 商品配送程序的简化判定表

条 件 桩	条 件 项				
	R1	R2	R3	R4	R5
此商品在可经营范围内	false	true	true	true	true
此商品可发售	—	true	true	false	false
客户付款历史情况正常	—	true	false	true	false
动 作 桩	动 作 项				
发送商品		√	√		
货到后允许客户转账		√			
货到客户必须立即付款			√		
重新进货				√	√
电话通知				√	
短信通知	√				√

9.4.4 错误推测法

错误推测法又称为探索性测试方法，是指测试人员根据经验、知识和直觉来推测程序中可能存在的各种错误，从而开展有针对性测试的一种方法（赵文耘等，2014）。与上述所介绍的黑盒方法不同的是，错误推测法并不包含系统化的测试技术，即没有可推荐的实施步骤。错误推测法主要依赖于测试人员的直觉和经验。通常，测试人员会认为在发现缺陷的程序位置可能隐藏着更多的缺陷，因此需要列出所有可能出现错误和容易发生错误的地方，然后依据经验进行选择。

错误推测法的优点是测试者能够快速且容易地切入，并能够体会到程序的易用与否，缺点是难以知道测试的覆盖率，可能会遗漏大量未知的软件部分，并且这种测试行为带有主观性且难以复制。因此，该方法一般作为辅助手段，即首先采用系统化的测试方法，在没有其他方法可用的情况下，再使用错误推测法补充一些额外的测试用例（赵文耘等，2014）。

视频讲解

9.5 白盒软件测试方法

白盒测试也被称为结构测试或逻辑驱动的测试，意指测试人员将被测软件看作一个透明的白盒，能够基于软件内部的代码实现和逻辑结构进行针对性的测试用例设计。例如，对于方法级别的单元测试而言，白盒测试方法可以利用方法内的程序执行路径来设计针对性的测试用例，从而覆盖不同的执行路径；对于模块间集成测试而言，白盒测试方法可以利用模块间的交互结构以及交互行为路径来设计针对性的测试用例，从而覆盖不同的行为路径。在软件测试实践中，白盒测试方法经常被用于单元测试，特别是核心关键模块。本节将围绕方法和函数级别的单元测试来介绍白盒测试方法。其他级别软件测试中的白盒测试方法可以采取类似的思想来实现。

方法和函数的内部实现逻辑可以用程序流程图来描述，程序的每次执行对应该流程图内从入口到出口的一条有效路径。白盒测试的目标是设计出一组测试用例，使得它们可以按照指定的准则覆盖不同的执行路径，检测被测的方法或函数的运行结果是否符合预期。所产生的每一条测试用例即对应了程序流程图中的一条典型执行路径。

理想情况下，白盒测试可以以程序流程图为依据，设计出一组测试用例覆盖所有可能的执行路径，从而确保所有可能出错的情况都可以被暴露出来。然而，稍微复杂一点的程序可能就拥有非常大量的执行路径，从而使得完全的路径覆盖变得不现实。设想一下，一个具有 n 个判定条件的程序理论上有 2^n 条执行路径。如果这段程序处于一个循环之中且最大可能循环次数是 m，那么执行路径的数量级就会上升到 $2^{m \times n}$。由于软件测试的资源与时间是有限的，因此对于一个稍微复杂一点的程序而言，完全的路径覆盖一般都是不现实的。因此，白盒测试一般会按照某种可接受的覆盖准则产生测试用例，例如，语句覆盖、分支覆盖、条件覆盖、分支-条件覆盖、条件组合覆盖等，从而达到提高测试效率的目的。

接下来我们以一个简单的商场促销积分计算程序为例介绍白盒测试方法（赵文耘等，2014）。该程序实现的积分计算规则是：若购物满 200 元且用户拥有 VIP 卡，则获取本单 10%的积分；若购物满 400 元或者购物品种大于 10 件，则无论用户是否拥有 VIP 卡都可以另外获赠 5 个积分。该程序的 Java 实现如图 9.5 所示，为了使描述简洁，其中的方法参数名使用简单的字母(即 a、b、c)表示。

代码示例 9.1　积分计算模块对应的 Java 方法实现

```
    //a 是本单金额;b 是 VIP 卡标志(0 代表普通卡,1 代表 VIP 卡);c 是购物品种数量
1   public int getPoints(double a, int b, int c){
2       int point = 0;
3       if (a>=200 && b==1) {
4           point = (int) (a * 0.1);
5       }
6       if (a>=400 || c>10) {
7           point += 5;
8       }
9       return point;
10  }
```

该方法对应的程序流程图如图 9.5 所示。

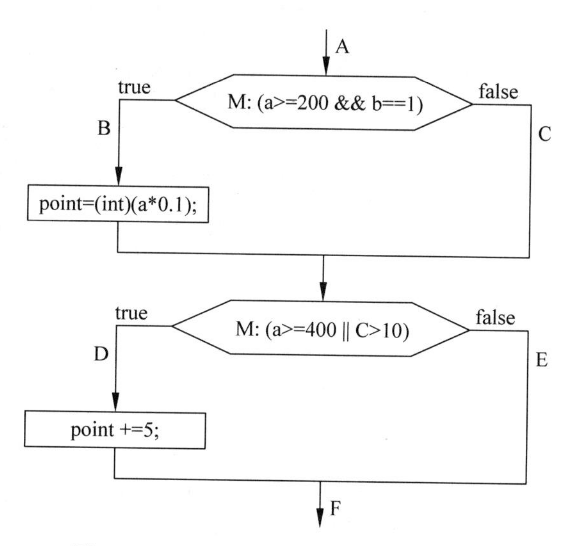

图 9.5　积分计算 Java 方法的程序流程图

该方法从入口开始共有如下 4 条执行路径，编号为 P1～P4。每一条路径经过不同的语句和分支，并依赖于不同的判定结果，其中，A～F 为语句或分支，M、N 为判定。

- P1：(ABDF)，当 M=true 且 N=true 时。
- P2：(ABEF)，当 M=true 且 N=false 时。
- P3：(ACDF)，当 M=false 且 N=true 时。
- P4：(ACEF)，当 M=false 且 N=false 时。

下面以此程序为例介绍各种白盒测试覆盖准则。

1. 语句覆盖

语句覆盖准则要求所设计的一组测试用例能够使得被测程序中的每条可执行语句都能被执行至少一次。在我们的例子中，路径 P1 经过所有可执行语句，因此按照此路径设计一

条测试用例即可实现语句覆盖，见表 9.6。

表 9.6 基于语句覆盖准则的测试用例

输入数据	预期输出	判定结果	通过路径
a=350,b=1,c=12	40	M=true,N=true	P1

语句覆盖是一个很低的覆盖度准则，有很多出错情况都无法捕捉到。例如，如果代码示例 9.1 中第 3 行的“&&”被误写为“||”，那么以上测试用例虽然能够覆盖所有语句但并不能发现这一缺陷。这是由于语句覆盖并没有考虑到判定条件中的各种逻辑组合。

2. 分支覆盖

分支覆盖也被称为判定覆盖，这种覆盖准则要求所设计的一组测试用例能够使得程序中的每个判定的 true 分支和 false 分支都能被执行至少一次。在我们的例子中，P1 和 P4 两条路径就可以覆盖判定 M 与 N 各自的 true 分支和 false 分支，因此按照这两条路径设计两条测试用例即可实现分支覆盖，见表 9.7。

表 9.7 基于分支覆盖准则的测试用例

输入数据	预期输出	判定结果	通过路径
a=350,b=1,c=12	40	M=true,N=true	P1
a=150,b=0,c=7	0	M=false,N=false	P4

分支覆盖对于很多出错情况仍然无法捕捉到。例如，如果代码示例 9.1 中第 6 行的条件“c>10”被误写为“c>8”，那么以上测试用例虽然能实现分支覆盖但并不能发现这一缺陷。

3. 条件覆盖

条件覆盖准则要求所设计的一组测试用例能够使得程序中每个判定中的每个原子条件的可能取值至少被满足一次。在我们的例子中，两个判定 M 与 N 中共有 4 个原子条件。可以设计表 9.8 所列的测试用例来覆盖这 4 个条件的真值与假值。

表 9.8 基于条件覆盖准则的测试用例

输入数据	预期输出	原子条件取值结果	判定结果	通过路径
a=450,b=0,c=7	5	a≥200,b≠1,a≥400,c≤10	M=false,N=true	P3
a=150,b=1,c=12	5	a<200,b=1,a<400,c>10	M=false,N=true	P3

以上这两个测试用例的输入与输出不同，但是都经过同一个路径，因此不满足分支覆盖准则甚至还不满足语句覆盖准则，这也说明了条件覆盖本身也存在不足之处。

4. 分支-条件覆盖

分支-条件覆盖准则要求所设计的一组测试用例能够使得程序中的每个判定的 true 分支和 false 分支都能被执行至少一次，且每个判定中的每个原子条件的可能取值至少被满足一次。显而易见，分支-条件覆盖是分支覆盖与条件覆盖的结合。可以设计表 9.9 所列的测试用例来覆盖 M 和 N 这两个判定各自的 true 分支和 false 分支，并且也覆盖 4 个条件的真值与假值。

表 9.9　基于分支-条件覆盖准则的测试用例

输入数据	预期输出	原则条件取值结果	判定结果	通过路径
a=450,b=1,c=12	50	a≥200,b=1,a≥400,c>10	M=true,N=true	P1
a=150,b=0,c=7	0	a<200,b≠1,a<400,c≤10	M=false,N=false	P4

分支-条件覆盖准则仍有不足。例如,如果将代码示例 9.1 中第 6 行的"||"误写为"&&"条件,这两条测试用例也能够获得相同的测试结果,这是由于判定表达式中的多个"与""或"条件存在相同的组合结果所导致的。

5. 条件组合覆盖

条件组合覆盖准则要求所设计的一组测试用例能够使得程序中每个判定中的所有条件组合至少被满足一次。显而易见,一个判定中的所有条件组合的满足意味着判定中所有原子条件以及整个判定的取真和取假都能够被满足。

在我们的例子中,判定 M 的条件组合有:①a≥200,b=1;②a≥200,b≠1;③a<200,b=1;④a<200,b≠1。判定 N 的条件组合有:⑤a≥400,c>10;⑥a≥400,c≤10;⑦ a<400,c>10;⑧ a<400,c≤10。可以设计表 9.10 所列的测试用例覆盖以上 8 种条件组合情况。

表 9.10　基于条件组合覆盖准则的测试用例

输入数据	预期输出	条件组合	判定结果	通过路径
a=450,b=1,c=12	50	①⑤	M=true,N=true	P1
a=450,b=0,c=7	5	②⑥	M=false,N=true	P3
a=150,b=1,c=12	5	③⑦	M=false,N=true	P3
a=150,b=0,c=7	0	④⑧	M=false,N=false	P4

条件组合覆盖是一个很高的覆盖度准则,但以上的四条测试用例有时并不能使得所有的程序路径都被执行,即 P2 没有被执行。

6. 路径覆盖

路径覆盖准则要求所设计的一组测试用例能够使得程序中所有可能的执行路径都被至少执行一次。基于表 9.10,将其测试用例中的第 2 条稍做修改,可以设计表 9.11 所列的测试用例从而覆盖所有的四条执行路径。

表 9.11　基于路径覆盖准则的测试用例

输入数据	预期输出	条件组合	判定结果	通过路径
a=450,b=1,c=12	50	①⑤	M=true,N=true	P1
a=300,b=1,c=7	30	①⑧	M=true,N=false	P2
a=150,b=1,c=12	5	③⑦	M=false,N=true	P3
a=150,b=0,c=7	0	④⑧	M=false,N=false	P4

以上测试用例虽然覆盖了所有的路径,但是却未能覆盖所有的条件组合。因此,在实际使用时,可以将多种白盒测试方法综合运用,从而对全部的路径、条件组合、分支都进行覆盖。针对我们的例子,可以设计表 9.12 所列的测试用例。

表 9.12　基于路径覆盖准则和条件组合覆盖准则的测试用例

输入数据	预期输出	条件组合	判定结果	通过路径
a=450,b=1,c=12	50	①⑤	M=true,N=true	P1
a=300,b=1,c=7	30	①⑧	M=true,N=false	P2
a=150,b=1,c=12	5	③⑦	M=false,N=true	P3
a=150,b=0,c=7	0	④⑧	M=false,N=false	P4
a=450,b=0,c=7	5	②⑥	M=false,N=true	P3

以上所介绍的这些覆盖准则之间的关系如图 9.6 所示,其中的箭头表示包含关系,即满足箭头起点覆盖准则的测试用例集合也肯定满足箭头终点的覆盖准则。其中,分支覆盖和条件覆盖并没有直接包含关系,因此才需要提出更为严格的分支-条件覆盖准则。路径覆盖仅包含分支覆盖标准,但不一定覆盖所有的条件取值。条件组合覆盖是最强的覆盖标准,但基于该标准的测试用例数量最多,测试执行的成本最高。

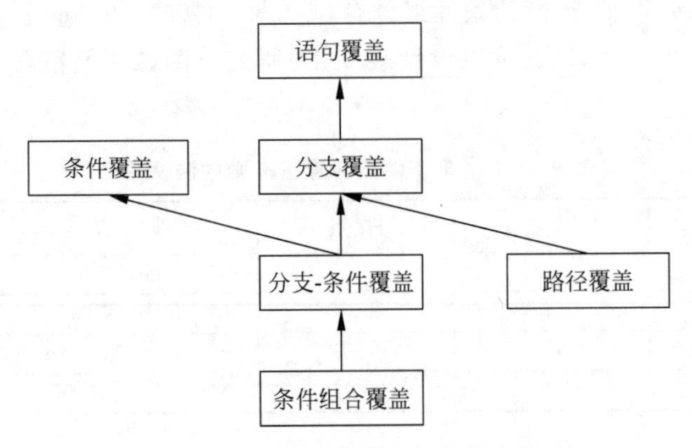

图 9.6　各种覆盖准则之间的包含关系

视频讲解

9.6　系统测试技术与工具

在系统测试层面上,测试人员需要对软件系统的功能正确性以及性能、兼容性、易用性、可靠性、信息安全性等非功能性质量特性进行专门的测试。不同类型的系统测试都有一些相应的测试技术以及测试工具支持,本节将分别进行介绍。

9.6.1　功能测试

功能测试是最基本的系统级测试。当前的功能测试已经进入自动化阶段,从而避免全人工测试所带来的问题和高成本。图 9.7 展示了自动化功能测试的发展阶段。

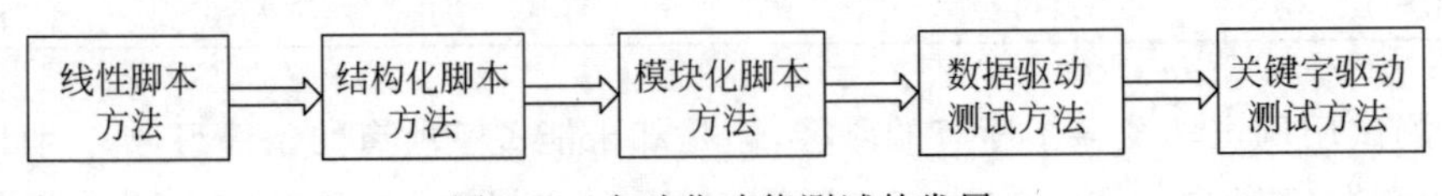

图 9.7　自动化功能测试的发展

线性脚本方法使用简单的录制回放策略。测试人员首先使用录制工具站在最终用户的角度录制被测软件的使用流程。在测试阶段，测试人员使用回放工具执行这些录制的流程，从而检验系统是否能够在重复执行录制脚本的情况下仍能达到预期的功能。软件的使用流程一般是针对交互界面上元素的操作序列。例如，在某一个应用的首页面上，首先在输入框中输入特定字符，随后单击特定的按钮。线性脚本方法中的每个脚本都是相对完整和独立的，所以任何一个测试用例脚本都可以单独执行。然而，使用这种方法对于测试人员来说开发成本较高，他们需要不断录制不同的软件使用流程。另外，测试用例脚本之间可能会存在重复的操作，当这些重复操作发生变化时，需要对它们逐一更改，导致较高的维护成本。

结构化脚本方法在线性脚本基础上加入结构化控制。典型的结构化控制使用"if-else""switch""for""while"等条件语句来实现分支判定、循环等逻辑语义。这种脚本编制方法使得一条脚本能够对应控制结构下的多条流程路径，例如，具有"if-else"结构的两条路径可以用一条脚本描述。然而，这些脚本仍然是相互独立的，即仍然存在脚本间重复的问题。

模块化脚本方法借鉴了编程语言中的模块化思想，把被测软件中公共的功能测试脚本独立出来，其他脚本可按需对其进行调用。例如，登录步骤的脚本可以被独立出来并且在其他脚本中被重复调用。这种方法推动了对被测软件中公共功能所对应脚本的标准化和组件化，使得测试人员不再需要重复编写相同的操作脚本，因此能够提高脚本开发效率。另外，当组件化的脚本发生变化时，测试人员只需要修改这部分的脚本，因此能够降低脚本的维护成本。

数据驱动测试方法将数据从脚本中分离出来，并将脚本所需要使用到的数据进行单独存储。这种方法解决了模块化方法针对同一功能进行不同数据测试时仍然需要重复编写测试脚本的问题，因此进一步提高了脚本的可复用性。测试人员使用这种方法时，所编制的测试脚本中需要包含对数据存储单元的读取代码。数据存储单元可以是脚本内单独定义的数组或字典，或者是各种格式的外部文件（例如 Excel、CSV、TXT、XML 等格式文件）。

关键字驱动测试方法是对数据驱动测试方法的扩展，其本质是将"数据"转换为"关键字"，通过关键字的改变引起测试结果的变化。具体来说，这种方法将软件的操作对象、所执行的操作、满足条件、传输值、检查点断言，甚至是所需要读取的数据文件等都转换为具有可识别语义的关键字词组，例如，使用"login with (user name and password)"代表以特定的用户名和密码进行登录操作。一个测试脚本就是由这些关键字词组序列组合而成的。这种方法能够显著降低测试脚本编制难度，使得不熟悉低层脚本编写语言的人员（例如领域专家等）也可以使用填写关键字的形式来编制测试脚本。在执行关键字驱动的脚本时，执行引擎会读取脚本并将这些关键字翻译成针对被测软件的具体操作流程，从而驱动被测软件的执行。

在自动化功能测试领域，Selenium[①] 是最知名的自动化测试框架之一，具备丰富的测试功能，可以直接驱动浏览器来模拟用户对 Web 应用的操作（例如，打开浏览器、获取网页内容、单击网页中控件等），从而满足不同类型网站的自动化测试需求。Selenium 由 Selenium IDE、Selenium-Grid 和 Selenium WebDriver 组成。

---

① Selenium 自动化测试框架：https://www.selenium.dev。

Selenium IDE 是一个用于创建测试脚本的工具，它能够记录用户的操作，并把它们导出到一个可重用的脚本中用于重复执行。Selenium IDE 一般以插件的形式发布在 Chrome 和 FireFox 等浏览器中。

Selenium-Grid 是一种自动化测试辅助工具，它通过使用多台机器并行地运行测试来加速测试的执行过程。也就是说，Selenium-Grid 可以支持多执行环境（涉及不同的主机或者不同的浏览器）下的测试执行。

Selenium WebDriver 是 Selenium 的核心工具，提供了一套编程框架用于创建和执行测试用例。WebDriver 针对各个浏览器进行开发，取代了嵌入到被测 Web 应用中的 JavaScript，即每个浏览器都有单独的驱动程序，可以直接调用浏览器和本地方法，这种与浏览器紧密集成的方式避免了浏览器对 JavaScript 的安全限制。WebDriver 还可以通过调用操作系统的本地方法与浏览器进行交互，例如，调用操作系统的本地方法模拟用户在界面上的数据输入操作。同时，WebDriver 能够支持大多数常用的编程语言，包括 Java、C＃、JavaScript、PHP、Ruby、Pearl、Python 等，支持通过这些语言创建的测试脚本实现与浏览器的交互和数据传输。

基于 WebDriver 的测试脚本体现为面对 Web 应用的操作序列，序列由一组对界面控件元素的基本操作所构成。因此，为了编写基于 WebDriver 的测试脚本，最关键的是要正确地定位到 Web 应用界面上的控件元素，随后就可以使用 WebDriver 提供的 API 来操控这些控件元素。Selenium WebDriver 采用以下 8 种策略来实现对网页上控件元素的定位。

- 使用 ID 进行定位。ID 是控件元素的唯一标识，当控件元素存在 ID 时，优先考虑使用 ID 进行定位。
- 使用 name 进行定位。元素的 name 虽然不一定是唯一的，但是其意义与 ID 基本相同，在控件元素不存在 ID 时，可使用 name 进行定位。
- 使用 xpath 进行定位。xpath 代表控件元素在页面 HTML 中的路径，利用 xpath 可以定位到页面上的任意元素。测试人员可使用 Chrome 或 Firefox 等浏览器中的开发者工具获取界面上控件元素的相应 xpath。
- 使用 tagName 进行定位。tagName 表示控件元素的类型，在 HTML 中很多元素都具备相同的 tagName，因此利用 tagName 进行定位往往会返回多个控件元素。
- 使用 className 进行定位。className 表示控件元素的样式类型，与 tagName 类似，利用该属性进行定位有可能会获取到多个控件元素。
- 使用 cssSelector 进行定位。前端开发人员时常使用 CSS 来设置页面上控件元素的样式，使用该策略进行定位与使用 xpath 类似。Selenium 官网文档更推荐使用 cssSelector，因为其定位速度优于 xpath 的定位速度。
- 使用 linkText 进行定位。如果页面上的控件元素具有超文本链接，则可以使用该属性进行定位。
- 使用 partialLinkText 进行定位。该策略是基于 linkText 的策略的扩展，如果不能准确获知超链接上的文本信息或者只能通过一些关键字进行超链接匹配时，可以使用该策略来通过部分链接文字进行定位。

表 9.13 列举了 Selenium WebDriver 所提供的用于操控浏览器和控件元素的常用 API 方法。

表 9.13 Selenium WebDriver 的常用 API 方法

API 方法	作　用	示　例
get	打开网页	webDriver. get("http://www. baidu. com")
findElement	获取元素	webDriver. findElement(By. id("kw"))
findElements	获取元素集合	webDriver. findElements(By. tagName("input"))
sendKeys	输入内容	webElement. sendKeys("software testing")
clear	清空内容	webElement. clear()
click	执行单击事件	webElement. click()
getText	获取元素内容	webElement. getText()
navigate(). to	打开网页	webDriver. navigate(). to("http://www. baidu. com")
navigate(). back	回退上一个页面	webDriver. navigate(). back()
navigate(). forward	前进到下一个页面	webDriver. navigate(). forward()
navigate(). refresh	刷新当前页面	webDriver. navigate(). refresh()
close	关闭浏览器	webDriver. close()

9.6.2 性能测试

一般而言,软件系统的性能效率主要体现在响应时间、并发用户数量、吞吐量、系统资源这几个方面。

- 响应时间。软件系统从请求发出开始到客户端接收到最后一个字节数据所消耗的时间。响应时间是用户能够直接感受到的软件性能指标之一。
- 并发用户数。在同一时刻在线并同时使用软件系统的用户的数量。
- 吞吐量。单位时间内软件系统所能够处理的客户请求的数量。
- 系统占用资源。软件系统运行时的服务器 CPU 使用率、内存使用率、硬盘的 I/O 数据、数据库服务器的缓存命中率、网络带宽数据等。

根据测试目标的不同,针对软件系统性能效率的测试主要分为性能测试、负载测试和压力测试。

性能测试是确定软件产品效率的测试方法。软件产品效率包括两个方面,一个是在给定条件下根据资源的使用情况,软件产品能够提供适当性能的能力;另一个是在给定数量资源的条件下,特定过程产生预期结果的能力。性能测试的目的是在真实环境下检测软件系统性能,模拟多种正常、峰值以及异常负载条件来对系统的各项性能指标进行测试,从而评估系统性能以及服务等级的满足情况,同时分析系统瓶颈并优化系统(杜庆峰,2011)。另外,性能测试通常是在功能测试已经基本完成,并且软件已经变得很稳定(越来越少的改动或修正)的情况下才被实施。在执行性能测试时,应当使测试环境与真实执行环境尽量保持一致,同时应确保软件系统的单独执行(即避免与其他软件同时使用),从而保证性能指标的有效性(赵文耘等,2014)。

负载测试是在系统负荷(例如并行用户数)不断增加的情况下对一个软件系统行为的测量,以探索并确定软件系统所能够支持的负载量级。当不清楚软件系统所能支持的负载时,可使用负载测试方法(例如,每隔 1s 增加 5 个并发用户数的方式)来找到该系统的性能极限,即容量。当确定了系统的容量后,如果该容量不满足用户要求时,就需要寻找解决方案以扩大容量,否则就要在软件产品说明书上明确标识该容量的限制。

压力测试是性能测试的特定形式，即对一个软件系统在其需求所定义的边界内或超过边界的情况下的性能指标进行评估。当为软件系统不断增加负载时，可预见到其性能会慢慢恶化，但仍期望系统在标定的容量限制之上的一定范围内（例如，在超过标定的最大并发数量10%的情况）保证其功能和数据的基本完整和有效，即体现为在异常情况下的软件系统的健壮性和可生存性。压力测试以此为目标，试图发掘出系统在负载临界条件下的功能或性能隐患。另外，压力测试可在为系统加载反常数量（例如长时间的峰值）、频率或资源负载的情况下执行可重复的测试，以检查程序对异常情况的抵抗能力（赵文耘等，2014）。

性能测试、负载测试和压力测试的目的虽有所不同，但它们的实现手段与技术在一定程度上是较为相似的，均采用不断加载系统负载的方式，例如逐渐增加模拟用户的数量或其它对系统资源的使用负荷（赵文耘等，2014）。当前，软件测试领域出现了许多性能测试工具。一般而言，性能测试工具首先有助于模拟用户的并发行为，几百个并发访问用户即可通过工具简单模拟生成。工具可使用两种策略自动生成并发用户访问，即提供两种不同的负载类型。第一种负载类型称为Flat，即一次性地加载所有的用户，然后在预定的时间段内保持这些用户的持续运行。第二种负载类型称为Ramp-up，表示用户是交错上升的，即工具每隔几秒增加一些新的用户。其次，性能测试工具需要依赖测试人员所编制的测试脚本才能完成其任务，也就是说，模拟出的并发用户都需要按照脚本对软件系统进行访问或使用。这些脚本是对用户实际使用软件产品的操作流程的记录。以Web系统为例，用户的操作包括打开特定页面、提交请求、后台处理请求、服务器将响应返回、响应结果展现在客户浏览器端。脚本可以被参数化，在工具执行脚本期间可以使用预定义的数据替代其中的参数，从而使得模拟出的用户执行不同的操作。另外，在测试执行过程中，工具会记录相关的性能指标，例如，工具会记录请求提交的时间、处理请求的时间、响应的时间（赵文耘等，2014）。

JMeter[①]是最知名的性能测试工具之一。JMeter是Apache基金会旗下的一款基于Java的开源软件，主要针对服务器或网络，通过模拟并发负载来测试并分析被测对象的性能情况。JMeter可以支持多种类型的应用、服务或协议，包括HTTP/HTTPS、SOAP、REST、FTP、TCP、LDAP等。

JMeter具有一个可视化的配置界面，在该界面上测试人员可通过以下一组最重要的配置项定制性能测试的执行策略。

1. 添加线程组

线程组（Thread Group）可被理解为独立的测试任务。测试人员可以指定测试任务的执行次数、是否自动停止等配置内容。一个测试计划（Test Plan）可以添加多个线程组，多个线程组默认并行执行。如果要添加最基本的线程组，可右键单击Test Plan，并依次选择Add→Threads(Users)→Thread Group。如果希望线程组顺序执行，需要在Test Plan的属性里勾选Run Thread Groups consecutively。

2. 配置线程组

测试人员需要对线程组内的三个关键属性进行配置。

- Number of Threads：表示一个线程组中线程数的个数，一个用户访问占用一个线程。

---

① JMeter性能测试工具：http://jmeter.apache.org。

• Ramp-up Period：表示启动全部线程所花费的时间，如果设置线程数为 100，启动花费时间为 5s，那么 JMeter 会在 5s 内按照平均间隔时间启动完成所有的 100 个线程。如果这个配置项被设置为 0，那么所有的线程将立即同时启动。
• Loop Count：表示线程循环执行次数，如果线程数为 100，循环次数为 100，那么总执行次数为 10 000。如果勾选了 forever，那么所有线程会一直持续、反复地执行，直至脚本被停止执行。

3. 添加取样器

取样器（Sampler）用来模拟用户操作，即模拟用户向被测对象发送请求并接收被测对象的响应数据。如果要对一个 Web 应用进行性能测试，一般需要模拟用户向 Web 后台发送 HTTP 请求的过程。此时，就应使用"HTTP 请求"取样器（添加该取样器的过程是右击线程组，依次选择 Add→Sampler→HTTP 请求）。在"HTTP 请求"取样器的配置界面中，需要配置请求的方法（get 或 post）以及请求的路径。尤其在 post 方法的请求中，需要定义与请求一起发送的参数。

4. 添加配置元件

JMeter 中的配置元件（Config Element）包含诸多类型，其中最常用的是用户定义的变量和 CSV 数据文件。这两类配置元件可用于实现测试用例的参数化，即使得所模拟出的用户请求能够附带不同的参数，从而提高测试的覆盖度。在用户定义的变量的配置中，测试人员可以添加变量的名称和值，例如，变量名称为"item"，在"HTTP 请求"取样器中即可使用 ${item}来引用该变量。在 CSV 数据文件的配置中，测试人员需要配置 CSV 文件的路径和变量的名称，例如"username，password"。同样地，在"HTTP 请求"取样器中可使用 ${username}、${password}来引用这些变量。如果需要添加配置元件，可右击线程组，依次选择 Add→Config Element→目标配置元件。

5. 添加监视器

线程组、样本配置完之后，测试工具就可正常执行，但是无法得到运行结果。此时，就需要配置监视器（Listener）来观察样本发送的消息状态。如果要添加监视器，需要右击线程组，依次单击 Add→Listener→目标监视器。在众多监视器中，比较常用的是 View Results Tree 和 Summary Report。View Results Tree 可以将样本发送的每条消息的请求和响应都进行详细记录，以方便进行调试。Summary Report 会记录样本的请求和响应的次数、成功率和时间指标等一些轻量级信息，并可以提供直观的可视化图标来辅助数据评估。

6. 添加断言元件

JMeter 提供断言元件（Assertion）来判断响应数据是否符合预期。如果要添加断言元件，需要右击线程组，依次单击 Add→Assertions→目标断言元件。在众多的断言元件中，常见的有 XML Assertion、Xpath Assertion 和 Response Assertion。XML Assertion 会判断响应数据是否为 XML 格式。Xpath Assertion 会对 XML 的路径进行判断，通过判断路径是否存在来决定返回消息是否成功。Response Assertion 一般用于对没有标准格式的数据设置灵活的检查方案。

9.6.3 兼容性测试

软件系统不是一成不变的，其内部的部件也时常存在升级、替换等变更情况。一旦出现变更，可能会导致系统内部甚至整个软件系统的功能失效，或者无法有效和周边环境中的其他软件和硬件交互和配合，因此需要保障系统内部各部件以及系统与周边环境要素的有效配合，即保证软件系统的兼容性。兼容性是一种质量特性，描述软件系统与其他系统之间，或该系统内部各部件之间的配合性、适应性。兼容性测试是验证软件系统是否具有该质量特性的一种途径。兼容性测试一般面向以下三个兼容维度展开。

- **系统内部兼容**。系统内部各部件之间的兼容性，包括软件和软件、软件和硬件、硬件和硬件之间的兼容性。例如，若把计算机看作一个系统，Word 软件和 Windows 系统间的兼容属于软件与软件间的兼容，Windows 系统与 CPU 之间的兼容属于软件和硬件间的兼容，计算机内存与主板间的兼容属于硬件间的兼容。
- **系统间兼容**。主要指系统与其他系统存在接口互连、功能交互等情况下的配合能力。此时，不论测试的对象是软件还是硬件，都将它作为一个整体检查它与外部的连接关系和兼容能力。例如，智能家居环境需要连接不同厂商的智能设备，智能家居系统要和这些设备相互兼容，从而实现智能家居系统对不同设备的能力调用。
- **系统自身兼容**。系统的新老版本间需要保证的功能、操作体验等方面的一致性，包括前向兼容和后向兼容。前向兼容又称向上兼容、向前兼容，表示系统能够适用于其未来版本的使用场景。例如，Word 2016 版本在设计时需要考虑可以打开未来版本的文档(例如 Word 2019 文档)。后向兼容又称向下兼容、向后兼容，表示系统能够适用于其之前版本的使用场景。例如，Word 2019 版本的 Word 软件可以打开 Word 2016 甚至 2003 版本所创建的文件。

兼容性测试首先需要识别出一个对象，随后检验该对象与周边环境的配合、适应关系及程度。在兼容性测试中，将该对象称为现场可替换单元(Line Replaceable Unit，LRU)。在兼容性测试的执行过程中，重点是要分析出测试的场景、对象以及指标，分为以下步骤。

(1) 分析应用场景。在该步骤中，需要分析所关注的兼容性的应用场景，并识别其中的 LRU。应用场景分析包括周边兼容场景分析，即分析出系统与周边系统的接口关系；内部兼容接口分析，即基于系统的范围分析出系统的内部部件以及它们之间的关系；前后向兼容分析，即分析前后向兼容的关系。针对 LRU 的识别旨在明确 LRU 单元，以及 LRU 上的变更操作。

(2) 分析 LRU。在该步骤中，基于 LRU 和 LRU 的变更操作及兼容性关系，分析出软件系统中该 LRU 所影响的对象。

(3) 分析影响指标。在该步骤中，分析影响的每个对象的维度及指标，并基于指标设计预期结果。

以针对一个安卓 App 的兼容性测试为例，表 9.14 展示了以上步骤的分析结果。在此基础上，可根据指标采用自动化或人工的方式对测试场景中所涉及的内容进行验证。

表 9.14 兼容性测试分析示例

步　骤	分析结果
应用场景分析	(1) 应用场景：验证 App 可以在不同手机上正常安装和卸载，功能正常使用，并且不影响其他 App 的使用 (2) LRU 识别：被测对象是安卓手机上的 App；LRU 操作：App 的安装、卸载和运行

续表

步　骤	分析结果
应用场景分析	(3) 内部兼容接口分析： ① 软件间兼容：App安装后与其他App存在共享相同系统及资源的情况，所以需要验证兼容性。另外，因为App可能运行在不同的安卓版本上，所以需要验证与安卓系统的兼容。 ② 软硬件兼容：App可能安装在不同的手机上，手机硬件配置存在差异，需要验证App与不同类型手机间的兼容。 ③ 硬件间兼容：因为场景只涉及软件安装和卸载，所以不涉及硬件间兼容。 (4) 前后向兼容分析：因为没有版本变更操作，所以不涉及系统自身的前后向兼容。 (5) 周边兼容场景分析：因为App只存在与手机间的内部接口，无外部接口，所以不涉及系统间兼容
LRU分析	影响对象： (1) App自身；(2) 其他App；(3) 安卓系统；(4) 不同硬件类型手机
影响指标分析	(1) App自身：基本功能正常，安装、卸载和启动时间满足要求。 (2) 其他App：基本功能正常，加载和卸载正常。 (3) 安卓系统：基本功能正常，可以正常使用，并且没有出现使用卡顿情况。 (4) 不同硬件类型手机：指标同前3条

9.6.4 易用性测试

易用性是软件系统的一种重要的质量特性。易用性测试需要从用户的角度来验证软件系统是否易于理解、易于学习、易于操作。作为易用性测试的评价准则，尼尔森提出了软件系统的十大交互原则(Nielsen，1994)。

- 状态可见原则。针对用户的操作，系统能及时反馈操作是否生效，例如，查询时在界面上展示“正在加载”的动画提示。
- 环境贴切原则。用户的常用操作和大部分系统设计保持一致，不应出现“反人类”的设计。例如，一般情况下，移动应用中的列表应采用下拉刷新、上拉加载的方式，违反此方式的列表会使得用户使用不畅。
- 用户可控原则。为了避免用户的误操作，软件系统应支持撤销的功能，并以方便的形式允许用户使用，从而使得用户能够方便地回退到之前的状态。例如，在即时通信的聊天场景中，应该允许用户撤回刚发送出去的消息。
- 一致性原则。软件系统中同一用语、功能、操作保持一致，同样的语言、同样的情景、操作应该出现同样的结果。例如，尽量不在英文环境中展示中文。
- 防错原则。软件系统应防止用户的误操作。例如，在使用删除功能时，系统应弹出确认提示框。
- 易取原则。软件系统应减少用户记忆负担，把需要记忆的内容放在可见界面上。例如，在一个字段展示的配置界面，用户可根据自己的习惯把关注的字段放在前列展示，不关注的字段放在后列或者直接隐藏，并可以设置多个自定义模板便于字段排序的切换。
- 灵活高效原则。软件系统应提供特定能力以使得用户在使用某些功能时更加灵活、操作更加高效。例如,在系统中加入数据批量导入的快捷键,避免逐条的人工输入方式。

- 优美简约原则。软件系统界面上多余的信息会分散用户对有用或者相关信息的注意力,因此界面应贴合实际场景,突出重点,弱化和剔除无关信息。例如,网页上的展示内容应当突出重点,使用加粗、高亮等方式着重体现核心内容。
- 容错原则。软件系统应帮助用户从错误中恢复并将损失降到最低。如果无法自动挽回,则应提供详尽的说明文字和指示方向,而不应该使用代码。例如,当网页无法访问时,不应在错误页面上直接展示404错误码。
- 人性化帮助原则。软件系统应提供帮助性提示,包括一次性提示、常驻提示、帮助文档等。例如,在执行重新生成账目功能后,应提示生成多少条,失败多少条等信息。

参与易用性测试的人员可以包含软件企业中的各类角色,上至领导,下至普通开发者。这些测试者应熟悉以上十个原则,具备基础的易用性测试能力,从而在使用软件系统的过程中发现其中的问题。

9.6.5 可靠性测试

软件系统的广义的可靠性包括可靠性和可用性。其中,可靠性指软件系统在规定的条件下和规定的时间内完成规定功能的能力,它的概率度量称为可靠度。可用性指软件系统在任意随机时刻需要开始执行任务时,都可处于可工作或可使用状态的程度,它的概率度量称为可用度。因此,可靠性测试也可以被理解为可靠/可用性测试。

以一个电信领域的嵌入式软件系统为例,图9.8展示了面向该系统的分层可靠/可用性模型。在最高层次,保障业务可靠/可用性是终极目标。在下一个层次,网络可靠/可用性是业务可靠/可用性的基础。网络是由节点(网络设备)和链路(网络连接)构成的,同时还包括支撑网络运行的基础设施(如供电等),因此要保证这些方面的可靠/可用性。在最低层次,对于设备的可靠/可用性,除了基础的软硬件可靠/可用性外,还必须考虑计划性活动的可靠/可用性和人为因素的可靠/可用性。

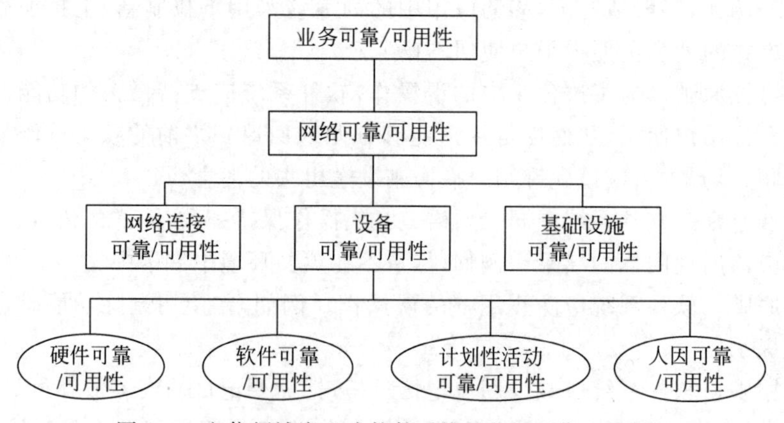

图9.8 电信领域嵌入式软件系统的分层可靠/可用性

可靠/可用性测试领域有一组较为重要的术语,包括MTBF和MTTR。可靠性的度量指标是可靠度,可靠度可使用MTBF(Mean Time Between Failure)来表示。MTBF是平均故障间隔时间，或称为平均无故障工作时间，具体指相邻两次故障之间的平均工作时长。MTTR(Mean Time To Recover)是平均故障修复时间，表示系统的可维修性。对于可修改的软件系统，越短的 MTTR 意味着在规定条件和规定时间内，按规定的程序和方法维修时，系统保持和恢复到规定状态的能力(即可维修性)越强。在这两个术语的基础上，可用性的度量指标，即可用度的计算公式是 MTBF/(MTBF+MTTR)。需要注意的是，高可靠不一定等于高可用。例如，若一个系统是高可靠的，即 MTBF 非常大，表明该系统很少出故障。但该系统的可维修性非常差，出一次故障需要很长时间才能恢复(即 MTTR 很大)，那么该系统仍然不是高可用的(处于可用状态的时间比例小)。因此，高可用性一般等于高可靠性加上高可维修性。

可靠/可用性测试的目标是通过增强故障验证的能力来提高产品的可靠性和可用性。具体来说，可靠性测试是通过触发和激活系统中的故障，来观察系统能否不发生错误或失效的测试活动，其关注点是针对故障的避免和预防。可用性测试是通过触发和激活系统中的故障，在系统出错后观察业务功能是否正常的测试活动，其关注点是从业务的角度验证系统如何不受或仅受尽量少的影响。对于最终用户而言，他们更加关心可用性的指标，表 9.15 展示了电信领域中不同类型产品或系统对可用度的要求。从中可以看出，用户一般要求通信设备尽量不要出故障；如果出了故障则不要影响主要的功能和业务；如果影响了功能则应尽快定位并修复故障。

表 9.15　电信领域中不同类型产品或系统对可用度的要求

可用度	9 的个数	年停机时间/min	使用产品或系统
0.999	三个 9	500	计算机或服务器
0.9999	四个 9	50	企业级设备
0.999 99	五个 9	5	一般电信级设备
0.999 999	六个 9	0.5	更高要求电信级设备

除了通过自然的方式触发或激活故障之外(即通过长时间运行系统使其出现超常规负荷的情况或异常)，可靠/可用性测试还可以通过故障注入方式来触发或激活故障。在这种方式下，通过向系统注入在实际应用中可能发生的故障，观察系统功能和性能的变化，检测、定位、隔离故障并观察故障的恢复情况，从而评估系统的可靠性和可用性。常见的故障注入方式包括网络级故障注入(覆盖网络组网相关的接口、链路、物理连接、时间时钟等故障对象的故障模式)、系统级故障注入(覆盖单网元内的框间接口、链路、框、板、时间时钟等故障对象的故障模式)、资源类故障注入(覆盖内存、CPU、硬盘等系统资源类故障对象的故障模式)、数据类故障注入(覆盖数据库、文件等数据类故障对象的故障模式)和硬件类故障注入(覆盖硬件平台中的单板、硬盘、内存、网卡芯片、CPU、总线、控制器等故障对象的故障模式)。

9.6.6　信息安全测试

针对软件系统的信息安全测试是一个非常重要的研究和实践领域。在不同的软件系统中，Web 应用由于涉众面巨大，面向 Web 应用的信息安全逐渐成为一个红线目标，保证其信息安全能够减少信息泄露导致的安全事故，并能够避免对公司和系统的信任危机。常见的面向 Web 应用的信息安全测试的测试内容如表 9.16 所示。

表 9.16 常见的面向 Web 应用的信息安全测试内容

类　型	测试内容
服务器信息测试	运行账号测试；Web 服务器端口版本测试；HTTP 方法测试
文件目录测试	目录遍历测试；文件归档测试；目录列表测试
认证测试	验证码测试；认证错误测试；找回、修改密码测试
会话管理测试	会话超时测试；会话固定测试；会话标识随机性测试
授权管理测试	横向越权测试；纵向越权测试；跨站伪造请求测试
文件上传下载测试	文件上传测试；文件下载测试
信息泄露测试	数据库账号密码测试；客户端源代码测试；异常处理测试
输入数据测试	SQL 注入测试；XML 注入测试；LDAP 注入测试
跨站脚本攻击测试	反射型测试；存储型跨站测试；DOM 型跨站测试
逻辑测试	上下文逻辑测试；算术逻辑测试
WebService 测试	WebService 接口测试；WebService 完整性、机密性测试
HTML5 测试	CORS 测试；Web 客户端存储测试；WebWorker 安全测试
Flash 安全配置测试	全局配置文件安全测试；浏览器端安全测试
其他测试	Struts2 测试；Web 部署管理测试；日志审计测试

Web 应用信息安全测试的主要步骤如图 9.9 所示。

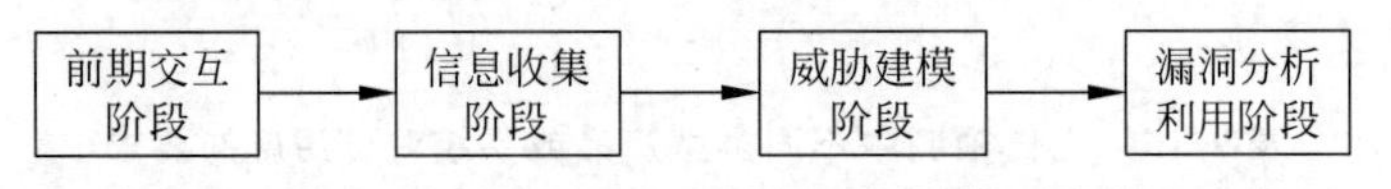

图 9.9 Web 应用信息安全测试的主要步骤

- 在前期交互阶段，组织产品架构师进行业务串讲，确定测试范围，识别具有高危安全风险的模块。
- 在信息收集阶段，收集尽可能多的受测产品的材料文档，包括但不限于《产品威胁分析文档》《产品使用指南》等。另外，在运行环境上使用扫描工具收集运行环境的信息，包括但不限于开放的端口信息、进程列表信息、用户列表信息，以及与业务相关的特定信息。
- 在威胁建模阶段，针对收集到的产品信息进行威胁建模，从而进一步细化高风险模块。这一步骤也可以通过团队头脑风暴的形式开展，目标是防止遗漏高风险模块。
- 在漏洞分析利用阶段，安全测试人员需要综合分析前几个阶段获取并汇总的信息，特别是安全漏洞扫描结果、服务查点等信息，通过搜索可获取的代码（代码也可通过反编译获取）找出可以实施渗透攻击的攻击点，并在环境中进行验证。在测试执行层面，红蓝对抗是较为常用的技术。类似于军事领域的红蓝军对抗，在网络安全领域的红蓝对抗表现为一方扮演黑客（蓝军），另一方扮演防御者（红军），以此评估软件产品的信息安全性，找出其中最脆弱的环节，从而提升整个软件产品的安全防护能力。

从技术角度来说，面向 Web 应用的信息安全测试需要重点关注以下几项内容。

- 识别高危模块，从而有策略、有优先级地安排对每个模块信息安全方面的测试。
- 掌握常见攻击模式库，以便能快速验证疑似安全问题是否真实存在。
- 掌握跟踪调测技术，通过调测技术可以加快对产品业务的理解，特别是加快对复杂代码块的理解。

- 了解基础的白盒测试方法，从而更有深度、更大范围地覆盖产品中的逻辑代码。

小　结

软件测试是一种重要的软件质量保障手段。经过长期的研究和实践，软件工程领域已经形成了系统性的软件测试方法和技术体系，能够有效保障软件产品质量。同时，软件测试与软件开发过程紧密结合，衍生出了 V 模型、W 模型和敏捷测试模型等软件测试过程模型。大多数软件系统的测试都遵循由小到大的原则，按照单元测试、集成测试、系统测试、验收测试等不同测试类型逐层进行，而指导软件测试实践的方法主要包括黑盒测试方法和白盒测试方法两大类。其中，黑盒测试将被测软件整体视为一个仅能通过外部接口交互的封闭的黑盒，根据被测软件的外部规格说明设计测试用例；白盒测试将被测软件看作一个透明的白盒，基于软件内部的代码实现和逻辑结构进行针对性的测试用例设计。而在系统测试层面上，测试人员需要对软件系统的功能正确性以及性能、兼容性、易用性、可靠性、信息安全性等非功能性质量特性进行专门的测试，并分别形成了相应的测试技术和工具支持。

第10章 软件集成与发布

本章学习目标

- 了解持续集成与发布前置条件以及价值。
- 理解持续集成的基本过程和实践，掌握软件构建的要求、规范以及依赖管理。
- 掌握软件发布的反模式、基本原则以及常用技术。
- 了解部署流水线，熟悉华为软件开发云中部署流水线的使用流程。

本章首先介绍持续集成与发布的前置条件以及其价值；然后介绍持续集成的基本过程和常用实践，并介绍持续集成中软件构建的基本要求、规范以及依赖管理；接着介绍软件发布的反模式与基本原则，并介绍降低发布风险的常用技术；最后介绍了部署流水线，并以华为软件开发云为例介绍部署流水线配置流程。

视频讲解

10.1 软件集成与发布概述

当前，在很多软件项目中集成与发布过程仍然主要以手工的方式完成。开发人员需要手工合并其他开发人员的代码，再手工编译代码并手工运行单元测试。交付团队需要手工安装与配置软件所需的操作系统、数据库、应用服务软件以及第三方软件，并手工将软件与相关的数据复制到试运行环境与生产环境，最后启动软件。在上述手动集成与发布过程中，任何一个步骤都有可能出错，而且不可避免地引入各种人为失误，导致集成与发布过程不可重复也不可靠，增加开发团队与交付团队及时交付的难度，同时浪费大量时间。此外，在这种手动集成与发布过程中，软件在开发过程中一般处于不可运行状态，而往往在完成大部分开发工作时，才第一次有了可运行可工作的版本，才第一次被部署到试运行环境进行测试，导致到了集成与发布阶段才发现软件并不能满足客户的需求、开发环境与生产环境不一致所导致的各种错误，增加修复错误的代价，甚至推迟发布日期。为了避免这些问题，要尽快地向用户交付有用的、可运行、可工作的软件。

为此，可以采用持续集成、持续交付、持续部署(相关基本概念见2.3.3节)等软件开发实践，实现频繁且自动的软件集成与发布。如果能够实现频繁集成与发布，即每次修改就触发软件集成与发布，那就意味着每次集成与发布前对软件的修改是较小的。一方面，这可以大大减小集成与发布的出错与调试风险，且更加容易回滚。另一方面，这可以加快反馈速度，让相关涉众(如开发团队、测试团队、交付团队、客户等)都参与到反馈流程中，尽快解决集成与发布过程中的问题。如果能够实现自动集成与发布，那就意味着构建、测试、部署等各个环节都是自动化的，使得集成与发布过程变得可重复、可靠、高效以及高质量，也避免了人为失误的影响。

10.1.1 持续集成与发布的前置条件

有效地实现持续集成与发布需要满足一些前置条件(Humble et al.,2011),否则软件项目将难以获得进行持续集成与发布实践所带来的价值。

1. 版本控制系统

所有与软件项目相关的制品都必须通过版本控制系统进行统一的版本管理(详见3.2.3节),包括产品代码、测试代码、数据库脚本、构建脚本、部署脚本等。当开发人员开始编码时,应该使用在持续集成服务器上通过构建和单元测试,并成功部署到测试环境、类生产环境、生产环境的最新软件版本作为起点。一旦有相关制品没有使用版本控制系统,将有可能导致版本不一致问题,阻碍集成与发布的自动化,增加调试错误的代价。只有统一的版本控制系统,才能让团队中各种不同制品以及它们的各种变更变得可追溯、可掌控。当需要在系统中集成某些内容的时候,从版本控制系统里面总能找到合适的版本。

2. 小步提交

开发人员需要频繁地(一天多次)提交代码变更到版本控制的中央存储库。通过频繁提交,可以使得每次提交的代码修改都比较小,从而减小集成与发布失败的概率。即使发生了失败,一方面便于快速地定位与修复错误,另一方面也便于回滚到之前的正确版本。相反地,如果开发人员很少提交,那就意味着每次提交的代码变更很大,从而增加了集成与发布成本。一些企业也采用轻量级的代码审查机制,开发者在提交代码时需要先通过代码质量门禁(见4.5.2节)、再通过提交者(committer)的审核才能进入代码库,从而减少一些明显的代码质量问题。

3. 自动化构建与部署

软件项目需要实现构建与部署过程的自动化,从而实现集成与发布的自动化。因此,需要编写简洁清晰的构建与部署脚本,并制定构建与部署规范,便于标准化、维护和调试构建与部署过程,实现构建与部署的可重复与高质量。

4. 自动化测试

软件集成与发布需要创建全面的自动化测试套件,包括单元测试、组件测试、验收测试等(详见第9章),面向不同的目的对程序的质量进行基本的保证,从而保障软件项目不仅能够成功地集成与发布,而且能够正确地运行。如果缺乏全面的测试套件,那就仅仅意味着软件项目能够集成与发布,但不能确保引入的代码变更不会破坏任何现有的功能,从而降低软件项目的质量,影响用户的使用体验。

5. 保持较短的构建和测试过程

有些自动化测试的运行时间可能会很长,这将不利于快速得到构建的结果,也就无法形成持续集成。因此,需要选择关键的测试用例(比如所有的单元测试用例、大部分组件测试用例以及最核心或者涉及刚修改过代码的验收测试用例)作为构建中日常运行的自动化测试用例,使得构建与自动化测试的时间不会太久(比如不超过10~15min)。这样,对代码修改的持续集成就能获取足够快的反馈,让开发人员尽快修复前一次提交中带来的问题。

6. 管理开发工作区

持续集成需要在构建服务器上进行,而每个开发人员拥有自己的开发工作环境。如果每个开发人员的开发环境与构建环境、测试环境、生产环境不同,那么要让本地构建成功的代码在构建服务器上成功并完成自动化测试是不可想象的。因此，保持精心管理且与构建环境一致的开发工作区是持续集成的前提条件。确保所有代码、脚本、测试数据等都在版本控制库中，第三方库依赖通过集中的方式统一管理，这样所有开发人员就能拥有与构建环境基本一致的开发环境，从而让测试在构建环境中运行前能先在本地相同的环境下运行一遍，降低构建出错的可能性。

7. 团队共识

开发团队中的每个人都要一致认同小步增量提交代码到主干上的开发方式，以及修复导致构建失败的修改是最高优先级的任务。这需要开发团队在成员的培训和实践指导方面提供必要的投入，建立起基本的团队共识。

10.1.2 持续集成与发布的价值

在软件项目开发过程中进行持续集成与发布的实践，可以带来一定的价值。

1. 显著提升开发效率

通过早集成，早发布，早发现问题，早解决问题，从而提高开发到部署的研发效率。此外，持续集成与发布减少了人工集成与发布版本的重复过程，可以节约时间、费用和工作量，让开发人员有时间做更多更需要动脑筋的、更高价值的工作。

2. 降低开发风险

实施持续集成与发布，每天都可以生成可部署的软件版本，避免软件产品最终集成时爆发大量问题。通过持续集成与发布，缺陷的发现和修复都变得更快，软件的质量也就可以度量。持续集成与发布提供了一张安全网，降低了缺陷引入到生产环节的风险。

3. 增强团队信心

团队成员每天都可以看到可工作可部署的软件版本，从而增强了团队信心。每次代码修改，团队成员都知道自己的软件是否遵守编码标准和设计标准，是否通过测试验证，往前迈进的每一步都非常坚实。此外，持续集成与发布可以在任何时间发布可以部署的软件，对客户来说，可以部署的软件才是最实际的资产，因此持续集成与发布也增强了客户的信心。

4. 增强项目的可视性

持续集成与发布可以真实地反映软件项目的开发进度，开发进度可以通过特性的完成率来表示，90%的完成率意味着90%的特性开发且测试完毕。此外，开发人员每天的工作都立刻合入版本，集成与发布结果快速反馈给项目经理，项目的过程质量一目了然，管理者可以度量真实的进度和质量，确定风险并积极地进行风险控制。

5. 有利于质量要求的落地

质量管理要求可以嵌入到持续集成与发布工具中自动执行，如自动执行编程规范检查、代码圈复杂度检查、代码重复度检查、模块间依赖关系检查、缺陷扫描等。

10.1.3 云化与本地持续集成与发布

软件开发企业可以在本地(即自身所拥有的环境中)进行软件的持续集成与发布。随着公有云服务的普及，许多企业选择在公有云上部署和运行自身的软件系统，相应的软件持续集成与发布也是在公有云平台上完成。表10.1总结了两种模式的主要区别。

表 10.1 本地与云化的持续集成与发布的主要区别

本地持续集成与发布	云化持续集成与发布
本地	远程
需要本地基础设施	由云服务商提供基础设施
需要专业人员进行维护与技术支持	由云服务商提供维护与技术支持
软件和数据具有自主可控性	软件和数据暴露给云服务商
可定制性高度灵活	可定制性较弱
部署耗时	部署快捷

对于在公有云上部署和运行的软件，企业可以在第三方的云供应商提供的云服务器上进行持续集成与发布。在这种模式下，企业不需要专业的IT人员来搭建和维护持续集成与发布所需的基础设施（如存储、网络、CPU、操作系统等），能够有效降低企业的投入成本，从而更加专注于企业的核心业务。

然而，对于大量的传统软件（如嵌入式软件、工业软件等），由于法律合规性、安全性、隐私等问题，企业只能在本地进行持续集成与发布。在这种模式下，企业往往需要专业的IT人员在企业内部搭建和维护持续集成与发布所需的基础设施，导致较高的前期投入成本与长期维护成本。

此外，在云化的模式下，软件部署一般都能实现自动化地快捷部署，但对于复杂的部署要求，其可定制性较弱，同时企业的软件与数据完全暴露给了云服务商，导致潜在的安全与隐私隐患。在本地模式下，软件需要部署在单独的服务器上，一般较云化模式更加耗时，但是其可定制性更加灵活，软件和数据也都在本地而具有更高的自主可控性。

10.2 持续集成

视频讲解

持续集成是一种软件开发实践，即团队成员频繁地集成他们的代码变更，通常一天集成多次。每次集成都需要自动化的构建和测试来验证集成结果，尽可能快地发现集成错误。

10.2.1 集成过程

一般而言，持续集成可以在多个层次上实施，常见的有项目组[①]内部的持续集成与版本级的持续集成。项目组持续集成通常由项目组开发人员的每次提交触发，确保每次代码变更不会破坏项目组负责的软件模块的功能；而版本级持续集成通常每天进行一次，确保所有项目组的代码变更没有破坏软件的整体功能。一次持续集成的过程一般如图10.1所示。

（1）开发人员将代码变更提交到版本控制服务器上的代码仓库。

（2）持续集成服务器会对版本控制服务器进行轮询。当发现有代码变更提交或者需要进行每日的版本级持续集成时，持续集成服务器自动把版本控制服务器上的最新代码检出到持续集成构建机。一般而言，项目组持续集成构建机可以与持续集成服务器是同一台机

① 这里的项目组是指项目内不同模块的开发组，一个项目可以包含多个项目组。

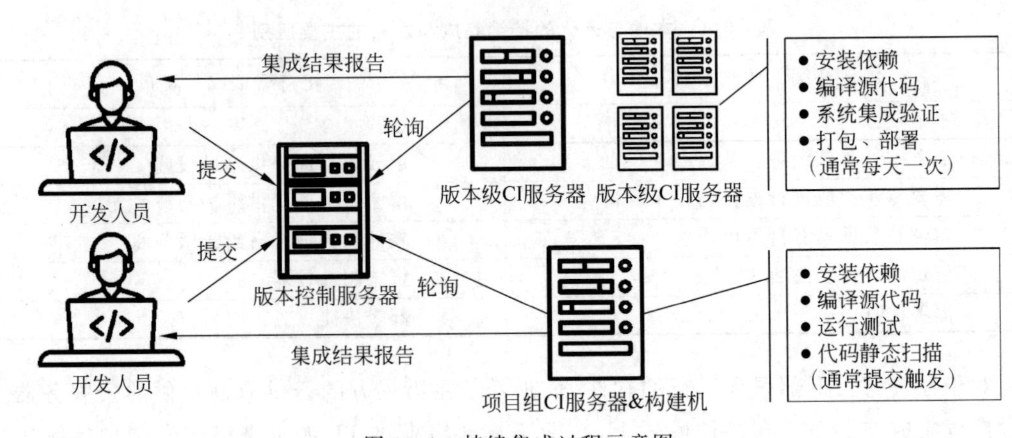

图 10.1　持续集成过程示意图

器，而版本级持续集成构建机由于软件项目规模较大而需要专门的服务器。

(3) 在持续集成构建机上运行由持续集成服务器指定的构建脚本，一般包括安装软件项目所需的第三方依赖包、编译链接源代码、运行单元测试、执行代码规范/缺陷/安全静态扫描、运行系统集成测试验证、打包部署等。

(4) 构建结束后，将集成结果(成功或者失败)反馈给开发人员。如果构建失败，开发人员需要根据构建日志立即展开修复，直到构建成功才能开始下一轮的代码开发。

在持续集成实践中，为了保障团队高效协作，每个开发人员都应该遵循下面的 6 个工作步骤，简称“六步提交法”(乔梁，2019)。

(1) 检出最近构建成功的代码：当开发人员开始工作时(如认领了一个开发任务)，应该将最近一次构建成功的代码从开发团队的开发主干分支上检出到个人工作区。

(2) 修改代码：开发人员在个人工作区中对代码进行修改(如实现开发任务的代码，编写对应代码的自动化测试用例)。

(3) 第一次个人构建：当开发工作完成并准备提交时，执行自动化验证集，对个人工作区的新代码执行第一次个人构建，用于验证自己修改的代码质量是否达标。

(4) 第二次个人构建：从“检出代码”到“第一次个人构建”期间，其他成员可能在开发主干分支上提交了新代码，并通过了持续集成的质量验证。因此，需要将其他成员的新代码与自己本地修改的代码进行合并，并再次执行质量验证，确保自己的代码与其他成员的代码都没有问题。

(5) 提交代码到开发主干分支：第二次个人构建成功之后，提交代码到开发主干分支。

(6) 提交构建：持续集成服务器发现这次代码变更提交，开始执行构建。如果构建发生失败，开发人员应该立即着手修复，并通知其他成员，禁止再向开发主干分支提交代码，并且不要检出这个版本。

六步提交法中的第(3)、(4)和(6)步都是质量验证活动，并且三次验证需要执行相同的命令和脚本，但是其验证目的不同。第(3)步的目的是验证开发人员自己修改的代码是否正确；第(4)步的目的是确保其他成员的代码与自己的代码合并后，两部分的代码质量都没有问题；第(6)步的目的是在一个干净且受控环境中执行验证，以确保开发人员的本次提交是完整且无质量问题的。

10.2.2 持续集成的实践

持续集成不是一个简单的工具，而是一种需要所有人积极参与的自动化方法。为此，开展持续集成的开发团队通常要遵循一些必不可少的实践和一些推荐的实践（Humble et al.，2011）。必不可少的实践包括：构建失败后不要提交新代码、提交前本地运行所有的提交测试或由持续集成服务器完成此事、等提交测试通过后再继续工作、结束当天工作前构建必须是成功状态、时刻准备回滚到前一个版本、在回滚前要规定一个修复时间、不要将失败的测试注释掉、为自己导致的问题负责以及坚持测试驱动的开发。

推荐的实践包括：采用极限编程的其他开发实践、如果违背架构原则则让构建失败、如果测试允许变慢则让构建失败、如果有编译警告或代码风格问题则让测试失败。这些实践不是必需的，但有时对于提升开发效率和质量是有帮助的。

这些实践阐明了团队在采用持续集成时应当遵循和推荐遵循的规则，有些实践看上去还非常严苛。例如，如果构建失败，必须以最高优先级尽快修复或者回退到失败前的状态；不仅语法错误应当使得构建失败，而且自动化测试用例没有通过也需要让构建失败，甚至自动化测试用例执行时间过长也要让构建失败。然而，只有采取这种方式才能督促开发人员及时关注并集中精力解决开发中的问题，避免错误积少成多。

10.2.3 持续集成的自动化支持工具

Jenkins 是一种常用的开源持续集成工具，提供自动化的测试、构建和部署能力，并且能支持多种插件，从而在持续集成过程中实现多种测试插件、代码扫描、构建方式等的支持。还有一些企业研制了各自的持续集成平台，例如 Atlassian 的 Bamboo、腾讯的 Coding 平台、华为云软件开发平台 DevCloud、阿里巴巴的云效流水线。这些工具通常提供代码托管，并且支持自动化测试、自动化构建与部署等典型的能力，也结合各自对持续集成以及 DevOps 的理解，提供了不同的 DevOps 工具链集成。

10.2.4 软件构建

软件构建是软件开发过程中的核心活动，通过使用构建脚本自动管理与执行软件项目的依赖、编译、测试、打包等工作，可以极大地提升开发人员效率。为了实现软件构建过程的自动化、可重复、防篡改、防植入，首先需要满足以下这些基本的构建要求。

（1）构建过程要自动化，从构建启动开始到构建最终结束，中间过程不能手工干预。手工操作往往容易出错，且浪费时间。将所有的构建操作自动化，从而使构建变得高效、可靠。

（2）构建脚本要简洁清晰，易于维护和理解。构建脚本也是代码，构建脚本首先是为阅读它的人而编写的，便于理解、维护和调试构建过程，并有利于和运维人员更好地协作。

（3）构建要标准化。对构建目录结构、构建依赖、构建初始化、构建入口、命名等进行标准化约束，使得所有产品、平台和组件的构建风格保持一致，便于构建管理和维护。

其次，需要选择合适的构建工具。构建工具包含开源构建工具、第三方构建工具、自研构建工具。构建工具不直接向客户、渠道或合作伙伴销售，原则上其生命周期不向客户、渠道和合作伙伴发布。目前，大型 C、C++ 工程业界普遍使用 CMake、Bazel 作为构建系统，而 Java 项目一般使用 Maven 和 Gradle。通过使用构建工具，可以更好地管理项目代码、构建输出以及项目依赖。以构建工具 Maven 为例，表 10.2 列出了 Maven 所规定的软件项目标准目录结构。可以看到，项目的根目录下主要有 src 和 target 两个目录。src 目录包含项目所有的源代码和资源文件，同时将产品代码和测试代码分别放在 src/main 和 src/test 子目录下，实现产品代码与测试代码的隔离管理。target 目录包含项目构建完成后的输出文件，如 class 文件以及打包后的包文件等，把这些内容放在单独的目录中能让开发人员更方便地清除前一次的构建结果，实现构建输出的管理。此外，根目录下还包含项目描述文件 pom.xml，用于声明与管理项目的依赖、插件、构建目标以及相应的配置等信息。

表 10.2　Maven 项目目录结构

项目目录	含　义
pom.xml	项目描述文件
src/main/java	项目源代码所在的目录
src/main/resources	项目资源文件所在的目录
src/main/filters	项目资源过滤文件所在的目录
src/main/webapp	Web 应用源代码所在的目录
src/test/java	项目测试代码所在的目录
src/test/resources	项目测试相关的资源文件所在的目录
src/test/filters	项目测试相关的资源过滤文件所在的目录
src/it	集成测试代码所在的目录(主要供插件使用)
src/assembly	组件描述符所在的目录
src/site	站点文件所在的目录
target	项目构建的输出文件所在的目录
LICENSE.txt	项目的许可证文件
NOTICE.txt	项目依赖的库的注意事项
README.txt	项目的 readme 文件

```
<dependencies>
  <dependency>
    <groupId>commons-io</groupId>
    <artifactId>commons-io</artifactId>
    <version>2.5</version>
  </dependency>
  <dependency>
    <groupId>com.google.guava</groupId>
    <artifactId>guava</artifactId>
    <version>23.0</version>
  </dependency>
<dependencies>
```

图 10.2　Maven 项目中在 pom.xml 中的依赖声明

依赖管理是构建工具的重要能力之一。与传统的将依赖库文件手工放置于一个根目录下的 lib 目录下相比，构建工具提供了按照指定格式显式地声明依赖库及其版本，并在构建时自动从远程或者本地仓库中下载依赖库的能力，便于依赖库的版本管理。如图 10.2 所示，在 Maven 项目中的 pom.xml 中声明了对 commons-io 的 2.5 版本以及 guava 的 23.0 版本的依赖声明，在构建项目时，这两个依赖库会被自动下载到本地的 Maven 仓库中。此外，构建工具还提供了依赖链解析的能力，便于查看与分析软件项目所直接依赖和间接依赖的所有依赖库。例如，软件项目依赖了库 A，而库 A 又依赖了库 B 和库 C，那么库 A 就是软件项目的直接依赖，而库 B 和库 C 就是软件项目的间接依赖。在 Maven 中，可以通过 dependency：tree 命令来获得软件项目的依赖链信息。

最后，需要建立并遵循一定的构建规范。不同企业所采用的构建规范各不相同，其中一些常见的原则如下。

(1) 构建过程中禁止删除或修改源代码文件及其目录结构。

(2) 每个组件提供 clean 命令。

(3) 禁止使用超级管理员用户(例如 root 账号)和系统用户执行构建,应该使用普通用户账户执行构建。

(4) 构建目录结构管理标准化。

(5) 构建目录遵从构建工具 Maven 的约定(针对 Java 应用程序)。

(6) Maven 构建入口为根目录的 pom. xml,在根目录下调用 mvn 命令构建。在使用构建脚本调用 mvn 命令时,入口必须单一,脚本统一命名为 build. suffix,且放在根目录的 script 目录下。

(7) 必须使用的 javac 编译选项:-source,-target,-Xlint: all。同时,maven-compiler-plugin 的 showWarnings 属性必须设置为 true。

(8) 构建过程中,不能污染 Linux 操作系统的/usr/bin、/etc 等系统目录。

(9) 避免构建脚本嵌套过深,禁止超过 3 层。

(10) 构建脚本必须使用相对路径,禁止使用绝对路径。

10.3 软件发布

视频讲解

在持续交付与部署中,持续发布软件能够快速获得客户与用户的反馈,能够快速地发现、定位、修复错误,能够降低单次部署的成本。然而,持续发布软件也可能会失败,从而不可避免地带来极大的风险。因此,需要一些发布的方法来尽可能地降低持续发布的风险。

10.3.1 软件发布的反模式与基本原则

持续交付和持续部署是推动软件价值从开发流向客户和用户的有效发布方法。相对于持续交付和持续部署,传统上有一些典型的软件发布“反模式”(Humble et al.,2011),有助于我们理解持续交付和持续部署的重要性。这些反模式包括下面这些。

- **手工部署软件**。在软件开发完成后,形成一份非常详尽且复杂的文档,描述了部署的执行步骤以及容易出错的地方。部署时遵照文档进行操作,但同时也会发现一些文档中并没有涵盖的问题。问题解决后又难以维护这份文档让它是最新且正确的。这样的发布过程往往需要耗费较长的时间,而且仍然容易出错,并且一旦出错也很难回滚到前一版本正确的部署状态。
- **在开发完成以后才向试运行环境部署**。开发过程中仅在开发环境中运行和测试,程序不接触试运行环境。由于试运行环境与开发环境可能有所不同,比如有更加严格的软硬件限制(例如不能安装特定的软件,不能访问特定的设备或网络),因此,如果到开发完成后才在试运行环境中部署,那么可能会发现大量原来在开发环境中无法发现的问题。而此时已经接近软件正式上线,对于开发人员而言会带来巨大的调试和修复错误的压力。
- **生产环境的手工配置**。运维团队通过手工修改配置参数在生产环境中部署软件的发布版本。然而,运维团队往往需要较长的时间为每次发布准备环境,因为每次发布的软件在配置上可能都有所不同,而这些不同在生产环境中可能意味着不同的系统设置。这种发布方式往往会存在很大的不确定性，到下一个版本发布时，一切可能又得重来一次，并且面临同样的失败风险。

这些反模式的特点是，没有自动化的部署流程，缺乏持续的来自生产环境的反馈，软件发布的不确定性非常高。为此，利用部署流水线，在保障软件质量的同时，将软件交付和部署的频率提高，并快速地从试运行环境中获取对软件修改的反馈，让新的功能或修复能尽快完成交付。提升的软件交付和部署的频率，形成一种接近于持续的状态，这就是对持续交付和持续部署的直观理解。

一个高效的软件交付流程需要遵循软件交付的基本原则，包括下面这些（Humble et al.,2011）。

- **创建一个可重复且可靠的过程**。在这个过程中，尽可能多地采用自动化工作，例如，自动化地测试、自动化地数据库升级、自动化地网络设置。同时，将所有涉及发布和部署的内容纳入版本控制系统的管理，从而让这些支持自动化的脚本也能够找到相应的版本以及版本之间的差异点。
- **“已完成”（Done）即“已发布”**。在敏捷中一个任务“已完成”往往是指这个任务的产出经过了预先设定好的验收测试。但在软件发布中，“已完成”应该意味着“已发布”，即软件已经交付给用户。在实践中，在生产环境中部署了所开发的新程序或者向客户代表演示并由客户代表试用了新功能，一般可以认为这个功能已经发布了。如果只是开发团队内部完成了功能测试，那显然是没有达到“已完成”的状态的。
- **交付过程是每个成员的责任**。不论是开发人员、测试人员还是运维人员，应当尽早地参与到发布软件的过程中来，共同面对交付和部署中的困难。在频繁的交付中，各种问题尽快暴露出来，并且不同角色的团队成员能够尽快了解当前的部署问题，相互之间开展频繁的交流，并解决问题。这也是 DevOps 运动的核心原则之一：鼓励所有参与软件交付过程的人更好地开展协作。
- **内建质量和持续改进**。内建质量和持续改进都来自精益思想。内建质量是软件过程的重要目的，即在过程中更早地发现问题，并且尽快修复它。交付本身也需要通过过程保障来提升自身的质量。持续改进是不断完善交付过程的方式。定期地召开回顾会议，总结过去一段时间内整个团队的工作优点和不足，对于减少团队相互指责内耗、提升交付质量和频率具有重要意义。

因此，如果软件发布过程非常困难，那么应当停下来分析导致这一困难的原因，并且通过改进实践，让这些困难更早、更频繁地暴露出来，而不是把困难隐藏起来。只有这样，才能不断优化软件的交付和部署流程。

10.3.2 蓝绿部署

蓝绿部署（Blue-Green Deployment）是一种将用户流量从旧版本应用程序逐渐转移到新版本应用程序的发布方法。这种部署软件的方法需要维护两个环境，如图 10.3 所示，一个是旧版本的生产环境（蓝环境），用于对外提供软件服务，另一个是新版本的预发布环境（绿环境），用于对新版本进行测试。当需要发布新版本时，先将新版本发布到绿环境中，并在绿环境中进行测试，以确认它是否可以正常工作。当确认没有问题后，只需要修改路由器配置就可以方便地将用户流量从蓝环境引流到绿环境中。如果引流之后又出现了问题，只需要修改路由器配置再切回到蓝环境，并在绿环境中进行调试，从而找到问题的原因。由此可见，蓝绿部署提供了快速回滚的方法来应对发布错误。然而，在蓝绿部署中，需要注意数据库的管理，特别是当数据库结构发生变化时，数据迁移需要花费一定的时间。为此，在很多情况下，蓝绿部署会使用相同的数据库服务器。

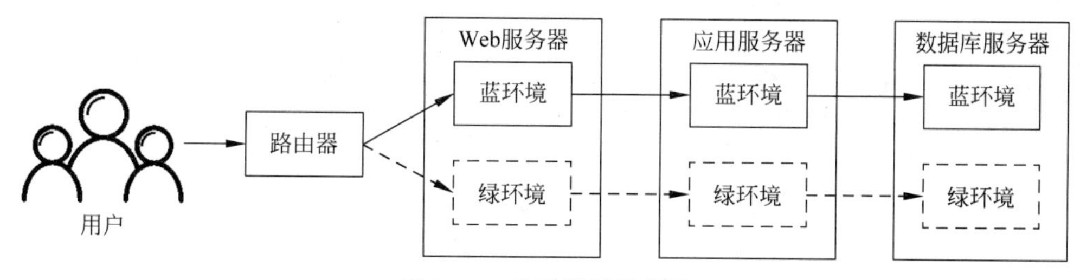

图 10.3 蓝绿部署示意图

10.3.3 金丝雀发布

金丝雀发布(Canary Release)或者灰度发布是一种先引流一部分用户流量到新版本部署中，如果服务那些用户流量的新版本部署没有问题，那么再逐渐将更多用户流量引流到新版本部署中的方法。在这种发布方法中，如图 10.4 所示，随着时间推移，可对新版本进行增量部署，直到所有的用户流量都引流到新版本部署中。金丝雀发布能够尽早发现新版本中存在的问题，而不影响大多数用户。一旦出现问题，金丝雀发布也能够支持快速回滚，即通过路由器配置禁止将用户流量引流到部署新版本的服务器上。

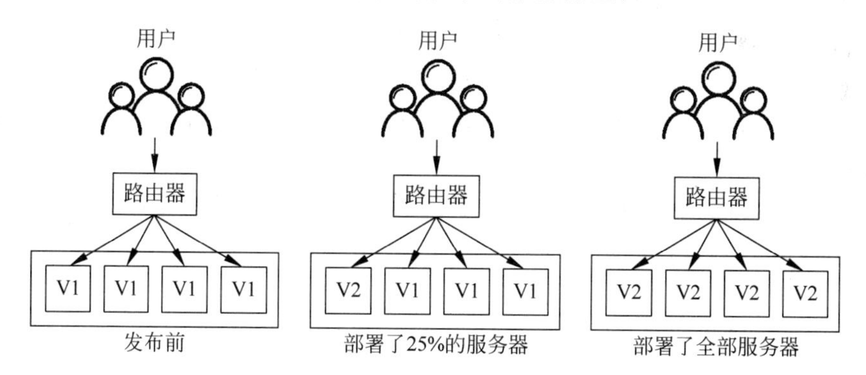

图 10.4 金丝雀发布示意图

10.3.4 暗发布

暗发布(Dark Launching)是指软件功能或者特性在正式发布之前，先将其第一个版本部署到生产环境，以便在给全部用户提供该功能或者特性前进行测试并尽早发现可能的错误。如图 10.5 所示，暗发布通过应用开关技术(即代码中的 if-then 软件功能开关)，使用户在无感知的情况下应用新功能或者新特性，而开发人员可以通过收集用户的实际操作记录来获得针对这个新功能或者新特性的反馈数据。如果发现问题，可以通过设置功能开关及时关闭新功能或者新特性，从而支持快速回滚。

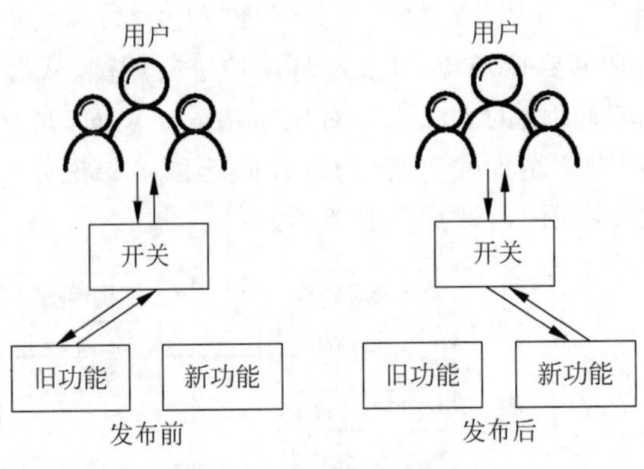

图 10.5　暗发布示意图

视频讲解

10.4　部署流水线

部署流水线提供了一种从软件开发完成到最终交付到用户手中的“端到端”的过程，提高了软件集成与发布的质量与效率。

10.4.1　部署流水线概述

部署流水线以自动化方式对软件产品进行多个质量关卡的验证，并使之在目标环境上可用。通常，部署流水线最终的目标环境是生产环境，即系统为客户提供服务或正式运行的环境。然而，部署流水线还支持在部署的中间步骤中向其他目标环境进行部署，包括：验收测试环境（用于运行系统的自动化验收测试）、容量测试环境（用于开展系统的容量测试）、试运行环境（与生产环境相同的测试环境）。这些环境的配置应当尽量与生产环境相似或相同，并且统一管理，这样才能快速可靠地向各个环境部署，同时确保向最终生产环境的部署是可预测和可控的。

虽然我们强调部署流水线的自动化能力，但并不排斥在部署流水线中补充手工测试阶段，特别是对于用户验收测试相关的工作。

部署流水线实现了软件的构建、部署、测试、发布整个端到端过程的自动化，本质上提供了一个自动化的软件交付过程。当软件的源代码、配置或者环境发生变化时，都可触发部署流水线建立一个自动化部署实例，使软件经过一系列处理后达到可交付状态。

部署流水线在不同的企业或组织中可能在具体实现上有所不同，但通常都有以下几个阶段组成（Humble et al.，2011）。

- **提交阶段**。开发人员将代码提交到版本控制系统后，由部署流水线进行编译、自动化单元测试，从技术角度断言系统是可工作的。这个阶段还可能包括对代码进行质量分析，以及打包成二进制包的工作。
- **自动化验收测试阶段**。在提交阶段完成后，系统自动将编译好的二进制包部署到验收测试环境，开始运行自动化验收测试用例。完成自动化验收测试后，系统从功能上符合预计的功能需求。系统测试人员后续可以根据不同的构建目标，利用自动化部署脚本和统一管理的环境配置，将系统部署到不同的环境，例如，用户验收测试

(UAT)环境、容量测试环境或者试运行环境。

- **手工测试阶段**。在这一阶段,测试人员开展探索性测试、用户验收测试(UAT)等手工测试工作,试图发现那些在自动化测试过程中未能发现的缺陷。这个阶段也可包括在演示环境中向客户进行演示。
- **发布阶段**。经过了自动化测试和手工测试的软件,通过自动化部署脚本部署到生产环境或者试运行环境上,完成软件的发布。

由此可见,部署流水线系统为软件从开发完成到最终发布提供了一整套环境,最大限度地提供了自动化能力。但软件的部署并不是一次性地部署到生产环境中,而是面向不同的质量验证目标部署到不同的环境中。每次部署,都会需要通过自动化的方式从版本控制库中获取相应的配置信息,从而确保在特定环境下能够进行正确的部署。经过部署流水线的一次完整的端到端部署后,软件进入了一种"可交付"的状态。即使此时软件并不正式发布给用户,软件仍然是可交付的,并且由于部署工作在整个流水线中已经通过相似的自动化部署脚本完成了多次,因此能够最大限度地降低软件向最终生产环境部署过程中的风险,实现"一键发布"。

采用部署流水线通常要遵循以下实践。

- **只生成一次二进制包**。在部署流水线中不同的步骤进行编译时,如果每次都重新从源码进行编译,那么可能导致编译结果不一致而产生运行风险。为此,所有的二进制包应当只在流水线的提交阶段生成一次,在后续阶段如果需要用到这个二进制包,那么就只用这个编译成功的二进制包,因为只有这个包经过了前期必要的测试。同时,应该让部署的配置信息独立于被部署的制品,从而能够"一次构建,多次使用"。
- **对不同环境采用同一部署方式**。尽管有用户验收测试环境、容量测试环境、生产环境等不同的环境差别,部署方式应该是一致的。不同的部署脚本、配置可能有所不同,但应当尽可能用同一套部署逻辑来向不同的环境执行部署操作。部署本身也是需要测试的,只有通过相同的部署测试才能确保最终产品的部署不会由于环境的差别而产生不可知的问题。
- **对部署进行冒烟测试**。冒烟测试能确保系统的基本功能是正常的,比如它的主界面是否显示、所依赖的数据库或外部服务是否可用。如果冒烟测试失败,那么就能尽快知道部署失败,从而终止部署转而解决问题。
- **向生产环境的副本中部署**。生产环境往往与开发环境或测试环境有很大的差异。为此,尽可能要在与生产环境相同或相似的环境中进行集成和测试。为此,可以建立一个与生产环境具有相同软硬件环境的模拟环境,或者使用虚拟化技术来管理模拟环境的差异,从而达到更好的模拟效果。
- **每次变更都要立即在流水线中传递**。构建部署流水线中的自动化测试通常是通过代码的变更来触发的。但由于自动化验收测试的时间可能比较久,如果提交比较频繁,那么测试过程中的提交就无法触发自动化测试,从而导致自动化测试越来越落后于提交。因此,需要部署流水线有一套灵活的调度方法,一方面允许完成自动化测试后自动找到最近一次提交进行自动化测试,另一方面也允许开发人员选择中间的某个版本进行自动化测试而无须顾虑提交顺序。这为开发人员定位到底哪次提交导致了问题带来了方便。

- **只要有环节失败，就停止整个流水线**。每次提交代码行后，构建应当能成功并且通过所有测试。如果部署失败，需要团队对构建部署失败负责，停下手头的工作来解决导致部署失败的问题。

部署流水线提供了一种可重复和可靠的自动化系统，将修改的代码尽快上线到生产环境中。在这一过程中，自动化测试能力越完善，完成新版本系统的测试周期越短，那么能交付和部署新版本产品的频率也就可以越高。即使不是每次修改都要交付并且部署到生产环境中，也可以按照这样的要求来推进日常开发工作，让系统随时处在可交付和可部署的状态下。由此，也就产生了持续交付和持续部署的实践。

企业在实践部署流水线时，会根据自身情况，设置不同的阶段。例如，有些企业会建设一个发布平台，所有"可发布"的软件需要发布到发布平台上，而最终向客户交付软件前，只能从发布平台上获取待部署的制品，然后向生产环境部署。这样"发布"和"交付"就被清晰地区分开来。

企业还会特别关注部署流水线的可信问题。即不仅在功能上实现自动化，整个部署过程还要注意权限管理、防恶意程序植入、全程可追溯等保障构建过程的可信要求。例如，构建源可信，即自研代码、开源软件等来源正规平台，无私自搭建代码托管平台、私自下载外网开源软件等；构建环境可信，即构建工具、OS等安全合规、不会随意登录或被非法侵入篡改；构建执行可信，即自动化构建、减少人工干预、过程记录详尽且可追溯；构建结果可信，即保证源码一致性；发布可信，即软件制品上传到发布平台的过程可防篡改等；以及部署可信，即程序二进制包从发布平台下载到构建环境并且向生产环境的部署过程可防篡改等。

10.4.2 华为软件开发云中的部署流水线

华为软件开发云DevCloud中的流水线功能集成了代码检查、编译构建、部署等任务，可以根据需要进行灵活配置，实现部署流水线。本节将以一个包含代码检查、编译构建、部署的流水线介绍部署流水线的搭建过程。

1. 创建代码检查任务

代码检查任务可以对代码进行静态检查和安全检查。创建代码检查任务的步骤如下。

(1) 进入已创建的项目，单击导航栏中的"代码"→"代码检查"，如图10.6所示。

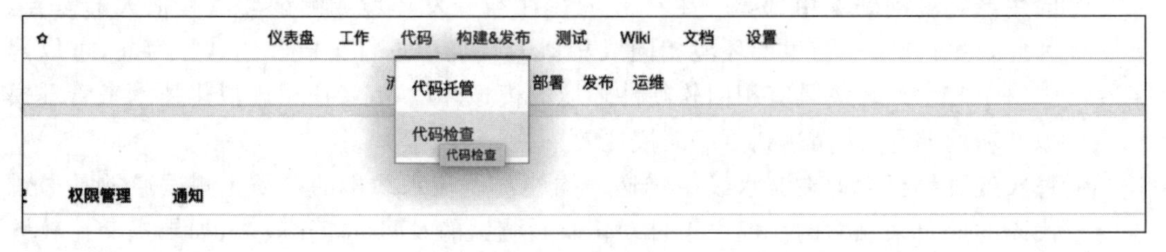

图10.6 代码检查

(2) 单击"新建任务"，选择需要进行代码检查的代码仓库，单击"创建"按钮，如图10.7所示。

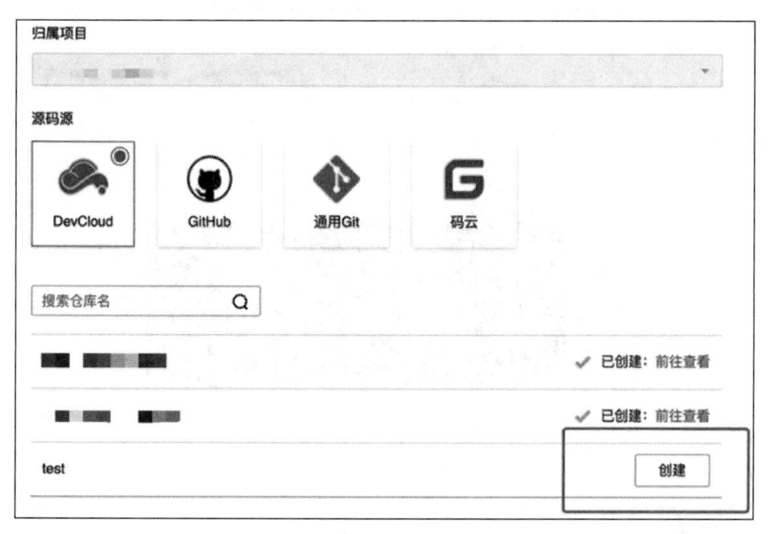

图 10.7　创建新任务

(3) 待代码检查任务创建成功后，将自动跳转到任务详情页面，然后单击"开始检查"按钮启动任务。任务执行完毕后，就可以查看代码问题列表。

2. 创建编译构建任务

创建编译构建任务的步骤如下。

(1) 首先，进入已创建的项目，单击导航栏中的"构建 & 发布"→"编译构建"，如图 10.8 所示。

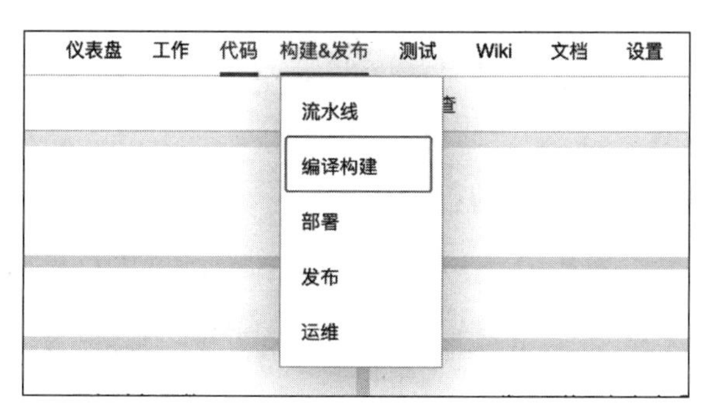

图 10.8　创建编译

(2) 单击"新建任务"，根据情况配置编译构建任务信息。

① 选择代码源：选择在配置代码仓库中创建的代码仓库，分支一般选择 Master。

② 选择构建模板：根据实际情况选择相应的模板。例如，对于 Maven 项目，可以选用其中提供的 Maven 模板；当然，也可以不使用模板，自定义构建步骤，如图 10.9 所示。

③ 完成配置后，单击"确定"按钮，自动跳转至构建步骤页面。根据情况编辑各步骤中的配置项，单击"新建"按钮。

(3) 待编译构建任务创建成功后，自动跳转至任务详情页。单击"执行任务"，启动任务。待任务执行完毕后，可以在页面中查看构建日志，也可以到发布服务中查找生成的软件包。

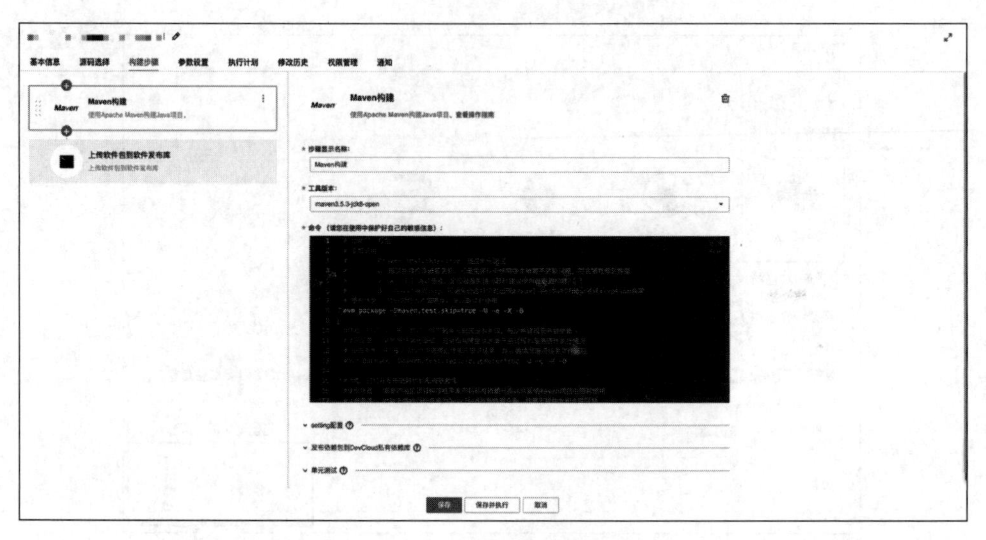

图 10.9　选择构建模板

3. 创建部署任务

创建部署任务的步骤如下。

(1) 准备授信主机：部署任务通常将软件包部署到服务器中，因此需要准备一台具有弹性 IP 的主机。

(2) 添加授信主机。

① 进入已创建的项目，单击导航栏中"设置"→"通用设置"→"主机组管理"进入主机组管理页面，如图 10.10 所示。

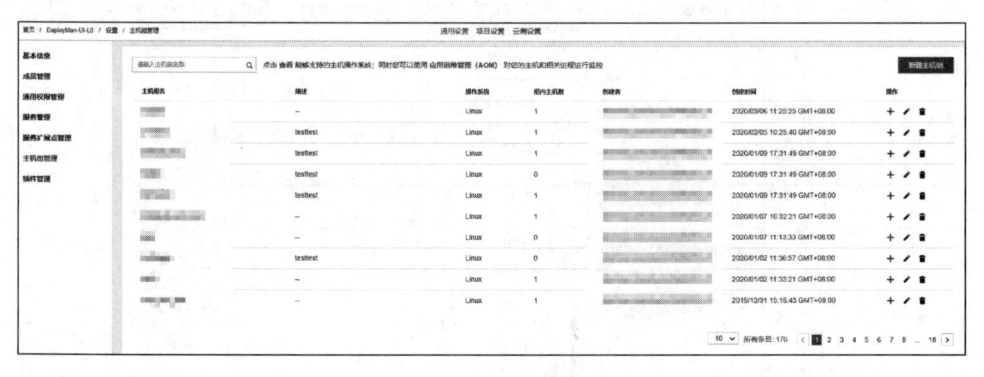

图 10.10　主机组管理

② 单击"新建主机组"，进入主机组基本信息页面，如图 10.11 所示。

③ 单击主机组的编辑操作，添加授信主机信息。

(3) 单击导航栏中的"构建 & 发布"→"部署"，单击"新建任务"，根据实际情况配置编译构建任务信息，包括部署任务名称以及部署模板(例如，内置的部署模板"SpringBoot 应用部署")。

(4) 完成配置，自动跳转至部署步骤页面，根据实际情况编辑各步骤中的配置项。

(5) 部署任务创建成功后，自动跳转至任务详情页，单击"执行启动"启动任务。待任务执行成功后，可以在页面中查看部署日志，也可以登录主机查看部署结果。

基本信息　主机信息　设置

* 主机组名：请输入主机组名称

* 操作系统：Linux

描述：请输入描述信息

保存　取消

图 10.11　新建主机组

4. 配置流水线

基于上述配置的任务，搭建持续集成与发布的流水线步骤如下。

(1) 进入已创建的项目，单击页面上方导航栏“构建 & 发布”→“流水线”，进入流水线配置页面。

(2) 单击“新建流水线”，根据实际情况配置流水线信息，包括基本信息(即流水线名称)、代码源(即选择代码源、仓库与分支)等，完成配置，自动跳转至定义工作流页面。

(3) 分别添加之前创建的代码检查任务、编译构建任务和部署任务，如图 10.12 所示。

图 10.12　配置流水线

（4）流水线创建成功后，自动跳转至流水线详情页，单击“全新执行”，启动任务。待任务执行成功后，可单击各任务查看其详情。

小 结

持续集成、持续交付、持续部署等软件开发实践能够实现频繁且自动的软件集成与发布，可以大大减小集成与发布的出错与调试风险，同时加快反馈速度，尽快解决集成与发布过程中的何问题。因此，需要了解持续集成与发布的前置条件及其价值、软件构建的基本要求与规范、软件发布的反模式与基本原则、软件发布中降低发布风险的常用方法以及典型工具中部署流水线的配置流程，从而更好地将持续集成与发布付诸实践。

参考文献

国家自然科学基金委员会,中国科学院,2021. 中国学科发展战略：软件科学与工程[M]. 北京：科学出版社.

TUKEY J W,1958. The Teaching of Concrete Mathematics[J]. The American Mathematical Monthly, 65(1)：1-9.

HUMPHREY W S,2002. Software Unbundling：A Personal Perspective[J]. IEEE Annals of The History of Computing. 24(1)：59-63.

BROOKS F P Jr,2002. 人月神话[M]. 北京：清华大学出版社.

PRESSMAN R S,MAXIM B R,2021. 软件工程：实践者的研究方法[M]. 王林章,等译. 9 版. 北京：机械工业出版社.

GB/T 8566-2007,2007. 信息技术——软件生存周期过程[S]. 中国国家标准.

张效祥,2018. 计算机科学技术百科全书[M]. 北京：清华大学出版社.

OSTERWEIL L J,1987. Software Processes are Software,too[C]. Proceedings of the 9th International Conference on Software Engineering,March 1987,2-13.

JACOBSON I,BOOCH G,RUMBAUGH J,1999. The Unified Software Development Process[M]. Boston：Addison-Wesley Professsional.

HANNA M,1995. Farewell to Waterfalls[J]. Software Magazine,1995,5：38-46.

BOEHM B,1998. A Spiral Model for Software Development and Enhancement[J]. Computer,31(7)：33-44.

MCFEELEY B,1996. IDEAL：A User's Guide for Software Process Improvement,Handbook[R]. CMU/SEI-96-HB-001,February 1996.

PETERSON B,1995. Transitioning the CMM into Practice[C]. The European Conference on Software Process Improvement (SPI'95),Spain：103-123.

BECK K,2002. 解析极限编程：拥抱变化[M]. 唐东铭,译. 北京：人民邮电出版社.

SCHWABER K,1997. SCRUM Development Process[A]. Business Object Design and Implementation [M]. London：Springer. 117-134.

COCKBURN A,2004. Crystal Clear：A Human-Powered Methodology for Small Teams[M]. London：Pearson Education.

HIGHSMITH J,2000. Adaptive Software Development：An Evolutionary Approach to Managing Complex Systems[M]. Dorset House Publishing.

STAPLETON J,1997. DSDM-Dynamic System Development Method：The Method in Practices[M]. Boston：Addison-Wesley Professional.

AGILE ALLIANCE,2001. The Agile Manifesto[R/OL]. https://www. agilealliance. org/agile101/the-agile-manifesto/ [2021-9-7].

SCHWABER K,SUTHERLAND J,2020. The 2020 Scrum Guide[R/OL]. https://scrumguides. org/scrum-guide. html [2021-9-7].

SCHWABER K,2007. Scrum 敏捷项目管理[M]. 李国彪,译. 北京：清华大学出版社.

COHN M,2010. 用户故事与敏捷方法[M]. 石永超,张博超,译. 北京：清华大学出版社.

BECK K,ANDRES C,2011. 解析极限编程——拥抱变化[M]. 雷剑文,李应樵,陈振,译. 2 版. 北京：机械工业出版社.

JEFFRIES R,2017. A New Software Development Framework：Ideas[R/OL]. https://ronjeffries. com/articles/017-02ff/new-framework-0/ [2021-10-7].

ANDERSON D J,2004. 看板：科技企业渐进变革成功之道[M]. 章显洲,译. 武汉：华中科技大学出版社.

ANDERSON D J,CARMICHAEL A,2016. Essential Kanban Condensed[M/OL]. Lean Kanban

University Press. https://kanbanbooks.com/free-kanban-book-downloads/#ekc.
HUMBLE J,FARLEY D,2011. 持续交付：发布可靠软件的系统方法[M]. 乔梁译. 北京：人民邮电出版社.
KIM G,HUMBLE J,DEBOIS P,et al,2018. DevOps 实践指南[M]. 刘征,王磊,马博文,等译. 北京：人民邮电出版社.
乔梁,2019. 持续交付 2.0：业务引领的 DevOps 精要[M]. 北京：人民邮电出版社.
PRESTON-WERNER T,2013. Semantic Versioning 2.0.0[R/OL]. https://semver.org [2021-12-30].
ABELSON H,SUSSMAN G J,SUSSMAN J,2004. 计算机程序的构造与解释[M]. 裘宗燕,译. 北京：机械工业出版社.
MARTIN R C,2020. 代码整洁之道[M]. 韩磊,译. 北京：人民邮电出版社.
FOWLER M,2010. 重构：改善既有代码的设计(英文版)[M]. 北京：人民邮电出版社.
MCCONNELL S,2006. 代码大全[M]. 金戈,等译. 2 版. 北京：电子工业出版社.
BECK K,2002. Test Driven Development：By Example[M]. Boston：Addison-Wesley.
KRUCHTEN P,1995. Architectural Blueprints-The"4+1"View Model of Software Architecture[J]. IEEE Software,12(6)：42-50.
LETHBRIDGE T, LAGANIERE R, 2001. Object-Oriented Software Engineering：Practical Software Development using UML and Java[M]. London：McGraw-Hill.
FILMAN R E,2006. 面向方面的软件开发[M]. 莫倩,等译. 北京：机械工业出版社.
MITCHELL R,MCKIM J,2003. Design by Contract 原则与实践[M]. 孟岩,译. 北京：人民邮电出版社.
GAMMA E,HELM R,JOHNSON R,et al,2007. 设计模式：可复用面向对象软件的基础[M]. 刘建中,等译. 北京：机械工业出版社.
FOWLER M,2004. Is Design Dead? [R/OL]. https://www.martinfowler.com/articles/designDead.html [2021-10-7].
MCILROY M, BUXTON J, NAUR P, et al, 1968. Mass-produced software components [C]. The International Conference on Software Engineering (ICSE'68),Germany：88-98.
CLEMENTS P,NORTHROP L,2002. Software product lines[M]. Boston：Addison-Wesley.
KANG K,KIM S,LEE J,et al,1998. FORM：A Feature-Oriented Reuse Method with Domain-Specific Reference Architectures[J]. Annals of Software Engineering. 5(1)：143-168.
赵文耘,彭鑫,张刚,等,2014. 软件工程：方法与实践[M]. 上海：复旦大学出版社.
SOMMERVILLE I,2018. 软件工程[M]. 10 版. 彭鑫,赵文耘,等译,北京：机械工业出版社.
BROOKS F P JR,2011. 设计原本[M]. InfoQ 中文站,王海鹏,高博,译. 北京：机械工业出版社.
LYNCH N,GILBERT S,2002. Brewer's Conjecture and the Feasibility of Consistent,Available,Partition-tolerant Web Services[J]. ACM Sigact News. 33(2)：51-59.
PRITCHETT D,2008. BASE：An Acid Alternative[J]. ACM Queue. 6(3)：48-55.
RICHARDSON C,2019. 微服务架构设计模式[M]. 喻勇,译. 北京：机械工业出版社.
LEWIS J,FOWLER M,2014. Microservices：a definition of this new architectural term[R/OL]. https://www.martinfowler.com/articles/microservices.html [2021-10-10].
POHL K,2012. 需求工程：基础、原理和技术[M]. 彭鑫,沈立炜,赵文耘,等译. 北京：机械工业出版社.
WALDEN D,1993. Kano's Methods for Understanding Customer-defined Quality[J]. Center for Quality of Management Journal. Special Issue,2(4).
MOORE C,2003. The Mediation Process-Practical Strategies for Resolving Conflicts[M]. 3rd Edition. San Francisco：Jossey-Bass.
IEEE,1998. IEEE Recommended Practice for Software Requirements Specifications[A]. IEEE Software Engineering Standards Collection[M]. Los Alamitos：IEEE Computer Society Press.
WAKE W C,2003. INVEST in Good Stories,and SMART Tasks[R/OL]. http://xp123.com/articles/

invest-in-good-stories-and-smart-tasks [2021-10-1].
华为,2021. 打造可信的高质量产品和解决方案[R/OL]. https://www.huawei.com/cn/trust-center/trustworthy#we-offer [2021-12-1].
ISO/IEC/IEEE 24765:2017,2017. Systems and Software Engineering-Vocabulary[S]. ISO/IEC/IEEE International Standard.
VAN VEENENDAAL E, GRAHAM D, BLACK R, 2008. Foundations of Software Testing: ISTQB Certification[M]. Andover: Cengage Learning EMEA.
BOURQUE P, DUPUIS R, 2014. Guide to the Software Engineering Body of Knowledge Version 3.0 SWEBOK[M]. Piscataway, IEEE.
朱少民,2010. 软件测试方法和技术[M]. 2版. 北京：清华大学出版社.
杜庆峰,2011. 高级软件测试技术[M]. 北京：清华大学出版社.
NIELSEN J,1994. Enhancing the Explanatory Power of Usability Heuristics[C]. The SIGCHI Conference on Human Factors in Computing Systems, USA: 152-158.

图 书 资 源 支 持

感谢您一直以来对清华版图书的支持和爱护。为了配合本书的使用，本书提供配套的资源，有需求的读者请扫描下方的“书圈”微信公众号二维码，在图书专区下载，也可以拨打电话或发送电子邮件咨询。

如果您在使用本书的过程中遇到了什么问题，或者有相关图书出版计划，也请您发邮件告诉我们，以便我们更好地为您服务。

我们的联系方式：

地　　址：北京市海淀区双清路学研大厦 A 座 714

邮　　编：100084

电　　话：010-83470236　010-83470237

客服邮箱：2301891038@qq.com

QQ：2301891038（请写明您的单位和姓名）

资源下载：关注公众号“书圈”下载配套资源。

资源下载、样书申请

书圈

获取最新书目

观看课程直播